博碩文化

iOS App程式開發實務攻略

快速精通

iOS14程式設計

Simon Ng 著 / 王豪勳 譯 / 博碩文化 審校

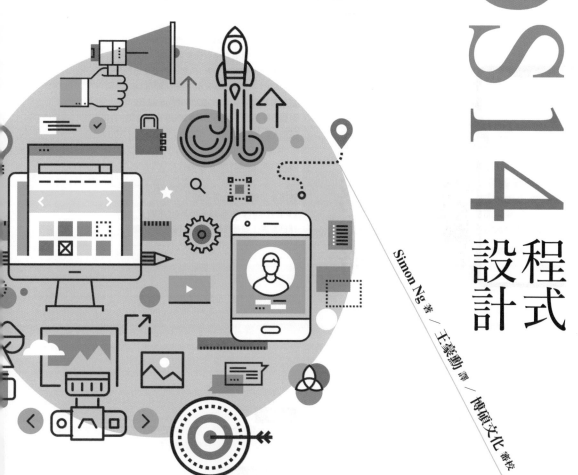

掌握廣受歡迎的 *Swift* 教學內容
快速強化你的 *iOS App* 開發實戰能力

| 了解最新版Xcode開發工具 | 實作動態視覺效果 | 開發使用者通知 |
| 使用原型儲存格、差異性資料來源與深色模式自訂表格視圖 |
| 運用Core Data和CloudKit存取資料 | 使用第三方套件 | App本地化 |
| 快速學習Swift App程式編寫、物件導向和MVC程式設計 | App測試和上架程序 |

使用
Xcode 12 &
iOS 14 &
Swift 5
開發

iOS App 程式開發實務攻略
快速精通 iOS 14 程式設計

作　　者：Simon Ng
譯　　者：王豪勳
責任編輯：曾婉玲

董 事 長：陳來勝
總 編 輯：陳錦輝

出　　版：博碩文化股份有限公司
地　　址：221 新北市汐止區新台五路一段 112 號 10 樓 A 棟
　　　　　電話 (02) 2696-2869　傳真 (02) 2696-2867
發　　行：博碩文化股份有限公司
郵撥帳號：17484299　戶名：博碩文化股份有限公司
博碩網站：http://www.drmaster.com.tw
讀者服務信箱：dr26962869@gmail.com
訂購服務專線：(02) 2696-2869 分機 238、519
（週一至週五 09:30 ～ 12:00；13:30 ～ 17:00）

版　　次：2021 年 5 月初版

建議零售價：新台幣 890 元
ISBN：978-986-434-753-7（平裝）
律師顧問：鳴權法律事務所 陳曉鳴 律師

本書如有破損或裝訂錯誤，請寄回本公司更換

國家圖書館出版品預行編目資料

iOS App 程式開發實務攻略：快速精通 iOS 14 程式設
計 /Simon Ng 著；王豪勳譯 . -- 初版 . -- 新北市：博碩
文化股份有限公司 , 2021.05
　面；　公分
譯自：Beginning iOS programming with Swift

ISBN 978-986-434-753-7(平裝)

1. 系統程式 2. 電腦程式設計 3. 行動資訊

312.52　　　　　　　　　　　　　110005348

Printed in Taiwan

博 碩 粉 絲 團　歡迎團體訂購，另有優惠，請洽服務專線
　　　　　　　　(02) 2696-2869 分機 238、519

讀者推薦

「因為本書我找到了一個實習機會與一份工作，跟著本書學習一週後，我立即能夠開發自己的 App！四個月後，我獲得了 Ancestry 所提供的實習機會，成為一個 iOS 開發者，這真的是我做過最好的一項投資。」 —Adriana，Ancestry iOS 開發者

「基礎與進階這兩本書的內容可以了解所有 App 的設計、程式語法、測試與發布的觀念，你需要的是創意。」 — Rich Gabrielli

「我已經發表了 8Cafe 與 8Books App，這些 App 都是啟蒙於 AppCoda Swift iOS 這本優秀的書，很高興跟你的團隊一起學習發展，事實上，我的許多 App / 遊戲的靈感與技術來自於你的基礎與進階的 Swift 著作，對我與許多的開發者而言，你的才華、知識、專業與不吝分享，簡直是上天所恩賜的禮物。」 — Mazen Kilani，8Cafe

「我開發 iOS App 至今大約一年的時間，這裡非常感謝 AppCoda 團隊，我購買 Swift 一書後，快速增強了我的生產力，並瞭解了整個 Xcode 與 iOS 的開發程序。所學到的比起我在決定購買使用 AppCoda 的書籍之前，花了許多時間透過在 StackOverflow 與 Github 搜尋學習來得多。所有的資訊都會更新且精確，內容易於閱讀與遵循，書中所用的範例專案也非常棒。我迫不及待強力推薦此書，若是你想要啟動學習 Swift 的話，不用再等了。」

—David Gagne，Bartender.live 作者

「AppCoda 的書令人非常激賞，內容寫得非常清楚，假設沒有任何概念，書中的內容會鼓勵你自行思考並吸收這些觀念，沒有其他比這更詳盡的學習資源了。」

— 日本 Sheehan，Ingot LLC

「這本書寫得非常好，簡潔有力，書中的範例非常棒且貼近真實的應用。幫助我完成第一個 App，並於 App Store 上架，內容給我許多進一步強化與更新 App 的想法。我將它作為我的參考指南，也很感謝每當 Swift 與 iOS 有做變更時，都能收到更新。」

—David Greenfield，ThreadABead 作者

「非常感謝寫了這麼棒的書！這本書幫助我開發了第一個真正的 App，自從在 App Store 上架後，不到兩個月就賺進了美金 200 元，我也獲得了一個在行動部門進行軟體開發的工作。再次感謝這本超棒的書，如果有人問我是怎麼學習程式的，我一定會盡力推廣此書。」 —Rody Davis，Pitch Pipe with Pitch Assistant 開發者

「這本書寫得很棒！我在 Udemy 有購買另一個 Swift 的課程，但是講師並沒有太多開發者的背景，而我知道作者是一個有經驗的開發者。此外，內容的說明非常清楚。」

—Carlos Aguilar，Roomhints Interior Design Ideas 作者

「多年來，我一直在尋找良好的學習資源，來幫助我加強 App 的開發技巧。而這本書真的拯救了我。這是我寫程式十年來所讀過的書中，說明得最好的一本。內容不但容易理解，且切中所有要點。說再多的謝謝，都不足以表達我對於作者撰寫本書的感激之情。」

—Eric Mwangi

「這本書以許多的範例來闡釋，對於有經驗但想入門 Swift 的開發者來說，也非常有幫助。」

—Howard Smith，Flickitt

「沒有這本書，我無法成為一個 iOS 開發者。」　　　　—Changho Lee，SY Energy

「我想要學習以 Swift 來開發 iOS 程式。而我找到了這本書，此書絕對是學習 iOS App 開發的絕佳方式，當你有些程式背景，在幾天內就能夠做出一些 App，若你不是的話，一樣也能夠學會 App 的開發。」

—Leon Pillich

「這是我在網路上所找到的最佳書籍，內容非常容易理解，三年前我開始學習寫程式，而今我的 App 能夠完成，都是因為這本書。」　　　　—Aziz，Kuwait Concepts 工程師

「有見解、實用與學習動機。這本書充滿知識性與有深度的主題，書中對於 iOS 開發的各個面向提供了提示與技巧，並鼓勵學生／讀者能夠持續往前，不會害怕去深入理解觀念，真的是太棒了！」

—Moin Ahmad，Guess Animals 作者

「這本書教導我們如何建立我們想要的 App，書中的內容規劃得很好，每一章的篇幅拿捏得恰到好處，不會太過冗長而無法消化，想要學習開發第一支 App 並進階學習的話，我強烈推薦這本內容超棒的好書。」　　　　—Stephen Donnelly，Rascalbiscuit 總監

「我試過多種學習資源，包括了史丹佛的課程，雖然我已經從其他資源學過了如自動佈局、委派、Segue 等主題，但這是第一個讓我能夠真正理解這些內容的一本書。」

—Nico van der Linden，Expertum SAP 開發者

「iOS 開發最棒的書籍之一，絕佳的內容編排，容易跟著實作，是很棒的開發學習良伴。」　　　　—Ali Akkawi，iOS 與 Android 行動 App 自由工作者

「過去三年以來，我已經購買了超過十多本有關 Objective C 與 Swift 的書。我目前在一所高中教授電腦科學先修課程，我主要是教授 Java 語言，不過我也教授其他數種程式語言，所以我會收藏大量的教科書，雖然我過去幾年所購買的其他書籍與線上教學影片的內

容也很不錯，但是我發現 AppCoda 所出版的書更勝於這些教材。作者在書中對於某個主題的表達方式，就好像我在課堂上接受他的指導一樣，而不只是閱讀書面上的文字而已。最棒的是他的寫作方式就好像他正在跟你說話一樣，而不只是單純的介紹。」

—Ricky Martin，Gulf Coast 高中

「這是我最初在學習 Swift 時所找到學習書籍之一。作爲一個初學者，這本書非常容易學習與理解。整本書以貼近眞實生活的範例來建構 App，這種學習方法眞是太天才了，最後也能夠實用它。我學習了很多，也運用了很多其中的內容在我的 App 中。我發現我會常常會回去參考此書，這眞是一本很棒的作品。」　　　—Bill Harned，Percent Off 作者

「我喜歡本書，內容編排得非常有結構。幾乎涵蓋了最新的觀念。」

—Barath V，首席 iOS 開發人員，Robert Bosch LLC

「我已經購買過 iOS 11 Swift 程式入門與進階版一書，我是由 Java 開發轉成 iOS 的行動應用開發者，這些書眞的幫助我學到如何建構行動應用程式，在入門版中的 FoodPin 應用程式範例，可以學到建立一個 App 所用到的常用元件，這是一個很棒的學習方式，即使我已經從事 iOS App 開發工作三年之久，我還是常常回來參考 AppCoda Swift 的書籍。」

—Stacy Chang

「或許沒有這本書，我也能完成我的 App ，但花費的時間可能會更久，也許自己都不會相信我可以做得這麼好，如果沒有這本書，我的 App 也不會出現在 App Store 了，以上所述皆爲眞，繼續加油吧！」　　　　　　　　　　　　— Marc Estwick

序 言

多年前，人們會問：「Swift 已經適合進行 App 開發了嗎？」

現在每個人都知道 Swift 是開發 iOS App 的程式語言。我非常喜愛這個語言，並非是因為我以教授 Swift 程式語言維生，而想要藉此讓你購買我的課程／書籍，我已經有 15 年的程式開發經驗，熟悉多種程式語言，Swift 是我目前最喜歡的語言，這個程式語言設計完善，具有簡潔的語法，同時也很容易學習。比起以前的 Objective-C 語言來說，Swift 語言讓 iOS App 開發更具生產力。

2014 年 6 月，Apple 推出了 Swift，並經過了幾次的改版。很快地，蘋果公司已經推出了 5.3 版本的程式語言和 Xcode 12，並加上了更多的功能。從第一版出來至今六年多，Swift 已經不再是一個全新的程式語言，Swift 現在已經更加穩定且成熟，適合開發任何 iOS、macOS、watchOS 以及 tvOS 等應用程式。Lyft、LinkedIn、Mozilla 等公司已採用 Swift 開發其應用程式，無論您是計畫要開發下一個 iOS App，還是想從事 iOS App 開發工作，Swift 毫無疑問是你學習及使用的首選程式語言。

本書介紹了學習 iOS App 開發所必須學會的內容。請記住，Swift 只是一個程式語言，要開發 App，你需要的不只是學習程式語言而已，還有更多需要學習的內容。除了 Swift 的介紹，本書將會教導你如何使用 Xcode 來佈局使用者介面，並熟悉 iOS 14 SDK 的基本 API，最重要的是你可從無到有開發一個真正的 App，以學習 Swift 程式。

對於初學者或者毫無程式背景的人而言，你可能會想問：「是否自己也能學習 Swift 程式，並建立一個真正的 App？」

自從 Swift 釋出之後，我便以 Swift 來寫程式。Swift 已經更為平易近人了，對於新手來說，Swift 比 Objective-C 更容易學習，雖然不是每個人都能成為一個很棒的開發者，但是我相信每個人都能夠學習程式，並使用 Swift 來開發 App，你所需要做的便是努力學習、下定決心以及願意採取行動。

我在八年前創辦 AppCoda，然後開始每週規律地刊登 iOS 程式教學，從那時候起到現在，我已經出版了數本 iOS App 開發的書籍。一開始，我認為想要學習程式開發的是那些已經具備程式開發經驗與技術背景的人，有趣的是，來自各種背景的人都充滿熱情地想要建立自己的 App。

我有一位法國讀者，他是外科醫生，其本身毫無程式經驗而開始了他的第一個 App，他的 App 是讓所有人都能免費分享廣告活動的資訊。另外一位讀者是飛行員，他在幾年前開始學習 iOS 程式語言，現在他已經建立了一個可以讓自己以及其他飛行員能夠使用的

iPhone App。而 Boozy 是一個能夠尋找快樂時光、每日優惠以及早午餐的 App，這個 App 是由一位法律學校輟學的學生所開發的，由於 Boozy App 的開發者在華盛頓哥倫比亞特區找不到一個可以喝飲料的好去處，所以她決定做一個 App 來滿足這個需求，當她有了這個想法時，還不知道如何寫程式，於是她從頭開始慢慢地跟著我們一起學習。

我時常收到有人想要建立一個 App 的 Email，這些 Email 的內容通常是像這樣：「我有一個很棒的點子，我要從哪裡開始進行？但是我沒有程式開發技術。我可以從無到有來建立一個 App 嗎？」

我從這些令人感到激勵的故事中學到，你不需要具備電腦科學或工程的學位才能夠建立一個 App，這些讀者都有一個共同點，就是他們都會確實採取行動，努力讓一切成真，而這就是你所需要的。

那麼，你已經有開發 App 的點子了嗎？我相信你一定可以自己做出一個 App。請記住，當你真的對建立 App 這件事充滿熱情的話，沒有任何事情可以阻止你學習並達成目標。在此引用《最後的演說》（Last Lecture）中一句我最喜歡的格言之一作為總結：

Brick walls are there for a reason: they let us prove how badly we want things.

人生中那些豎立在前面阻擋你的牆，都是有原因的。它讓我們證明有多渴望得到所想要的。

—Randy Pausch

最後，感謝選擇本書的朋友，我希望你會喜愛閱讀本書，並在 App Store 推出你的第一個 App。若是你願意與我分享你的第一個 App，可以透過這個 Email：simonng@appcoda.com 來告知我，我期望得到你的消息。

AppCoda 創辦人

Simon Ng

關於本書

我知道許多讀者有建立 App 的點子，卻不知道該如何著手的情形，而本書就是以這樣的想法為基礎來撰寫的。本書內容介紹了 Swift 程式語言的全部觀念，你會學習到如何從頭開始建立一個真實世界的 App。你會先學習 Swift 的基礎，然後規劃 App 的原型，接著跟著每一章的內容來加入一些功能。學習完本書內容之後，你可得到一個真正的 App。在這些過程中，你將學習到如何在表格視圖中展示資料、自訂儲存格的外觀與改善其質感、使用堆疊視圖設計 UI、建立動畫、處理地圖、建立自適應 UI、在本地端資料庫儲存資料、上傳資料至 iCloud、使用 TestFlight 進行 Beta 測試等。

本書的特色是有許多需要親自動手做的練習與專案，你將會有機會寫程式、修復錯誤，並測試你的 App。雖然這包含了許多的工作，但絕對是一個值得的體驗，我相信本書會讓你熟悉 Swift 5.3、Xcode 12 與 iOS 14 程式，最重要的是你將能夠開發一個 App 並發布至 App Store。

閱讀對象

本書的閱讀對象是給沒有任何程式經驗、想要學習 Swift 程式語言的初學者。不論你是想學習新程式語言的程式設計師，或者是想要將你的設計轉換為 iOS App 的設計師，又或者是一位想要學習寫程式的企業家，這本書絕對是你的首選。

我假定你是已經熟悉使用 macOS 與 iOS 的讀者。

SwiftUI vs UIKit

自從 Apple 於 2019 年末發布了一個名為「SwiftUI」的新 UI 框架以來，一個常見的問題是「應該要學習使用 SwiftUI 還是 UIKit（故事板）來建立使用者介面呢？」

我的答案是「兩者皆要學習」，尤其是你目標成為一個專業的 iOS 開發者，並以此專業來求職。AppStore 上的大多數 App 都是使用 UIKit 來開發的，如果你被雇用，則很可能會在職場上會碰到使用 UIKit 所開發的 App，即使你不打算以此來找工作，SwiftUI 尚未能含括所有的 UI 元件，在某些情況下，你可能需要利用 UIKit 所提供的元件，這就是為什麼我建議在過渡時期皆需要學習這兩個框架的原因。

本書的重點在於學習如何使用 UIKit 與故事板建立使用者介面，如果你想要學習 SwiftUI 框架的話，你可以參考我的另一本著作《iOS App 程式開發實務攻略：快速精通 SwiftUI》。

目 錄

CHAPTER *01* 開發工具、學習方法與 App 點子..................001

1.1 開發 App 的所需工具..................................002

1.2 學習 App 的方式.....................................005

1.3 發想 App 好點子.....................................007

1.4 本章小結...009

CHAPTER *02* 使用 Playground 來首次體驗 Swift 011

2.1 開始學習 Swift.....................................014

2.2 在 Playground 中測試 Swift.........................015

2.3 常數與變數...017

2.4 了解型別推論.......................................019

2.5 文字的處理...020

2.6 流程控制...023

2.7 了解陣列與字典.....................................026

2.8 了解可選型別.......................................032

2.9 玩玩 UI...036

2.10 下一章的主題......................................039

CHAPTER *03* Hello World！使用 Swift 建立第一個 App.....041

3.1 你的第一個 App....................................042

3.2 開始建立專案.......................................044

3.3 熟悉 Xcode 工作區.................................047

3.4 第一次執行你的 App................................049

3.5 快速演練介面建構器.................................051

3.6 設計使用者介面.....................................053

3.7 為 Hello World 按鈕加上程式碼 055

3.8 使用者介面與程式碼間的連結 057

3.9 測試你的 App 058

3.10 變更按鈕顏色 058

3.11 你的作業：繼續修改專案 059

3.12 下一章的主題 061

CHAPTER 04 進階說明 Hello World App 的原理 063

4.1 了解實作與介面 064

4.2 觸控背後 065

4.3 深入了解 showMessage 方法 067

4.4 使用者介面與程式碼的關係 070

4.5 UIViewController 與視圖控制器的生命週期 071

4.6 「執行」按鈕背後的動作原理 073

4.7 本章小結 074

CHAPTER 05 自動佈局介紹 075

5.1 為何要自動佈局？ 076

5.2 自動佈局和約束條件息息相關 079

5.3 在介面建構器即時預覽 079

5.4 使用自動佈局將按鈕置中 080

5.5 解決佈局約束條件問題 082

5.6 預覽故事板的另一種方式 084

5.7 加入標籤 085

5.8 安全區域 089

5.9 編輯約束條件 090

5.10 你的作業：加入表情符號標籤 091

5.11 本章小結 092

CHAPTER *06* 使用堆疊視圖設計 UI 093

6.1　堆疊視圖是什麼？ 094

6.2　範例 App 095

6.3　建立新專案 096

6.4　加入圖片至 Xcode 專案 096

6.5　使用堆疊視圖佈局標題標籤 098

6.6　使用堆疊視圖佈局圖片 102

6.7　對堆疊視圖定義佈局約束條件 105

6.8　在圖片下方加入標籤 107

6.9　使用堆疊視圖佈局按鈕 108

6.10　使用尺寸類別調整堆疊視圖 113

6.11　保存向量資料 117

6.12　你的作業：建立佈局特規、加入標籤 118

6.13　本章小結 120

CHAPTER *07* 原型設計 121

7.1　在紙上繪出你的 App 點子 123

7.2　繪出 App 線框圖 124

7.3　使你的草圖／線框圖可互動 125

7.4　常用的原型設計工具 127

7.5　本章小結 133

CHAPTER *08* 建立簡單的表格式 App 135

8.1　建立一個 SimpleTable 專案 136

8.2　設計使用者介面 138

8.3　執行 App 迅速測試 139

8.4　UITableView 與協定 142

8.5　陣列新手教學 146

8.6 連結 DataSource 與 Delegate 148

8.7 測試你的表格式 App 150

8.8 在表格視圖中加入縮圖 150

8.9 隱藏狀態列 152

8.10 你的作業：各個儲存格顯示不同的圖片 153

8.11 本章小結 154

CHAPTER 09 使用原型儲存格、差異性資料來源與深色模式
自訂表格視圖 155

9.1 使用 UITableViewController 與 UITableViewDiffableDataSource
建立表格視圖 App 156

9.2 顯示不同的縮圖 165

9.3 自訂表格視圖儲存格 167

9.4 在介面建構器中設計原型儲存格 167

9.5 為自訂儲存格建立類別 172

9.6 建立連結 174

9.7 更新儲存格提供者 175

9.8 圖片圓角化 178

9.9 使用深色模式測試 App 180

9.10 你的作業：修復問題並重新設計自訂表格 180

9.11 本章小結 182

CHAPTER 10 使用 UIAlertController 顯示提示並處理表格
視圖選取 183

10.1 建立更優雅的儲存格佈局 185

10.2 查閱文件 190

10.3 實作協定來管理列的選取 191

10.4 了解 UIAlertController 193

10.5 對提示控制器加入動作 195

10.6　遇到錯誤 199

10.7　使用 iPad 執行 App 201

10.8　在 iPad 上遇到另一個錯誤 202

10.9　你的作業：取消勾選與使用其他圖示 204

10.10　本章小結 206

CHAPTER *11*　物件導向程式設計、組織專案與程式碼
　　　　　　　說明文件 207

11.1　物件導向程式設計的基礎理論 208

11.2　類別、物件及實例 210

11.3　結構 210

11.4　複習 FoodPin 專案 212

11.5　建立 Restaurant 結構 214

11.6　初始化器的說明 215

11.7　self 關鍵字 216

11.8　預設初始化器 216

11.9　使用 Restaurant 物件的陣列 217

11.10　組織你的 Xcode 專案檔 222

11.11　以註解來記錄與組織 Swift 程式碼 223

11.12　本章小結 225

11.13　進階參考文獻 225

CHAPTER *12*　表格列刪除、滑動動作、動態控制器與 MVC 227

12.1　淺談模型－視圖－控制器 228

12.2　了解模型－視圖－控制器 228

12.3　在 UITableView 刪除列 230

12.4　啟用滑動刪除功能 230

12.5　使用快照從表格視圖刪除列資料 233

12.6　使用 UIContextualAction 滑動帶出其他動作 234

12.7　SF Symbols 介紹 240

12.8　自訂 UIContextualAction 241

12.9　在 iPad 上測試 243

12.10　你的作業：實作向右滑動 245

12.11　本章小結 246

CHAPTER *13*　導覽控制器與 Segue **247**

13.1　故事板中的場景及 Segue 248

13.2　建立導覽控制器 248

13.3　導覽列大標題 250

13.4　加入細節視圖控制器 250

13.5　建立細節視圖控制器的新類別 255

13.6　為自訂類別加入變數 256

13.7　使用 Segue 傳送資料 257

13.8　停用大標題 259

13.9　你的作業：加入更多的餐廳資訊 259

13.10　本章小結 260

CHAPTER *14*　改善細節視圖、自訂字型與自適應儲存格 **261**

14.1　了解起始專案 262

14.2　使用自訂字型 263

14.3　設計表格視圖頭部 265

14.4　了解圖片視圖的縮放 275

14.5　修復問題 276

14.6　餐廳名稱被截掉 276

14.7　使用 UIView 調暗圖片 277

14.8　對動態型別使用自訂字型 279

14.9　設計原型儲存格 281

14.10　更新 RestaurantDetailViewController 類別 287

14.11　準備測試 290

14.12 自訂表格視圖分隔符號 291

14.13 了解自適應儲存格 291

14.14 本章小結 291

CHAPTER *15* 自訂導覽列、深色模式與動態型別 293

15.1 自訂導覽列 295

15.2 滑動隱藏導覽列 299

15.3 作業①：修正導覽列的錯誤 301

15.4 Swift 擴展 302

15.5 為深色模式調整顏色 303

15.6 變更狀態列的樣式 306

15.7 動態型別 309

15.8 作業②：解決問題 311

15.9 本章小結 312

CHAPTER *16* 運用地圖 313

16.1 使用 MapKit 框架 314

16.2 加入地圖介面至你的 App 315

16.3 作業①：修改地圖視圖 321

16.4 顯示全螢幕地圖 322

16.5 作業②：修復錯誤 324

16.6 使用地理編碼器將地址轉換為座標 324

16.7 地圖標記概論 325

16.8 對地圖加入標記 327

16.9 對全螢幕地圖加入標記 329

16.10 自訂標記 332

16.11 自訂地圖 335

16.12 作業③：移除標題 336

16.13 本章小結 336

CHAPTER *17* 基礎動畫、視覺效果與回退 Segue 337

17.1 加入評分按鈕 339

17.2 建立視圖控制器來評分餐廳 343

17.3 為模態視圖建立 Segue 346

17.4 為評分視圖控制器定義退出機制 348

17.5 對背景圖片應用模糊效果 349

17.6 了解 Outlet 集合 350

17.7 使用 UIView 動畫對對話視圖進行動畫處理 352

17.8 滑入動畫 355

17.9 彈簧動畫 358

17.10 結合兩種變形 359

17.11 回退 Segue 與資料傳遞 360

17.12 你的作業：加入動畫與重構程式碼 366

17.13 本章小結 367

CHAPTER *18* 靜態表格視圖、相機與
NSLayoutConstraint 369

18.1 設計新餐廳視圖控制器 371

18.2 連結新餐廳控制器 376

18.3 建立圓角的文字欄位 378

18.4 移至下一個文字欄位 381

18.5 自訂導覽列 384

18.6 使用 UIImagePickerController 顯示照片庫 384

18.7 採用 UIImagePickerControllerDelegate 協定 387

18.8 以編寫程式的方式來定義自動佈局約束條件 389

18.9 隱藏鍵盤 392

18.10 你的作業：加入儲存按鈕 392

18.11 本章小結 393

CHAPTER *19* 運用 Core Data **395**

19.1　何謂 Core Data？ 396

19.2　Core Data 堆疊 397

19.3　使用 Core Data 模板 398

19.4　建立資料模型 401

19.5　建立託管物件 403

19.6　使用託管物件 406

19.7　處理空表格視圖 407

19.8　運用託管物件 410

19.9　儲存一間新餐廳至資料庫 411

19.10 使用 Core Data 取得資料 413

19.11 使用 Core Data 刪除資料 416

19.12 作業①：修復錯誤 417

19.13 更新託管物件 418

19.14 作業②：修改最愛按鈕 419

19.15 本章小結 420

CHAPTER *20* 搜尋列與 UISearchController **421**

20.1　使用 UISearchController 422

20.2　加上搜尋列 423

20.3　內容篩選 424

20.4　使用述詞來搜尋結果 426

20.5　表頭視圖的搜尋列 427

20.6　自訂搜尋列的外觀 428

20.7　你的作業：加強搜尋功能 429

20.8　本章小結 430

CHAPTER *21* 使用 UIPageViewController 與容器視圖建立
導覽畫面 431

21.1　快速瀏覽導覽畫面 433

21.2　為 UIPageViewController 建立新故事板 434

21.3　了解頁面視圖控制器與容器視圖 435

21.4　設計主視圖控制器 437

21.5　設計頁面內容視圖控制器 442

21.6　建立 WalkthroughContentViewController 類別 444

21.7　實作頁面視圖控制器 446

21.8　實作導覽視圖控制器 450

21.9　顯示導覽畫面 451

21.10 處理頁面指示器與 Next/Skip 按鈕 452

21.11 為手勢導覽更新頁面指示器 456

21.12 解決導覽畫面重複出現的問題 459

21.13 UserDefaults 介紹 459

21.14 使用 UserDefaults 460

21.15 本章小結 462

CHAPTER *22* 探索標籤列控制器與故事板參考 463

22.1　建立標籤列控制器 464

22.2　推送後隱藏標籤列 467

22.3　加入新標籤 467

22.4　自訂標籤列的外觀 470

22.5　變更標籤列項目的圖片 471

22.6　故事板參考 472

22.7　本章小結 474

CHAPTER *23* 入門 WKWebView 與
SFSafariViewController 475

23.1 設計 About 視圖 477
23.2 建立 About 視圖控制器的自訂類別 478
23.3 在行動版 Safari 開啟網頁內容 484
23.4 使用 WKWebView 載入網頁內容 485
23.5 使用 SFSafariViewController 載入網頁內容 491
23.6 本章小結 493

CHAPTER *24* 探索 CloudKit 495

24.1 了解 CloudKit 框架 498
24.2 在 App 中啟用 CloudKit 500
24.3 在 CloudKit 儀表板中管理記錄 501
24.4 使用便利型 API 從公共資料庫取得資料 506
24.5 使用操作型 API 從公共資料庫取得資料 512
24.6 效能優化 514
24.7 動態指示器 515
24.8 延遲載入圖片 518
24.9 使用 NSCache 做圖片快取 521
24.10 下拉更新 524
24.11 使用 CloudKit 儲存資料 526
24.12 以建立日期來排序結果 530
24.13 你的作業：顯示餐廳的位置與類型 530
24.14 本章小結 531

CHAPTER *25* App 本地化以吸引更多的使用者 533

25.1 App 國際化 534
25.2 加入支援的語言 536

25.3　匯出本地化檔案 538

25.4　匯入本地化檔案 541

25.5　測試本地化 App 543

25.6　手動啟用本地化 546

25.7　本章小結 547

CHAPTER *26* 觸覺觸控與內容選單 **549**

26.1　主畫面的快速動作 551

26.2　內容選單與預覽 557

26.3　本章小結 562

CHAPTER *27* 在 iOS 開發使用者通知 **563**

27.1　善用使用者通知來提升客戶參與 565

27.2　使用者通知框架 567

27.3　請求使用者允許 567

27.4　建立與排程通知 568

27.5　在通知中加入圖片 571

27.6　與使用者通知互動 573

27.7　建立與註冊自訂動作 574

27.8　動作的處理 576

27.9　本章小結 578

CHAPTER *28* 在 iOS 實機上部署與測試 App **579**

28.1　了解程式碼簽署與裝置描述檔 580

28.2　檢視你的 Bundle ID 581

28.3　在 Xcode 中自動簽署 582

28.4　透過 USB 部署 App 至你的裝置 584

28.5　透過 Wi-Fi 部署 App 585

28.6　本章小結 587

CHAPTER 29 使用 TestFlight 進行 Beta 測試及 CloudKit 生產
環境部署 589

29.1 在 App Store Connect 建立 App 記錄 591

29.2 App 資訊 592

29.3 價格與可用性 593

29.4 App 政策 593

29.5 準備送審 593

29.6 更新你的編譯字串 596

29.7 準備你的 App 圖示與啟動畫面 597

29.8 App 的打包與驗證 598

29.9 上傳你的 App 至 App Store Connect 601

29.10 內部測試管理 601

29.11 管理外部測試者的 Beta 測試 603

29.12 CloudKit 生產環境部署 605

29.13 本章小結 606

CHAPTER 30 App Store 上架 607

30.1 做好準備與充分測試 608

30.2 上傳你的 App 至 App Store 609

30.3 本章小結 611

APPENDIX A Swift 基礎概論 613

A.1 變數、常數與型別推論 614

A.2 沒有分號做結尾 615

A.3 基本字串操作 615

A.4 陣列 616

A.5 字典 618

A.6 集合 619

A.7　類別 620

A.8　方法 621

A.9　控制流程 622

A.10　元組 624

A.11　可選型別的介紹 626

A.12　為何需要可選型別？ 627

A.13　解開可選型別 628

A.14　可選綁定 629

A.15　可選鏈 630

A.16　可失敗初始化器 631

A.17　泛型 632

A.18　泛型型別約束 633

A.19　泛型型別 634

A.20　計算屬性 635

A.21　屬性觀察者 636

A.22　可失敗轉型 638

A.23　repeat-while 638

A.24　for-in where 子句 638

A.25　Guard 639

A.26　錯誤處理 641

A.27　可行性檢查 645

開發工具、學習方法與
App 點子

你想要自己做一個 App 嗎？太好了！做一個 App 是一件有趣且有益的經驗。我對於多年前第一次做出 App 時的喜悅依然印象深刻，儘管我做的 App 是很簡單且很基礎的。

在我們深入探討 iOS 程式之前，先仔細了解一下你開發 App 所需要的工具，並準備好學習 iOS App 的開發。

1.1 開發 App 的所需工具

Apple 比較偏好採用封閉系統，而不是使用開放系統。iOS 只能在 Apple 自己的裝置如 iPhone 與 iPad 中運作。和另一個競爭對手 Google 不同的是，Android 系統可以在不同製造商所製作的行動裝置中運作。如果有志成為一個 iOS 開發者的話，表示你需要一台 Mac 才能進行 iOS App 的開發。

① 需要一台 Mac 電腦

擁有一台 Mac 電腦，是 iOS 程式開發的基本要求。為了開發一個 iPhone（或 iPad）App，你需要準備一台 Mac 電腦搭配 Intel 處理器，執行 macOS 10.15.4 版本（或以上版本的作業系統）。若是你目前只有 PC，最便宜的方案是購買 Mac Mini。在撰寫本書時，Mac Mini 的入門版市售價格是台幣 21,900 元，你可以把它接到你的 PC 螢幕即可。最基本的 Mac Mini 的配備是 3.6GHZ 雙核心 Intel Core i3 處理器與 8GB 記憶體，這樣的配備執行 iOS 程式開發工具綽綽有餘了。當然，若你有更多預算的話，可以購買更高階的中階版、高配版，或是搭載較佳的運算處理器的 iMac。

> **提示** 那麼黑蘋果（Hackintosh）呢？如果你沒有 Mac 的話，我聽過可以在 Window 電腦中使用它，或許你可能聽過一些人使用黑蘋果進行 iOS 開發的成功案例，但這不是我們所推薦的方式。如果你是認真想要學習 iOS 開發，且能夠負擔得起預付成本的話，買一台 Mac 電腦倒是一項不錯的投資。

② 註冊一個 Apple ID

你需要一個 Apple ID 才能下載 Xcode，以及閱讀 iOS SDK 文件與其他技術資源。最重要的是，它可以讓你部署 App 至 iPhone/iPad 來進行實機測試。

若是你曾經在 App Store 下載過 App，那很明確的，你已經有了一個 Apple ID。若是你之前從來沒有建立過 Apple ID，則只要到 Apple 的網站：URL https://appleid.apple.com/，跟著步驟來註冊即可。

③安裝 Xcode

當我們要開發 iOS App 時，Xcode 是唯一需要下載的工具。Xcode 是一個由 Apple 所提供的整合開發環境（Integrated Development Environment，簡稱 IDE），它提供你開發 App 所有的工具。Xcode 包含了最新版本的 iOS SDK（Software Development Kit 的縮寫）、一個內建的程式碼編輯器、圖形化使用者介面（User Interface，簡稱 UI）編輯器、除錯（Debug）工具以及其他的工具。最重要的是，Xcode 提供了 iPhone（或 iPad）的模擬器，讓你不需要用到實體裝置也能測試你的 App。

當要安裝 Xcode 時，必須開啓你的 Mac 電腦的 Mac App Store 來下載。若是你使用最新版本的 Mac OS，你應該可以在 Mac 電腦下方的 Dock 工具列找到 Apple Store 的圖示，如圖 1.1 所示。如果找不到的話，你可能需要升級到新版的 Mac OS。

圖 1.1　在 Dock 工具列上的 App Store 圖示

在 Mac App Store 中，搜尋「Xcode」，並點選「取得」（Get）按鈕下載，如圖 1.2 所示。

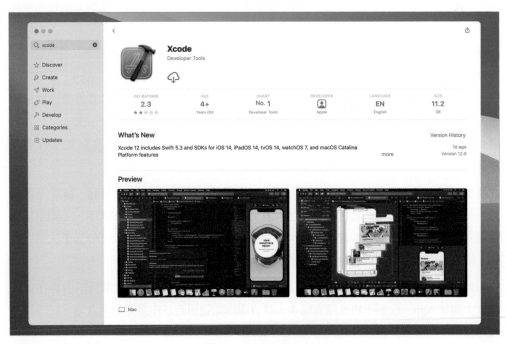

圖 1.2　下載 Xcode 12

接著完成安裝程序後，電腦上的 Launchpad 就會出現一個 Xcode 的圖示，如圖 1.3 所示。

圖 1.3　在 Launchpad 上的 Xcode 圖示

　　撰寫本書內容時，Xcode 是 12 版，因此本書會全部使用這個版本來建立相關的範例 App。即使你已安裝過之前版本的 Xcode，我仍建議你升級到最新版本，這樣可以讓你更容易跟著本書的課程來學習。

④註冊 Apple 開發者計畫（可自行選擇）

　　進行 iOS App 開發時，最常被問到是否需要申請 Apple 開發者計畫（Apple Developer Program；URL https://developer.apple.com/programs/），簡短答覆你：「可自行選擇」。首先，Xcode 已經包含了內建的 iPhone 及 iPad 模擬器，你可以在自己的 Mac 電腦上開發及測試 App，而不一定要加入 Apple 開發者計畫。

　　從 Xcode 7 開始，Apple 改變了有關在實體裝置上建立以及執行 App 的政策。在此之前，你需要支付每年 99 美元，才能夠在實體的 iPhone 或 iPad 部署與執行你的 App。而現在已經不需要先申請 Apple 開發者計畫，就可以在實體裝置上做測試。不過必須要告訴你的是，當你想要嘗試更多先進的功能，例如：在應用程式內購買（In-App Purchase）、推播通知與 CloudKit，你依舊需要申請開發者計畫會員。最重要的是，若是沒有支付 99 美元年費的話，則無法將你的 App 提交至 App Store。

　　那麼，現在該申請開發者計畫了嗎？Apple 開發者計畫每年要付 99 美元，雖然不是太貴，但是也不是很便宜。當你在閱讀這本書時，很可能你只是一個開發新手，才剛開始要探索 iOS 程式開發而已。本書是針對初學者所撰寫的。我們會從簡單的部分入手，還不會馬上觸及進階的功能，直到你掌握了基本的技巧。

　　因此，即使你沒有馬上註冊開發者計畫，你還是可以跟著本書絕大部分的內容在實體裝置上測試 App。此刻不妨先節省成本，我會讓你知道何時該申請開發者計畫，屆時我會鼓勵你參加開發者計畫來發布 App 至 App Store。

1.2　學習 App 的方式

　　自 2012 年開始以來，我透過部落格、線上課程以及開設親自授課的工作坊，來進行 iOS 程式教學，我發現了學習方法與心態對於「學習是否成功」會有很大的影響。在我說明 Swift 與 iOS 程式之前，我需要你調整好正確的學習心態，並了解什麼才是最有效率的程式學習方法。

親自動手寫

　　關於如何學習寫程式的常見問題之一是：

　　「學習 iOS 程式的最佳方式爲何？」

　　首先，感謝你閱讀本書。我必須告訴你：「學習程式語言不能只是看書而已」。本書中有 Xcode、Swift 與 iOS App 開發中所有你必須學習的內容。

　　不過，最重要的是「採取行動」。

　　若是必須要給這個問題一個答案的話，我會說：「從做中學」，這就是我教學方法的關鍵。

　　我來稍微改變一下這個問題：

　　「學習英文（或任何其他語言）的最佳方式爲何？」

　　「學習騎自行車（或其他各式運動）的最佳方式爲何？」

　　你或許已經知道答案，我特別喜歡在 Quora（ URL https://www.quora.com/How-do-I-quickly-and-efficiently-learn-a-new-language）中學習一門新語言的答案：

　　「依照這個規則重複不斷：每天聽一小時、説一小時、發表一篇日誌。」

—Dario Mars Patible

　　透過練習來學習，而不是只研究文法。學習程式和學習一種語言非常相似，你需要採取行動，如做一些專案或者練習作業。你必須坐在 Mac 前面，進入 Xcode 的世界並寫程式。過程中如果有做錯並不要緊，只要記得閱讀本書時，要開啓 Xcode 來寫程式。

了解學習 App 開發的動機

　　爲什麼你需要學習開發 App 呢？是什麼樣的動機讓你願意犧牲週末假日來學習如何寫程式呢？

有些人學習App開發是為了錢。這並沒有對錯，你可能想要透過App來賺些外快，甚至想把它變成一項真正的生意，這點可以理解，誰不想擁有富裕的生活呢？

不過，至2019年2月，App Store上已經有220萬支App。將App上傳至App Store，然後期望一夕致富已經是非常困難的事。當賺錢是你開發App的唯一理由時，你可能很快就灰心並放棄，尤其是你看到像這樣的文章：

● **我在App Store賺了多少錢？**（URL https://sitesforprofit.com/how-much-money-app-store）

「現實是：售出199套＝總銷售額US\$ 209＝淨收益US\$ 135（我的淨利）。為了讓App能夠上架，我必須要付\$99開發費。過了兩個月又一週之後，我的（稅前）利潤是\$36。」

—James

寫程式是有難度且具挑戰性的事情。我發現那些能夠精通程式語言的人，都富有強烈想開發App的渴望，並熱衷於學習程式。他們通常會將腦海中所浮現的想法變成真實。賺錢對他們而言，反而不是第一要關切的事；他們知道這個App除了可以解決他的問題之外，同時也能帶給其他人好處，有了如此強大的目標後，他們會克服任何障礙來完成。所以請再次思考一下你的學習程式動機是什麼？

教學相長

「教學相長」是一句古老的諺語，在現代社會上依然適用。然而，你不需要成為一個專家才能教學。我並不是指在大學授課或在正式課堂上面對一群學生來教學的情形。教學不一定要透過這種方式才行，它可以像是和同事或隔壁同學分享你的知識這麼簡單。

試著找到一些有興趣學習iOS程式的朋友，當你學到一些新知識時，試著向某人解釋內容。舉例而言，當你完成第一個App之後，可告訴你親近的朋友，它是如何運作的，並教導他們如何建立一個App。

如果你無法找到可以分享的夥伴時該怎麼辦呢？別擔心，你可以開始在「medium.com」（URL https://medium.com）或者你喜歡的部落格平台上，每天寫部落格文章，以將你所學習的內容加以歸納整理。

這是我在Appcoda.com發表了許多的教學文章以及出版我的第一本書後，所發現的最有效率的學習方法。

有時你以為自己已經很了解內容了，但是當你需要向某人解釋觀念或者回答問題時，你也許會發現自己實際上並沒有完全了解，這會讓你更認真去學習內容。當你在學習iOS程式設計時，不妨試試這個方法。

具備耐心

「意志力是面對長遠目標時的熱情與毅力。意志力是耐力的表現，意志力是日復一日對未來依然堅信不已。不是只有這週、這個月，而是年復一年。用心、努力工作來實現所堅信的未來。意志力是將生活看作是一場馬拉松，而不是短跑。」

—Angela Lee Duckworth 博士

我的學生問我：「成為一位好的開發者，需要多少時間？」

要精通一門程式語言，並成為一位很優秀的開發者，通常需要數年之久，絕對不是幾週或幾個月就可以達成。

本書將帶領你開始這個旅程，你將學會 Swift 與 iOS 程式設計的基礎，最後做出自己的 App。也就是說，要成為一位專業的程式設計師，並建立一些不錯的 App，是需要付出時間的。

請具備耐心。對於你的第一個 App，不要把期望設得太高，只要享受這個過程，去建立一些好玩有趣的作品。持續地閱讀及寫程式，最終你將精通這個技術。

1.3 發想 App 好點子

我總是鼓勵我的學生在開始學習 App 開發時，提出自己的 App 點子，這個點子不需要太大，你不需要馬上想出建立下一個 Uber 或者改變世界的 App，你只需要由一個很小且可以解決問題的點子來開始即可。

這邊提供你一些例子。

我最常提及的一個經典例子是「Cockpit Dictionary」（URL https://itunes.apple.com/us/app/cockpit-dictionary/id1059314356?mt=8），它是由飛行員 Manolo Suarez 所開發的 App。他在學習 App 程式設計時，已經有了一個 App 的點子，這個點子並不特別，不過卻可以解決他自己的問題。有成千上萬的航空術語都是使用縮寫形式，即使有超過 20 年飛航經驗的飛行員，也無法記得所有的縮略詞與專業術語。而與其把字典印出來，他想到建立一個給飛行員使用的簡單 App，可以利用這個 App 來查詢所有的航空術語。這個既簡單又很棒的點子，可以解決他自己的問題，如圖 1.4 所示。

圖 1.4　Cockpit 字典

　　另外一個例子是「NOAA Buoy Data」App，雖然 App 已經從 App Store 下架，我依然想以此為例，這個 App 的設計是取得國家海洋暨大氣總署（National Oceanic and Atmospheric Administration，簡稱 NOAA）的國家資料浮標中心（National Data Buoy Center，簡稱 NDBC）的天氣、風與波浪的最新資料。這個 App 是由 Leo Kin 所開發，他是在手術後的復健過程中想到了這個 App，如圖 1.5 所示。

　　「手術之後，我必須穿著護頸器好幾個月。在那幾個月中，我不能移動太多，即使走路或舉起手臂都很困難。我的物理治療師告訴我必須要儘可能地運動，來讓我逐漸萎縮的肌肉能夠回復。

　　有一個島離我的住家很近，我很喜歡去那邊散步。唯一的問題是它只能在退潮的時候過去，而一旦滿潮，除了游泳之外，便無法回去。由於我的身體很虛弱，我非常害怕被困在這個島上而無法回去。當我在走路的時候，我總是查詢一下 NOAA 的網站，並檢查潮汐的高低是否讓我有足夠的時間能夠返回。

　　在某次散步時，我想到建立一個 App，即使沒有人會使用這個 App 也不要緊，因為它可以幫助我追蹤潮汐的狀況，讓我能夠及時返家。」　　　　　　　　　　　　　—Leo Kin

　　你也許對他的 App 不感興趣，但它能夠及時解決他所面臨的問題，或許在那個島上的人們，會因為他的 App 而獲得好處吧！

 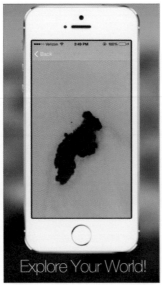 

圖 1.5　**NOAA Buoy Data App**

　　擁有一個 App 點子，可以讓你有更明確的學習目標與動機。現在花點時間，在下面寫下三個 App 點子：

1. _____

2. _____

3. _____

1.4　本章小結

　　以上介紹到這裡，請花點時間在 Mac 上安裝 Xcode，然後想出自己的 App 點子。即使我在教學時所示範的 App 與你的 App 不盡相同，你將學會所需的程式技巧來強化你的 App。

　　我們進入下一章時，將開始使用 Swift 進行程式設計。

　　將一切準備好吧！

使用 Playground 來
首次體驗 Swift

現在你已經設定完 iOS App 開發所需的環境，再繼續往下之前，我先回覆初學者另一個常見的問題，很多人會問我：「開發 iOS App 之前需要先具備哪些技能」，簡而言之，可以歸納成以下三個部分：

- **學習 Swift**：Swift 現在是撰寫 iOS App 所推薦的程式語言。
- **學習 Xcode**：Xcode 是你設計 App UI、撰寫 Swift 程式與建立你的 App 所需的開發工具。
- **了解 iOS 軟體開發工具**：Apple 提供軟體開發工具，使開發者能夠更輕鬆開發程式。這個套件內建一組軟體開發工具與 API，可以讓開發者強化 iOS App 的開發能力。舉例而言，如果你要在你的 App 中開啓一個網頁，則 SDK 提供內建的瀏覽器，可以讓你馬上在 App 中嵌入它。

你需要具備以上三項的相關知識，而且還有許多的東西要學習。不過別擔心，當你學習完本書之後，你將學習到這些能力。

我們開始說明關於 Swift 的一些歷史吧！

2014 年的世界開發者會議（Worldwide Developer Conference），Apple 推出了一個新的程式語言，稱爲「Swift」，這讓所有的開發者大吃一驚。Swift 標榜爲「快速、現代、安全、互動」的程式語言，其很容易學習，而且內建許多功能，可以讓程式開發更有效率。

在 Swift 宣布之前，iOS Apps 主要是以 Objective-C 來撰寫，這個語言已經用了將近 20 年，被 Apple 選爲 Mac 與 iOS 的主要開發語言。我和許多熱衷 iOS 開發的程式設計師談過，絕大多數的人認爲 Objective-C 難以學習，而且語法看起來很怪異。簡單地說，這些程式碼嚇跑了一些想學習 iOS 程式開發的初學者。

Swift 的推出，或許是 Apple 對這些看法的答案，這個語法可更簡潔閱讀。我從 Swift 推出 Beta 版時就開始學習，至今已經超過三年，我可以保證使用 Swift 的開發效率會更高，它絕對能加速開發過程，一旦你習慣使用 Swift 程式，你可能再也回不去 Objective-C 了。

在我來看，Swift 將會吸引更多的網頁開發者或初學者來開發 App。若你是一個擁有任何一種腳本語言程式經驗的網頁開發者，你可以利用現有的專業技術來擴充在 iOS 的開發知識。對你而言，學習 Swift 會非常容易，這麼說好了，即使你是一個完全沒有程式開發經驗的初學者，以 Swift 來開發 App 的話，你會發現這個語言讓人感覺友善且自在。

2015 年 6 月，Apple 宣布了 Swift 2，並且將這個程式語言變成開源，這真是一件大事，自此之後，開發者就使用這個程式語言開發一些有趣且非常棒的開源專案。你不僅可以使用 Swift 來開發 iOS App，而且像 IBM 這樣的公司已經開發出網頁框架（web framework），可以讓你以 Swift 建立 Web App，現在你也可以在 Linux 執行 Swift。

在 Swift 2 之後，Apple 於 2016 年 6 月推出了 Swift 3。這個版本的程式語言已整合到 2016 年 9 月所發布的 Xcode 8 中，這也是這個程式語言誕生以來的其中一個重要的版本。Swift 3 有許多的變更，API 被重新命名，並推出了更多的功能，這些變更都讓這個程式語言變得更棒，開發者可以撰寫更漂亮的程式碼。也因此，開發者花了很多工夫將專案轉移至新版本。

2017 年，Apple 推出了 Swift 4 與 Xcode 9，並做了更多的強化與改善，最新的 Swift 版本能夠向下相容，這表示由 Swift 3 所開發的專案也可以在 Xcode 9 運作，而不會有所改變。若是你必須要做移轉，從 Swift 3 移轉到 Swift 4，會比 2.2 版移轉到 3，來得簡單許多。

2018 年末，Apple 對 Swift 與 Xcode 10 的更新幅度不大，版本已經來到 4.2 版，儘管不是大幅度變動，這個新版本還是做了許多語言效能提升的改善。2019 年 3 月，Apple 正式釋出 Swift 5，這也是這個程式語言的關鍵里程碑，這個版本加入了許多新的功能，最重要的變更是 Swift 即時執行（Runtime）已經加入 Apple 平台的操作系統，其中包括 iOS、macOS、watchOS 與 tvOS。其實，對於開發者來說，這是一件好事，從某個角度來看，這表示 Swift 語言已經變得更穩定且成熟了。2020 年，隨著 Xcode 12 推出的同時，Apple 也釋出了 Swift 5.3，加入更多強大的功能，能夠編寫出更為清楚優質的程式碼。

如果你完全是個初學者，你可能心中會有些疑問，為什麼 Swift 會不斷變更呢？如果它不斷更新，Swift 到底能不能使用？

幾乎所有的程式語言都會隨著時間而變更，Swift 也不例外，每年都會為 Swift 加入新的程式語言功能，以使這個程式語言更強大，並且對開發者更友善。這和我們的語言一樣，例如：英語仍然會隨著時間而變更，每年都會向字典中加入新的單字與片語（如 freemium）。

> 說明 所有的程式語言一段時間就會做更新，理由有很多種，就和英語一樣。
>
> ※ 出處：[URL] https://www.english.com/blog/english-language-has-changed

雖然 Swift 不斷進化，但這並不表示它還不能被真正運用。當你想建立一個 iOS App，你應該使用 Swift。事實上，它已經成為 iOS App 的開發標準，如 LinkedIn（[URL] https://engineering.linkedin.com/ios/our-swift-experience-slideshare）、Duolingo（[URL] http://making.duolingo.com/real-world-swift）與 Mozilla（[URL] https://mozilla-mobile.github.io/ios/firefox/swift/core/2017/02/22/migrating-to-swift-3.0.html），從最初的版本都已經完全使用 Swift 來撰寫。隨著 Swift 4 的發布，代表這個程式語言變得更穩定，絕對適合企業與一般開發來使用。

2.1 開始學習 Swift

對於背景與歷史就談到這裡，我們開始介紹 Swift。

在嘗試開始使用 Swift 程式語言之前，先來看下列的程式碼。

Objective-C

```
const int count = 10;
double price = 23.55;

NSString *firstMessage = @"Swift is awesome. ";
NSString *secondMessage = @"What do you think?";
NSString *message = [NSString stringWithFormat:@"%@%@", firstMessage, secondMessage];

NSLog(@"%@", message);
```

Swift

```
let count = 10
var price = 23.55

let firstMessage = "Swift is awesome. "
let secondMessage = "What do you think?"
var message = firstMessage + secondMessage

print(message)
```

第一段程式碼是以 Objective-C 來撰寫的，第二段程式碼則是使用 Swift 程式語言，以上哪一種語言你比較喜歡呢？我猜你可能比較喜歡使用 Swift 來編寫，特別是當你對 Objective-C 語法感到失望的話。Swift 比較清楚且易於閱讀，每一段敘述結束的地方都沒有 @ 的符號與分號。以下這兩段敘述是將第一段與第二段訊息串接在一起，我相信你已經猜到下列這段 Swift 程式碼的意義了。

```
var message = firstMessage + secondMessage
```

而你恐怕會對下列的 Objective-C 程式碼感到困惑吧：

```
NSString *message = [NSString stringWithFormat:@"%@%@", firstMessage, secondMessage];
```

2.2　在 Playground 中測試 Swift

　　我不想直接列出程式碼來讓你感到厭煩，而了解程式的最好方法就是「實際撰寫程式」。Xcode 有一個內建的功能稱為「Playground」，它是一個讓開發者能夠實驗 Swift 程式語言的互動開發環境，可以讓你即時看到程式運作後的結果，待會你將會了解我的意思以及 Swift Playground 的運作方式。

　　假設你已經安裝完 Xcode 12（或以上的版本），啟動這個應用程式（點選 Launchpad 的 Xcode 圖示），然後你應該會看見一個啟動對話視窗，如圖 2.1 所示。

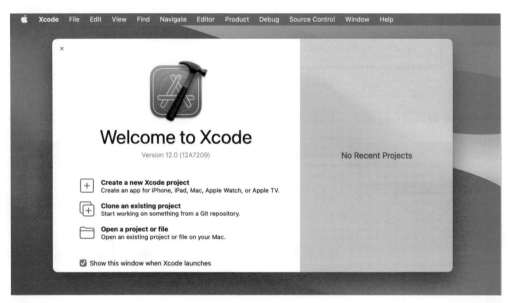

圖 2.1　啟動對話視窗

　　Playground 是 Xcode 檔的特別型別。要建立 Playground 檔的話，你只要至 Xcode 選單，並選取「File → New → Playground」，就會出現一個選擇模板的提示。由於我們的重點是在 iOS 環境中探索 Swift，因此在「iOS」區塊下，選取「Blank」來建立一個空白檔，接著點擊「Next」來繼續，如圖 2.2 所示。

圖 2.2　建立一個 Playground 檔

一旦你要確認儲存這個檔案，Xcode 開啓 Playground 介面。你的畫面看起來像這樣：

圖 2.3　Playground 介面

　　左側窗格是讓你輸入程式碼的編輯區，當你想要在上面測試你的程式碼時，點擊「Play」按鈕，Playground 會立即解譯你的程式碼（執行程式到「Play」按鈕上方那一行），並將結果顯示在右側的窗格中。Playground 中有預設兩行的程式碼，如你所見，在你點擊第 4 行的「Play」按鈕後，str 變數宣告的結果立即出現在右側窗格中。

我們將會在 Playground 中撰寫一些程式，請記住這個練習的目的是要讓你體驗 Swift 程式，並學習它的基礎。我不會介紹所有的 Swift 特點，而是將重點放在這些主題：

- 常數（Constant）、變數（Variable）與型別推論（Type Inference）。
- 控制流程（Control Flow）。
- 集合型別（Collection Types），如陣列（Array）與字典（Dictionary）。
- 可選型別（Optional）。

這些都是你所需要知道有關 Swift 的基本主題。你將透過例子來學習，但我確信你將會對一些程式語言的觀念感到困惑，尤其是當你完全沒有學過程式的話。不過，不用擔心！你將會在一些章節裡發現到我所提供的一些建議，只要遵循我的建議，然後持續學習即可。另外，若是你在學習上遇到障礙，記得要休息一下。

酷！讓我們開始吧！

2.3 ｜ 常數與變數

常數與變數是兩個在程式中的基本元素。變數（或是常數）的觀念和你在數學所學的一樣，如下所示：

```
x = y + 10
```

這裡 x 與 y 都是變數。10 是一個常數，表示值是沒有改變的。

在 Swift 中，你以 var 關鍵字來宣告一個變數，另外使用 let 關鍵字來宣告一個常數。當你將上列的方程式寫成程式，看起來如下所示：

```
let constant = 10
var y = 10
var x = y + constant
```

試著在 Playground 輸入這些程式碼，然後點擊第 5 行的「Play」按鈕，結果如圖 2.4 所示。

圖 2.4　方程式的結果

你可以任意命名變數與常數名稱，只要確認它們是有意義的命名就好。例如：你可以將同樣的程式撰寫如下：

```
let constant = 10
var number = 10
var result = number + constant
```

為了讓你對 Swift 的常數與變數能更清楚了解，輸入下列的程式碼來變更 constant 與 number 的值：

```
constant = 20
number = 50
```

接著，按下 Shift + command + Enter 鍵來執行程式，除了使用「Play」按鈕以外，你可以使用快捷鍵來執行程式。

你只是設定新值給常數與變數，不過當你變更常數的值，Xcode 會出現錯誤，number 反而沒有問題，如圖 2.5 所示。

圖 2.5　Playground 中的錯誤提示

這是 Swift 中常數與變數的主要差異，當常數以一個值來做初始化，你不能改變它，如果初始化後還想變更其值的話，則使用變數。

2.4 了解型別推論

Swift 提供開發者許多功能來撰寫簡潔的程式，其中一項功能是「型別推論」。以上這段相同的程式可以明確地撰寫如下：

```
let constant: Int = 10
var number: Int = 10
var result: Int = number + constant
```

每一種 Swift 中的變數有一種型別，在「:」後的關鍵字「Int」，表示這個變數／常數的型別是一種整數，如果儲存的值是小數，我們使用 Double 型別。

```
var number: Double = 10.5
```

還有其他型別如 String，是用在文字型別的資料，而 Bool 則是布林（boolean）值（true / false）。

現在回到「型別推論」，在 Swift 中它是一個強大的功能。當你在宣告一個變數／常數時，可以讓你省略型別。Swift 的編譯器可以檢查你所提供的預設值，來推論出其型別為何，這也是為何我們能像以下這樣，將程式寫得更簡單的原因。

```
let constant = 10
var number = 10
var result = number + constant
```

這裡所給定的值（即 10）是一個整數，所以其型別會自動設定為「Int」。在 Playground 中，你可以按住 option 鍵，然後點選任何一個變數名稱，來揭示由編譯器所推論出的變數型別，如圖 2.6 所示。

圖 2.6　按住 option 鍵並選取這個變數來揭示其型別

2.5 文字的處理

到目前為止，我們認識了 Int 與 Double 型別的變數。想要在變數中儲存文字資料，Swift 提供了一個名為「String」的型別。

要宣告一個 String 型別的變數，你使用 var 關鍵字賦予這個變數一個名稱，並指定初始文字給它，所指定的文字以雙引號（"）來包裹，如下列的例子：

```
var message = "The best way to get started is to stop talking and code."
```

在 Playground 輸入以上的程式碼之後，點擊「Play」按鈕，你將會在右側窗格看到結果，如圖 2.7 所示。

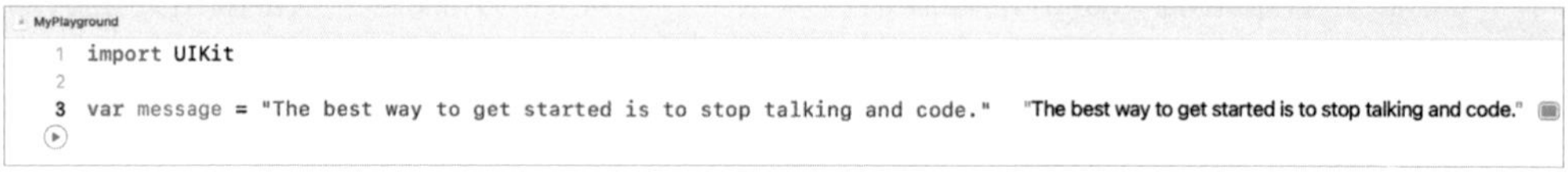

```
MyPlayground
  1  import UIKit
  2
  3  var message = "The best way to get started is to stop talking and code."    "The best way to get started is to stop talking and code."
```

圖 2.7 字串立即顯示在右側窗格

Swift 提供不同的運算子與函數（或是方法）來讓你操作字串。例如：你可以使用 + 運算子來將兩個字串串接在一起，如圖 2.8 所示。

```
var greeting = "Hello "
var name = "Simon"
var message = greeting + name
```

```
MyPlayground
  1  import UIKit
  2
  3  var greeting = "Hello "        "Hello "
  4  var name = "Simon"             "Simon"
  5  var message = greeting + name  "Hello Simon"
```

圖 2.8 字串串接

如果你想要將整個句子轉換成大寫呢？Swift 提供了一個名為「uppercased()」的內建方法，可以將一個字串轉換成大寫。你可以輸入下列的程式碼來做測試：

```
message.uppercased()
```

Xcode 的編輯器有自動完成的功能，「自動完成」功能是一個很方便的功能，它能夠加快程式撰寫的速度。當你輸入「mess」，會看到一個自動完成視窗，依照你所輸入的文字而提供對應的建議，你只需要選擇「message」，並按下 Enter 鍵即可，如圖 2.9 所示。

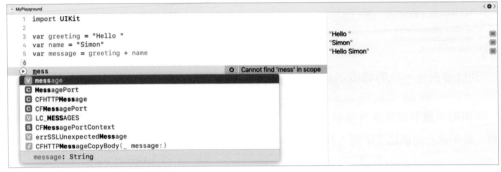

圖 2.9　自動完成功能

Swift 採用點語法來存取內建的方法以及一個變數的屬性。當你在 message 之後輸入點符號，自動完成視窗會再次彈出，它會建議一串可以由變數所存取的方法與屬性。你可以持續輸入 uppercase()，或者從自動完成視窗中來選取，如圖 2.10 所示。

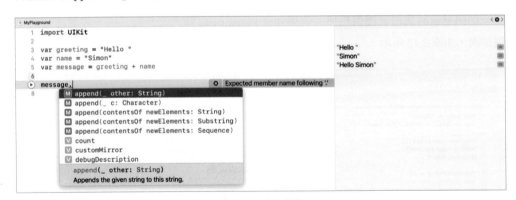

圖 2.10　方法清單

當你輸入完成之後，你會馬上看到輸出結果。當我們對 message 使用 uppercased()，這個 message 的內容會自動轉換為大寫。

uppercased() 是字串所內建的功能之一，你可以使用 lowercased() 來將 message 轉換成小寫。

```
message.lowercased()
```

或者，如果你想要計算一個字串的字元有幾個，程式碼可以這樣撰寫，如圖2.11所示。

```
message.count
```

```
  MyPlayground
  1  import UIKit
  2
  3  var greeting = "Hello "                              "Hello "
  4  var name = "Simon"                                   "Simon"
  5  var message = greeting + name                        "Hello Simon"
  6
  7  message.uppercased()                                 "HELLO SIMON"
  8  message.lowercased()                                 "hello simon"
  9  message.count|                                       11
```

圖 2.11 　使用內建的函數來操作字串

字串的串接看起來非常簡單，對吧？你只要使用＋運算子就可以將兩段字串相加。不過，並不是一切都這麼單純，我們在 Playground 寫下這些程式碼：

```
var bookPrice = 39
var numOfCopies = 5
var totalPrice = bookPrice * numOfCopies
var totalPriceMessage = "The price of the book is $" + totalPrice
```

將字串與數字混合在一起的情況很常見。在以上的例子中，我們計算書的總價，並建立一個訊息告訴使用者總價爲何，如果你在 Playground 輸入這些程式碼，你會注意到一個錯誤，如圖 2.12 所示。

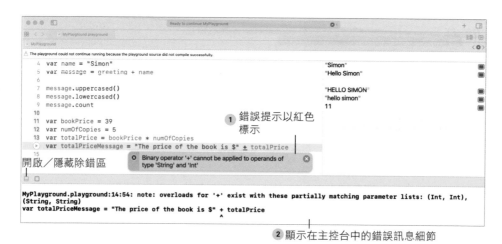

圖 2.12 　除錯區／主控台

當 Xcode 在程式中找到一個錯誤，這個錯誤會以一個紅色的「×」號加上一段錯誤訊息來提示，有時 Xcode 會顯示出這個錯誤可以修復的可能方案，有時則不會。

除了錯誤提示之外，你應該會在除錯區／主控台中看到錯誤細節。如果你的 Playground 沒有看到這個主控台，則點擊左下角的「顯示／隱藏」除錯區按鈕；此外，你也可以至 Xcode 選單中選擇「View → Debug Area → Activate Console」來開啟它。

在我告訴你如何解決這個問題之前，你知道程式碼為何無效嗎？先花個幾分鐘來想一下。

首先，要記住 Swift 是型別安全（type-safe）的語言，這表示每一個變數都有一個型別，指出是哪一種值被儲存。你知道 totalPrice 的型別是什麼？記得稍早我們所學習的，Swift 可以透過值的檢查來判斷變數的型別。

因為 39 是一個整數，Swift 判斷 bookPrice 的型別是 Int，numOfCopies 與 totalPrice 也是。

在主控台中顯示的錯誤訊息，會提到這個 + 運算子不能串接 String 變數與 Int 變數，這兩個型別必須要相同才行。換句話說，你必須要先將 totalPrice 從 Int 轉換成 String。

你可使用下列的程式碼來將整數轉換成字串：

```
var totalPriceMessage = "The price of the book is $" + String(totalPrice)
```

還有一種方式叫做「字串插值」（String Interpolation）也可以辦到。你可以像這樣撰寫來建立 totalPriceMessage 變數：

```
var totalPriceMessage = "The price of the book is $ \(totalPrice)"
```

「字串插值」是在多個型別中建立字串較推薦的方式，你可以用括號將變數包裹起來，前面加上一個反斜線來進行字串轉換。

變更完成之後，點擊「Play」按鈕並重新執行這段程式，錯誤應該會被修正。

2.6 流程控制

「關於自信心，我認為你們會意識到，你們的成功不僅僅是因為你們自己所做的一切，而是因為在朋友的幫助下，你們不害怕失敗。如果真的失敗了，爬起來再試一次，如果再次失敗，那就再爬起來，再試一次；如果最後還是失敗了，或許該考慮做些其他的事情，你們能夠站在這裡，不僅是因為你們的成功，而是因為你們不會害怕失敗。」

—John Roberts，美國首席大法官

※ 出處： URL http://time.com/4845150/chief-justice-john-roberts-commencement-speech-transcript/

每天我們會做很多決定，不同的決定會有不同的結果或動作。舉例而言，你決定明天六點起床，你將會爲自己煮一頓豐盛的早餐，否則的話，就是到外面去吃早餐。

寫程式時，你會使用到 if-then 以及 if-then-else 敘述來檢查條件，然後決定下一步要做什麼。如果你要將以上的例子寫成程式，看起來會像這樣：

```
var timeYouWakeUp = 6

if timeYouWakeUp == 6 {
    print("Cook yourself a big breakfast!")
} else {
    print("Go out for breakfast")
}
```

你宣告一個 timeYouWakeUp 變數來儲存你睡醒的時間（以24小時制），並使用 if 敘述來評估一個條件，以決定下一步的動作。這個條件是放在 if 關鍵字後面，這裡我們比較 timeYouWakeUp 的值，來看它是否等於6。這裡的 == 運算子是用來作爲「比較」用。

如果 timeYouWakeUp 等於6，在大括號後面內的動作（或敘述）便會被執行，在程式中，我們只是使用 print 函數在主控台中輸出一個訊息。而其他的情況下，則會指定執行 else 內的程式碼區塊來輸出另一個訊息，如圖 2.13 所示。

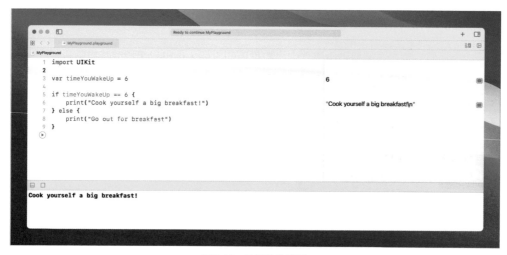

圖 2.13　if 敘述的例子

在 Playground 中，你會在主控台看到「Cook yourself a big breakfasts!」這個訊息，因爲 timeYouWakeUp 的值被初始化爲「6」，你可以試著變更爲其他值，來看看會有什麼樣的結果。

在程式設計中，條件式邏輯很常見，想像你正在開發一個登入畫面，要求使用者輸入使用者姓名與密碼。這個使用者只能使用有效的帳號才能登入，在這種情況下，你可以使用 if-else 敘述來判斷使用者名稱與密碼。

if-else 敘述是 Swift 控制程式流程的其中一種方式，Swift 也提供 switch 敘述控制要執行哪個程式碼區塊，你可以使用 switch 將上面的例子重寫如下：

```
var timeYouWakeUp = 6

switch timeYouWakeUp {
case 6:
    print("Cook yourself a big breakfast!")
default:
    print("Go out for breakfast")
}
```

如果 timeYouWakeup 設定為「6」，則會得到相同的結果，Switch 敘述是把一個值（這裡指的是 timeYouWakeUp 的值）和 case 內的值進行比較，預設的 case 是由 default 關鍵字指示，這和 if-else 敘述的 else 程式碼區塊很像，如果所評估的值與任何一種情況不相符的話，則將執行預設的 case，因此如果你將 timeYouWakeUp 的值修改為「8」，則會顯示「Go out for breakfast」的訊息。

至於何時要使用 if-else 敘述或者 switch 敘述，並沒有一定的準則，有時會依照可讀性的原因來使用。例如：在年底通常會有一筆年終獎金，此時你將規劃一趟旅行，規劃如下：

● 如果你獲得 $10000 的獎金（或者更多），你將決定到巴黎或倫敦旅行。
● 如果你獲得 $5000 至 $9999 之間的獎金，你將決定到東京旅行。
● 如果你獲得 $1000 至 $4999 之間的獎金，你將決定到曼谷旅行。
● 如果獎金少於 $1000，則待在家中。

當你將以上的狀況寫成程式，寫法如下：

```
var bonus = 5000

if bonus >= 10000 {
    print("I will travel to Paris and London!")
} else if bonus >= 5000 && bonus < 10000 {
    print("I will travel to Tokyo")
} else if bonus >= 1000 && bonus < 5000 {
    print("I will travel to Bangkok")
} else {
```

```
    print("Just stay home")
}
```

>= 是比較運算子（comparison operator），表示「大於或等於」。第一個條件檢查 bonus 的值是否大於或等於 10000。要同時指定兩種條件，你可以使用 && 運算子。第二個 if 條件是檢查值是否在 5000 與 9999 之間。剩下的程式也很容易看得懂。

你可以使用 switch 敘述來將上列的程式碼改寫如下：

```
var bonus = 5000

switch bonus {
case 10000...:
    print("I will travel to Paris and London!")
case 5000...9999:
    print("I will travel to Tokyo")
case 1000...4999:
    print("I will travel to Bangkok")
default:
    print("Just stay home")
}
```

Swift 有一個非常方便的範圍運算子「...」，定義下限至上限的範圍，例如：5000...9999，則表示範圍是從 5000 到 9999。對於第一個 case，10000... 表示一個值是大於 10000。

這兩個程式碼區塊都是相同的，但是你比較喜歡哪種方式呢？在這種情況下，我比較喜歡 switch 敘述，可以讓程式更簡潔。不管如何，即使你比較喜歡使用 if 敘述來處理以上的問題，結果是一樣的。當你繼續探索 Swift 程式語言，你將會了解 if 或 switch 的使用時機。

2.7 了解陣列與字典

現在你已經對變數與控制流程有了基本了解，我們來介紹另一個常會用到的程式設計的觀念。

到目前為止，我們使用的變數只能儲存一個值。參考一下我們稍早的程式—bonus、timeYouWakeUp 與 totalPriceMessage，不論變數型別為何，都只能存放一個值。

我們以下列範例來看，想像你正在建立一個書架的應用程式，這個應用程式可以將你所蒐藏的書分門別類。在你的程式碼中，你可能會有一些變數存放你的書的標題：

```
var book1 = "Tools of Titans"
var book2 = "Rework"
var book3 = "Your Move"
```

除了在每一個變數儲存一個值之外，是否有其他方式能夠儲存更多的值呢？

Swift 提供一個「陣列」（Array）型別，可以讓你在一個變數中儲存多個值。有了陣列，你可以像這樣儲存標題：

```
var bookCollection = ["Tool of Titans", "Rework", "Your Move"]
```

你可以使用一串值來初始化一個陣列，並將值以逗號分開，然後以方括號包圍起來。同樣的，因為 Swift 是一種型別安全的語言，因此全部必須要是相同的型別（如字串）。

如果你才剛學習寫程式，可能會對陣列值的存取感到奇怪。在 Swift 中是使用下標語法（subscript syntax）來存取陣列元素。第一個項目的索引是 0，因此參考一個陣列的第一個項目，寫法如下：

```
bookCollection[0]
```

如果在 Playground 輸入上列的程式碼，並且點擊「Play」按鈕的話，你應該會在輸出窗格看到「Tool of Titans」。

當你以 var 宣告一個陣列，你可以修改它的元素，例如：你可以像這樣呼叫 append 這個內建的方法，來加入一個新的項目至陣列中：

```
bookCollection.append("Authority")
```

現在陣列有四個項目，那麼該如何知道一個陣列的全部數目呢？使用內建的 count 屬性：

```
bookCollection.count
```

你知道要怎樣才能把陣列的每一個元素的值輸出到主控台呢？

不要馬上看解答。

試著想一下。

好的，你也許會將程式碼撰寫如下：

```
print(bookCollection[0])
print(bookCollection[1])
print(bookCollection[2])
print(bookCollection[3])
```

這樣的寫法沒有問題，不過還有更好的方式。如你所見，上面的程式都是重複性的，如果陣列有 100 個項目，則輸入 100 行程式碼是很無趣的。在 Swift 中，你可以使用 for-in 迴圈，以特定的次數來執行一個任務（或一段程式）。舉例而言，你可以將上列的程式碼簡化如下：

```
for index in 0...3 {
    print(bookCollection[index])
}
```

這裡指定特定範圍數「0...3」來做迭代（iterate）。在這個情況下，for 迴圈內的程式碼總共執行四次。而 index 的值會跟著做變更。當 for 迴圈第一次開始執行，index 的值設定為「0」，它會輸出 bookCollection[0]。當敘述執行完成之後，index 的值會更新為「1」，接著會輸出 bookCollection[1]，整個過程重複持續直到所設的範圍（即 3）為止。

現在問題來了，如果陣列中有 10 個項目該怎麼做呢？你也許會將範圍從 0...3 改為 0...9。那麼如果項目增加到 100 個呢？你會將範圍改成 0...100。

有沒有更合適的方法，而不必每次數量改變都要去更新程式呢？

你是否注意到 0...3、0...9 與 0...100 等這些範圍的模式嗎？

範圍的上限等於全部項目數減 1，其實你可以將程式重寫如下：

```
for index in 0...bookCollection.count - 1 {
    print(bookCollection[index])
}
```

如此，現在不管陣列項目的數量為何，程式都不會有問題。

Swift 的 for-in 迴圈提供另一種對陣列來做迭代的方式，範例程式碼可以重新撰寫如下：

```
for book in bookCollection {
    print(book)
}
```

當陣列（即 bookCollection）被迭代後，每次迭代的項目會被設定給 book 常數。當迴圈第一次開始後，bookCollection 內的第一個項目設定給 book，下次的迭代陣列的第二個項目將會指定給 book，這個過程持續進行，直到達到最後一個陣列項目。

現在相信你已經了解 for-in 的運作方式，並知道如何使用迴圈來重複一個工作，我們來說明另一個常見的集合型別：「字典」（dictionary）。

字典和陣列很相似，可以讓你在一個變數／常數中儲存多個值，主要的差異在於字典中的每個值會關聯一個鍵（key），這裡不使用索引（index）來識別一個項目，你可以使用唯一的 key 來存取項目。

讓我繼續使用這個 book 集合作爲例子，每本書有一個唯一的 ISBN（國際標準書號，International Standard Book Number 的縮寫），如果你想要將每本書以它的 ISBN 作爲其索引值，你可以像這樣宣告與初始化一個字典：

```
var bookCollectionDict = ["1328683788": "Tool of Titans", "0307463745": "Rework", "1612060919": "Authority"]
```

這個語法與陣列初始化的語法非常相似，所有的值都被一對方括號包裹起來，鍵與值分別以一個冒號（:）分開。在範例程式碼中，其鍵爲 ISBN，而每本書都關聯一個唯一的 ISBN。

那麼你該如何存取一個特定的項目呢？同樣的，和陣列非常相似，不過這裡不使用數字索引，而是使用一個唯一的鍵。範例如下：

```
bookCollectionDict["0307463745"]
```

這會回傳一個值給你：「Tool of Titans」。要迭代字典中的所有項目，你也可以使用 for-in 迴圈，如圖 2.14 所示。

```
for (key, value) in bookCollectionDict {
    print("ISBN: \(key)")
    print("Title: \(value)")
}
```

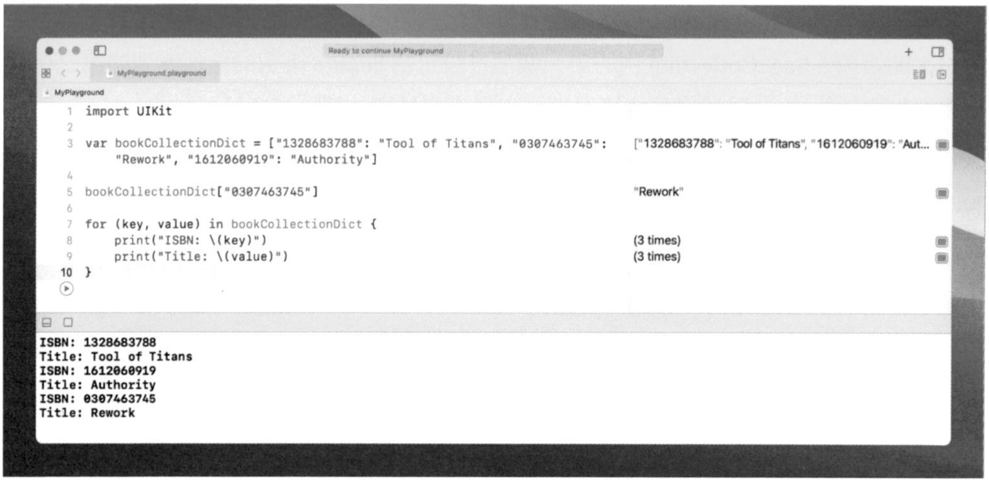

圖 2.14　對一個字典做迭代

　　你可從主控台中的訊息看出，項目的排序並沒有依照初始設定的順序，和陣列不一樣，這是字典的特性，項目是以無排序的方式來儲存。

　　你可能想說，建立一個 App 時，何時會用到字典？我們以另外一個例子來看，它之所以會稱為「字典」的理由。思考一下你是如何使用字典？在字典中查詢一個字，它會標示文字的意義。在這種情況下，這個文字就是鍵，而它所代表的意義也就是值。

　　在進入到下一節之前，我們以一個很簡單的範例來建立一個表情符號字典，這個字典存放表情符號的意義，為了簡單點，這個字典內有下列幾個表情符號及其意義：

- 👻：Ghost。
- 💩：Poop。
- 😡：Angry。
- 😱：Scream。
- 👾：Alien monster。

　　你知道如何使用字典型別來實作表情符號字典碼？以下是表情符號字典的程式架構，請填入缺少的程式碼，以使它能夠運作：

```
var emojiDict = // 填入初始化字典的程式 //

var wordToLookup =  // 填入鬼臉表情符號 //
var meaning = // 填入存取值的程式 //
wordToLookup = // 填入生氣表情符號 //
meaning = // 填入存取值的程式 //
```

要在 Mac 上輸入表情符號，按下 Control + command + Space 鍵。

你能夠完成這個練習嗎？

我們來看圖 2.15 的解答及其輸出結果。

圖 2.15　表情符號字典練習的解答

我相信你已經自己找出解答了。

現在我們加入幾行程式碼，來輸出 meaning 變數至主控台，如圖 2.16 所示。

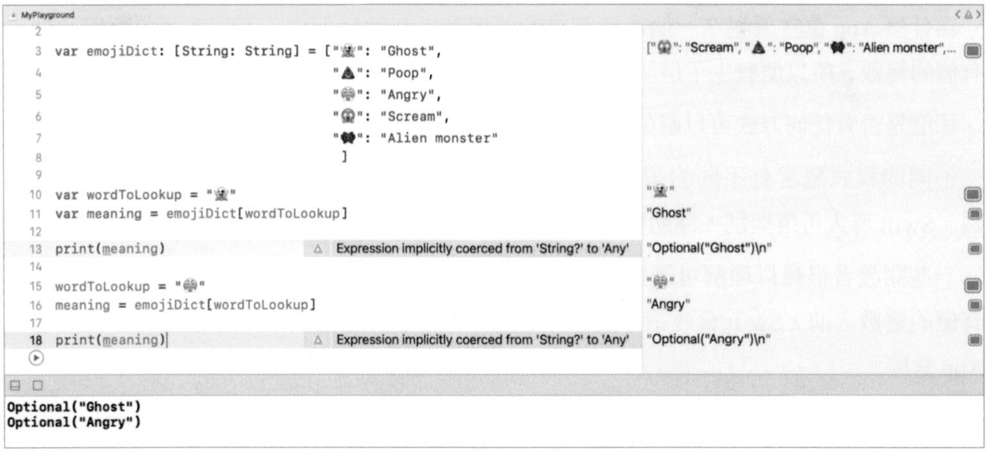

圖 2.16　輸出 meaning 變數

你會注意到兩件事：

● Xcode 指出這兩個輸出的敘述都有些問題。

● 主控台區的輸出和我們之前經歷過的有所不同。結果是正確的，但是可選型別是什麼意思呢？

這兩個問題都和 Swift 中一個名為「可選型別」（Optional）的新觀念有關。即使你有一些程式設計的背景，對你而言，這個觀念可能是新的。

2.8 了解可選型別

你有過這樣的經驗嗎？你開啓一個 App，點擊一些按鈕，然後突然就當機了，我相信你應該經歷過。

爲什麼 App 會當機呢？一個比較常見的原因是，在執行期中，App 試著要存取一個沒有值的變數，所以便發生了這個例外事件。

那麼是否有任何方式可以避免當機嗎？

不同的程式語言有不同的策略，來鼓勵程式設計師寫一些好的或者不易出錯的程式碼。Swift 導入可選型別，協助程式設計師撰寫更好的程式，以避免 App 當機。

一些開發者很難以理解可選型別的觀念，它的基礎觀念其實十分簡單，在存取可能沒有值的變數之前，Swift 會建議你對其做驗證，你必須先確認它有值才繼續，如此可避免 App 當機。

直到目前爲止的內容，所有我們建立的變數或常數都有一個初始值，這在 Swift 中是必要的。一個非可選型別的變數一定要有值，當你試著宣告一個變數而沒有賦值的話，你會得到錯誤，你可以在 Playground 中做測試，試試看會發生什麼結果，如圖 2.17 所示。

圖 2.17　宣告一個變數／常數而沒有賦予初始值

在某些情況下，你需要宣告一個沒有初始值的變數。想像你正在開發一個有註冊形式的App，並不是所有的欄位都是必填，有一些欄位（如工作職稱）是可以選填的，而在這種情況下，那些欄位可以不需要任何值。

技術上，可選型別只是 Swift 中的一個型別，這個型別表示變數可以有值或沒有值。要宣告一個變數為可選型別，你可以在變數後面加上問號（？），如下所示：

```
var jobTitle: String?
```

你宣告一個名為「jobTitle」字串型別的變數，它也是可選型別，如果你將上面這行程式輸入 Playground 中，將不會出現錯誤，因為 Xcode 知道 jobTitle 變數可以沒有值。

如果是非可選型別的變數，編譯器能夠由變數的初始值推斷出其型別，你必須清楚指定可選型別變數的型別（例如：String、Int）。

若是你已跟著我的指示，在 Playground 輸入這些程式碼，並且點擊「Play」按鈕，你也許會注意到 nil 顯示在結果的窗格上。對於任何沒有值的可選型別變數，可指定一個名為「nil」的特別值給它，如圖 2.18 所示。

圖 2.18　對於無值的可選型別變數，指定一個特別的「nil」值

換句話說，nil 表示變數沒有值。

當你需要指定一個值給可選型別變數，你可以像往常一樣指定，如下所示：

```
jobTitle = "iOS Developer"
```

現在你應該對可選型別有些概念了，但我們該如何利用它來幫助我們寫出更好的程式呢？如圖 2.19 所示來輸入程式碼。

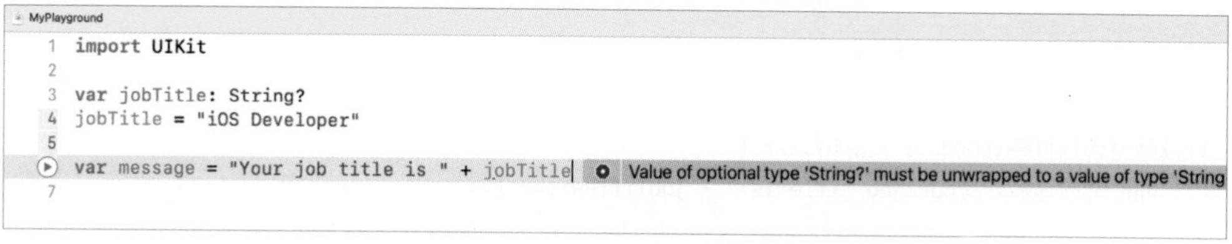

圖 2.19　當你存取一個可選型別變數時發生了錯誤

當你一輸入完下列的程式碼，Xcode 會提示一個錯誤訊息。

```
var message = "Your job title is " + jobTitle
```

這裡的 jobTitle 被宣告為一個可選型別變數，Xcode 告訴你該行程式碼有潛在的錯誤，因為 jobTitle 應該是沒有值，你必須在使用可選型別變數之前要先做驗證。

這是可選型別如何避免你寫出有問題的程式的方法，每當你需要存取一個可選型別變數，Xcode 會強迫你執行驗證來看這個可選型別是否有值。

強制解開

而你該如何執行這樣的驗證，並解開（Unwrap）可選型別變數的值呢？Swift 提供幾個方法。

首先，即所謂的「If 敘述與強制解開」（Forced Unwrapping）。簡單地說，你使用 if 敘述結合 nil 做判斷，即可驗證這個可選型別變數是否有值。若這個可選型別確實有值，你可以解開它的值來做進一步的處理，程式碼如下所示：

```
if jobTitle != nil {
    var message = "Your job title is " + jobTitle!
}
```

!= 運算子表示「不等於」，因此當 jobTitle 不等於 nil，它必定有值。你可以執行 if 敘述內的程式，當你需要存取 jobTitle 的值的時候，你必須要加入一個驚嘆號（!）至可選型別變數的後面，這個驚嘆號是一種特別的指示符號，用來告知 Xcode，你確認這個可選型別變數有值，它是安全的，可以放心使用。

可選型別的綁定

強制解開是存取一個可選型別變數值的一種方式。而另外一種方式稱為「可選型別的綁定」（Optional Binding），這是比較推薦處理可選型別的方式，至少你不需要使用「!」。

如果使用可選型別的綁定，同樣的程式可以重寫如下：

```
if let jobTitleWithValue = jobTitle {
    var message = "Your job title is " + jobTitleWithValue
}
```

你使用 if let 來找出 jobTitle 是否有值。如果有的話，這個值會被指定給暫時的常數 jobTitleWithValue。在程式碼區塊中，你可以像平常一樣使用 jobTitleWithValue，如你所見，並不需要加入「!」這個符號。

你必須給這個暫時常數一個新的名稱嗎？

不，其實你可以像這樣使用同樣的名稱：

```
if let jobTitle = jobTitle {
    var message = "Your job title is " + jobTitle
}
```

> 說明 即使名稱是相同的，上面的程式碼實際上有兩個變數。黑色字體的 jobTitle 是可選型別變數，而藍色字體的 jobTitle 是作為指定可選型別值的暫時常數。

以上就是 Swift 可選型別的相關內容。你是否仍對「?」與「!」的符號感到困惑呢？我希望你已經沒有問題了，若是你還是不了解可選型別的話，則可將你的問題刊登在我們的臉書社團（ URL https://www.facebook.com/groups/appcodatw/ ）。

好的，你還記得在圖 2.16 的警告提示嗎？當你試著輸出 meaning，Xcode 會給你一些警告。在主控台中，即使值已經輸出了，它在前面會寫著「Optional」，如圖 2.20 所示。

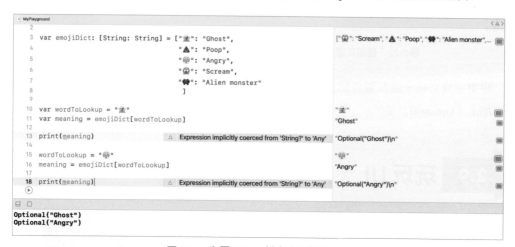

圖 2.20　和圖 2.16 一樣出現了警告訊息

現在你已經知道原因為何了吧？為何這個 meaning 變數是一個可選型別呢？那麼該如何修改程式來移除這個警告訊息呢？

同樣的，先不要看解答，自行思考一下。

當你仔細看一下程式碼，meaning 實際上是一個可選型別，這是因為字典針對所指定的鍵可能沒有對應的值。例如：如果你在 Playground 將程式碼撰寫如下：

```
meaning = emojiDict[" 😎 "]
```

這個 meaning 變數會被指定為 nil，因為 emojiDict 並沒有針對鍵「😎」的對應值。

因此，每當我們需要存取 meaning 的值時，則必須先驗證是否有值。想要避免產生警告訊息的話，我們可以使用可選型別的綁定來測試值是否存在，如圖 2.21 所示。

圖 2.21　使用可選型別的綁定來檢查 meaning 是否有值，然後解開它

變更完成之後，這個警告訊息便會消失，你也會注意到顯示在主控台中的值，前面不再加上「Optional」了。

2.9 玩玩 UI

在結束本章之前，我們來點好玩的，建立一些 UI 元件。我們準備要做的是，在一個視圖（View）中顯示一個表情符號的圖示以及它對應的意義，如圖 2.22 所示，而不是只在主控台中輸出訊息。

圖 2.22　在視圖中顯示表情符號

如同我在本章一開始所說明的，為了建立 App，則除了學習 Swift 之外，你還需要熟悉 iOS SDK。

你也可以使用 Playground 來探索一些由 iOS SDK 所提供的 UI 控制（controls）。視圖是在 iOS 中的基本 UI 元件，你可以把它想成是一個用來顯示內容的矩形區域。現在，至你的 Playground 中輸入下列的程式碼，然後點擊「Play」按鈕來執行：

```
var emojiDict = [" 👻 ": "Ghost", " 🤖 ": "Robot", " 👾 ": "Angry", " 🤓 ": "Nerdy", " 👽 ":
"Alien monster"]
var wordToLookup = " 👻 "
var meaning = emojiDict[wordToLookup]

let containerView = UIView(frame: CGRect(x: 0, y: 0, width: 300, height: 300))
containerView.backgroundColor = UIColor.orange
```

你應該對前面幾行很熟悉了，我們將重點放在程式碼的最後兩行。要建立一個視圖，你可以它的大小來實例化（instantiate）一個 UIView 物件。這裡我們將寬度與高度分別設為 300 點，而 x 與 y 是指定其位置，最後一行程式碼則將視圖的背景顏色改為「橘色」。

要在 Playground 中預覽 UI，你可以點擊「快速預覽」（Quick Look）或者「顯示結果」（Show Result）按鈕，「快速預覽」功能以彈出的方式顯示這個標籤，若你是使用「顯示結果」功能，Playground 會將視圖顯示在程式內，位於你的程式的下方，如圖 2.23 所示。

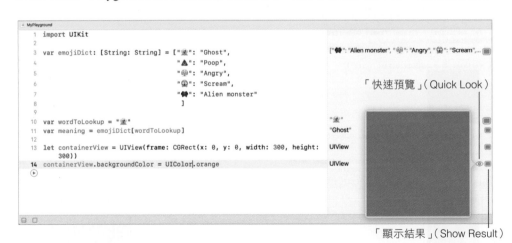

圖 2.23　**快速預覽與顯示結果**

現在這個視圖（即 containerView）是空的，如果你能夠加入表情符號至視圖中，是不是更好呢？繼續輸入下列的程式碼，並點擊「Show Result」按鈕。

```
let emojiLabel = UILabel(frame: CGRect(x: 95, y: 20, width: 150, height: 150))
emojiLabel.text = wordToLookup
emojiLabel.font = UIFont.systemFont(ofSize: 100.0)


containerView.addSubview(emojiLabel)
```

　　表情符號只是一個字元。在 iOS 中，你可以使用標籤（label）來顯示文字。要建立一個標籤，你可以所想要的大小來實例化一個 UILabel 物件。這裡的標籤是設定爲 150×150 點（point），而 text 屬性則是包含了要顯示在標籤上的文字。爲了讓標籤更大一些，你可以變更 font 屬性，來採用較大的字體大小。最後，要將標籤顯示在 containerView，你要呼叫 addSubview 來把標籤加入視圖中。

　　繼續輸入下列的程式碼，來加入另外一個標籤：

```
let meaningLabel = UILabel(frame: CGRect(x: 110, y: 100, width: 150, height: 150))
meaningLabel.text = meaning
meaningLabel.font = UIFont.systemFont(ofSize: 30.0)
meaningLabel.textColor = UIColor.white


containerView.addSubview(meaningLabel)
```

　　執行程式之後，點選「Show Result」按鈕來檢視結果，如圖 2.24 所示。

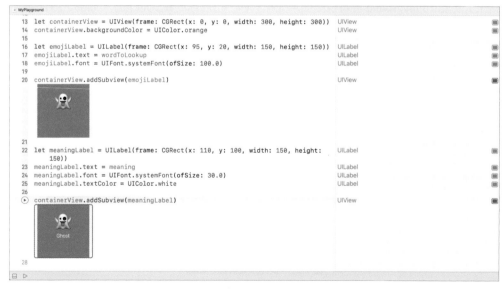

圖 2.24　鬼魂表情符號顯示在視圖中

這就是 iOS SDK 的強大之處，它內建大量的預建元素，使得開發者透過幾行程式碼就可以自訂它們。

不過，不要誤會了，本書之後的內容，並不需要你寫程式來建立使用者介面，Xcode 提供「介面建構器」（Interface Builder）的功能，可以讓你以拖放的方式來設計 UI，我們在下一章中會進一步做介紹。

現在你已經嘗試過 Swift 了，感覺如何呢？喜歡嗎？我希望你發現 Swift 更容易學習與撰寫，最重要的是我不希望嚇跑你，而使你不學習 App 的開發。

2.10 下一章的主題

接下來，我將介紹如何建立你的第一個 App，你現在可以馬上進入到下一章。然而，當你學習更多的 Swift 程式語言，我建議你要看一下 Apple 官方的 Swift 程式語言指南（URL https://docs.swift.org/swift-book/）。你將學會這個語言的語法，了解函數、可選型別以及其他內容，但這不是馬上需要做的工作。

若是你等不及要馬上建立你的第一個 App，則翻到下一章，之後再來閱讀 Swift 程式語言指南，你可以學習到更多關於 Swift 的內容。

另外，本章提供 Playground 範例檔（ch2-playgrounds.zip）供你參考。

03

Hello World！使用 Swift 建立第一個 App

現在你應該已經安裝好 Xcode，並且對 Swift 語言有一些了解。如果你跳過前兩個章節，先往前閱讀一下，你必須要先安裝 Xcode 12，才能繼續本章所有的練習。

在閱讀任何程式書籍之前，想必你聽過「Hello World」程式，這是所有程式的初學者要去建立的第一個程式，其是一個非常簡單的程式，即在裝置螢幕上顯示「Hello World」。在程式世界中，這是一項傳統，因此讓我們遵循傳統，使用 Xcode 來建立一個「Hello World」App。

儘管這很簡單，但學習這個程式有以下幾個目的：

● 首先，你將大概認識新的 iOS 程式語言─Swift 的語法與結構。

● 學習這個程式的過程中，將針對 Xcode 開發環境做基本介紹。你將學會如何建立一個 Xcode 的專案，以及使用介面建構器來建構使用者介面，即使之前你已有過 Xcode 的開發經驗，你也可以順便了解 Xcode 的新版本有哪些新功能。

● 你將學會如何去編譯一個程式，產生一個 App 以及使用模擬器來觀看測試結果。

● 最後，你會覺得開發程式再也不是一件難事了，我可不想馬上嚇跑你，寫程式會是一件很有趣的事情。

3.1 你的第一個 App

你的第一個 App 非常簡單，如圖 3.1 所示，只單純顯示「Hello World」的按鈕。當使用者點擊按鈕，這個 App 會顯示一則歡迎訊息。如此，雖然簡單，卻可幫助你踏上了 iOS 程式開發之路。

圖 3.1　Hello World App

　　但這只是個開端，經過本章的一些挑戰之後，你將會持續改善你的第一個 App，讓它看起來更有趣。先讓你看一下，圖 3.2 是最後完成的結果。

圖 3.2　你的最後成果

當建立你的第一個 App 時，請記得：「不用急著關注程式碼，先跟著做」。即使目前你對 Swift 程式碼已經有些概念了，但我想你還是會發現有些程式碼不易理解。別擔心！請將重點放在這個實作上，以讓自己熟悉 Xcode 開發環境，我們將會在下一章介紹這些程式碼。

3.2 開始建立專案

首先開啟 Xcode，啟動後 Xcode 會顯示一個歡迎的對話視窗，如圖 3.3 所示，這裡選擇「Create a new Xcode project」，開始建立一個新的專案。

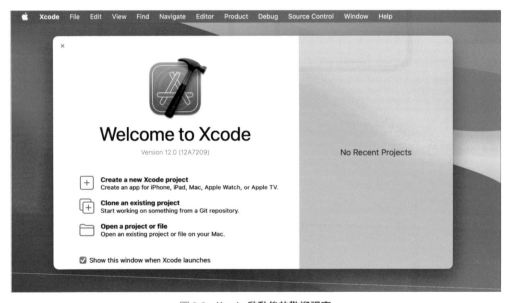

圖 3.3　Xcode 啟動後的歡迎視窗

Xcode 提供各種的專案模板讓你選擇，每個模板都有不同的用途，可以讓你更輕鬆開發特定類型的應用程式，例如：你想要為訊息 App 開發一個貼圖包，你可以使用「Sticker Pack App」模板。不過，在大部分的情況下，「App」模板已經足以建立一個 iOS App，因此選擇「iOS → App」，並點擊「Next」按鈕，如圖 3.4 所示。

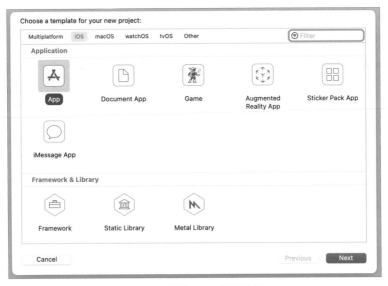

圖 3.4　選擇 Xcode 專案模板

接下來會出現另一個畫面，填寫專案必要的相關資訊，如圖 3.5 所示。

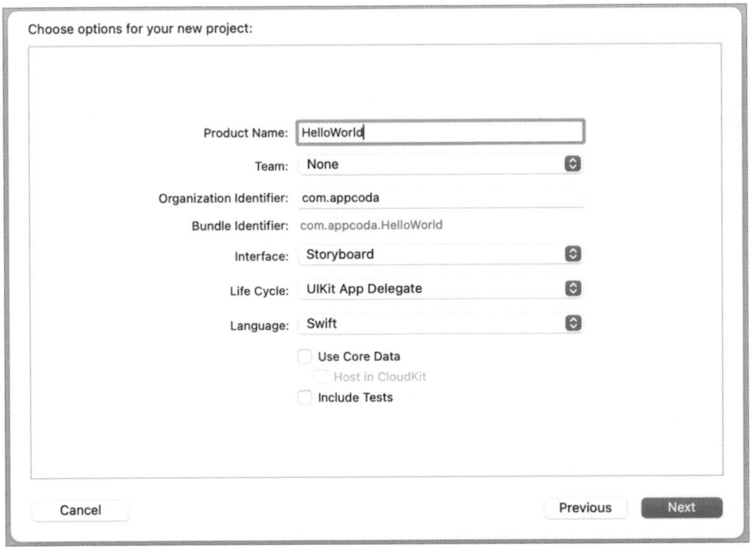

圖 3.5　你的 Hello World 專案選項

你只需要填入以下幾項資訊：

● **Product Name（專案名稱）**：HelloWorld—你的 App 的名稱。

● **Team（團隊）**：這邊先不做設定，先跳過此步驟。

- **Organization Name（組織名稱）**：AppCoda—你的組織名稱。如果你是爲某個公司單位開發 App，則你也可以使用公司單位的名稱。

- **Organization Identifier（組織識別碼）**：com.appcoda—其實這只是一個網域名稱倒過來的寫法，假如你有自己申請的網域，你可以填入自己的網域名稱，若是沒有的話，你也可以使用「com.<your name>」。例如：你的名字叫做 Pikachi，則在 Organization Identifier 中輸入「com.pikachi」。

- **Bundle Identifier（套件識別碼）**：com.appcoda.HelloWorld—這是你的 App 在送審時所使用的唯一識別碼，你不需要輸入這個選項，Xcode 會自動產生。

- **Interface（介面）**：Storyboard—Xcode 現在支援兩種 UI 建構方式，本書中我們將使用故事板，如果你想學習 SwiftUI，可以參考我的另一本著作《iOS App 程式開發實務攻略：快速精通 SwiftUI》。

- **Life Cycle（生命週期）**：UIKit App Delegate—如果使用故事板，則生命週期設爲「UIKit App Delegate」。

- **Language（語言）**：Swift—Xcode 支援 Objective-C 與 Swift 爲 App 開發的程式語言。本書的主題是 Swift，我們會使用 Swift 來進行專案開發。

- **Use Core Data**：不用勾選—這個選項不要勾選，此專案不會用到 Core Data。

- **Include Tests**：不用勾選—這個選項不要勾選，此專案不會用到任何測試。

　　點選「Next」按鈕繼續，接著 Xcode 會詢問你儲存「Hello World」專案的位置，請選擇你的 Mac 電腦中的任何一個資料夾（例如：桌面）。你或許會注意到有一個版本控制（Source Control）的選項，這裡不選擇它，本書不會用到這個選項。點擊「Create」按鈕繼續，如圖 3.6 所示。

圖 3.6　選擇資料夾並儲存你的專案

當你確認之後，Xcode 會依照你所提供的資訊來自動建立「HelloWord」專案，畫面如圖 3.7 所示。

圖 3.7　HelloWorld 專案的 Xcode 視窗畫面

3.3　熟悉 Xcode 工作區

在開始實作 Hello World App 之前，讓我們花幾分鐘快速看一下 Xcode 的工作環境。左邊區塊的操作窗格是「專案導覽器」（Project Navigator），在這個區塊中可找到你所有的專案檔案；工作區中間區塊就是「編輯區」（Edit Area），在這個區塊中可進行所有的編輯（如編輯專案設定、原始碼檔案、使用者介面等）。

依照檔案形式的不同，Xcode 在編輯區會顯示不同的介面。舉例而言，在專案導覽器中選取「ViewController.swift」，Xcode 會在中間區塊顯示原始碼，如圖 3.8 所示。Xcode 內建數種主題供你挑選，例如：你喜歡深色主題的話，則可至選單中選擇「Xcode → Preferences → Themes」來變更。

圖 3.8　Xcode 工作區與原始碼編輯器

　　假使你選取了用來儲存使用者介面的 Main.storyboard，Xcode 會顯示用於設計故事板及 App UI 的介面編輯器，如圖 3.9 所示。

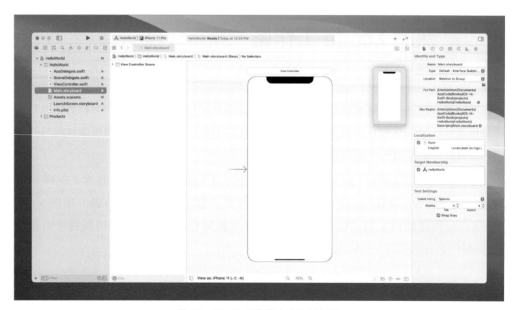

圖 3.9　Xcode 工作區與介面編輯器

最右邊的窗格是「工具區」（Utility Area），此區顯示檔案的屬性，並且讓你能夠使用「迅速協助」（Quick help）功能。若是你的 Xcode 沒有顯示此區，則可以點選工具列（在右上角位置）的最右邊按鈕來開啓它，如圖 3.10 所示。

顯示／隱藏導覽器　　　　　　　　　　　　　　　　　　　元件庫　顯示／隱藏檢閱器

圖 3.10　顯示／隱藏工作區的內容區域

有時你可能想隱藏專案導覽器，以釋放更多的螢幕空間來編輯程式碼或使用者介面，則你可點選視窗左上角的按鈕來控制其外觀，加號（+）按鈕用於開啓 UI 程式庫，我們將在之後討論，因此如果你不了解它的用途，也不必擔心。

> 注意 我使用 macOS Big Sur（即 11.0）執行 Xcode 12。如果您的 Mac 仍在使用 macOS Cataline（即 10.15），則按鈕的位置與我的稍有不同。

3.4 第一次執行你的 App

至目前為止，我們還沒有撰寫一行程式碼。即使如此，你也可利用內建的模擬器來執行你的 App，這可讓你了解如何在 Xcode 中建立與測試 App。如圖 3.11 所示的工具列中，你可以看到「Run」按鈕。

執行（Run）　　　　　　　　　　　模擬器（Simulator）

停止（Stop）

圖 3.11　Xcode 上的執行（Run）與停止（Stop）按鈕

Xcode 的「Run」按鈕用於建立 App 並在選定的模擬器中執行它。預設上，模擬器設定為「iPad touch」，如果你點擊「iPad touch」按鈕，則會看到可選用的模擬器清單，例如：iPhone SE 與 iPhone 11 Pro，我們選擇 iPhone 11 Pro 作爲模擬器來測試。

當選取後，你就可以點擊「Run」按鈕，以載入你的 App 至模擬器上。圖 3.12 顯示了
iPhone 11 Pro 的模擬器畫面。

圖 3.12　**模擬器畫面**

提示 在非 Retina 螢幕的 Mac，模擬器可能無法顯示全螢幕視窗。你可以選取模擬器，並按下 command
+ 1 鍵來縮小，或者你也可以將滑鼠游標移到裝置邊框的其中一個角落處來縮放大小。

　　模擬器中只有一個空白畫面？這很正常，到目前為止，你還沒有設計使用者介面，也
沒有撰寫任何一行程式碼，所以模擬器中只有顯示空白畫面。要結束這個 App 時，你只
要按下工具列的「Stop」按鈕即可。

　　試著選擇其他模擬器來執行 App（例如：iPhone 8/12），你會見到另一個模擬器顯示在
畫面上，自 Xcode 9 以後的版本，你便可以同時執行多個模擬器，如圖 3.13 所示。

　　這個模擬器的工作原理和 iPhone 實機很相似，你可以點擊 home 按鈕（或按下 Shift
+ command + H 鍵）來開啟主畫面，而且它內建了一些 App，只要操作一會兒，你將會逐
漸熟悉 Xcode 與模擬器環境。

訣竅 同時執行多個模擬器會耗掉你的 Mac 電腦的記憶體。如果你不需要使用模擬器，則可以選擇模擬
器，然後按下 command + W 鍵來關掉它。

圖 3.13　可執行多個模擬器

3.5　快速演練介面建構器

現在你對 Xcode 的開發環境應該有了基本的觀念，我們繼續設計你的第一個 App 的使用者介面，在專案導覽器中選取 Main.storyboard 檔，Xcode 便會開啓一個故事板（Storyboard）的視覺編輯器，此即所謂的「介面建構器」（Interface Builder）。

介面建構器提供一個視覺化的方式讓開發者建立與設計 App 的 UI，你不只可以使用它來設計個別的視圖（或畫面），介面建構器的故事板可以讓你佈局多個視圖，並使用不同的轉場（transition）將它們串連在一起，來建立完整的使用者介面，而這些都不需要撰寫一行程式碼即可辦到。

在 Xcode 12，Apple 進行一些視覺上的更改，如果你有使用 Xcode 9（或者之前的版本），元件庫是位於右下方窗格。現在元件庫預設是隱藏起來，你必須點選上方選單的「+」按鈕來顯示它的浮動視窗，如圖 3.14 所示。

元件庫（包含了所有的 Ui 元件，如按鈕（Button）、標籤（Label）、圖片視圖（Image View），讓你可以運用它們來設計使用者介面，你會看到元件庫有兩種顯示模式：「清單視圖」（List View）與「圖示視圖」（Icon View）。在本書中，我比較喜歡採用圖示視圖模式，若是你想要將它變更為清單視圖模式，則只要點擊「切換」（Toggle）按鈕來切換即可。

文件大綱視圖（Document Outline View）　　　　元件庫（Library）

切換圖示／清單視圖　　隱藏細節

顯示／隱藏文件大綱視圖　　設定列（Configuration Bar）

圖 3.14　**介面建構編輯器**

　　由於我們在專案建立時選取了「App」模板，Xcode 會在故事板產生一個預設的視圖控制器（View Controller）場景。在你的介面建構器中，你會在編輯區中見到一個視圖控制器，這即是你建立使用者介面的地方。App 中的每一個畫面通常是以視圖控制器來顯示，介面建構器可以讓你建構多個視圖控制器至故事板中，然後再彼此串連起來。本書接著會進一步介紹到這個部分。此時，先將重點放在學習如何使用介面建構器來佈局預設視圖控制器的 UI。

> **說明 何謂場景（Scene）？**
>
> 故事板內的場景代表了一個視圖控制器與其視圖。在開發 iOS App 時，視圖是建構你的使用者介面的基本區塊。每種視圖的類型有它自己的功能。舉例而言，在故事板中你所看到的視圖是一個容器視圖（Container View），用來存放其他視圖，如按鈕、標籤與圖片視圖（Image view）等。
>
> 視圖控制器是設計作為管理其相關視圖與子視圖（Subview，例如：按鈕與標籤）。如果你對視圖與視圖控制器之間的關係仍然感到疑惑的話，不用擔心，我們將在之後的章節介紹視圖與視圖控制器之間的運作方式。

　　介面建構器的文件大綱視圖顯示了所有場景的概觀與特定場景下的物件。當你想要選取一個故事板上的特定物件時，大綱視圖（Outline View）是非常實用的，如果大綱視圖沒有出現在畫面上，可點擊「切換」（Toggle）按鈕來顯示／隱藏大綱視圖，如圖 3.14 所示。

最後，在介面建構器中有一個設定列，要開啟這個設定列，你只要將滑鼠游標放在 View as: iPhone 11，然後在上面點選一下即可。這個設定列是自 Xcode 8 的新功能，可以讓你即時在不同的裝置上預覽你的 App UI。你還可以使用「＋」與「－」按鈕來縮放故事板，如圖 3.15 所示，我們稍後會來介紹這個新功能。

圖 3.15　Xcode 中的設定列

3.6　設計使用者介面

現在我們準備要設計 App 的使用者介面。首先我們加上「Hello World」按鈕至視圖中，點選元件庫（＋）按鈕來顯示元件庫，你可以選擇任何一個 UI 元件，並拖放到這個視圖上。如果你目前的元件庫是以圖示視圖模式來顯示，你可以點選「Show Details」按鈕（如圖 3.14 所示）。

好的，是時候把按鈕加入視圖中了，你只需要從元件庫拖曳一個 Button 元件至視圖中即可，如圖 3.16 所示。

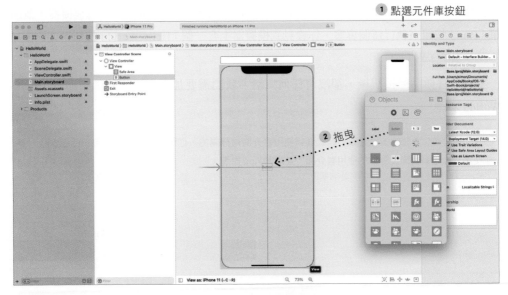

圖 3.16　拖曳按鈕至視圖中

當你拖曳 Button 元件至視圖中，你會看見一組水平線與垂直線導引按鈕置中對齊，接著停止拖曳，然後釋放按鈕並置入 Button 元件。

接下來我們重新命名這個按鈕。要編輯按鈕上的標籤，則按滑鼠左鍵兩下，並將它命名為「Hello World」，如圖 3.17 所示。修改之後，你可能需要微調一下，讓按鈕重新置中對齊。

圖 3.17　重新命名按鈕

如果文字被截掉了，你可以重新調整按鈕的大小來讓它相容，或者按下 command + = 鍵來讓 Xcode 幫你調整大小，如圖 3.18 所示。

圖 3.18　調整 Hello World 按鈕

很棒！你現在可以準備測試你的 App 了，在模擬器上選取 iPhone 11 作為模擬器，並點擊「Run」按鈕來執行這個專案，你會見到模擬器上有一個「Hello World」按鈕，如圖 3.19 所示。很酷，對吧？

不過，當你點擊按鈕後，卻沒有任何反應。我們需要加上幾行程式碼來顯示「Hello World」訊息。

> 說明　這是 iOS 開發的美妙之處，程式碼與使用者介面是分開的，你可不需要撰寫任何一行程式碼，便能使用介面建構器來設計你的使用者介面，並規劃 App 原型。

圖 3.19　Hello World App 加上了按鈕

3.7　為 Hello World 按鈕加上程式碼

現在你已經完成 Hello World App 的 UI，是時候寫些程式碼了。在專案導覽器（Project Navigator）中可以找到 ViewController.swift 檔，由於我們一開始使用「App」專案模板，Xcode 已經在 ViewController.swift 檔中產生了一個 ViewController 類別，這個檔案實際上是和故事板上的視圖控制器關聯在一起，為了在點擊按鈕後顯示訊息，我們將會在這個檔案中撰寫一些程式碼。

> **說明　Swift 與 Objective-C 的比較**
>
> 如果你有寫過 Objective-C 的程式碼，而 Swift 的一項最大改變就是標頭檔（.h）與實作檔（.m）的合併，現在一個特定類別的所有資訊都存在單一個 .swift 檔。

選取 ViewController.swift 檔，此時編輯區立即顯示了原始碼，輸入下列的程式碼至 ViewController 類別內：

```
@IBAction func showMessage(sender: UIButton) {
    let alertController = UIAlertController(title: "Welcome to My First App", message:
"Hello World", preferredStyle: UIAlertController.Style.alert)
    alertController.addAction(UIAlertAction(title: "OK", style: UIAlertAction.Style.default,
```

```
handler: nil))
    present(alertController, animated: true, completion: nil)
}
```

　原始碼編輯後，如下所示：

```
import UIKit

class ViewController: UIViewController {

    override func viewDidLoad() {
        super.viewDidLoad()
        // 在載入視圖後，做另外的設定，通常是來自一個nib檔
    }

    @IBAction func showMessage(sender: UIButton) {
        let alertController = UIAlertController(title: "Welcome to My First App", message:
"Hello World", preferredStyle: UIAlertController.Style.alert)
        alertController.addAction(UIAlertAction(title: "OK", style: UIAlertAction.Style.default,
handler: nil))
        present(alertController, animated: true, completion: nil)
    }
}
```

　剛剛只是加入 showMessage(sender: UIButton) 方法至 ViewController 類別中。在方法中的 Swift 程式碼對你而言是個全新的東西，而在下一章中我會仔細解釋。此時只要將 showMessage(sender: UIButton) 當作是一個動作（Ation），當這個動作被呼叫時，iOS 會命令這個程式碼區塊在畫面上顯示一個「Hello World」訊息。

　你可以試著在模擬器中執行這個專案，App 的運作結果還是相同，當你點擊按鈕後，它不會有任何回應，這是因為我們還沒有將按鈕與程式碼做連結。

3.8 使用者介面與程式碼間的連結

前面提到 iOS 開發之美妙的地方在於，程式碼（.swift 檔）與使用者介面（故事板）是分開的，但是該如何將原始碼與使用者介面之間的關係建立起來呢？

對於這個範例，此問題可以更具體的敘述為：「我們應該如何將故事板中的『Hello World』按鈕與 ViewController 類別中 show Message(sender: UIButton) 方法連結起來呢？」

你需要在「Hello World」按鈕與你剛加入的 showMessage(sender: UIButton) 方法之間建立連結，這樣可以在某人點擊「Hello World」按鈕時產生相應的反應。

現在選擇 Main.storyboard，以切換回介面建構器。按住鍵盤上的 Control 鍵，點選「Hello World」按鈕，並拖曳至視圖控制器圖示。放開兩個按鈕（滑鼠加鍵盤），此時會彈出一個視窗，在 Sent Events 區塊下方會出現一個 showMessageWithSender: 的選項，如圖 3.20 所示，選擇它，以將按鈕與 showMessageWithSender: 動作做連結。

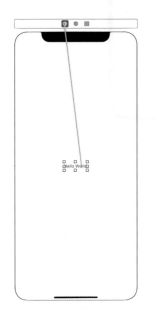

圖 3.20　拖曳至視圖控制器圖示（左圖），放開按鈕後出現彈出式選單（右圖）

3.9 測試你的 App

　　完成了，現在你可以準備測試你的第一個 App。假使每個步驟都是正確的，只要點擊「Run」按鈕，你的 App 就能順利在模擬器上運作，這次當你點擊「Hello World」按鈕後，App 會顯示一個歡迎訊息，如圖 3.21 所示。

圖 3.21　Hello World App

3.10 變更按鈕顏色

　　如前所述，你不需要撰寫程式碼就可以自訂 UI 控制（UI Control），因此想要變更按鈕的屬性（例如：顏色）是一件很簡單的事。

　　選取「Hello world」按鈕，然後在工具區（Utility Area）下點選屬性檢閱器（Attributes Inspector），你將可以存取按鈕的屬性，這裡你可以變更字型、文字顏色、背景顏色等。試著將文字顏色（在 Button 區塊下）更改爲「White」，背景顏色（往下捲動，會在 View 區塊下找到）更改爲「System Purple Color」或其他想要的顏色，如圖 3.22 所示。

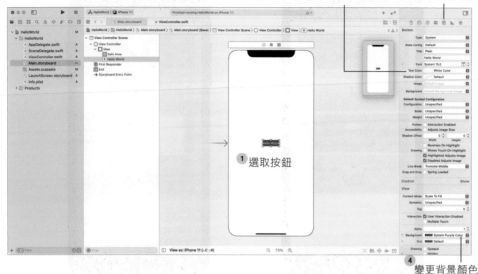

図 3.22　變更「Hello World」按鈕的顏色

執行這個專案，來看看結果如何。

3.11 你的作業：繼續修改專案

作業①：顯示相同的「Hello World」訊息

你不只可以變更按鈕的顏色，你也可以在屬性檢閱器中設定字型（Font）選項來修改字型與大小。你的任務就是繼續修改這個專案，如圖 3.23 所示，當使用者點擊任一個按鈕，這個 App 都會顯示相同的「Hello World」訊息。

這裡給你一些提示，以下是你所需要做的工作：

- 調整「Hello World」按鈕的大小，並變更字型的大小為 70 點（point）。另外，將標題從「Hello World」改為🐛。要輸入表情符號，你可以按下 Control + command 鍵，然後按下 Space 鍵。
- 加入其他的按鈕。每一個都有一個表情圖示作為其標題。
- 建立每個按鈕與 showMessage(sender: UIButton) 方法之間的連結。

圖 3.23　設計這個 App

作業②：顯示表情符號的意義

如果點擊按鈕後，如圖 3.2 所示，是顯示表情符號的意義，而不是「Hello World」訊息是不是更好呢？

你已經學會如何使用字典來儲存表情符號的意義，現在試著修改 showMessage(sender: UIButton) 方法，如此才能顯示表情符號的意義。我給你一個提示，以下是程式碼的架構，將目前的 showMessage(sender: UIButton) 方法以下列的程式碼取代，並補齊缺少的程式碼：

```
@IBAction func showMessage(sender: UIButton) {

    // 初始化一個存放表情符號的字典
    // 如果你忘記怎麼做，請參考一下前面的章節
    // 程式碼填入至下方

    // sender 是使用者所按下的按鈕
    // 這裡我們將 sender 儲存至 selectedButton 常數
    let selectedButton = sender

    // 從所選按鈕的標題標籤取得表情符號
    if let wordToLookup = selectedButton.titleLabel?.text {
```

```
// 從字典取得表情符號的意義
// 程式碼填入至下方


// 變更以下這行程式碼，將 Hello World 的訊息以表情符號的意義來取代
let alertController = UIAlertController(title: "Meaning", message: "meaning",
preferredStyle: UIAlertController.Style.alert)

alertController.addAction(UIAlertAction(title: "OK", style: UIAlertAction.Style.default,
handler: nil))
present(alertController, animated: true, completion: nil)
    }

}
```

作業②比作業①要更難些，請盡力來完成它，你會發現將 Hello World App 變更成表情符號翻譯器會非常有趣。

3.12 下一章的主題

恭喜你已經建立了第一個 iPhone App，這雖然是一個簡單的 App，不過我相信你已經對 Xcode 以及對 App 的建立方式更有概念了，比你想像得還要容易，是嗎？

即使你不能完成作業②，也沒有關係。不要沮喪，我會提供解答給你參考，只要持續閱讀，程式寫得越多時，你便會越來越進步。

在下一章中，我將會介紹 Hello World App 的細節，並解釋這一切是如何運作的。

本章所準備的範例檔中，有完整的 Xcode 專案（HelloWorld.zip）以及作業的解答（Hello WorldExercise.zip）供你參考。

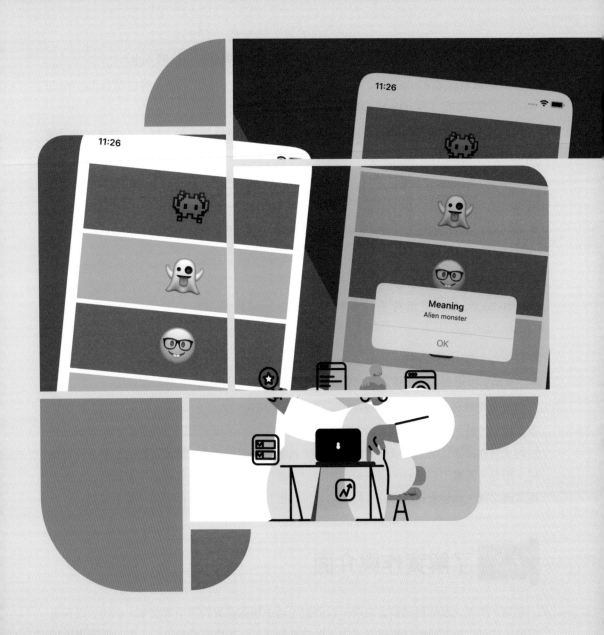

進階說明 Hello World App 的原理

你現在覺得開發一個 App 簡不簡單呢？我希望你會喜歡建立自己的 App。

在我們繼續探索 iOS SDK 之前，我們稍微暫緩一下，來更仔細了解這個 Hello World App，這會有助於了解 iOS API 與 App 內部的運作原理。

到目前為止，你依照步驟建立了 Hello World App。整章讀完後，想必心中會出現了幾個疑問：

● 故事板中的視圖控制器是如何與 ViewController.swift 檔內的 ViewController 類別建立連結？

● showMessage(sender:) 方法中的那段程式碼是什麼意思呢？它要如何告知 iOS 顯示一個 Hello World 訊息？

● @IBAction 關鍵字是做什麼用的？

● 「Hello World」按鈕背後藏了什麼？按鈕是如何偵測到點擊事件，並進而觸發 showMessage(sender:) 方法呢？

● 什麼是 viewDidLoad()？

● 「Run」按鈕在 Xcode 中是如何運作的？所謂「編譯一個 App」是什麼意思？

由於我希望你專注在探索與熟悉 Xcode 的開發環境，因此一開始並沒有對以上的問題多做說明，然而了解程式碼背後運作的細節以及掌握 iOS 程式設計的基礎觀念是有其必要性的。有些技術性的觀念或許有點難懂，尤其對於之前毫無程式開發背景的初學者而言更是。但是，其實不必擔心，這只是開始而已。當你照著後續的章節繼續學習而寫了更多的程式碼之後，你便會更了解 iOS 程式語言，你現在最需要做的一件事就是盡心學習。

4.1 了解實作與介面

在進一步深入理解程式觀念之前，我們從生活中舉個真實的例子來說明。例如：電視遙控器，它可以很方便地以無線方式來遠端調整聲音。當想要更換頻道時，則只要簡單地按下頻道號碼，而如果想要提高音量，也只要按下音量「＋」按鈕即可。

請問你是否知道在按下音量按鈕或者頻道按鈕之後，背後發生了什麼事情嗎？我想大部分的人不知道也不明白遙控器與電視之間是如何進行無線溝通的，你可能會認為是遙控器送出某個訊息給電視，然後進一步啟動音量調整或者頻道切換。

在這個案例中，與你互動的按鈕一般定位為「介面」（Interface），而隱藏在按鈕背後的細節就是「實作」（Implementation），介面與實作之間的溝通則是透過訊息。

圖 4.1　以電視遙控器為例

這個觀念也可以應用在 iOS 程式設計世界中。在故事板中的使用者介面就是「介面」，而程式就是「實作」，使用者介面（例如：按鈕）透過訊息與程式碼做溝通。

具體而言，如果你回到「Hello World」專案，在視圖中加入的按鈕就是所謂的「介面」，而 ViewController 類別的 showMessage(sender:) 方法就是「實作」。當某人按下按鈕時，它會呼叫 showMessage(sender:) 方法，將 showMessageWithSender 訊息傳送到 ViewController 類別。

剛才提到的內容是物件導向程式設計（Object Oriented Programming）中一個很重要的觀念，稱為「封裝」（Encapsulation）。showMessage(sender:) 方法的實作是隱藏於外在世界（即介面）的背後，「Hello World」按鈕並不清楚 showMessage(sender:) 方法是如何運作的。我們所要知道的是這個按鈕只負責傳遞訊息而已，而 showMessage(sender:) 方法接手處理剩下的工作，即顯示「Hello World」訊息在畫面上。

> 提示 如同 Objective-C 一樣，Swift 是一個物件導向程式（OOP）語言，大部分一個 App 內的程式碼都是以某種方式在處理某種物件，但我不想在本章中就以艱深的 OOP 的觀念來讓你困擾，只要我們繼續往前邁進，你將會學到更多關於物件導向程式設計的觀念。

4.2　觸控背後

現在你已經了解 UI 中的按鈕是經由某種訊息和程式碼進行溝通。讓我們來深入了解當使用者點選「Hello World」按鈕時，實際上發生了什麼事情呢？「Hello World」按鈕是如何呼叫 showMessage(sender:) 方法呢？

你是否記得你已經將介面建構器中的「Hello World」按鈕與 showMessage(sender:) 事件建立連結了嗎？

請再次開啓 Main.storyboard，並且選擇「Hello World」按鈕，在工具區點選「連結檢閱器」（Connection Inspector）圖示，在 Sent Events 區塊下，你可以找到一串可以取得的事件與相對應要呼叫的方法。在圖 4.2 中可以看到「Touch Up Inside」事件連結到 showMessage(sender:) 方法。

圖 4.2　使用連結檢閱器顯示連結狀況

在 iOS 中，App 是以事件驅動的程式爲基礎。不論是系統物件或 UI 物件，它監聽某個觸控事件來決定 App 的運作流程。以一個 UI 元件（例如：按鈕）而言，它可以監聽到特定的觸控事件。當此事件被觸發時，這個物件就會呼叫與這個事件關聯的預設方法。

在 Hello World App 中，當使用者的手指從按鈕內離開後，「Touch Up Inside」事件被觸發，結果它呼叫了 showMessage(sender:) 方法來顯示「Hello World」訊息。我們使用「Touch Up Inside」事件取代「Touch Down」，是因爲我們要避免偶發狀況或誤觸，圖 4.3 整理了整個事件的流程以及我所談及的內容。

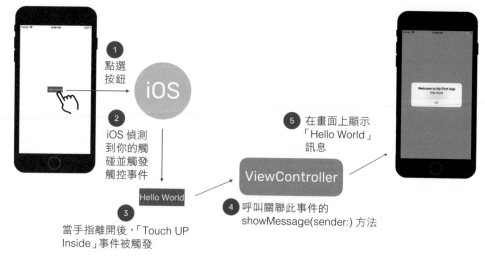

圖 4.3　Hello World App 事件流程

4.3　深入了解 showMessage 方法

現在你應該對 iOS 程式設計有了進一步的認識,不過在 showMessage(sender:) 方法內的程式碼區塊是什麼呢?

首先要知道的是,什麼是「方法」(method)?如同之前所提到的,App 中的程式碼多數是以某種方式在處理某種物件,每個物件提供特定的功能與執行特定的任務(例如:在畫面上顯示訊息),而這些功能以程式碼來表達,即所謂的「方法」(method)。現在我們來更深入了解 showMessage(sender:) 方法,如圖 4.4 所示。

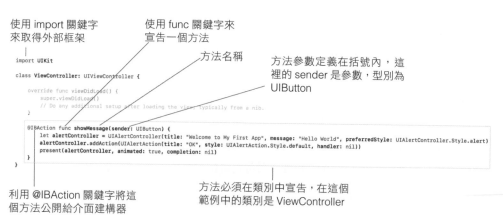

使用 import 關鍵字
來取得外部框架

使用 func 關鍵字來
宣告一個方法

方法名稱

方法參數定義在括號內,這
裡的 sender 是參數,型別為
UIButton

```
import UIKit

class ViewController: UIViewController {

    override func viewDidLoad() {
        super.viewDidLoad()
        // Do any additional setup after loading the view, typically from a nib.
    }

    @IBAction func showMessage(sender: UIButton) {
        let alertController = UIAlertController(title: "Welcome to My First App", message: "Hello World", preferredStyle: UIAlertController.Style.alert)
        alertController.addAction(UIAlertAction(title: "OK", style: UIAlertAction.Style.default, handler: nil))
        present(alertController, animated: true, completion: nil)
    }

}
```

利用 @IBAction 關鍵字將這
個方法公開給介面建構器

方法必須在類別中宣告,在這個
範例中的類別是 ViewController

圖 4.4　進一步解釋 showMessage(sender:) 方法

我知道對你而言，尤其是對程式碼完全不懂的人，要了解這段程式碼會有些許的困難，你需要花點時間來習慣物件導向程式設計，但不要就此放棄，只要繼續堅持，你將會逐漸了解物件、類別與方法。你可以參考附錄來學習 Swift 的語法。

以 Swift 來說，在類別中宣告一個方法，會使用 func 關鍵字，func 關鍵字後面是接著方法名稱，名稱作為方法的識別，並且讓它容易在程式碼中被任意呼叫。有需要的話，方法可以帶入參數（parameter）。參數定義在括號內，每個參數都有其名稱與型別，以冒號（:）來分開。以我們的例子而言，這個方法接受一個具有 UIButton 型別的 sender 參數，此 sender 參數表示物件傳送了需求，換句話說，它告知使用者已經點擊按鈕了。

你是否記得第 3 章的作業②嗎？這個 sender 參數可以告知使用者按下了哪一個表情符號的按鈕。

方法不一定要帶入參數，這種情況下，你只要寫一對空括號即可，如下所示：

```
func showMessage()
```

還有一個在方法宣告中用到的關鍵字還沒介紹到，即 @IBAction 關鍵字，這可以讓你將原始碼與介面建構器的使用者介面物件做連結。當它被插入宣告的方法中，也就是將它公開給介面建構器的意思，因此這就是第 3 章中當你建立「Hello World」按鈕與程式碼之間的連結時，會在彈出式選單中出現了 showMessageWithSender 事件的原因。若是你仍然無法理解的話，參考圖 3.20 便會明白了。

好的，方法的宣告就說明到這裡，我們介紹一下大括號內的程式碼，這段程式碼實際上就是實踐方法所執行的任務。

如果你仔細看一下程式碼區塊的第一行，這裡我們依賴 UIAlertController 來建立 Hello World 訊息，而 UIAlertController 到底是什麼？又是從何而來的呢？

在開發 iOS App 時，我們不需要從頭撰寫所有的功能，例如：你不需要學會如何在畫面上畫出一個提示視窗，iOS SDK 已經綁進了許多內建的函數，可以讓開發工作更輕鬆些，這些函數稱為「API」，是以所謂的「框架」（framework）來組成，UIKit 框架就是其中一種，UIKit 框架提供了許多建立與管理你的 App 使用者介面的類別與函數。舉例而言，UIViewController、UIButton 與 UIAlertController 就是來自於 UIKit 框架。

還有一件事要提醒你，在你使用任何框架中的函數之前，你必須先匯入（import）它，因此你會在 ViewController.swift 中的最前面看到這樣的敘述：

```
import UIKit
```

現在我們繼續來看一下 showMessage(sender:) 方法。

第一行程式碼是建立 UIAlertController 物件，然後將它儲存進 alertController。從類別建立物件的語法與方法呼叫非常相似，先指定類別名稱，接著設定一組屬性（Property）的初始值，這裡我們設定標題（Title）、顯示訊息（Message）與提示的樣式（Style）：

```
let alertController = UIAlertController(title: "Welcome to My First App", message: "Hello
World", preferredStyle: UIAlertController.Style.alert)
```

建立完 UIAlertController 物件之後（即 alertController），我們呼叫 addAction 方法來加入一個動作，以顯示「OK」按鈕的提示。在 Swift 中呼叫方法的程式寫法，是使用點語法（dot syntax）。

```
alertController.addAction(UIAlertAction(title: "OK", style: UIAlertAction.Style.default,
handler: nil))
```

你或許想要知道如何尋找一個類別的相關方法或用法，一個很簡單的方式是「閱讀文件」。你可以至 Google 去查詢某個類別，而且 Xcode 提供一個很方便查詢 iOS SDK 文件的方式。

在 Xcode 中，你可以按住 option 鍵，然後在程式碼中將游標指向類別名稱（例如：UIAlertController），此時會彈出這個類別的敘述，若是你需要進一步的資訊，點選「Open in Developer Documentation」連結，便會顯示這個類別的官方文件，如圖 4.5 所示。

圖 4.5　類別資訊

UIAlertController 物件設定好後，最後一行程式碼是在畫面上顯示提示訊息。

```
present(alertController, animated: true, completion: nil)
```

為了要顯示提示訊息，我們要求目前的視圖控制器以動畫方式來顯示 alertController 物件。

有時你可以見到一些開發者以這樣的方式撰寫程式碼：

```
self.present(alertController, animated: true, completion: nil)
```

在 Swift 中，self 屬性是參考至目前的實體（或者是物件），而大部分的情況下，self 關鍵字是可以自己決定是否要放的，所以你可以省略它。

4.4 使用者介面與程式碼的關係

Xcode 是如何知道介面建構器中的視圖控制器與定義在 ViewController.swift 中的 ViewController 類別連結在一起呢？

整件事情看似沒有什麼，但其實不然，你還記得我們在建立 Xcode 專案時所選擇的模板嗎？即 App 模板。

當專案模板被使用後，它會自動在介面建構器中建立一個預設的視圖控制器，並且產生了 ViewController.swift。除此之外，這個視圖控制器自動連結定義在 swift 檔中的 ViewController 類別，如圖 4.6 所示。

① 選取視圖控制器

圖 4.6　視圖控制器設定為自訂類別

4.5 UIViewController 與視圖控制器的生命週期

你是否會對這部分的程式碼感到疑惑呢？你知道自訂類別的名稱是 ViewController，但什麼是 UIViewController？而什麼又是 viewDidLoad() 方法呢？為什麼這裡會出現這個方法？

```swift
class ViewController: UIViewController {

    override func viewDidLoad() {
        super.viewDidLoad()
        // 在載入視圖後，做另外的設定，通常是來自一個 nib 檔
    }

    .
    .
    .

}
```

如前所述，我們依賴 Apple 的 iOS SDK 來開發我們的 App，我們很少編寫程式碼，以繪製對話視窗或訊息視窗來在畫面上顯示一些訊息，我們也很少去編寫繪製按鈕的程式碼，而是依賴 UIAlertController 與 UIButton 來處理這些繁重的工作，同樣的觀念也適用於視圖（即我們在畫面上顯示給使用者的矩形區域）。

UIViewController 是大多數 iOS App 的基礎模組，它包含其他 UI 元件（例如：按鈕），並控制在螢幕上顯示的內容。預設上，UIViewController 有一個空視圖，在上一章中進行測試時，它只是顯示一個空白畫面，沒有任何功能或者與使用者的互動。提供 UIViewController 的自訂版本是我們的責任。

要做到這一點，我們建立一個自 UIViewController 擴展而來的新類別（即 ViewController），由於擴展自 UIViewController，ViewController 繼承了它的所有功能。舉例而言，它具有一個預設的空視圖，撰寫程式碼如下：

```
class ViewController: UIViewController
```

在 ViewController 中，我們提供了所要自訂的內容。在這個 Hello World 範例裡，我們加上了一個名為「showMessage(sender:)」的方法，來顯示一個 Hello World 訊息。

這是你必須先記得的基礎 iOS 開發觀念，我們不用全部都從頭寫起，這個 iOS SDK 已經提供我們一個 iOS App 的架構。我們以這個架構為基礎，來建立我們自己 App 的 UI 與功能。

現在我相信你已經有了 UIViewController 的基礎觀念，而 viewDidLoad 又是什麼呢？

和我們之前介紹的「Hello World」按鈕類似，由於視圖視覺化或狀態的變化，視圖控制器也接受不同的事件。在視圖的狀態更改時，iOS 會在適當的時候自動呼叫 UIViewController 的特定方法。

當視圖載入之後，viewDidLoad 將會自動呼叫，所以你可以執行一些其他的初始化設定。在 Hello World App，我們是保持不變。這裡舉個例子，你可以修改你的 Hello World App 的方法來測試一下：

```
override func viewDidLoad() {
    super.viewDidLoad()

    view.backgroundColor = UIColor.black
}
```

執行 App 來快速測試一下，視圖控制器的視圖的背景會變成黑色，如圖 4.7 所示。這是當你需要自訂 viewDidLoad() 方法時的眾多例子之一，在之後的章節中，你將學會如何使用 viewDidLoad() 方法來做其他的自訂。

圖 4.7　變更視圖的背景顏色

viewDidLoad 只是處理視圖狀態的其中一項方法。例如：當使用者按下 Home 鍵來回到主畫面，將會自動呼叫 viewWillDisappear 與 viewDidDisappear 方法。同樣的，你可以自己提供這些方法的自訂內容來執行不同的操作。

> **訣竅** 你必須在 func viewDidLoad() 之前加上 override 關鍵字，這個方法原來是由 UIViewController 所提供，為了能夠自訂內容，我們使用 override 關鍵字來標示要「覆寫」它所預設的實作內容。

4.6　「執行」按鈕背後的動作原理

最後我要說明「Run」按鈕。當你點擊「Run」按鈕時，Xcode 自動啟動模擬器，並且執行你的 App，而這背後發生了哪些事情呢？作為一個程式設計師，你必須要了解整個過程。

這整個程序可以被拆成三個階段：「編譯」（Compile）、「封裝」（Package）、「執行」（Run）。

- **編譯（Compile）**：或許你會認為 iOS 認識 Swift 程式碼，但實際上 iOS 只會讀取機器碼（Machine Code），Swift 程式碼只是供開發者撰寫與閱讀使用的。為了讓 iOS 認識 App 的原始碼，則必須經過一個轉譯的過程，將 Swift 程式碼轉成機器碼，這個過程就稱為「編譯」，Xcode 已經有內建編譯器來轉譯程式碼。

- **封裝（Package）**：除了原始碼之外，一個 App 通常會包含資源檔，如圖片、文字檔、聲音檔等，所有的資源檔皆會被封裝製作成最終的 App。我們通常把這兩個程序稱為「建置」（Build）程序，如圖 4.8 所示。

- **執行（Run）**：這個動作實際上是啟動模擬器，並載入你的 App。

圖 4.8　**建置程序**

4.7　本章小結

　　你應該對 Hello World App 的運作原理有了基本的概念，若之前沒有程式開發的經驗，或許不易理解我們剛才介紹的所有程式觀念，但是別擔心，只要你跟著本書之後的章節來練習撰寫更多的程式碼，並且開發真實的 App 後，你將會獲得更多 Swift 與 iOS 程式設計的概念。

　　如果你對本章有任何問題，隨時可以發問。你可以加入臉書的私密社團（ URL https://facebook.com/groups/appcodatw ）來詢問。

05 自動佈局介紹

建立一個 Hello World App 是不是很有趣呢？在建立一個真實 App 之前，我們在本章中先研究「自動佈局」（Auto Layout）。

自動佈局是一個以約束條件為基礎的佈局系統，它讓開發者能夠建立一個自適應 UI，以對螢幕尺寸與裝置方向做適當回應。有些初學者會覺得這個部分很難，甚至有些開發者也避免使用它，但是請相信我，開發 App 時自動佈局是你不可或缺的功能。

iPhone 在十多年前上市時，只有一種 3.5 英吋的螢幕尺寸，之後出現 4 英吋的 iPhone。2014 年 9 月，Apple 推出了 iPhone 6 以及 6 Plus，而現在 iPhone 有不同的螢幕尺寸，包含 3.5 英吋、4 英吋、4.7 英吋、5.5 英吋、5.8 英吋、6.1 英吋與 6.5 英吋等顯示器。在設計 App UI 時，你必須滿足所有螢幕尺寸。如果你的 App 要同時支援 iPhone 與 iPad（即通用 App），則需要確保這個 App 能夠適合其他的螢幕尺寸，包含 7.9 英吋、9.7 英吋、10.5 英吋與 12.9 英吋。

如果不使用自動佈局，那麼建立支援所有螢幕解析度的 App 將會非常困難，這就是為什麼我想要在本書開頭教你自動佈局，而不是直接撰寫 App 程式碼的原因，你將需要一些時間來掌握該技能，不過我希望你了解基本知識。在本章以及接下來的章節中，我會協助你建立設計「自適應使用者介面」的紮實基礎。

提示 自動佈局並不如某些開發者所想的那麼困難，當你了解基礎知識以及下一章會學習的堆疊視圖時，你將能夠使用自動佈局對所有類型的 iOS 裝置建立複雜的使用者介面。

5.1 為何要自動佈局？

這裡舉個例子，你就會對我們為何需要自動佈局更有概念了。請開啟第 3 章建立的 HelloWorld 專案，以 iPhone SE 或是 iPhone 11 Pro 模擬器執行這個專案，而不是在 iPhone 11 模擬器中執行，可得到如圖 5.1 所示的結果，除了 6.1 吋螢幕以外，在其他的 iPhone 裝置上執行時，按鈕皆沒有置中。

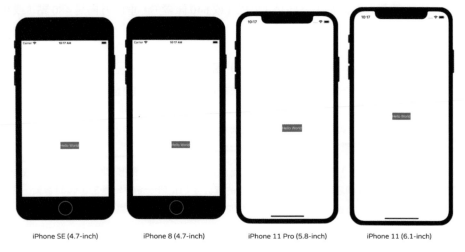

| iPhone SE (4.7-inch) | iPhone 8 (4.7-inch) | iPhone 11 Pro (5.8-inch) | iPhone 11 (6.1-inch) |

圖 5.1　App 的 UI 在 iPhone SE、iPhone 8、iPhone 11 與 iPhone 11 Pro 執行時看起來皆不同

我們再來嘗試一件事，點選「停止」（Stop）按鈕，並使用 iPhone 11 模擬器來執行 App。啓動模擬器後，在選單上點選「Device → Rotate Left（或 Rotate Right）」，此時裝置便會轉爲橫向（landscape）模式，或者你可以按下 command + → / ← 鍵，以橫向旋轉裝置，同樣的，「Hello World」按鈕的位置還是沒有置中（甚至離開螢幕）。

爲什麼呢？出了什麼問題嗎？

如你所知，iPhone 裝置有不同的螢幕尺寸：

● **iPhone SE（舊機型）**：螢幕大小在縱向（portrait）模式的情況下，水平方向是 320 點（或 640 像素），垂直方向是 568 點（或 1136 像素）。

● **iPhone 6/6s/7/8/SE（新機型）**：螢幕大小在水平方向是 375 點（或 750 像素），垂直方向是 667 點（或 1334 像素）。

● **iPhone 6/6s/7/8 Plus**：螢幕大小在水平方向是 414 點（或 1242 像素），垂直方向是 736 點（或 2208 像素）。

● **iPhone X/XS/11 Pro**：螢幕大小在水平方向是 375 點（或 1125 像素），垂直方向是 812 點（或 2436 像素）。

● **iPhone XR/11**：螢幕大小在水平方向是 414 點（或 828 像素），垂直方向是 896 點（或 1792 像素）。

● **iPhone XS Max/11 Pro Max**：螢幕大小在水平方向是 414 點（或 1242 像素），垂直方向是 896 點（或 2688 像素）。

- **iPhone 4s**：螢幕大小在水平方向是 320 點（或 640 像素），垂直方向是 480 點（或 960 像素）。

　　如果沒有使用自動佈局，我們在故事板中佈局的按鈕位置是固定的，換句話說，我們寫死按鈕的框架原點。以我們的範例而言，「Hello World」按鈕的框架原點設定為 (167,433)，你可以在尺寸檢閱器（Size Inspector）找到這個絕對座標（也就是在屬性檢閱器（Attributes Inspector）旁邊的按鈕），因此不論你是使用 4.7 英吋、5.5 英吋或 5.8 英吋的模擬器，iOS 會在指定位置繪製按鈕。圖 5.2 說明了這個按鈕在不同裝置上的框架原點，這解釋了了「Hello World」按鈕只能在 iPhone 11 裝置上置中，而在其他 iOS 裝置以及橫向模式上都會偏移螢幕中心的原因。

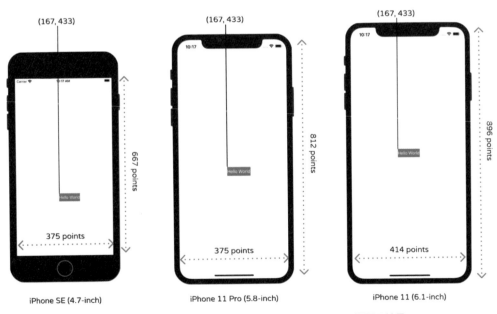

圖 5.2　按鈕在 iPhone SE、iPhone 11 Pro 與 iPhone 11 的顯示結果

顯然的，我們希望 App 在所有 iPhone 機種，以及在縱向和橫向上都要看起來一致，這就是為何我們需要學習自動佈局的緣故，也是我們剛才談到的佈局問題的答案。

5.2 自動佈局和約束條件息息相關

如前所述，自動佈局是以約束條件為基礎的佈局系統，它讓開發者建立自適應 UI，以對螢幕尺寸與裝置方向的變化做出適當的回應。好的，聽起來好像不錯，但是術語「以約束條件為基礎的佈局」是什麼意思？

讓我以更敘述性的方式進行說明，再次以「Hello World」按鈕為例，如果你要將按鈕放置在視圖的中心，你會如何描述它的位置呢？也許你會這樣描述：

「不管螢幕解析度與方向為何，按鈕都應該在水平及垂直方向置中。」

這裡你實際上定義了兩個約束條件：

- 水平置中。
- 垂直置中。

這些約束條件表達了介面中按鈕佈局的規則。

自動佈局和約束條件息息相關。雖然我們以文字描述約束條件，但自動佈局中的約束條件是以數學形式表示，例如：當你要定義一個按鈕的位置，你可能會這樣說：「左側邊緣應該與容器視圖的左側邊緣相距 30 點」，這可轉換為 button.left=(container.left+30)。

幸運的是，我們不需要處理這些公式，你只要知道如何描述這些約束條件，並使用介面建構器來建立它們即可。

好了，自動佈局的理論就談到這裡為止，現在我們來了解如何在介面建構器中定義佈局約束條件，以讓「Hello World」按鈕置中。

5.3 在介面建構器即時預覽

首先，開啟 HelloWorld 專案（HelloWorld.zip）的 Main.storyboard。在加入佈局約束條件至使用者介面之前，我先介紹 Xcode 中一個好用的功能。

你可以在模擬器中測試 App UI，以查看其在不同螢幕尺寸下的外觀。不過，Xcode 在介面建構器中提供了設定列（Configuration Bar），讓開發者即時預覽使用者介面。

介面建構器預設上是在 iPhone 11（6.1 英吋）上預覽 UI，若要查看 App 在其他裝置上的外觀，則點選「View as: iPhone11」按鈕來顯示設定列，然後選取你想測試的 iPhone / iPad 裝置。你也可以改變裝置方向來了解其如何影響 App UI。圖 5.3 以橫向顯示了 Hello World App 在 iPhone 11 的即時預覽。

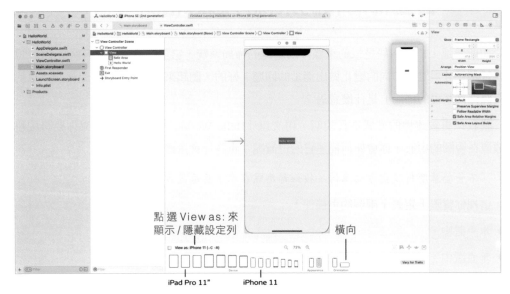

圖 5.3　使用 Xcode 設定列做即時預覽

這個設定列是一個很棒的功能，可在不同的裝置上預覽 UI，請花點時間來玩玩。

> 提示　你可能想知道「(wC hR)」的含義，現在可以先略過，專注在自動佈局的學習，下一章將會介紹它。

5.4 使用自動佈局將按鈕置中

現在我們繼續說明自動佈局。Xcode 提供了兩種方法來定義自動佈局約束條件：

● 自動佈局列。

● Control 鍵加上拖曳。

我們將在本章中示範這兩種方法，首先從自動佈局列開始。在介面建構器的編輯器右下角，你會找到五個按鈕，這些按鈕就是佈局列，你可以使用它們來定義各種類型的佈局約束條件，並解決佈局問題，如圖 5.4 所示。

圖 5.4 **自動佈局列**

每個按鈕有它自己的功能：

● **對齊（Align）**：建立對齊約束條件，例如：對齊兩個視圖的左側邊緣。

● **加入新約束條件（Add New Constraints）**：建立間距約束條件，例如：定義 UI 控制元件的寬度。

● **嵌入（Embed in）**：嵌入視圖至堆疊視圖（或其他視圖），我們將在下一章進一步討論堆疊視圖。

● **更新框架（Update frames）**：參考所給的約束條件來更新框架的位置與尺寸。

● **解決自動佈局問題（Resolve auto layout issues）**：解決佈局問題。

如前所述，要將「Hello World」按鈕置中，你必須要定義兩個約束條件：「水平置中」（Center Horizontally）與「垂直置中」（Center Vertically），這兩個約束條件都與視圖有關。

要建立約束條件，我們將會使用「對齊」（Align）按鈕。首先，選取介面建構器中的「Hello World」按鈕，然後在佈局列中點選「Align」圖示，在彈出式選單中，勾選「Horizontal in Container」與「Vertically in Container」選項，接著點選「Add 2 Constraints」按鈕，如圖 5.5 所示。

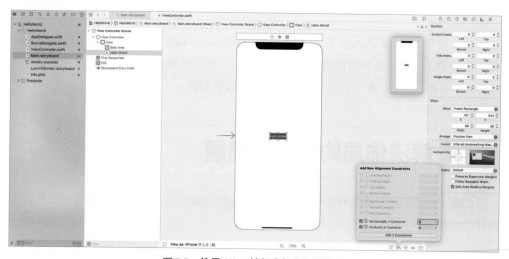

圖 5.5 **使用 Align 按鈕來加入約束條件**

此時你應該會看到一組藍色約束線。如果你在文件大綱視圖中展開「Constraints」選項，你將找到該按鈕的兩個新約束條件，這些約束條件確保按鈕始終位於視圖中心，或者你也可以在尺寸檢閱器中檢視這些約束條件，如圖 5.6 所示。

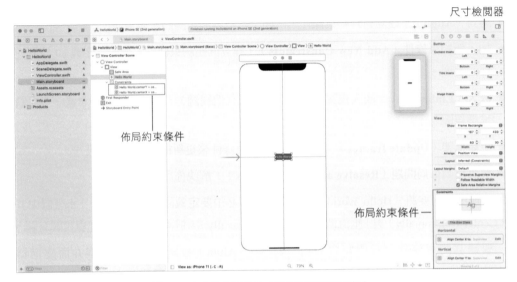

圖 5.6　在文件大綱與尺寸檢閱器檢視約束條件

好的，你準備好測試 App 了。你可以點擊「Run」按鈕，以在 iPhone 8（或 iPhone SE）上啟動 App；或者只需使用設定列確認佈局，即可切換到另一台裝置或者更改裝置的方向。不管螢幕大小與方向為何，按鈕都應該置中對齊。

5.5 解決佈局約束條件問題

我們剛才設定的佈局約束條件很完美，但並非總是如此，Xcode 可以聰明偵測任何約束條件的問題。

試著將「Hello World」按鈕拖曳到畫面的左下方，Xcode 會立即偵測到一些佈局問題，並且相應的約束線會變成橘色，指出放錯位置的項目，如圖 5.7 所示。

　　當你建立模糊或互相衝突的約束條件時，便會出現自動佈局問題。依照約束條件的設定，它指定按鈕應該在容器（即視圖）內垂直與水平置中，但是現在按鈕位於視圖的左下角，介面建構器感到困惑，因此它使用了橘色線指出佈局問題，虛線表示按鈕的預期位置。

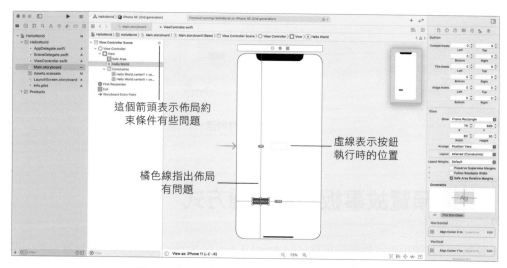

這個箭頭表示佈局約束條件有些問題

虛線表示按鈕執行時的位置

橘色線指出佈局有問題

圖 5.7　介面建構器使用橘／紅線指示自動佈局問題

　　當存在佈局的問題時，文件大綱視圖會顯示一個紅 / 橘色的揭露箭頭（disclosure arrow），現在點選這個揭露箭頭來查看問題清單，如圖 5.8 所示。對於像這樣的佈局問題，介面建構器可以聰明地為我們解決佈局問題，點選問題旁邊的指示器圖示，然後彈出式選單會顯示許多解決方案，這裡選擇「Update Frame」選項，然後點選「Fix Misplacement」按鈕，該按鈕便會移到視圖的中心了。

　　或者，你只需點選佈局列的「Update Frames」按鈕，即可解決這個問題。

　　這個佈局問題是手動觸發的，我只是想示範如何找到問題並解決它們。當你在後面的章節中練習時，可能會遇到類似的佈局問題，此時你應該知道如何輕鬆、快速地解決佈局問題。

圖 5.8　解決錯位問題

5.6　預覽故事板的另一種方式

雖然你可以使用設定列即時預覽你的 App UI，但是 Xcode 提供了另一種預覽功能，來讓開發者同時預覽不同裝置上的使用者介面。

在介面建構器中，點選「調整編輯器選項」（Adjust Editor Options）按鈕，然後選擇「預覽」（Preview），你可以參考圖 5.9 的操作步驟。

調整編輯器選項

圖 5.9　調整編輯器選項

Xcode 會在助理編輯器（Assistant Editor）中顯示你的 App UI 的預覽。預設上，它顯示 iPhone 11 裝置上的預覽，你可以點選助理編輯器左下角的「+」按鈕，以加入其他 iOS 裝置（例如：iPhone SE/8/11 Pro）來進行預覽。如果要查看橫向螢幕的外觀，只需點選「旋轉」（rotate）按鈕即可。對於設計 App 的使用者介面而言，預覽功能非常好用，你可以

更改故事板（例如：對視圖加入另一個按鈕），並立即查看 UI 在所選裝置上的外觀，如
圖 5.10 所示。

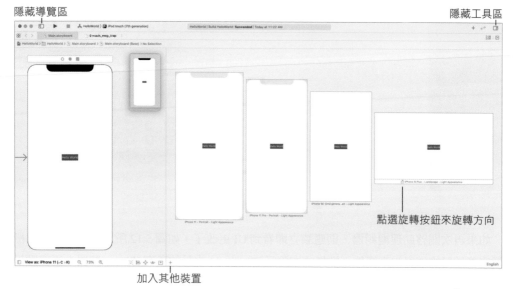

隱藏導覽區

隱藏工具區

點選旋轉按鈕來旋轉方向

加入其他裝置

圖 5.10　助理編輯器中的故事板預覽圖

如果要為預覽視窗釋出更多的畫面空間，則同時按住 command + option 鍵，然後按下 0 鍵
來隱藏工具區。要關閉預覽，你可以點選「調整編輯器選項」（Adjust Editor Options）按
鈕，然後選擇「只顯示編輯器」（Show Editor Only）。

> 訣竅 當你在助理編輯器中加入更多的裝置，Xcode 可能無法同時容納所有裝置尺寸的預覽於畫面中。
> 如果你使用的是觸控板，則可以使用兩根手指左右滑動來捲動預覽畫面。如果你使用的是帶有滾輪的滑
> 鼠呢？只需按住 Shift 鍵來水平捲動。

5.7 加入標籤

現在你已經對自動佈局和預覽功能有些概念了，我們在視圖的右下角加入一個標籤，
並了解如何為標籤定義佈局約束條件。iOS 中的標籤通常用於顯示簡單的文字與訊息。

在介面建構器的編輯器中，點選元件庫按鈕來開啓元件庫（Object Library），從元件庫
拖曳一個標籤，並將其放置在視圖的右下角附近。在標籤上點擊兩下，然後將標題改為
「Welcome to Auto Layout」或任何你想要的標題，如圖 5.11 所示。

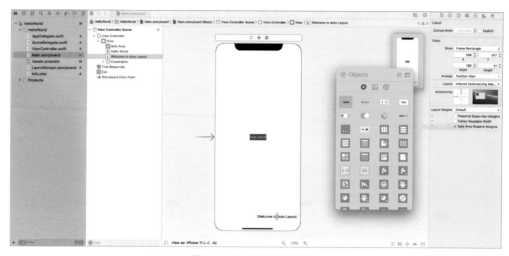

圖 5.11　加入標籤至視圖中

　　如果再次開啓助理編輯器，則應該立即看到 UI 更改了，如圖 5.12 所示。如果沒有爲標籤定義任何的佈局約束條件，則無法在除了 iPhone 11 之外的所有 iPhone 裝置上正確顯示標籤。

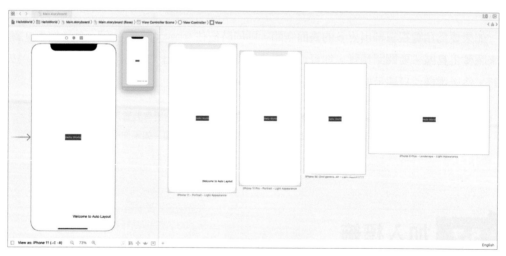

圖 5.12　標籤無法正確顯示

　　那麼要怎麼解決這個問題呢？顯然的，我們需要設定一些約束條件，以使其正確運作，問題是我們應該加入哪些約束條件呢？

　　我們先試著用文字描述這個標籤的要求，你可能像這樣描述：

　　「這個標籤應該放置在視圖的右下角。」

這樣的描述沒有問題，但是還不夠精確，描述標籤位置的更精確方式如下：

「這個標籤位於距離視圖右側邊距 20 點，且距離視圖底部 20 點的位置。」

這樣好多了，當你精確描述項目的位置時，你便可以輕鬆提出佈局約束條件。這裡標籤的約束條件是：

● 標籤距離視圖右側邊距 20 點。

● 標籤距離視圖底部 20 點。

在自動佈局中，我們將這種約束條件稱為「間距約束條件」（Spacing Constraints）。要建立這些間距約束條件，則可以使用佈局按鈕的「加入新約束條件」（Add New Constraints）按鈕。不過，這次我們使用 Control 鍵加上拖曳的方法來應用自動佈局。在介面建構器中，你可以沿著要加入約束條件的軸，按住 Control 鍵並將項目往自己拖曳，或往另一個項目拖曳。

要加入第一個間距約束條件，則按住 Control 鍵，並從標籤向右拖曳，直到視圖以藍色突出顯示為止。現在放開按鈕，你會看到一個彈出式選單，顯示約束條件選項，選擇「Trailing space to Safe Area」，來加入從標籤至視圖的右側邊距之間的間距約束條件，如圖 5.13 所示。

圖 5.13　使用 Control 鍵加上拖曳來加入第一個約束條件

在文件大綱視圖中，你應該會看到新的約束條件。介面建構器現在以紅色顯示約束線，表示缺少一些約束條件，這很正常，因為我們還沒有定義第二個約束條件。

現在按住 Control 鍵，從標籤拖曳至視圖底部。放開按鈕，並在彈出式選單中選擇「Bottom Space to Safe Area」，這將建立從標籤至視圖底部的佈局導引的間距約束條件，如圖 5.14 所示。

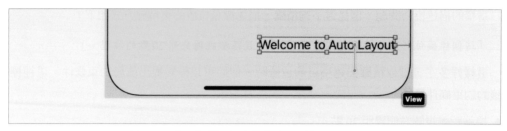

圖5.14 使用 Control 鍵加上拖曳來加入第二個約束條件

一旦加入這兩個約束條件後,所有約束線都變成藍實線了。當你預覽UI或者在模擬器中執行App時,這個標籤在所有的螢幕尺寸中應該會正確顯示,甚至在橫向模式下也可正確顯示,如圖5.15所示。

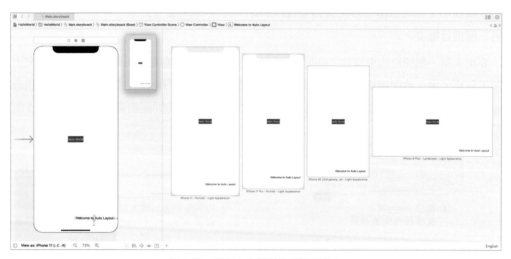

圖5.15 UI現在支援所有的螢幕尺寸

很棒!你已經正確定義約束條件了,不過你可能會注意到文件大綱中的黃色指示器,如果點擊指示器,則會發現一個與本地化有關的佈局警告。

這是什麼呢?

演練用的App現在只支援英文,我們所定義的約束條件非常適用英文,但是如果需要支援其他語言時該怎麼辦?目前的佈局約束條件是否仍適用於從右到左的語言(例如:阿拉伯文)?

在Xcode 12中,介面建構器會自動檢查你的佈局約束條件,以查看它們是否適合所有語言。當發現一些問題時,它會發出本地化警告,若要解決此問題,你可以選擇第二個選項來加入前緣約束條件(Leading Constraint),如圖5.16所示。

圖 5.16　和本地化有關的佈局問題

5.8　安全區域

在文件大綱中，你是否注意到一個稱爲「安全區域」（Safe Area）的項目？你還記得我們之前所定義的間距約束條件與安全區域有關嗎？我們定義兩個間距約束條件：

- 後緣間距至安全區域。

- 底部間距至安全區域。

那什麼是安全區域呢？安全區域最初是在 Xcode 9 導入的，以替代舊版 Xcode 中使用頂部與底部佈局導引（top & bottom layout guides）。與其用文字解釋該術語，不如直接示範什麼是安全區域。

至文件大綱中，選取「Safe Area」，藍色區域就是安全區域，安全區域實際上是一個佈局導引，表示你的視圖中沒有被列和其他內容擋住的部分。圖 5.17 所示的視圖中，安全區域是除了狀態列之外的整個視圖。

圖 5.17　安全區域

安全區域佈局導引可幫助開發者輕鬆處理佈局約束條件，因為當視圖被導覽列（Navigation Bar）或其他內容覆蓋時，安全區域會自動更新。

看一下圖 5.18，「Hello World」按鈕定義為位於安全區域頂部錨點下方 20 點，如果這個視圖沒有任何導覽列或標籤列（Tab Bar），則安全區域是除了狀態列之外的整個視圖，因此該按鈕是位於狀態列下方 20 點處。

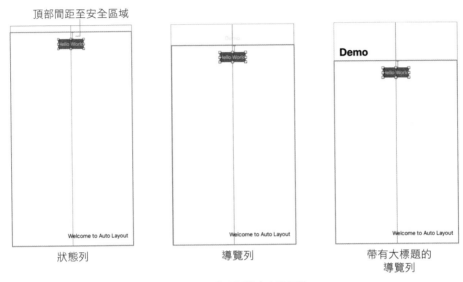

圖 5.18　**安全區域會自動調整**

如果視圖包含導覽列，則不論它使用標準標題還是大標題，這個安全區域都會自動調整。這個按鈕會放在導覽列的下方，因此只要 UI 物件是受安全區域佈局導引制約，即使你在介面加入導覽列或標籤列，你的介面也會正確佈局。

5.9 編輯約束條件

現在，「Welcome to Auto Layout」標籤位於距離安全區域後緣錨點 16 點的位置，當要增加標籤和視圖右側之間的間距時該怎麼做呢？

介面建構器提供了一個方便的方式來編輯約束條件的常數，你可以在文件大綱視圖中簡單挑選約束條件或者直接選取約束條件。在屬性檢閱器中，你可以找到這個約束條件的屬性，包括關係（Relation）、常數（Constant）以及優先權（Priority）。你可以將常數的值更改為「30」，以加入一些額外的間距，如圖 5.19 所示。

圖 5.19　使用屬性檢閱器編輯約束條件

　　或者，你可以在約束條件上點擊兩下，然後透過彈出式選單來編輯其屬性，如圖 5.20 所示。

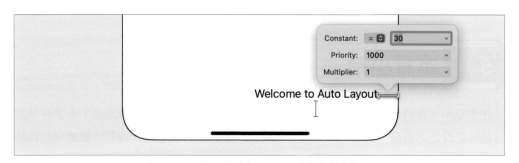

圖 5.20　透過點擊約束條件兩下來編輯約束條件

5.10 你的作業：加入表情符號標籤

　　到目前為止，我希望你對「如何佈局 App UI，並使其適合所有螢幕尺寸」具有一些基本概念了。在進入到下一章之前，我們來做一個簡單的練習：在視圖中再加入兩個表情符號標籤。預期結果如圖 5.21 所示。我給你一些提示：

- 「笑臉」表情符號標籤應該與安全區域的頂部錨點相距 33 點，並且水平置中。
- 「調皮鬼」標籤有兩個間距約束條件。

你可以在屬性檢閱器中編輯標籤的「字型」（Font）選項，來調整標籤的字型大小，但是即使你不知道該怎麼做也沒關係，我會在之後的章節中示範，現在先專注於定義約束條件。

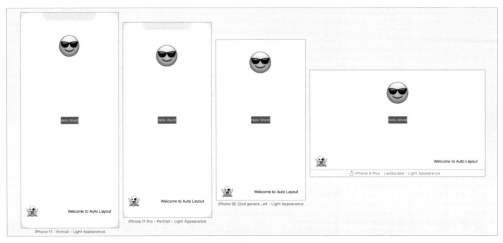

圖 5.21　預期的 App 佈局

5.11　本章小結

在本章中，我們介紹了自動佈局的基礎知識。這只是基礎知識，因為我不希望你學習自動佈局時把你嚇跑。當我們深入研究並建立一個真實的 App 時，我們將繼續探討自動佈局的其他功能。

大多數的初學者（甚至一些有經驗的 iOS 程式設計師）都避免使用自動佈局，因為它看起來很混亂，如果你完全理解本章介紹的內容，那麼你將成為優秀的 iOS 開發者。

最早的 iPhone 是在 2007 年推出，經過這些年後，iOS 開發領域發生了許多的變化與進步，不像以前你的 App 只需要在 3.5 英吋、非視網膜螢幕的裝置上運作這麼單純，現在你的 App 必須滿足各種螢幕解析度及螢幕尺寸，這也是為何我以一整章的篇幅介紹自動佈局的緣故。

因此，請花些時間來消化這些內容吧！

本章所準備的範例檔中，有最後完整的 Xcode 專案（HelloWorldAutoLayout.zip）供你參考。

使用堆疊視圖設計 UI

我已經簡要介紹了自動佈局。我們研究的範例非常簡單，但隨著你的 App UI 變得越來越複雜時，你會發現要為所有 UI 物件定義佈局約束條件變得更加困難。從 iOS 9 開始，Apple 導入了一個名為「堆疊視圖」（Stack View）的強大功能，讓開發者的開發工作更簡單，你不再需要為每個 UI 物件定義自動佈局約束條件，堆疊視圖會負責大部分的工作。

在本章中，我們將繼續介紹使用介面建構器進行 UI 設計，我會教你如何建立更全面、可在真實世界運用到的 UI。你將學習到：

- 使用堆疊視圖來佈局使用者介面。
- 使用圖片視圖來顯示圖片。
- 使用內建的素材目錄（Asset Catalog）來管理圖片。
- 使用尺寸類別來調整堆疊視圖。

除此之外，我們還將探索更多有關自動佈局的內容，你會很驚訝不需要撰寫程式碼，即可完成這麼多的工作。

6.1 堆疊視圖是什麼？

首先，什麼是堆疊視圖？堆疊視圖提供精簡的介面，可用於以行或列來佈局視圖集合。在 Keynote 或是微軟的 Powerpoint 中，你可以將多個物件群組起來，以便將它們作為單個物件來移動或調整大小。堆疊視圖提供了一個非常相似的功能，你可以使用堆疊視圖來將多個 UI 物件嵌入到一個物件中，在大多數的情況下，嵌入在堆疊視圖中的視圖，你不再需要為其定義自動佈局約束條件。

> 提示 對於嵌入在堆疊視圖中的視圖，一般稱為「排列視圖」（Arranged View）。

堆疊視圖管理其子視圖的佈局，並且自動為你應用佈局約束條件，這表示子視圖已準備好適應不同的螢幕尺寸。此外，你可以將堆疊視圖嵌入另一個堆疊視圖中，來建立更複雜的使用者介面。聽起來很酷，對吧？

但是不要誤解我的意思，這並不表示你不需要處理自動佈局的工作，你仍然需要為堆疊視圖定義佈局約束條件，它只是為你節省對每個 UI 元件建立約束條件的時間，並且非常容易從佈局中新增／移除視圖。

Xcode 提供兩種使用堆疊視圖的方式：

- 你可以從元件庫中拖曳一個堆疊視圖（水平／垂直），並將其放在故事板中，然後將標籤、按鈕、圖片視圖等視圖物件拖曳至堆疊視圖中。

- 或者，你可以使用自動佈局列的「Stack」選項。對於這個方式，你選取兩個或者多個視圖物件，然後選擇「Stack」選項，介面建構器會將物件嵌入至堆疊視圖中，並自動調整其大小。

如果你對如何使用堆疊視圖仍然沒有概念的話，請不用擔心，我們會在本章中介紹這兩種方式。只要繼續往下閱讀，你很快就會明白我的意思。

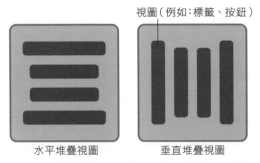

視圖（例如：標籤、按鈕）

水平堆疊視圖　　　　　垂直堆疊視圖

圖 6.1　水平堆疊視圖（左圖）／垂直堆疊視圖（右圖）

6.2　範例 App

首先，我們來看一下將建立的範例 App。我會示範如何使用堆疊視圖來佈局歡迎畫面，如圖 6.2 所示。

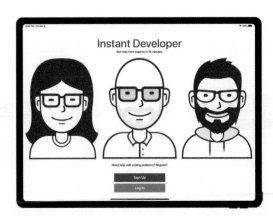

圖 6.2　範例 App

你可以建立出相同的 UI 而無須使用堆疊視圖，但是你很快會看到堆疊視圖如何完全改變你佈局使用者介面的方式。同樣的，本章不需要撰寫程式碼，我們將專注於使用介面建構器建立自適應的使用者介面，這是 App 開發中所需的關鍵技能。

6.3 建立新專案

現在開啟 Xcode，並建立一個新的 Xcode 專案。選取「Application（在 iOS 下面）→ Single View Application」，並點選「Next」按鈕。在專案選項中，你可以填入下列資訊：

- **Product Name（專案名稱）**：StackViewDemo—這是你的 App 名稱。
- **Team（團隊）**：這裡先不做更動。
- **Organization Identifier（組織識別碼）**：com.appcoda—這其實是網域名稱的倒寫，如果你擁有網域，則可以使用自己的網域名稱，否則的話，你可以使用「com.appcoda」或者只要填入「edu.self」。
- **Bundle Identifier（套件識別碼）**：com.appcoda.StackViewDemo—這是你的 App 的唯一識別碼，在 App 送審時會用到。你不需要填入這個選項，Xcode 會自動幫你產生。
- **Interface（介面）**：Storyboard—如前所述，Xcode 現在支援兩種 UI 建立方式，這裡請選擇「Storyboard」，因為本書會採用 UIKit 與 Storyboard 來開發 UI。
- **Life Cycle（生命週期）**：UIKit App Delegate—這是為 UIKit 開發所預設的生命週期選項。
- **Language（語言）**：Swift—我們會使用 Swift 來開發專案。
- **Use Core Data**：不用勾選—此選項不要勾選，此專案不會用到 Core Data。
- **Include Tests**：不用勾選—這個選項不要勾選，此專案不會進行任何測試。

點選「Next」按鈕，接著 Xcode 會詢問你要將 StackViewDemo 專案儲存至哪裡，在你的 Mac 電腦上挑選一個資料夾，並點選「Create」按鈕來繼續。

6.4 加入圖片至 Xcode 專案

你可能會注意到，範例 App 包含三張圖片，問題是如何在 Xcode 專案中綁定圖片呢？

在每個 Xcode 專案中，它都包含一個素材目錄（即 Assets.xcassets），用來管理你的 App 所使用的圖片及圖示，如圖 6.3 所示。至專案導覽器，並選取「Assets.xcassets」資料夾，它預設是空的，即 Appicon 集是空白的。我不會在本章介紹 App 圖示，但是在建立真實的 App 後，會再回來看此部分。

套圖清單　　　　　　　　　　　　　　　套圖檢視器

圖 6.3　素材目錄

現在下載本章所準備的圖片集（stackviewdemo-images.zip），並將其解壓縮至 Mac 中，這個壓縮檔共包含了五個圖檔：

- user1.pdf

- user2.png

- user2x.png

- user2x.png

- user3.pdf

> 注意　圖片是由 URL usersinsights.com 所提供。

iOS 支援兩種類型的圖檔：「點陣圖」（rasterimage）以及「向量圖」（vectorimage）。常見的圖片格式（如 PNG 與 JPEG）被歸類為點陣圖，點陣圖是使用像素網格來形成完整的圖片，它有放大後品質不佳的問題，將點陣圖片放大後，通常會失真，這就是為何 Apple 建議開發者在使用 PNG 時提供三種不同解析度圖片的原因。以這個例子而言，圖檔有三個版本，後綴為 @ 3x 的圖片解析度最高，適用於 iPhone 8 Plus、iPhone 11/12 Pro 與 iPhone 11/12 ProMax；後綴為 @ 2x 的圖片，則適用於 iPhone SE/8/11；而後綴沒有 @ 的圖片，適用非視網膜螢幕的舊裝置（例如：iPad 2）。關於如何使用圖片的細節，你可以進一步參考下列的連結：URL https://developer.apple.com/design/human-interface-guidelines/ios/icons-and-images/image-size-and-resolution/。

向量圖的檔案格式通常是 PDF 或是 SVG，你可以使用像是 Sketch 與 Pixelmator 的工具來建立向量圖。和點陣圖不同的是，向量圖是以路徑所組成，而不是由像素所組成，其圖檔可以放大而不會失真。由於這個功能，你只需要為 Xcode 提供 PDF 檔格式的圖片版本。

為了示範，我故意在範例中加入這兩種圖檔，而開發真實 App 時，你通常會使用其中一種圖檔。那麼，哪一種類型的圖檔較好呢？如果可以的話，請你的設計者準備 PDF 格式的圖檔，整體檔案較小，且不會因為縮放而失真。

要加入圖檔至素材目錄的話，你只需要將這些圖片從 Finder 拖曳至套圖清單或套圖檢視器中，如圖 6.4 所示。

圖 6.4　加入圖片至素材目錄

當你將圖片加入素材目錄後，套圖視圖會自動歸類這些圖片至不同的位置中，如圖 6.5 所示。之後，如果要使用該圖片，你只需要使用特定圖片的套圖名稱（例如：user1）。你可省略檔案副檔名，即使你有同一圖片的多個版本（例如：user2），也不必擔心要使用哪個版本的圖片（@ 2x / @ 3x），這些都由 iOS 相應處理。

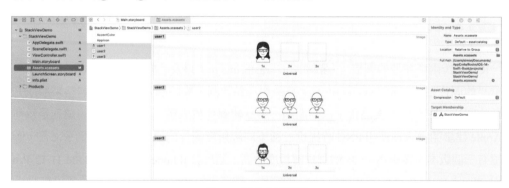

圖 6.5　圖片自動歸類

6.5 使用堆疊視圖佈局標題標籤

現在你已經在專案中綁定必要的圖片，我們將繼續建立堆疊視圖。首先，開啟 Main.storyboard，我們從這兩個標籤的佈局開始，如圖 6.6 所示。

Instant Developer

Get help from experts in 15 minutes

圖 6.6　範例 App 的標題以及副標題標籤

　　堆疊視圖可以在垂直與水平佈局中排列多個視圖（即排列視圖），因此你一開始必須決定要使用垂直還是水平堆疊視圖。由於標題及副標題標籤是垂直排列，因此垂直堆疊視圖是較合適的選擇。

　　我是在 iPhone 11/12 上佈局 UI，實際上你可以自由使用任何裝置，但是為了跟著本章的內容實作，則檢查設定列中的「View as」選項，確保你目前是使用 iPhone 11。請點選「元件庫」按鈕來開啟元件庫，拖曳一個垂直堆疊視圖物件至故事板內的視圖控制器，如圖 6.7 所示。

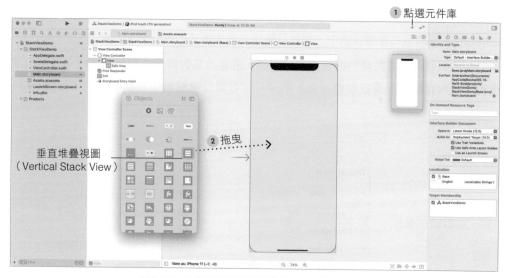

圖 6.7　加入垂直堆疊視圖物件至視圖控制器中

　　接下來，從元件庫中拖曳標籤，並置於堆疊視圖中。當你將標籤放入堆疊視圖後，堆疊視圖會自動嵌入標籤，並調整其大小來符合這個標籤。在標籤上點擊兩下，然後將標題更改為「Instant Developer」。在屬性檢閱器中，將字型大小（Font Size）增加到「40 點」、字型樣式（Font Style）更改為「Medium」，你也可以將顏色改為「System Indigo Color」或任何你偏好的顏色。

　　現在將另一個標籤從元件庫拖曳至堆疊視圖中，接著放開該標籤，堆疊視圖將嵌入新標籤，並垂直排列兩個標籤，如圖 6.8 所示。

① 拖曳一個標籤置入堆疊視圖

② 拖曳另外一個標籤至堆疊視圖，並置於 Instant Developer 下方

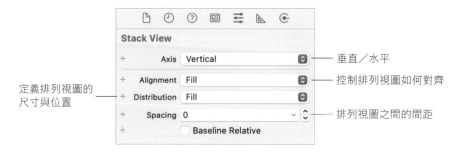

③ 在文件大綱中，確認這些標籤已放在堆疊視圖內

圖 6.8　嵌入兩個標籤至垂直堆疊視圖中

　　編輯新標籤的標題，更改爲「Get help from experts in 15 minutes」。如果操作正確，則這兩個標籤應該放在堆疊視圖中，你可以檢查文件大綱中的物件來加以確認。

　　目前這兩個標籤都對齊到堆疊視圖的左側。要更改其對齊方式和外觀，你可以修改堆疊視圖的內建屬性。選取堆疊視圖，然後可以在屬性檢閱器中找到其屬性，如圖 6.9 所示。

圖 6.9　堆疊視圖的屬性範例

　　這裡提醒一下，如果選取堆疊視圖時遇到任何困難，你可以按住 Shift 鍵，並在堆疊視圖上按右鍵，然後介面建構器會顯示一個快捷選單來讓你選擇，如圖 6.10 所示，或者你可以在文件大綱中選擇堆疊視圖，這兩種方法都行得通。

圖 6.10　快捷選單

以下簡要說明堆疊視圖的每個屬性：

- **「Axis」選項**：指示排列視圖是以垂直還是水平排列。將它從垂直改爲水平，則可將目前的垂直堆疊視圖更改爲水平堆疊視圖。

- **「Alignment」選項**：控制排列視圖的對齊方式，例如：如果將其設定爲「Leading」，則堆疊視圖會對齊排列視圖的前緣（即左側）。

- **「Distribution」選項**：定義排列視圖的尺寸及位置。預設爲「Fill」，在這種情況下，堆疊視圖將盡力使所有的子視圖符合其可用空間。若設定爲「Fill Equally」，則垂直堆疊視圖會將兩個標籤平均分布，以使它們沿著垂直軸並有相同的大小。

圖 6.11 列出一些不同屬性的佈局範例。

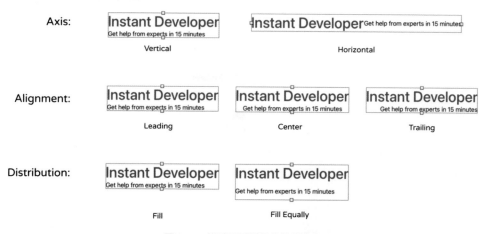

圖 6.11　堆疊視圖屬性的快速示範

對於我們的範例 App，我們只需要將對齊（Alignment）選項由「Fill」改爲「Center」，並保持其他選項不變即可，這會使得兩個標籤置中。

在進入下一節之前,請確認你正確放置堆疊視圖,這會幫助你更輕鬆閱讀其餘內容。你可以選取堆疊視圖,然後至尺寸檢閱器中,確認 X 值設定為「53」,Y 值設定為「70」,如圖 6.12 所示。

圖 6.12　確認堆疊視圖的位置

6.6 使用堆疊視圖佈局圖片

在前面的內容中,我提到了使用堆疊視圖的兩種方式。之前,你從元件庫加入堆疊視圖,現在我要介紹另一種方式。

我們將佈局三個使用者圖片。在 iOS 中,我們使用圖片視圖來顯示圖片。在元件庫中尋找圖片視圖物件,然後將其拖曳至視圖中。加入圖片視圖後,選擇屬性檢閱器,圖片選項已經從素材目錄中載入可用的圖片,只要將它設定為「user1」即可。在尺寸檢閱器中,設定圖片的寬度為「100」、高度為「134」,如圖 6.13 所示。

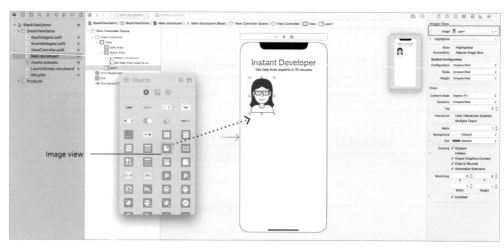

圖 6.13　加入圖片視圖以顯示圖片

重複相同的步驟來加入其他兩個圖片視圖，並將它們並排在一起。將第二和第三個圖片視圖的圖片，分別設定爲「user2」和「user3」，你的佈局會如圖 6.14 所示。

圖 6.14　指定圖片至圖片視圖

使用堆疊視圖可以最大程度地減少必須定義的佈局約束條件的數量，但這並不表示你不需要定義任何自動佈局約束條件。對於圖片視圖，我們希望每個都保持長寬比（Aspect Ratio），之後圖片大小會取決於螢幕大寸，我們希望它們無論是被拉長還是壓縮，都保持長寬比。

爲此，在文件大綱視圖中，按住 Control 鍵來水平拖曳 user1 圖片視圖，接著在快捷選單中，選擇「Aspect Ratio」，對其他兩個圖片視圖也重複相同的步驟。

1 按住 Control 鍵並從 user1 往它自己水平拖曳

2 放開按鈕和選擇長寬比

圖 6.15　加上長寬比的約束條件

現在我想使用堆疊視圖來群組這三個圖片視圖，如此可更方便管理，但是我會用另一種方式來建立堆疊視圖。

按住 command 鍵並點選三個圖片視圖來選取它們，然後點選佈局列中的「嵌入」（Embed in）按鈕，然後選擇「Stack View」，介面建構器會自動將圖片視圖嵌入至水平堆疊視圖中，如圖 6.16 所示。

① 按住 command 鍵，選取
　這三個圖片視圖

② 點選「Emben in」按鈕並
　選取「Stack View」

Embed in 按鈕

圖 6.16　群組圖片視圖為水平堆疊視圖

要在圖片視圖之間加入一些間距，則選取堆疊視圖，並將間距值設定為「20」。

現在你有兩個堆疊視圖：一個用於標籤，另一個用於圖片視圖。實際上，可以將這兩個堆疊視圖結合在一起，以簡化處理。堆疊視圖的一大優點是，你可以將多個堆疊視圖嵌套在一起。

為此，在文件大綱視圖中選取兩個堆疊視圖，然後點選「Embed in」按鈕，並選擇「Stack View」，以將兩個堆疊視圖都嵌入到垂直堆疊視圖中，如圖 6.17 所示。之後，請確認這個新堆疊視圖的對齊方式為「Fill」，透過將 Alignment 屬性設定為「Fill」，以在較大的螢幕上自動調整圖片視圖的大小。當我們在 iPad 上預覽這個 UI 時，你便會了解我的意思。

1 選取兩個堆疊視圖

2 點選「Embed in」按鈕
並選擇「Stack View」

圖 6.17　巢狀堆疊視圖

　　很酷,對吧?至目前為止,UI 在 iPhone 11 上看起來很棒,但如果在其他裝置上預覽 UI,結果會不如預期,原因是我們還沒有定義堆疊視圖的佈局約束條件。

6.7　對堆疊視圖定義佈局約束條件

　　對於堆疊視圖,我們會定義以下的佈局約束條件:

● 設定它自己與頂部佈局導引之間的間距約束條件,例如:距離安全區域佈局導引的頂部 錨點 50 點。

● 設定在堆疊視圖左側與安全區域的前緣之間的間距約束條件,例如:它們之間的間距為 10 點。

● 設定在堆疊視圖右側與安全區域後緣之間的間距約束條件,例如:它們之間的間距為 10 點。

　　現在至佈局列點選「Add New Constraint」按鈕,設定頂部、左側與右側的間距約束條件,分別為「50、10、10」,如圖 6.18 所示。當啟用約束條件之後,它是以紅線來標示,然後點選「Add 3 Constraints」按鈕來加入約束條件。

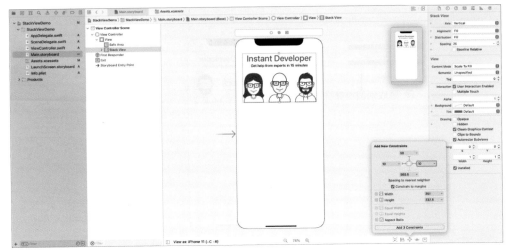

圖 6.18　加入多個約束條件

當你加入約束條件之後，介面建構器會自動調整堆疊視圖至正確的位置，以符合你的佈局約束條件，如圖 6.19 所示。

圖 6.19　加入間距約束條件後的堆疊視圖的位置

現在試著在其他裝置上預覽介面，看起來應該很好，不過你可能會注意到一個問題：在 iPhone SE（第一代機型），這個「Instant Developer」標籤被截斷了，如圖 6.20 所示。

圖 6.20　在 iPhone SE 上預覽 UI

所以我們該如何修復這個問題呢？

顯然的，我們可以縮小標籤的字型大小，Xcode 提供了一個自動調整字型大小的動態方式。現在選取「Instant Developer」標籤，並至屬性檢閱器中，將「自動縮放」（Autoshrink）選項設定爲「Minimum Font Size」，值設定爲「20」，如圖 6.21 所示。

圖 6.21　變更標籤的自動縮放選項

如此，你告知 Xcode（或者 iOS）自行決定標籤的合適字型大小，以讓標籤完美顯示。現在於在設定列中選取 iPhone SE（第一代機型）來測試 UI，標籤應該能夠完整顯示了。

6.8　在圖片下方加入標籤

在圖片下方還有一個標籤沒有加入，我特意留到這裡才示範，以讓你了解將物件加入目前的堆疊視圖中是多麼容易。

開啓元件庫，拖曳一個標籤物件至存放其他兩個堆疊視圖的堆疊視圖中，你會看到一條指示插入位置點的藍線，如圖 6.22 所示。

圖 6.22　加入新標籤至目前的堆疊視圖

接著，選取新標籤，至屬性檢閱器中設定文字內容為「Need help with coding problems? Register!」。另外，變更文字對齊（Alignment）選項為「Center」，如圖 6.23 所示。

圖 6.23　變更文字對齊選項為 Center

現在 UI 在所有裝置上看起來都不錯。如你所見，堆疊視圖使你不必定義新標籤的約束條件，它繼承了你先前所定義的約束條件。

6.9 使用堆疊視圖佈局按鈕

我們還沒有完成，將會繼續在畫面底部佈局兩個按鈕。

首先，點選「+」按鈕來開啟元件庫，並從元件庫拖曳一個按鈕至視圖，點選按鈕兩下，將其命名為「Signup」。在屬性檢閱器中，將背景顏色改為「System Indigo Color」，文字顏色改為「White」。編輯字型（Font）選項，設定其大小為「20點」、樣式為「Bold」，然後在尺寸檢閱器中，設定按鈕的寬度為「200」、高度為「50」。

接下來，我們來建立「Log In」按鈕，但是不必重複所有的過程。你可以選取「Sign UP」按鈕，並按下 command + D 鍵來進行複製，然後移動新按鈕至「Sign Up」按鈕的下方，並修改其名稱為「Log In」。在屬性檢閱器中，變更背景顏色為「System Gray Color」，你的使用者介面如圖 6.24 所示。

圖 6.24　加入兩個按鈕至視圖

同樣的，你不需要為這些按鈕設定佈局約束條件，只需讓堆疊視圖為你展現神奇魔法即可。按住 `command` 鍵並選取兩個按鈕，然後點選佈局列的「Embed in」按鈕，選擇「Stack View」，將兩個按鈕群組起來為垂直堆疊視圖。接下來，將堆疊視圖水平置中，要為按鈕之間增加間距的話，則選取堆疊視圖，在屬性檢閱器中設定間距值為「10」。

同樣的，我們為這個堆疊視圖定義佈局約束條件，讓它的位置靠近視圖底部。以下是我們要定義的佈局約束條件：

● 相對於容器視圖，將堆疊視圖水平置中。

● 設定間距約束條件，以便在堆疊視圖與安全區域的底部錨點之間有間距。

選取剛才建立的堆疊視圖，點選佈局列中的「Align」按鈕，勾選「Horizontally in Container」選項，然後點選「Add 1 Constraint」，如圖 6.25 所示。

圖 6.25　增加新的約束條件，以使堆疊視圖水平置中

接下來，要加入一個間距約束條件，點選「Add New Constraints」按鈕，並設定底部的值為「30」。確認該列為紅線，點選「Add 1 Constraint」來加入約束條件，如圖 6.26 所示。

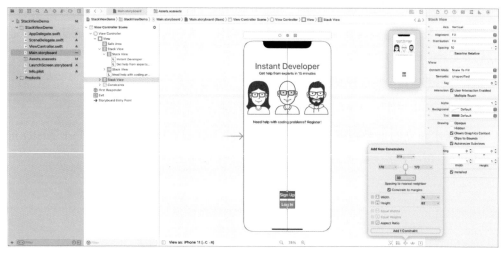

圖 6.26　對堆疊視圖加入間距約束條件

你可能會注意到一件事，就是按鈕比預期的狹窄。當你將按鈕嵌入堆疊視圖時，它會調整其原先的尺寸，如果要設定寬度為「200」，你需要加入尺寸約束條件至堆疊視圖。在文件視圖中，按住 Control 鍵後，從堆疊視圖往它自己拖曳，以彈出內容選單，選擇「Width」來加入寬度約束條件，如圖 6.27 所示。

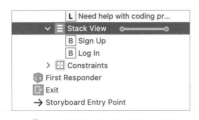 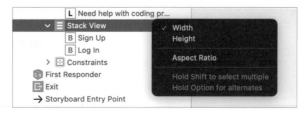

① 按住 Control 鍵，從堆疊視圖往它自己拖曳　② 按住 Shift 鍵並選擇 Width 及 Height

圖 6.27　使用 Control 鍵加上拖曳來加入寬度約束條件

　加入約束條件後，你應該會在文件大綱中看到這些約束條件，展開它來顯示寬度約束條件。由於我們需要將寬度變更為「200 點」，因此選取寬度約束條件，並至屬性檢閱器，將常數值改為「200」，現在堆疊視圖的寬度已經固定為 200 點了，如圖 6.28 所示。

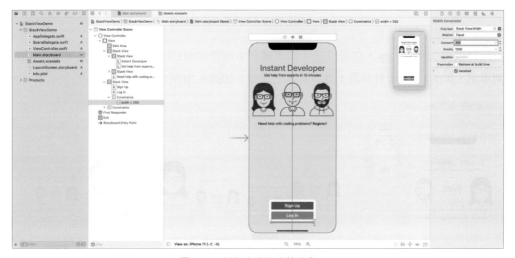

圖 6.28　編輯寬度約束條件為 200

　這兩個按鈕的高度都應該為 50 點，如你所知，我們需要為這兩個按鈕加入高度約束條件。Xcode 可讓你為多個物件同時加入相同的約束條件，在這種情況下，你可以按住 command 鍵，並選取這兩個按鈕，然後點選「Add New Constraints」按鈕，並設定高度為「50」。當你確認加入約束條件後，Xcode 會將這個約束條件應用在兩個項目上，如圖 6.29 所示。

圖 6.29　為兩個按鈕加入高度約束條件

　　是時候再次測試 App，你可以在介面建構器中預覽你的 UI，或者在不同裝置上執行這個專案。你的 UI 在所有裝置上應該看起來很棒，如圖 6.30 所示。

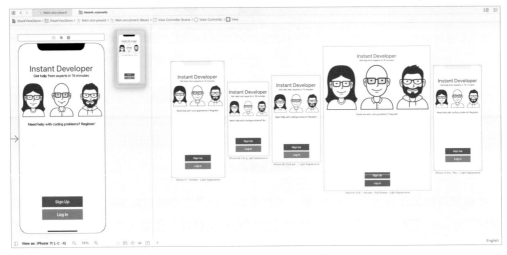

圖 6.30　在 iPhone 與 iPad 中預覽 UI

　　你是否注意到「Need help with coding problems? Register!」在 iPhone SE 上被截斷了？試著自己修復看看，若是你不知道如何解決這個問題，請回到前一節去尋找答案。

　　你可能還會注意到 iPad 上顯示的按鈕與標籤顏色跟其他裝置有所不同，我想這應該是 Xcode 12 的錯誤。如果你在 iPad 模擬器上執行 App 的話，則所有的按鈕與標籤的顏色應該都會和原始設計相同。

6.10 使用尺寸類別調整堆疊視圖

既然你已經使用堆疊視圖建立了一個不錯的 UI，那麼你是否已在橫向模式下測試呢？當你將 iPhone（或 iPad）模擬器轉為橫向，橫向的 UI 如圖 6.31 所示。

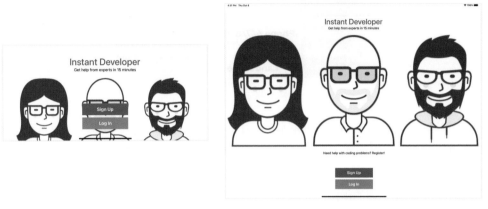

圖 6.31　在 iPhone 11 Pro（左圖）與 iPad Pro 12.9 英吋（右圖）的橫向 App UI

目前 UI 在 iPad 上看起來非常好，但是在 iPhone 上就顯得有點奇怪，我想自訂幾件事，以讓它看起來更好：

● 將整個堆疊視圖移動，使其靠近視圖的上緣。

● 這些圖片太大，中間的圖片和按鈕重疊。

要注意的是，這些改變只適用於橫向的 iPhone，你該如何做呢？

從 iOS 8 導入了一個名為「自適應佈局」（Adaptive Layout）的 UI 設計概念。有了自適應佈局，你的 App 可以讓 UI 自適應特定裝置或者裝置方向。

要做到自適應佈局，Apple 引入一個名為「尺寸類別」（Size Classes）的觀念，這大概是使自適應佈局成為可能的一個最重要觀念了。尺寸類別是根據裝置的螢幕尺寸與方向來對裝置做分類，你可以同時使用尺寸類別以及自動佈局來設計自適應使用者介面。

尺寸類別指出了垂直（高度）與水平（寬度）尺寸的顯示空間的相對量。尺寸類別有兩種類型：「常規」（Regular）與「緊湊」（Compact），常規尺寸類別表示較大的螢幕空間，緊湊尺寸類別則表示較小的螢幕空間。

透過使用尺寸類別來描述每個顯示尺寸，將得到四個裝置象限：「常規寬度 - 常規高度」、「常規寬度 - 緊湊高度」、「緊湊寬度 - 常規高度」、「緊湊寬度 - 緊湊高度」。

圖 6.32 顯示了 iOS 裝置及其相應的尺寸類別。

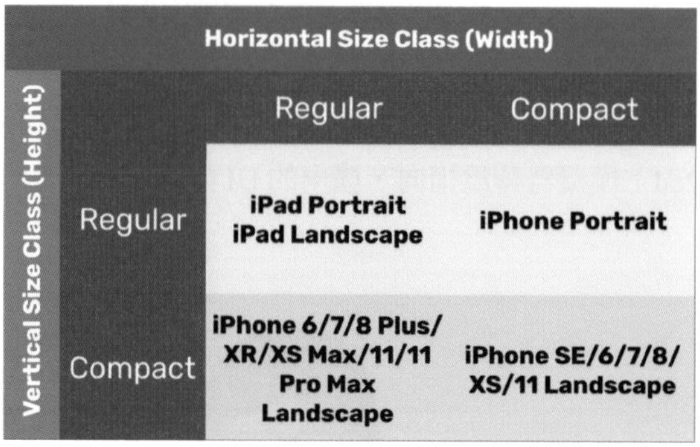

圖 6.32　尺寸類別

要表達顯示環境，你必須同時指定水平尺寸類別（Horizontal Size Class）以及垂直尺寸類別（Vertical Size Class）。例如：iPad 具有常規的水平（寬度）尺寸類別以及常規的垂直（高度）尺寸類別。對於我們的自訂條件，我們希望為橫向的 iPhone 提供佈局，換句話說，這是我們必須處理的兩個尺寸類別：

● 緊湊寬度 - 緊湊高度（Compact width-Compact height）。

● 常規寬度 - 緊湊高度（Regular width-Compact height）。

你不需要記住圖 6.32 的尺寸類別。在介面建構器中，你可以在設定列中找到目前的尺寸類別，例如：當你選擇 iPhone 11 Pro（橫向），它會顯示「View as:iPhone 11 Pro(wC hC)」。「wC hC」表示「緊湊寬度 - 緊湊高度」（Compact width-Compact height）。

了解尺寸類別後，現在回到 Main.storyboard，在設定列中，將裝置設定為橫向模式。接下來，選取安全區域頂部錨點與堆疊視圖頂部之間的間距約束條件，在屬性檢閱器中，點選常數（Constant）選項旁的「+」按鈕，選取「Any Width、Compact height、Any Gamut」，然後設定尺寸類別的值為「15」，如圖 6.33 所示。

提示　在這裡，「Any Width」是指包含緊湊（Compact）與常規（Regular）的寬度。

② 點選「＋」來加入自訂條件

③ 設定寬度為「Any」、
高度為「Compact」

④ 設定 hC
值為 15

① 選取這個佈局約束條件

06 ─使用堆疊視圖設計 II

圖 6.33　加上特定尺寸類別約束條件

如此，將 iPhone 轉向時，堆疊視圖與視圖上緣之間的間距會縮小。在介面建構器中預覽 UI，或在不同的 iOS 裝置上執行這個專案，來看一下結果，你應該會注意到只有當裝置是 iPhone 且為橫向模式時，間距約束條件才會減少其值。

現在我們來看第二個問題，以了解 iPhone 為橫向模式時如何縮小圖片的尺寸。

你不只可以自訂約束條件，Xcode 讓你可以為堆疊視圖定義特定尺寸類別屬性。選取根堆疊視圖，該視圖包含其他堆疊視圖。在屬性檢閱器中，點選對齊（Alignment）選項旁的「＋」按鈕來加入自訂條件，選擇「Any width、Compact height、Any Gamut」，然後點選「Add Variation」按鈕，這可以讓你自訂對齊條件，如圖 6.34 所示。將「hC」欄位設定為「Center」，在橫向（只限 iPhone），我們將對齊保持為「Center」，以使圖片不會調整尺寸，如圖 6.35 所示。

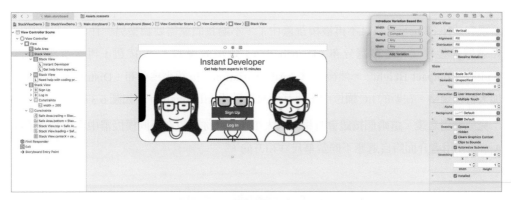

圖 6.34　為堆疊視圖加入自訂條件

圖 6.35　自訂對齊條件後的結果

目前在橫向 iPhone 上看起來更棒了，不過「Need help with coding problems? Register!」的文字仍然存在一個問題，它依然被按鈕蓋住了。要解決這個問題，讓我介紹另一個使用尺寸類別的技巧。

選取存放「Sing UP」與「Log In」這兩個按鈕的堆疊視圖，在屬性檢閱器中，點選軸（Axis）選項旁的「+」按鈕，選擇「Any Width、Compact Height」，然後點選「Add Variation」來確認。在新的 hC 欄位中，將其設定為「Horizontal」，這表示對於橫向 iPhone，兩個按鈕應該水平排列而不是垂直排列，如圖 6.36 所示。

圖 6.36　為 Axis 選項加入佈局特規

現在「Need help」訊息不再被按鈕蓋住了，不過我們還需要調整另一件事。假設你已經選取堆疊視圖，請點選分布（Distribution）選項旁邊的「+」按鈕，再次選擇「Any Width、Compact Height」，然後點選「Add Variation」按鈕來為分布（Distribution）選項加入特殊規格。在新的 hC 欄位中，將其值設置為「Fill Equally」，如圖 6.37 所示。

完成變更之後，這兩個按鈕會有相同的大小，如此你可以在不同模擬器中再次執行這個 App，使用者介面將自適應不同螢幕尺寸和方向。

圖 6.37　自訂隱藏屬性

6.11　保存向量資料

在我結束本章之前，我要介紹一個 Xcode 的功能，即「保存向量資料」（Preserve Vector Data）。我曾提過在 iOS 開發中，我們比較傾向使用向量圖而不是點陣圖，因為向量圖不管怎麼縮放，圖片也不會失真，而這是部分正確的。

使用向量圖時，Xcode 會自動將圖片轉換為靜態圖片（@1x、@2x、@3x），它非常類似於我們準備的 user2 圖片，但是轉換工作由 Xcode 來處理。在這種情況下，放大圖片時，圖片品質會稍微受到影響。如果你試著在 iPad Pro（12.9 英吋）執行這個範例，則應該會發現圖片的品質不佳。

從 Xcode 9 的版本開始，Xcode 內建了一個名為「保存向量資料」的功能，可以讓你保存圖片的向量資料。預設上，這個選項是停用的，要啟用它的話，你可以至 Assets.xcassets，並選取其中一張圖片，在屬性檢閱器中勾選「Preserve Vector Data」核取方塊，來啟用這個選項，如圖 6.38 所示。

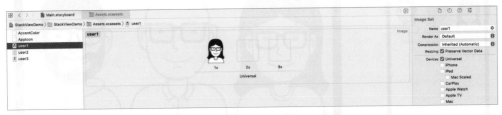

圖 6.38　啟用「保存向量資料」選項

現在，如果你再次在 iPad Pro（12.9 英吋）執行這個 App，你會發現圖片的品質看起來較好，圖 6.39 示範啟用或停用該選項的圖片差異。

圖 6.39　停用「保存向量資料」功能（左圖）以及啟用「保存向量資料」功能（右圖）

6.12 你的作業：建立佈局特規、加入標籤

作業①：更新約束條件與建立佈局特規

　　為了要幫助你更加了解自動佈局與尺寸類別的工作原理，我們進行另一個簡單的練習，你需要更新一些約束條件，並為 iPhone/iPad 建立另一個佈局特規，如圖 6.35 所示，需求如下：

● 對於所有裝置，將「Sign Up」與「Log in」按鈕的寬度從「200 點」更改為「300 點」。

● 對於 iPad，將「Instant Developer」標籤的字型大小增加到「65 點」。

圖 6.40　作業①的 UI 需求

作業②：建立新 UI

若是第一個作業對你而言太過簡單了，那麼第二個作業對你而言就很適合，試著建立一個如圖 6.41 所示的 UI。你可以使用本章爲您所準備的圖片（student-tutor.zip）。

圖 6.41　作業②的 UI 需求

> 注意　背景圖片由 Luka Dadiani（URL https://dribbble.com/lukadadiani）所提供。

作業③：加入標籤

還有一個作業是讓你自行練習所學的內容，試著建立一個如圖 6.42 所示的 UI，你可以使用任何圖片來建立使用者介面，有個功能我還沒介紹過，那就是標籤物件，不過這個作業你需要使用它。標籤是設定爲顯示一行文字，如果你需要顯示多行文字，你可以變更行（Lines）選項的值，假設要顯示兩行文字，你只需將值設定爲「2」。

圖 6.42　作業③的 UI 需求

6.13　本章小結

恭喜！你已經完成了本章，並學會如何使用堆疊視圖與尺寸類別建立自適應 UI。

堆疊視圖使用最少的約束條件，簡化了你在 iOS 上建立使用者介面的方式。你可能會想問：什麼時候該使用堆疊視圖呢？ Apple 的工程師建議開發者先採用堆疊視圖，然後到時候視實際需求使用約束條件，因此本書將使用堆疊視圖設計使用者介面。

本章所準備的範例檔中，有最後完整的 Xcode 專案（StackViewDemo.zip）以及作業的解答（StackViewDemoExercise2.zip / StackViewDemoExercise3.zip）供你參考。

如果你仍有疑惑，可以加入我們的臉書社團（ URL https://www.facebook.com/groups/appcodatw），來和其他開發者一起相互討論。

原型設計

你應該聽過許多次某人說：「我有個 App 好點子！」

或許你目前就有一個點子，那麼下一步驟呢？

你現在對 iOS 程式開發與介面建構器已經有了基本的觀念了，那麼你應該開啓 Xcode 並開始寫 App 了嗎？

如同我常說的，寫程式只是 App 開發過程的一部分而已。在你開始寫 App 之前，你必須要有其他的準備程序，這不是一本關於軟體工程的書籍，因此我不準備介紹有關軟體開發生命週期的每一個階段，我想要將重點放在原型（Prototype），這是行動開發程序中不可或缺的一部分。

每次我和初學者提到原型，他們都會問兩個問題：

- 什麼是原型？

- 爲什麼需要原型？

原型就是初期的產品模型，可以作爲概念的測試或者想法的視覺呈現。許多產業都會用到原型設計。在建造一棟建築物之前，建築師需要先設計建築圖並且做建築模型。航空公司在打造一架飛機之前，會建立一個飛機原型，以測試是否有設計上的缺陷。軟體公司也會在實際開發應用程式之前，建立軟體原型來檢視設計上的概念。在 App 開發上，一個原型可以是 App 早期的樣本，雖然不具備完整功能，但是包含基本的 UI 或是草圖。

原型設計是開發原型的一個程序，提供許多的好處。首先，它可以協助將你的想法具體化，可以更輕鬆和你的團隊成員及使用者溝通，雖然你現在是正在學習自己開發 App，但是真實世界的開發環境會有所不同。

你可能需要和團隊中的程式設計師與 UI/UX 設計師合作，來爲客戶打造 App。即使你是一位獨立開發者，你所開發的 App 的目標可能會是特定的使用族群或是要面對一個利基市場。或者你聘雇一位設計師來爲你設計 UI，你必須要找到一些方式來和你的設計師溝通，或者和你的潛在使用者一起測試你的想法。當然，你可以使用文字來做概念的表達，告訴你的使用者這個 App 的開發理念，不過這樣的方式缺乏效率，使用具完整功能的樣本 App 展示你的 App 點子是最佳的方式。

透過建立原型，你可以在專案初期讓每一個人（開發者、設計師與使用者）參與，所有參與者將會更了解 App 的運作方式，並在開發階段查明缺失，以及最終建立產品的可行方式。

原型設計也能讓你測試想法，而不需要建立一個真的 App。你可展示原型給你的潛在使用者，以在 App 建立前取得前期的回饋，這可以幫你省下不少的時間與費用，圖 7.1 列出了原型設計的好處。

沒有原型

有了原型

圖 7.1 原型設計幫你省錢省時

7.1　在紙上繪出你的 App 點子

現在你有個 App 點子，該如何爲你的 App 建立原型呢？

有許多種形式可呈現原型，例如：紙上作業或數位顯示。我通常是採取手繪方式來表達概念，我也強烈建議你使用紙張來描繪出你的 App 設計，這是建立 App 原型的最簡單方式。對我而言，紙張依然是快速將腦中想法迅速記錄下來的最佳方式。當然，或許你會認爲用 iPad 對你比較適合，只要使用任何對你而言最好用的方式即可。

> 訣竅　你可以在 URL http://sneakpeekit.com/ 找到一些可列印的表格模板。

舉例而言，我有個建立美食 App 的想法，這個 App 可以儲存我最喜愛的餐廳，雖然 Yelp 這個 App 很好用，但是我想建立屬於自己的個人餐廳指南，這個 App 有幾項特色：

- 在主畫面列出最喜愛的餐廳。
- 建立餐廳紀錄，並且從相簿中匯入照片作爲餐廳圖片。
- 儲存餐廳照片在裝置端，並將它分享給世界其他美食愛好者。
- 在地圖上顯示餐廳位置。
- 瀏覽其他美食愛好者所提供的美食餐廳分享。

我認為人們可能會喜歡這個點子，為了測試我的想法，我先在紙上畫出設計概念。可能有些人會認為自己不善於繪畫，但你不需要成為一位藝術家才能畫出 App 設計，我的繪圖技巧也不好，如圖 7.2 所示，重點在於將你的想法視覺化，並理解你的 App 的基本架構。

圖 7.2　在紙上繪出你的 App

7.2　繪出 App 線框圖

　　你應該聽過「線框圖」（Wireframe），我所示範的便是畫出 App 線框圖的一種方式。線框圖的重點不在於細節，而是能看出 App 的架構與組成，不需要加入顏色、圖形與視覺設計，你可以把線框圖想成是一個 App 的基礎，它可讓你更了解所想要建立的功能與 App 的導覽流程。

　　好的，如果你不想要用手繪畫，那麼有其他工具可以畫出你的行動 App 的線框圖嗎？

　　只要使用框、圓以及線，就可以畫出線框圖，因此你可以使用任何你喜愛的工具來建立線框圖。我個人則是偏好使用 Sketch，在稍後的章節中我將會做進一步的介紹，圖 7.3 展示了由軟體所製作的一個行動 App 的線框圖範例。

圖 7.3　行動 App 的線框圖範例

使你的草圖 / 線框圖可互動

　　你已經在紙上繪出 App 點子的草圖，甚至已經繪出線框圖，有什麼更佳的方式能夠示範它的運作方式，以使你的潛在使用者了解它的操作流程？有許多工具可以讓開發者建立互動式原型，在下一節中我會進一步介紹。此刻，我要展示如何使用一個來自 Marvel 公司、名為「POP」的便利工具來建立原型（ URL https://marvelapp.com/pop/ ）。

　　POP 一開始是由台灣 Woomoo 新創公司所開發的，這個原型 App 非常聰明，曾經成為 Apple 上的推薦商品。之後 Woomoo 的團隊被 Priceline 所併購，而它的旗艦商品—原型 POP App，最後在一家英國新創公司 Marvel，找到它的新家。

　　POP App 可以將你的手繪作品或是線框圖轉成可以運作的原型，它可以利用相機拍攝你的草圖，或者你也可以從照片庫中匯入。這個 App 提供各種轉場方式來將不同畫面做連結，以使你可以和圖片做互動，待會你便會知道我所表達的意思。

首先安裝POP App到你的iPhone，並下載我們為本章所準備的線框圖圖片（FoodPinWireframe.zip），將檔案解壓縮，然後透過AirDrop將圖片匯入至你的iPhone中。

POP App非常容易使用，首次啟動時，你會看到一個專案清單，點選「+」圖示來新增一個專案。為你的專案命名（例如：Food Pin），當專案建立之後，點選「＋」圖示並選取Phone選項，來匯入你的線框圖圖片。你也可以使用內建相機功能來拍攝你的草圖，圖7.4為POP專案範例。

圖7.4　**POP 專案範例**

從App的主畫面開始，定義App畫面轉場。POP可以讓你標示圖片上特定的區域，並指定當點擊這些區域後所要切換的目標頁面，接著定義轉場的形式，如淡出（Fade）、下一步（Next）、返回（Back）、上升（Rise）以及取消（Dismiss）。例如：在主畫面時，當使用者點擊某一筆資料時，要從主畫面導航到細節畫面。欲設定畫面的轉場，你可以點選「Add Link」按鈕來突出顯示這些資料，然後點選「Link to image」，選取目標圖片（即餐廳細節的圖片），如圖7.5所示。另外，你可以設定畫面轉場動畫。

當完成變更之後，回到專案的主畫面，點擊「Play」按鈕來與原型互動，這個App在任何一筆資料被點擊時，會轉場至細節畫面。

圖 7.5　在 POP 定義畫面間的轉場

你只需要重複這些程序，定義剩下畫面的轉場流程。當原型設計完成後，你可以使用
Share 功能來分享給你的團隊成員以及潛在使用者，你的使用者可透過下列的網路連結來
使用它：URL https://marvelapp.com/10c52gg6。

7.4 常用的原型設計工具

這是如何視覺化你的 App 點子的方式，透過一個簡單的原型設計，可讓你儘早取得使
用者的回饋。線框圖看起來不是那麼容易明瞭，你可以進一步在線框圖上加入視覺元件，
將其轉換成一個很逼真的原型。在本節中，我將介紹一些受歡迎的 App 原型工具，可以
協助你建立完整功能的原型，讓原型看起來幾乎和最終產品幾乎一模一樣。

Sketch

我是 Sketch（URL https://www.sketchapp.com）的愛好者，雖然我不是 App 的設計師，
但這套工具可以讓我輕鬆地將手繪的草圖 / 線框圖變成專業的 App 設計。Sketch App
內建了 iOS App 模板，可以讓你佈局 UI。更重要的是，你可以找到大量免費 / 付費的
Sketch 線上資源（URL http://www.sketchappsources.com），有助於提升你的 App 設計水準。
Sketch 也搭配了 iPhone App，讓你可以輕鬆在實體裝置上預覽你的設計結果，如圖 7.6 所
示。

圖 7.6　使用 Sketch 設計 App UI

　　最新版的 Sketch 有內建原型功能，你可以輕鬆連結多個畫面（或稱為「畫板」），以建立可互動的工作流程，並使用檢視模式來了解 App 的運作方式。如果你有 Sketch App，並且想了解這個原型的功能是如何運作，你可以參考這個網址：URL https://sketchapp.com/docs/prototyping。

> 提示 若你想要學習更多有關 Sketch 的內容，我強烈建議你看一下 Meng To 的《Design+Code》一書（URL https://designcode.io）。

Figma

　　Sketch 已經主導行動裝置設計領域已經一段時間了，不過目前引人注意的是一個基於雲端應用的原型設計工具替代方案，稱為「Figma」（URL https://www.figma.com）。與 Seketch 不同的是，Sketch 是只適用於 Mac 電腦的 App，Figma 則是網頁型應用程式，可以在任何瀏覽器使用，特點在於共同協作的功能，所有的設計都可以儲存在雲端，讓你可以在任何地方輕鬆存取你的專案，也可以與多個設計師一起協作同一份文件。

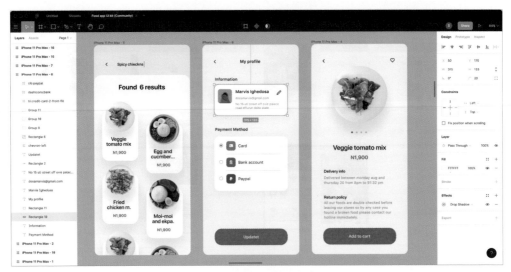

圖 7.7　使用 Figma 設計 App UI

　　Figma 不像 Sketch 沒有任何的免費方案，Figma 提供使用者可以免費建立三個原型設計專案，如果想建立更多的專案，則可以升級爲高級使用者方案。

　　如果你之前使用過 Sketch，要切換爲使用 Figma 並不困難。Sketch 與 Figma 有各自的強項，但如果你需要和遠端團隊一起設計的話，Figma 絕對是首選。

Adobe Experience Design

　　在 2016 年 3 月，Adobe 推出了一個和 Sketch 競爭的 UI 設計產品，名爲「Adobe XD」（Experience Design 的簡稱），Adobe 公司宣稱這是一套將網頁與行動 App 設計專案結合在一起的工具，在撰寫本書之際，這個 App 可以免費下載（⌴URL⌴ https://www.adobe.com/products/xd.html ）。

　　若是你習慣使用 Photoshop，你會發現 Adobe XD 較容易使用許多，這套工具有兩種模式：「設計」（Design）與「原型」（Prototype）。在「設計」模式，你可以使用佈局工具來設計 App UI，當設計到了某種程度後，你可以將其切換至原型模式，以剛才設計的 App 畫面建立出互動式原型。要連結不同的畫面非常容易，只要透過點選與拖曳的功能，就可以使用簡單動畫來製作出 App 的原型，以展示 App 的整個運作流程，如圖 7.8 所示。

07
原型設計

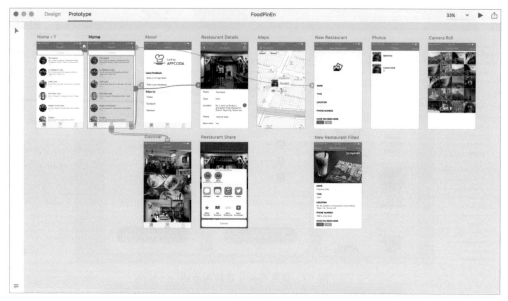

圖 7.8　使用 Adobe XD 設計 FoodPin App 的原型

　　你可以下載專案檔，參考我使用 Adobe XD 來建立本書所提供的 App 原型範例（FoodPinEn.zip）。

InVision

　　Invision（URL https://www.invisionapp.com/）是市面上原型與協作工具的領導品牌之一，它可以讓你快速建立互動式模型，而不需要撰寫一行程式碼。Invision 支援 Sketch 檔，這表示你可以輕易將 Sketch 畫面匯出至 Invision，並將它轉換成可互動的原型。「協作」也是 Invision 中我最喜愛的功能之一，例如：你和一個 UI 設計師一起建立原型，Invision 可以讓你分享回饋與加入評論至設計畫面中，「協作」功能對於你在一個設計團隊中或者與外面的 UI 設計師一起工作時特別有用。

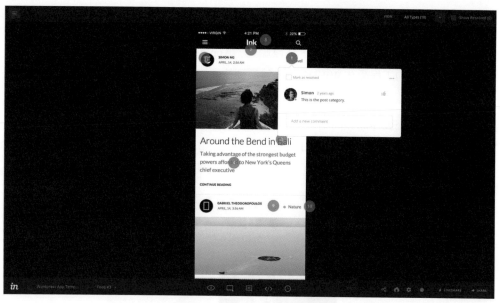

圖 7.9 　使用 Invision 設計原型

Flinto

Flinto（URL https://www.flinto.com/）是另一個容易使用的原型工具，可以讓你建立很真實的 App，這個 App 讓你直觀且易於使用、學習，你可以輕鬆串連畫面與建立動畫轉場。

圖 7.10 　使用 Flinto 設計原型

Keynote

Keynote！你在開玩笑嗎？是的，你沒聽錯。Apple 的 Keynote 也可以用來快速建立原型，事實上 App 的工程師在 WWDC 中，曾提到他們使用這個簡報軟體來製作 App 專案的原型。

若你曾使用它來製作簡報的話，Keynote 對你而言應該並不陌生，內建在 Keynote 的繪圖工具可以讓你設計簡單的 App UI。Keynotpia（[URL] http://keynotopia.com/）提供原型的樣板，可以節省在 Keynote 中繪圖的工夫，圖 7.11 是使用 Keynote 建立的範例畫面。

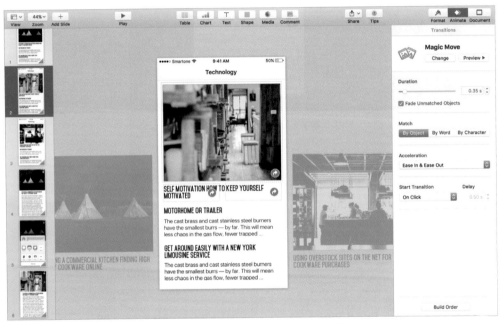

圖 7.11　使用 Keynote 設計一個 App 原型

不只是 App UI 的設計，有趣的是，Keynote 還可以輕鬆讓靜態模型具有動畫效果，神奇的移動轉場特效可以讓你的畫面模仿原生 App 動態轉場的感覺。我不再繼續說明如何以 Keynote 製作原型的細節，如果你想要學習更多如何使用 Keynote 設計原型的內容，則可參考這篇文章：[URL] http://webdesign.tutsplus.com/tutorials/how-to-demo-an-ios-prototype-in-keynote--cms-22279，你也可以參考 Apple 的 60 秒原型設計影片：[URL] https://developer.apple.com/videos/play/wwdc2017/818/。

7.5 本章小結

原型設計是 App 設計中不可或缺的流程。它可以讓你快速建立一些可以運作的內容來展示給使用者看。原型設計可用來測試某個想法，以盡可能取得早期的回饋，當你要為客戶建立一個 App，那麼建立一個原型便可讓你的客戶清楚了解 App 的設計。

因此，不論你是否為一個獨立開發者或是開發團隊的成員，我希望你從今天開始進行原型設計。與其直接建立你的 App，最好是將你的想法先佈局在紙上，並使用 POP 或其他原型工具建立簡單模型，毋庸置疑，這可以讓你節省很多的時間及金錢。

08 建立簡單的表格式 App

現在你已經對範例 App 的原型有了基本概念，本章將進行一些更有趣的內容，並使用 UITableView 建立一個表格式 App，一旦你能掌握這個技術與自訂表格視圖（下一章會介紹到），我們便會開始建立 FoodPin App。

首先，iPhone App 的表格視圖（Table View）是什麼呢？表格視圖是 iOS App 中最常見的 UI 元件，大部分的 App（除了遊戲以外）或多或少會使用表格視圖來顯示內容，最常見的便是內建的電話 App，你的聯絡人是以表格視圖來顯示；另一個例子是郵件 App，它利用一個表格視圖來顯示郵件信箱與郵件。不僅是文字資料清單，表格視圖也可以顯示圖片資料，例如：TED、Google+ 以及 Airbnb 皆是不錯的 App 案例。圖 8.1 展示了一些表格式 App 範例，雖然外表看起來有些出入，但這些全部都是使用表格視圖完成的。

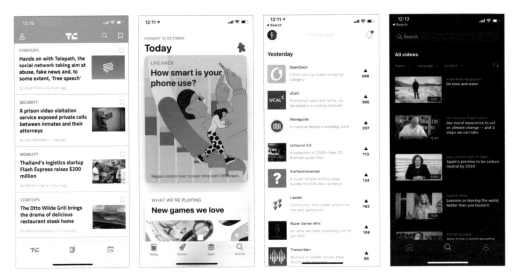

圖 8.1　表格式 App 範例（從左到右：Techcrunch、App Store、Product Hunt 與 TED）

我們準備在本章建立一個非常簡單的表格視圖，並學習如何填入資料（圖片與文字）。

8.1　建立一個 SimpleTable 專案

注意　不要只是閱讀本書，當你想認真學習 iOS 程式語言，則要停止只是閱讀，請開啟你的 Xcode，然後撰寫程式碼，這是學習程式的最佳捷徑。

我們開始建立一個簡單的 App 吧！是的，這個 App 很簡單，就是在簡樸的表格視圖中列出一串餐廳名稱，而下一章中我們將會繼續改造它。若你尚未開啟 Xcode，則開啟它，使用 iOS 下的「App」模板新建一個專案，如圖 8.2 所示。

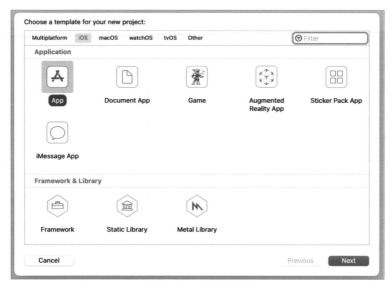

圖 8.2　Xcode 專案模板

點選「Next」按鈕，再次填入 Xcode 專案所需的選項：

- **Product Name（專案名稱）**：SimpleTable—這是你的 App 名稱。

- **Team（團隊）**：先不做設定。

- **Organization Name（組織名稱）**：AppCoda—你的公司或組織機構名稱。

- **Organization Identifier（組織識別碼）**：com.appcoda—實際上是這個網域名稱倒過來的寫法。假如你有自己申請的網域，你可以填入自己的網域名稱，若是沒有的話，你也可以使用「com.<your name>」。

- **Bundle Identifier（套件識別碼）**：com.appcoda.SimpleTable—這個欄位由 Xcode 自動產生。

- **Interface（介面）**：Storyboard—Xcode 現在支援兩種 UI 建構方式，本書中我們將使用故事板，如果你想學習 SwiftUI，可以參考我的另一本著作《iOS App 程式開發實務攻略：快速精通 SwiftUI》。

- **Life Cycle（生命週期）**：UIKit App Delegate—如果使用 Storyboard，則生命週期設為「UIKit App Delegate」。

- **Language**（語言）：Swift—Xcode 支援 Objective-C 與 Swift 為 App 開發的程式語言，本書的主題是 Swift，我們會使用 Swift 來開發專案。

- **Use Core Data**：不用勾選—這個選項不要勾選，此專案不會用到 Core Data。之後的章節會介紹 Core Data。

- **Include Tests**：不用勾選—這個選項不要勾選，此專案不會用到任何測試。

點擊「Next」按鈕，接著 Xcode 會詢問你要將 SimpleTable 專案儲存在哪裡？在 Mac 電腦中，任選一個資料夾位置來儲存你的專案，然後點選「Create」按鈕。

8.2 設計使用者介面

要將資料顯示在一個 iOS App 的表格中，你需要使用的是表格視圖物件。首先選擇 Main.storyboard 來切換至介面建構編輯器。同樣的，我比較喜歡使用 iPhone 11/12 來設計 UI，因此選取「View as:」按鈕，將它變更為 iPhone 11/12。開啟元件庫（Object Library），尋找 Table View 物件，並將它拖曳至視圖中，如圖 8.3 所示。

圖 8.3　從元件庫中拖曳一個表格視圖至視圖中

調整表格視圖，讓它能填滿整個視圖。接下來至屬性檢閱器（如果它沒有出現在你的 Xcode 中，則選擇「View → Inspectors → Attributes」），將原型儲存格的數字從「0」改成「1」，此時便會出現一個原型儲存格在表格視圖中。

原型儲存格可以讓你輕鬆設計表格視圖儲存格的佈局，你可以把它想成是一個儲存格模板，可以讓你重複在所有的表格儲存格中使用它。

預設上，原型儲存格內建了幾個標準儲存格樣式，包含 Basic、Right detail、Left detail 與 Subtitle，你可以建立自己的儲存格設計，或者直接選擇預設樣式。在這個範例中，我們使用 Basic 樣式，至於自訂儲存格的部分，則留到下一章再介紹。

選取儲存格，然後開啓屬性檢閱器。將樣式（Style）選項更改爲「Basic」，這個樣式已足以顯示具有文字與圖片的儲存格，如圖 8.4 所示。另外，在識別碼（Identifier）選項輸入「datacell」，這是原型儲存格的唯一識別碼，待會在程式碼中使用到。

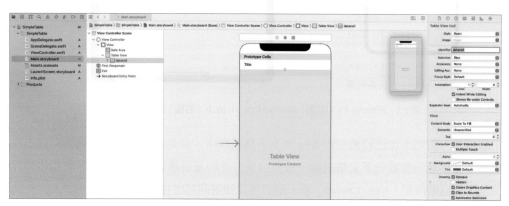

圖 8.4　在表格視圖的原型儲存格使用 Basic 樣式

8.3　執行 App 迅速測試

在繼續往下之前，試著在 iPhone 與 iPad 的模擬器上執行你的 App，模擬器畫面會如圖 8.5 所示。

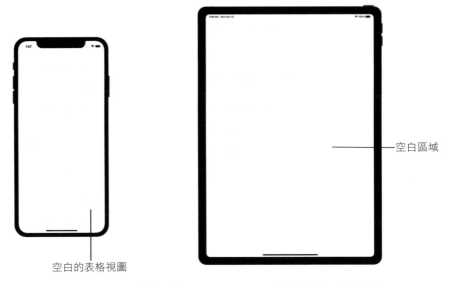

空白區域

空白的表格視圖

圖 8.5　iPhone 11（左圖）與 iPad Pro 11-inch（右圖）的空白表格視圖

　　很簡單，對吧？你已經爲你的 App 加上表格視圖了，只是現在還沒有任何資料顯示在上面。當你進一步看一下表格視圖，它並沒有完美的延展塡滿 iPad 的螢幕，我相信當你完全了解自動佈局（Auto Layout）後，應該可以知道問題出在哪裡。

> **訣竅** Xcode 可讓你同時執行多個模擬器，如果你在 iPhone 與 iPad 上執行 App，則現在應該有兩個模擬器。要節省系統資源，你可以選取 iPad 模擬器，並按下 command + W 鍵來關閉它。

　　到目前爲止，我們還沒有定義表格視圖的佈局約束條件，這就是爲何在不同裝置上不能正確顯示的原因。現在選取介面建構器的表格視圖，點選在佈局列上的「Add New Constraints」按鈕，設定頂部、左側、右側與底部的間距爲「0」，如圖 8.6 所示。

圖 8.6　**在表格視圖加入佈局約束條件**

　　確認每一列都是紅實線，然後取消勾選「Constrain to margins」選項，點選「Add 4 Constraints」按鈕來加入約束條件。

　　這裡我們對表格視圖的每一邊定義了四個間距約束條件，且不勾選「Constrain to margins」選項。在這個範例中，間距約束條件是相對於視圖的邊緣，這可以確保表格視圖的所有邊將會延展到整個視圖的邊緣，換句話說，你的表格視圖將會自動調整來延展填滿所有的螢幕尺寸。

　　若是你勾選「Constrain to margins」選項，它會繼續執行，圖 8.7 顯示了啟用這個功能時的安全區域調整狀況。

停用 Constrain to Margins 功能　　　　　啟用 Constrain to Margins 功能

圖 8.7　**Constrain to Margins 選項的勾選與否所產生的安全區域佈局導引的變化**

你可以再次執行專案，現在表格視圖應該能夠支援所有的螢幕尺寸，UI 設計完成之後，我們將進入核心的內容部分，然後寫些程式碼來加入表格資料。

8.4　UITableView 與協定

我在本書的一開始曾提到，為了建立 App，除了 Swift 之外，你必須學習由 iOS SDK 所提供的 API 與基礎類別，這些 API 與類別組成所謂的「框架」（Framework），UIKit 框架是最常用的框架之一。

UIKit 框架提供類別來建立與管理 App 的使用者介面，所有介面建構器的元件庫內所列出的所有物件是由這個框架所提供，而在 Hello World App 中所使用的 Button 物件以及我們正在使用的 Table View 物件，也都是來自於 UIKit 框架。我們使用的「Table View」這個名詞，其實際的類別是 UITableView，簡單而言，在元件庫中的每個 UI 元件都有相對應的類別。你可以先選取表格視圖（Table View），然後至識別檢閱器（Identity Inspector）的自訂類別（Custom Class）區塊來揭示真正的類別名稱，如圖 8.8 所示。

識別檢閱器

圖 8.8　點選元件庫中的物件來揭示其在 UIKit 框架的實際類別名稱

提示　我打算將這些類別與方法的介紹留到後面的章節，如果你對類別沒有概念的話，請別擔心，只要把它想成是一個程式碼模板，我會在之後的章節加以解釋。

現在你已經了解 Table View 與 UITableView 兩者之間的關係，我們將會寫些程式碼來加入表格資料。在專案導覽器中選取 ViewController.swift，以在編輯器窗格開啟該檔，然後在 UIViewController 後面加上 UITableViewDataSource、UITableViewDelegate 來採用這些協定（Protocol）。

當你把程式碼加入 UIViewController 之後，Xcode 便會在程式碼中偵測出錯誤，如圖 8.8 所示。出現問題時，在程式編輯器的右上角會顯示紅色的驚嘆號，除此之外，點選編輯器左側這個小驚嘆號，Xcode 會突出顯示這行程式碼，並顯示訊息說明問題的細節，這個訊息對釐清問題很有幫助，且可提供你解決方案。

圖 8.9　實作 UITableViewDataSource 與 UITableViewDelegate 協定

等一下，還不要點選「Fix」按鈕，你知道「Type ViewController does not conform to protocol UITableViewDataSource」是什麼意思嗎？

UITableViewDelegate 與 UITableViewDataSource 是 Swift 中的「協定」，為了在表格視圖中顯示資料，我們必須遵從協定中所定義的要求。這裡，ViewController 類別是採用這個協定的類別，並實作所有強制性的方法。

或許你會感到困惑，這些協定是什麼？為什麼需要協定呢？

這麼說好了，例如：你開始一個新的生意，然後你僱用一個美術設計師來設計公司商標，他是一位擁有高超技巧、可以設計各式商標的設計師，但是他無法馬上進行設計，你需要先提供他一些資訊，例如：公司名稱、顏色喜好、業務性質等讓他參考，但若是你很忙的話，可以將這些工作委任給助理代為處理就好，以委託他來和設計師討論，提供設計師所需的商標需求。

在 iOS 程式設計中，UITableView 類別就像是美術設計師，它可以靈活顯示各種資料（例如：圖片與文字）至表格中，你可以使用它顯示國家或聯絡人姓名的清單，或者如我們的專案，我們會提供帶有縮圖的餐廳清單。

不過，在 UITableView 能夠顯示資料出來之前，它需要某人可以提供基本的資訊，例如：

● 在表格視圖中，你希望顯示多少列？

● 表格資料是什麼？例如：你要顯示什麼資料在第二列？第五列又要顯示什麼？

而這個「某人」就是所謂的委派物件（Delegate Object）。從上例來看，個人助理就是委派物件，而 iOS 程式設計中，它也是應用這樣的委派觀念，即所謂的「委派模式」（Delegation Pattern），一個物件仰賴另外一個物件來執行特定任務。在我們的專案中，ViewController 是提供表格資料的委派，圖 8.10 說明了 UITableView、協定與委派物件之間的關係。

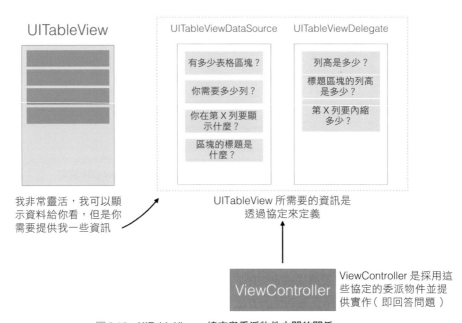

圖 8.10　**UITableView、協定與委派物件之間的關係**

所以你如何告訴 UITableView 要顯示什麼資料？UITableViewDataSource 協定就是關鍵，它是你的資料與表格視圖間的連結，此協定定義了一些你需要使用的方法。

那麼我們該使用哪些方法呢？參考圖 8.9，現在你可以點選錯誤提示訊息中的「Fix」按鈕，當你點選這個按鈕，Xcode 會加入下列的方法：

```
func tableView(_ tableView: UITableView, numberOfRowsInSection section: Int) -> Int {

}

func tableView(_ tableView: UITableView, cellForRowAt indexPath: IndexPath) -> UITableViewCell {

}
```

這些是 UITableViewDataSource 協定所需的兩個方法。

你所需要做的是提供實作的內容，因此 UITableView 可以知道要顯示的列數及每列的資料。協定也定義一些選擇性方法，但是這裡我們不做介紹。

換句話說，UITableViewDelegate 協定是處理 UITableView 的外觀，所有定義在協定中的方法是可選擇的，它可以讓你處理表格列的高度、設定區塊的頭部與尾部、重新調整表格儲存格的順序等。在這個範例中，我們先不更改這些方法，待稍後的章節再做說明。

對協定有了基本的了解後，我們繼續編寫 App 的程式碼，選取 ViewController.swift，宣告一個變數來儲存表格資料，將變數名稱命名為「restaurantNames」，並插入下列的程式碼至類別中：

```
var restaurantNames = ["Cafe Deadend", "Homei", "Teakha", "Cafe Loisl", "Petite Oyster",
"For Kee Restaurant", "Po's Atelier", "Bourke Street Bakery", "Haigh's Chocolate", "Palomino
Espresso", "Upstate", "Traif", "Graham Avenue Meats And Deli", "Waffle & Wolf", "Five Leaves",
"Cafe Lore", "Confessional", "Barrafina", "Donostia", "Royal Oak", "CASK Pub and Kitchen"]
```

在這個範例中，我們使用陣列來儲存表格資料，如果你忘記陣列的語法，請參考第 2 章。陣列中不同的值之間是以逗號分開，並且用一對方括號包裹起來。

當我說：「在這個類別中插入程式碼」，這表示你必須在類別的大括號內來宣告這個變數，如下所示：

```
class ViewController: UIViewController, UITableViewDataSource, UITableViewDelegate {

    var restaurantNames = ["Cafe Deadend", "Homei", "Teakha", "Cafe Loisl", "Petite Oyster",
"For Kee Restaurant", "Po's Atelier", "Bourke Street Bakery", "Haigh's Chocolate", "Palomino
```

Espresso", "Upstate", "Traif", "Graham Avenue Meats And Deli", "Waffle & Wolf", "Five Leaves",
"Cafe Lore", "Confessional", "Barrafina", "Donostia", "Royal Oak", "CASK Pub and Kitchen"]

```
        .
        .
        .

}
```

8.5 陣列新手教學

在電腦程式設計中，陣列是一個基礎的資料結構，你可以將陣列想成是資料元素的集合。以上列程式碼的 restaurantNames 陣列來說，它表示了字串（String）元素的集合，你可將陣列視覺化為圖8.11。

圖 8.11　**restaurantNames 陣列**

每個陣列元素都由索引值（Index）來標示或者存取，一個陣列中如果有10個元素，則有0至9的索引值。restaurantNames[0] 表示回傳陣列中的第一個項目。

以下繼續程式碼的部分，我們採用兩個 UITableViewDataSource 協定所需的方法。

```
func tableView(_ tableView: UITableView, numberOfRowsInSection section: Int) -> Int {
    // 回傳區塊中的列數
    return restaurantNames.count
}

func tableView(_ tableView: UITableView, cellForRowAt indexPath: IndexPath) -> UITableViewCell {
    let cellIdentifier = "datacell"
    let cell = tableView.dequeueReusableCell(withIdentifier: cellIdentifier, for: indexPath)

    // 設定儲存格
    cell.textLabel?.text = restaurantNames[indexPath.row]

    return cell
}
```

第一個方法是用來通知表格視圖的一個區塊中的總列數。你只要呼叫 count 方法來取得 restaurantNames 陣列中的項目數。

第二個方法在每次表格列要顯示時會被呼叫。使用 indexPath 物件，我們可以取得目前正在顯示的列（indexPath.row），因此我們的作法是從 restaurantNames 陣列中取得索引項目，然後指定文字標籤（cell.textLable?.text）要顯示的文字。

好的，但是第二行程式碼的 dequeueReusableCell 是什麼意思呢？

這個 dequeueReusableCell 方法以指定的儲存格識別碼來取得佇列（Queue）中可再利用的表格儲存格，而此 datacell 識別碼即我們稍早前在介面建構器中所定義的。

你希望你的表格式 App 可在顯示數千筆資料時，依然能夠快速回應，當你將每筆資料列分配一個新的儲存格給它，而不重複使用儲存格的話，則你的 App 將會使用過多的記憶體，如此可能會造成使用者滑動表格視圖時的效能變慢情形。請記住每個儲存格都關係著性能成本，尤其是這樣的分配會在短時間內發生問題。

iPhone 實機螢幕顯示有其限制，如果你的 App 真的需要顯示 1000 筆資料，螢幕也許最多容納 10 個表格儲存格，因此為何不建立 10 個表格儲存格並重複使用它，來取代分配 1000 個表格儲存格呢？如此將可省下大量的記憶體，並使得表格視圖的運作更有效率，為了效能起見，你應該要重複使用表格儲存格，而不是建立一個新的儲存格給它，如圖 8.12 所示。

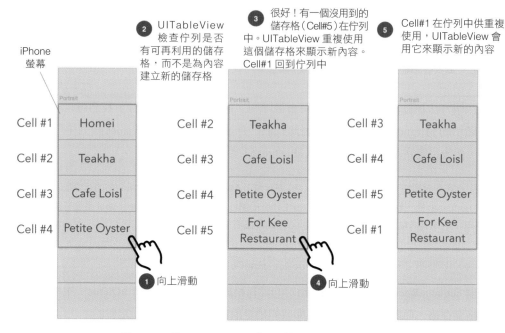

② UITableView
檢查佇列是否
有可再利用的儲存
格,而不是為內容
建立新的儲存格

③ 很好!有一個沒用到的
儲存格(Cell#5)在佇列
中。UITableView 重複使用
這個儲存格來顯示新內容。
Cell#1 回到佇列中

⑤ Cell#1 在佇列中供重複
使用,UITableView 會
用它來顯示新的內容

Cell #1　Homei
Cell #2　Teakha
Cell #3　Cafe Loisl
Cell #4　Petite Oyster

Cell #2
Cell #3
Cell #4
Cell #5

Cell #3　Teakha
Cell #4　Cafe Loisl
Cell #5　Petite Oyster
Cell #1　For Kee Restaurant

Cell #3　Teakha
Cell #4　Cafe Loisl
Cell #5　Petite Oyster
　　　　　For Kee Restaurant

① 向上滑動

④ 向上滑動

圖 8.12　示範 UITableView 是如何重複使用表格視圖儲存格

現在我們點擊「Run」按鈕,並測試你的 App。糟糕!App 還是和之前一樣顯示空白的表格視圖。

為什麼表格視圖依然是空白的?我們已經寫了顯示表格資料的程式碼,並且實作所有需要的方法,但為何表格視圖仍然無法如預期般顯示資料呢?這是因為還有一件事情要做。

8.6　連結 DataSource 與 Delegate

儘管 ViewController 類別已經採用了 UITableViewDelegate 與 UITableViewDataSource 協定,但是故事板的 UITableView 物件卻不認識它們,因此我們必須告訴 UITableView 物件,ViewController 是資料來源的委派物件。

回到 Main.storyboard,選取表格視圖,按住 Control 鍵,並拖曳表格視圖至文件大綱視圖的視圖控制器(View Controller)物件中,如圖 8.13 所示。

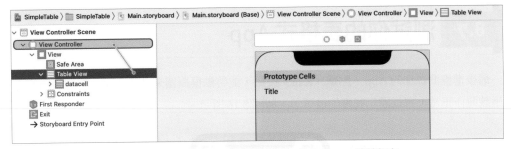

圖 8.13　將 Table View 與 DataSource 及 Delegate 連結起來

放開按鈕，在彈出式選單中選取「dataSource」。重複以上相同的步驟，這次選擇「delegate」，如圖 8.14 所示。

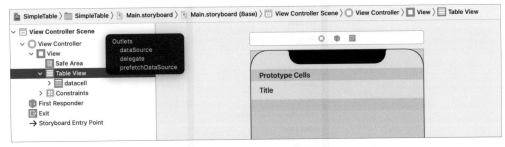

圖 8.14　選取 dataSource 與 delegate

如此，確定連結無誤後，你可以再次選取表格視圖。點選工具區的連結檢閱器（Connections Inspector）圖示，會出現目前的連結狀態，或者在表格視圖上按右鍵也可以看到，如圖 8.15 所示。

圖 8.15　兩種顯示連結狀態的方法

8.7 測試你的表格式 App

最後準備測試你的 App，點擊「Run」按鈕，並啓動模擬器來載入 App。你的 App 現在應該運作正常，可以顯示餐廳的清單了，如圖 8.16 所示。

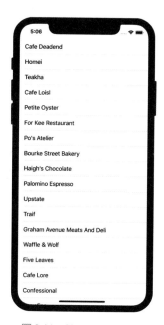

圖 8.16　SimpleTable App

> **訣竅** 要在模擬器上捲動表格，只要按住表格來往上或往下拖曳移動即可。

8.8 在表格視圖中加入縮圖

若是每列都加上縮圖是不是更好呢？UITableView 可以輕鬆辦到這件事，你只要加上一行程式碼，就可以將縮圖插入每一列。

首先，下載取得本章所提供的壓縮檔（simpletable-images1.zip），這個 zip 壓縮檔內有三張圖片檔，將圖檔解壓縮，然後將這三張圖片從資料夾中拖曳至素材目錄（Assets.xcassets），如圖 8.17 所示。

圖 8.17　加入圖片至素材目錄

現在編輯 ViewController.swift，並加入下列的程式碼至 tableView(_:cellForRowAtIndex Path:) 方法中，將它置於 return cell 之前：

```
cell.imageView?.image = UIImage(named: "restaurant")
```

更改後，該方法如下所示：

```
func tableView(_ tableView: UITableView, cellForRowAt indexPath: IndexPath) -> UITableViewCell {
    let cellIdentifier = "datacell"
    let cell = tableView.dequeueReusableCell(withIdentifier: cellIdentifier, for: indexPath)

    // 設定儲存格
    cell.textLabel?.text = restaurantNames[indexPath.row]
    cell.imageView?.image = UIImage(named: "restaurant")

    return cell
}
```

由 UIKit 框架所提供的 UIImage 類別，可以讓你從檔案中建立圖片，它支援了各式圖檔格式，如 PNG、PDF 與 JPEG，只要傳送圖檔檔名（副檔名可選擇是否加上），這個類別就會自動載入圖片。

稍早我們的表格視圖儲存格樣式是使用 Basic 儲存格樣式，此類型的儲存格樣式預設了圖片或縮圖顯示的區域。這一行程式碼指示 UITableView 載入圖片，並顯示至表格儲存格的圖片視圖中。

現在，再次點擊「Run」按鈕，接著你的 SimpleTable App 便會在每列顯示圖片了，如圖 8.18 所示。

圖 8.18　SimpleTable App 加上了圖片

8.9　隱藏狀態列

表格視圖內容目前會和狀態列重疊，這看起來並不美觀，有一個簡易調整的方式，就是隱藏狀態列。每個視圖控制器的基礎架構上，可讓你控制其狀態列的外觀，當你不想在某個視圖控制器上顯示狀態列，只要在最後一個大括號（}）的前面加入下列這行程式碼即可：

```
override var prefersStatusBarHidden: Bool {
    return true
}
```

這裡的prefersStatusBarHidden屬性是用來指示視圖控制器要隱藏狀態列，預設值設定為「false」。要隱藏狀態列，我們需要覆寫其預設值，並設定為「true」。將程式碼插入 View Controller 類別中，並再次測試 App，現在表格視圖應該是以全螢幕顯示了，已經沒有狀態列在上面了。

8.10 你的作業：各個儲存格顯示不同的圖片

範例 App 的每個表格儲存格都是顯示相同的圖片，試著調整這個 App，讓不同的儲存格顯示不同的圖片（提示：建立另外一個陣列來放圖片）。你可下載使用本章為此作業提供的範例圖片（simpletable-images-2.zip），圖 8.19 展示了範例 App 的結果。

圖 8.19　在範例 App 中顯示不同的圖片

> 提示　假使你不知道該如何完成這個作業，也不用擔心，我會在下一章做完整說明，或者你可以參考我們為本作業所提供的解答。

> 注意　範例中所使用的圖片是由 unsplash.com 提供。

8.11 本章小結

　　表格視圖是 iOS 程式設計中最常用的元件之一，如果你了解所有內容並建立了 App，則應該對「如何建立自己的表格視圖」心中有數。

　　我試著讓這個範例 App 保持一切簡單，但在真實世界的 App 中，表格視圖的資料通常不會「寫死」（hard-coded），它一般是從檔案、資料庫或某處載入，之後的章節內容將會談到。此時先確認你已經完全理解表格視圖的運作方式，若是仍然感到困惑的話，請回到本章一開始的地方，重新閱讀本章的內容。

　　本章所準備的範例檔中，有最後完整的 Xcode 專案（SimpleTable.zip）與作業解答（SimpleTableExercise.zip）供你參考。

使用原型儲存格、差異性資料來源與深色模式自訂表格視圖

在前一章中，我們建立了一個簡單的表格式 App，採用 Basic 的儲存格樣式來顯示餐廳清單。而在本章中，我們將會自訂表格儲存格，讓它看起來更有質感，並且我會介紹一種更現代的方式來處理表格視圖的資料來源。我們將進行許多的更改與加強：

● 使用 UITableViewController 而不是 UITableView，來重建相同的 App。

● 使用新的 UITableViewDiffableDataSource 設定表格視圖的資料。

● 每間餐廳顯示截然不同的圖片，而不是使用相同的縮圖。

● 設計自訂表格視圖儲存格，而不是使用表格視圖儲存格的 Basic 樣式。

● 在深色模式下測試 App。

你可能想知道為什麼我們需要重建相同的 App，做事方式總是不止一種。先前我們使用 UITableView 建立表格視圖，而在本章中我們將使用 UITableViewController 與 UITableViewDiffableDataSource 來建立一個表格視圖 App。這樣做會更容易嗎？是的，這樣的作法更加容易。還記得我們需要明確指定採用 UITableViewDataSource 與 UITableViewDelegate 協定，而 UITableViewController 不但已經採用了這些協定，還為我們建立了連結，最重要的是，它具有開箱即用的所有需要的佈局約束條件。

UITableViewDiffableDataSource 類別是在 iOS 13 首次導入，這是一種向表格視圖提供要顯示的資料的現代方法，你依然可以使用傳統方法（即第 8 章所介紹的方式）來填入資料至表格中。這種新方法取代了 UITableViewDataSource 協定，可使你的生活更便捷，來應對表格視圖中的資料變更。隨著越來越多的裝置採用 iOS 13（或之後的版本），UITableViewDiffableDataSource 方法將成為 UITableView 的標準實作。

從本章開始，你將會開發一個名為「FoodPin」的真正 App，這會很有趣的！

9.1 使用 UITableViewController 與 UITableViewDiffableDataSource 建立表格視圖 App

首先，我們來了解如何使用 UITableViewController 重新建立相同的 SimpleTable App。先開啟你的 Xcode，然後選擇使用「App」模板來建立新專案，將專案命名為「FoodPin」，並填入 Xcode 專案所需的所有選項，這和前面章節的步驟相同，如圖 9.1 所示。

> 提示 我們正在建立一個真正的 App，因此我們來取一個更好的名稱。若有需要，你可以自由使用其他的名稱。另外，請確保使用自己的組織識別碼，否則你將無法在 iPhone 實機上測試你的 App。

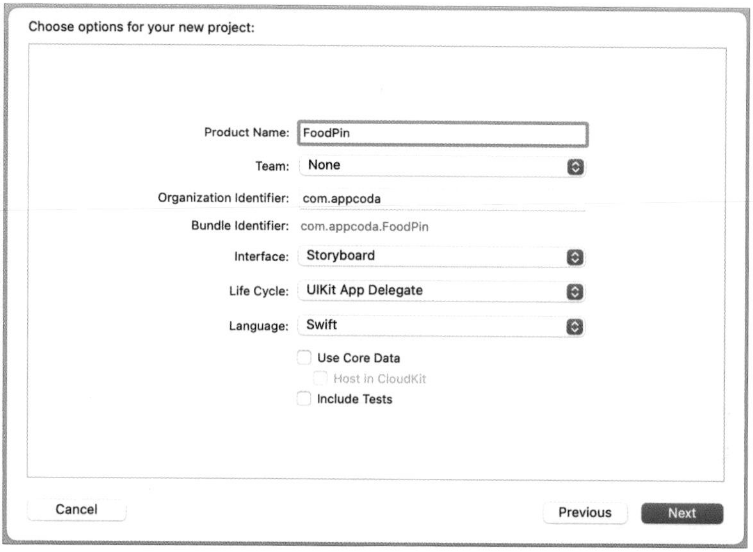

圖 9.1　建立一個 FoodPin 專案

　　當建立 Xcode 專案後，選取 Main.storyboard，並至介面建構器（Interface Builder），和往常一樣，Xcode 會產生一個預設的視圖控制器。

　　這次我們不使用預設的控制器，因此選取這個視圖控制器，並按下 Delete 鍵來刪除它，這個視圖控制器是和 ViewController.swift 關聯，我們也不需要它，在專案導覽器（Project Navigator）中選取這個檔案，然後一樣按下 Delete 鍵來刪除它，在彈出的提示視窗中選擇「Move to Trash」，如此可完全刪除檔案。

　　回到介面建構器，於本書撰寫期間，iPhone 12 剛推出，我們使用 iPhone 12 來設計 UI，因此選擇「View as:」並變更裝置為「iPhone 12」。

　　接下來，開啓元件庫並搜尋「Table」，從元件庫拖曳一個表格視圖控制器（即 UITableViewController）到故事板中，由於你必須將控制器指定為初始視圖控制器，這會告知 iOS 表格視圖控制器是最先載入的視圖控制器，因此你需要至屬性檢閱器中勾選「Is Initial View Controller」選項，接著你會看到一個箭頭指向這個表格視圖控制器（參見圖 9.2）。

iPhone 12

圖 9.2　從元件庫中拖曳一個表格視圖控制器並設定其為初始視圖控制器

我們在表格中尚未插入任何資料，如果你現在編譯及執行這個 App，會得到一個空白的表格。

預設上，表格視圖控制器是與 UITableViewController 類別關聯（可以至識別檢閱器看一下），為了填入我們的資料，我們必須將其和自己的類別做關聯。

回到專案導覽器，然後在「FoodPin」資料夾上按右鍵，選擇「New Files」，以建立一個新檔，如圖 9.3 所示。

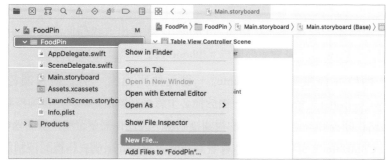

圖 9.3　建立一個新檔案

在 iOS 分類下選取「Cocoa Touch Class」作為模板，然後點選「Next」按鈕，將新類別命名為「RestaurantTableViewController」。由於我們正在使用表格視圖控制器，因此將「Subclass of」的值更改為「UITableViewController」，其餘的值保持不變，然後點選「Next」按鈕，將其儲存至專案資料夾中，如此你應該可在專案導覽器中看到 RestaurantTableViewController.swift 檔，如圖 9.4 所示。

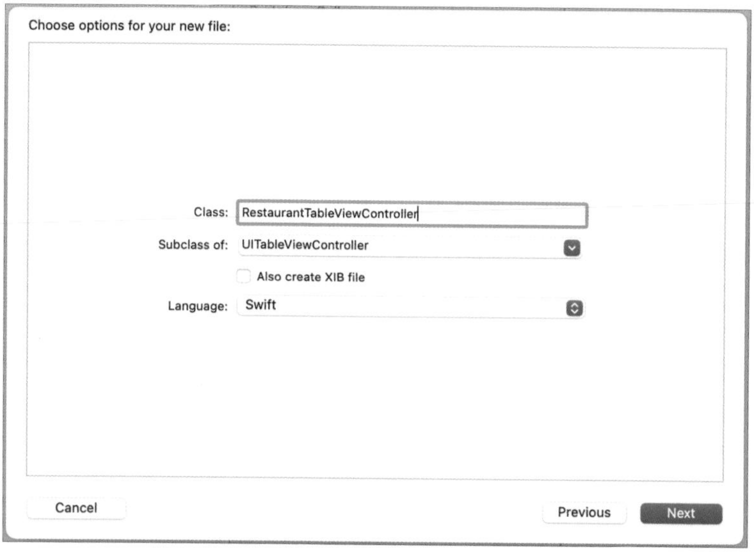

Choose options for your new file:

Class: RestaurantTableViewController

Subclass of: UITableViewController

☐ Also create XIB file

Language: Swift

Cancel   Previous   Next

圖 9.4   建立 UITableViewController 的子類別

> **說明 父類別與子類別**
>
> 如果你剛開始學習寫程式，你可能想知道什麼是「子類別」（Subclass）？ Swift 是一個物件導向程
> 式設計（OOP）語言。在 OOP 中，一個類別可以被另一個類別繼承，而範例中的 RestaurantTable
> ViewController 類別繼承了 UITableViewController 類別，它繼承了 UITableViewController 類別提供的
> 所有狀態與功能。RestaurantTableViewController 類別稱為 UITableViewController 的子類別（Subclass
> 或 Childclass），換句話說，UITableViewController 類別是 RestaurantTableViewController 的父類別
> （Superclass 或 Parentclass）。

　故事板的表格視圖控制器對於我們剛建立的 RestaurantTableViewController 類別一無
所知，我們必須為表格視圖控制器指定新的自訂類別。至 Main.storyboard，並選取表格
視圖控制器，在識別檢閱器中，將自訂類別（Custom Class）設定為「RestaurantTable
ViewController」，然後按下 Return 鍵來確認變更，現在我們已經將故事板的表格視圖控制
器與新類別之間建立關聯，如圖 9.5 所示。

圖 9.5   設定表格視圖控制器的自訂類別

表格視圖還有一個地方需要設定。在文件大綱中展開表格視圖（Table View），並選取表格視圖儲存格，然後在屬性檢閱器中，將儲存格樣式（Style）改為「Basic」，並設定識別碼（Identifier）為「datacell」，這和我們在前一章所做的幾乎相同。

好的，使用者介面已經準備就緒，我們繼續進入到程式碼部分。在專案導覽器中選取 RestaurantTableViewController.swift，Xcode 預設仍使用傳統方式來處理表格視圖的資料來源。如果你看一下 RestaurantTableViewController.swift 檔，則應該會找到這幾行程式碼：

```swift
// MARK: - Table view data source

override func numberOfSections(in tableView: UITableView) -> Int {
    // #warning Incomplete implementation, return the number of sections
    return 0
}

override func tableView(_ tableView: UITableView, numberOfRowsInSection section: Int) -> Int {
    // #warning Incomplete implementation, return the number of rows
    return 0
}
```

如前所述，我們將使用一個新方式（即 UITableViewDiffableDataSource）來填入表格資料，你可以刪除上列的程式碼，並移除那些註解。刪除後，你的 RestaurantTableViewController 類別應該如下：

```swift
class RestaurantTableViewController: UITableViewController {

    override func viewDidLoad() {
        super.viewDidLoad()
    }

}
```

現在我們準備採用新方式來建立和前一章相同的表格視圖。首先，宣告一個實例變數來存放表格資料。

```swift
var restaurantNames = ["Cafe Deadend", "Homei", "Teakha", "Cafe Loisl", "Petite Oyster", "For
Kee Restaurant", "Po's Atelier", "Bourke Street Bakery", "Haigh's Chocolate", "Palomino
Espresso", "Upstate", "Traif", "Graham Avenue Meats", "Waffle & Wolf", "Five Leaves", "Cafe
Lore", "Confessional", "Barrafina", "Donostia", "Royal Oak", "CASK Pub and Kitchen"]
```

之前，我們實作了 UITableViewDataSource 協定的下列所需方法來提供表格資料：

- func tableView(_ tableView: UITableView, numberOfRowsInSection section: Int) -> Int
- func tableView(_ tableView: UITableView, cellForRowAt indexPath: IndexPath) -> UITableViewCell

這個新方式不再需要我們處理 UITableViewDataSource 協定和上述所有的方法，相反的，我們必須建立 UITableViewDiffableDataSource 物件來設定表格視圖儲存格，然後建立 NSDiffableDataSourceSnapshot 物件來告訴表格視圖要顯示什麼資料。

UITableView 支援多個區塊（section），因此 UITableViewDiffableDataSource 物件也需要我們指定區塊數量與每個區塊的儲存格設定。在範例 App 中，我們只有一個區塊，因此在 RestaurantTableViewController 中宣告一個列舉變數如下：

```
enum Section {
    case all
}
```

我們使用 enum 來定義一個新 Section 型別。在列舉中，它只有一個 case，因為這個表格只有單個區塊，我將這個 case 命名為「all」，表示所有資料紀錄，不過你也可以自行命名為任何你喜歡的名稱，這裡我們就將它命名為「all」。

現在我們已經定義了這個區塊，下一步是建立 UITableViewDiffableDataSource 的實例。為此，我們將編寫一個名為「configureDataSource()」的新函數。在 RestaurantTableViewController 插入下列的程式碼：

```
func configureDataSource() -> UITableViewDiffableDataSource<Section, String> {

    let cellIdentifier = "datacell"

    let dataSource = UITableViewDiffableDataSource<Section, String>(
        tableView: tableView,
        cellProvider: {  tableView, indexPath, restaurantName in
            let cell = tableView.dequeueReusableCell(withIdentifier: cellIdentifier, for:
indexPath)

            cell.textLabel?.text = restaurantName
            cell.imageView?.image = UIImage(named: "restaurant")

            return cell
        }
```

```
    )

    return dataSource
}
```

這個函數看起來有點複雜，不過如果你研究程式碼，則你應該熟悉其中幾行程式碼。由於你是 Swift 新手，我們將逐行說明程式碼。第一行是函數宣告，符號「->」表示回傳，後面接的是所回傳物件的型別。

```
func configureDataSource() -> UITableViewDiffableDataSource<Section, String> {
    ...
}
```

因此，在上列的程式碼中，我們建立一個名為「configureDataSource()」的函數，該函數回傳 UITableViewDiffableDataSource<Section,String> 的實例。

這裡的 Section 與 String 是什麼呢？

UITableViewDiffableDataSource 是一個泛型物件，能夠處理不同型別的區塊和表格視圖的項目。角括號內的 Section 與 String 型別，表示我們對表格區塊使用 Setcion 型別，以及對表格儲存格資料則使用 String 型別，而使用 String 型別的原因是餐廳名稱為 String 型別。

configureDataSource() 函數內，我們建立一個 UITableViewDiffableDataSource 的實例。當初始化這個物件時，它需要提供連結到資料來源的表格視圖實例以及儲存格的提供者（provider），顯然的，資料來源將連結到 RestaurantTableViewController 的 tableView。你可在 cellProvider 參數中設定表格視圖的每個儲存格，在儲存格提供者的閉包中有三個參數，包括 tableView、indexPath 與 restaurantName，這裡的 restaurantName 是目前儲存格的餐廳名稱。

cellProvider 內的程式碼非常類似前一章編寫的 tableView(_:cellForRowAt) 函數的程式碼：

```
override func tableView(_ tableView: UITableView, cellForRowAt indexPath: IndexPath) ->
UITableViewCell {

    let cellIdentifier = "datacell"
    let cell = tableView.dequeueReusableCell(withIdentifier: cellIdentifier, for: indexPath)

    // 設定儲存格
    cell.textLabel?.text = restaurantNames[indexPath.row]
    cell.imageView?.image = UIImage(named: "restaurant")
```

```
        return cell
    }
```

主要的差異在於，我們必須使用索引路徑（index path），以從 restaurantNames 陣列中找到餐廳名稱。對於 cellProvider，它已經傳送給我們要顯示的餐廳名稱。

現在我們已經建立了設定資料來源的函數，在 RestaurantTableViewController 中宣告以下的變數來使用它：

```
lazy var dataSource = configureDataSource()
```

你可能想知道我們為什麼在變數宣告前面加入一個 lazy 修飾器，如果你試著將這個關鍵字省略的話，Xcode 將顯示以下的訊息：「Cannot use instance member 'configureDataSource' within property initializer; property initializers run before 'self' is available」。

在這個情況下，你必須使用 lazy 修飾器宣告該變數，因為在實例初始化完成之前，無法取得其初始值。

好的，我們已經設定好表格視圖的資料來源，不過你的 App 還沒準備好顯示餐廳名稱，在資料顯示在表格視圖之前，我們還要實作一個步驟。更新 viewDidLoad 函數如下：

```
override func viewDidLoad() {
    super.viewDidLoad()

    tableView.dataSource = dataSource

    var snapshot = NSDiffableDataSourceSnapshot<Section, String>()
    snapshot.appendSections([.all])
    snapshot.appendItems(restaurantNames, toSection: .all)

    dataSource.apply(snapshot, animatingDifferences: false)
}
```

我們先指定自訂的 datasource 給表格視圖的資料來源。最後的步驟是建立要在表格視圖中顯示的資料快照。快照（snapshot）是 NSDiffableDataSourceSnapshot 的實例，這行程式碼使用區塊識別器型別 Section 與項目識別器型別 String 來建立一個空快照：

```
var snapshot = NSDiffableDataSourceSnapshot<Section, String>()
```

有了空快照，我們呼叫 appendSections 來加入一個區塊至快照，然後我們呼叫 appendItems，將 restaurantNames 陣列中的所有項目加入至 .all 區塊，最後我們將快照應用在資料來源中。

在執行 App 之前，先下載取得本章所提供的素材包（simpletable-images1.zip），解壓縮後，將全部的圖片拖曳至 Assets.xcassets。現在點擊「Run」按鈕，你的 FoodPin App 應該和我們之前建立的 App 外觀相同，如圖 9.6 所示。

圖 9.6　簡單的表格 App

這是我們如何使用 UITableViewDiffableDataSource 方法在表格視圖中顯示資料的方式。回顧一下，以下是我們使用這種新方式的步驟：

- 建立一個指示表格區塊的列舉。

- 建立一個 UITableViewDiffableDataSource 物件來連結你的表格，並提供表格視圖儲存格的設定。

- 指定差異性資料來源（diffable data source）給你的表格視圖。

- 建立一個快照來產生表格資料的目前狀態。

- 呼叫資料來源的 apply() 函數來填入資料。

和採用 UITableViewDataSource 協定的傳統方法相比，你可能想知道哪種方式比較好？一般來說，使用差異性資料來源來建立表格視圖，雖然程式碼可能較不易理解，但是當你需要更新或更改表格資料時，這種現代的表格視圖實作方式，將為你省下大量的工作，而且我忘了提到這種方式可以自動對資料變更進行動畫處理，在之後的章節中你將了解我的意思。

9.2 顯示不同的縮圖

你是否已經完成前一章的作業呢？我希望你能為此付出努力，在本小節中我們會修正目前的 App，以顯示不同的餐廳圖片。首先，下載取得另一套素材包（simpletable-images2.zip）並解壓縮，將所有圖片加入素材目錄（即 Assets.xcasset），這個素材包內有美食與餐廳的圖片，但如果你想要的話，你也可以自由使用自己的圖片，如圖 9.7 所示。

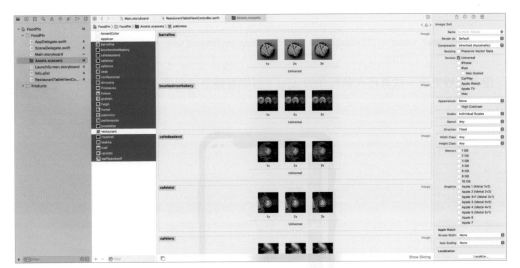

圖 9.7　加入餐廳圖片至素材目錄中

首先，我們宣告一個名為「restaurantImages」的新陣列，用來存放餐廳圖片的檔案名稱。在 RestaurantTableViewController 類別中插入下列的程式碼：

```
var restaurantImages = ["cafedeadend", "homei", "teakha", "cafeloisl", "petiteoyster", "forkee",
"posatelier", "bourkestreetbakery", "haigh", "palomino", "upstate", "traif", "graham",
"waffleandwolf", "fiveleaves", "cafelore", "confessional", "barrafina", "donostia", "royaloak",
"cask"]
```

請注意，圖片的順序與 restaurantNames 中的名稱順序一致。

在我們繼續修改程式碼之前，我們再次討論表格列中顯示縮圖的程式碼：

```
cell.imageView?.image = UIImage(named: "restaurant")
```

上面這行程式碼（在 configureDataSource 函數的 cellProvider 閉包內）告知 UITableView 在每個儲存格中顯示 restaurant.jpg，而爲了顯示不同的圖片，我們需要修改這行程式碼。

如前所述，cellProvider 閉包所提供的其中一個參數是 indexPath。有了這個索引路徑，你可以使用 indexPath.row 來找出正在處理的列。

因此，爲了載入餐廳對應的圖片，將 configureDataSource 函數內的這行程式碼，從 ：

```
cell.imageView?.image = UIImage(named: "restaurant")
```

變更爲：

```
cell.imageView?.image = UIImage(named: self.restaurantImages[indexPath.row])
```

儲存完變更後，試著再次執行你的 App，每間餐廳應該已換上自己的圖片了，如圖 9.8 所示。

圖 9.8　使用不同的餐廳圖片載入表格視圖

9.3 自訂表格視圖儲存格

至目前為止，我們在表格視圖使用 Basic 儲存格樣式，而我們將自訂表格視圖儲存格，以使其變得更好。我們預計做這樣的修改，我們會重新設計表格視圖儲存格，讓它更大一些，並顯示更大的餐廳圖片。此外，我們將顯示有關餐廳的更多資訊（例如：位置與餐廳類型），還有我們將圓角化圖片。為了讓你更加了解如何自訂儲存格，你可以參見圖 9.9，這個儲存格看起來是不是很棒呢？而且，我忘了提到表格視圖在深色模式下也看起來很棒。

圖 9.9　重新設計表格視圖儲存格

9.4 在介面建構器中設計原型儲存格

原型儲存格的優點在於，它使開發者可在表格視圖控制器中自訂儲存格。要建立一個自訂儲存格，只需將其他 UI 控制元件（例如：標籤、圖片視圖）加到原型儲存格中。

首先，我們更改儲存格的樣式。當設定為 Basic 樣式時，你無法自訂儲存格，因此選取原型儲存格，然後在屬性檢閱器中將樣式從「Basic」改為「Custom」，如圖 9.10 所示。

圖 9.10　將儲存格樣式從 Basic 更改為 Custom

　　為了容納更大的縮圖，我們將使儲存格更大一點，你需要更改原型儲存格的列高。選取原型儲存格，並將列高改為「140」，如圖 9.11 所示。

圖 9.11　更改原型儲存格的列高

　　更改列高後，開啟元件庫，拖曳一個圖片視圖物件至原型儲存格中，調整它的尺寸為「120×118 點」。你可以選取圖片視圖，然後點選尺寸檢閱器，來變更 X、Y、Width 與 Height 屬性，如圖 9.12 所示。設定圖片視圖的尺寸後，切換至屬性檢閱器，然後將圖片視圖的內容模式（Content Mode）選項設定為「Aspect Fill」。由於我們的圖片視圖不是完美的正方形，因此在這個模式下圖片看起來會更好些。

圖 9.12　加入一個圖片視圖至原型儲存格

　　接下來，我們將三個標籤加至原型儲存格：

- **Name**：餐廳名稱。
- **Location**：餐廳位置（例如：紐約）。
- **Type**：餐廳類型（例如：茶館）。

要加入標籤，從元件庫拖曳一個標籤物件至儲存格中，將第一個標籤命名爲「Name」，這裡不使用系統字型，而是使用文字樣式（Text Style）。我在之後的章節中會解釋固定字型與文字樣式的差異，現在只需至屬性檢閱器，將字型改爲「Text Styles - Title 2」。而要將字型改爲「Title 2」樣式，則點選字型（Font）選項的「T」按鈕，然後將字型從「System」改爲「Title 2」，如圖9.13所示。

圖9.13　加入名稱標籤至原型儲存格中

拖曳另一個標籤到該儲存格中，將其命名爲「Location」，字型改爲「Text Styles - Body」。最後建立另一個標籤，並命名爲「Type」，對於這個標籤，字型樣式改爲「Text Styles - Subhead」，並將字型顏色設定爲「System Gray Color」。

我已經在第6章介紹過堆疊視圖，你不僅可以在視圖控制器中使用堆疊視圖，你也可以在原型儲存格中應用堆疊視圖來佈局元件，因此我們不爲每個標籤及圖片視圖定義佈局約束條件，而是使用堆疊視圖來將它們群組在一起。

首先按住 command 鍵，選取三個標籤，在佈局列中點選「Embed in」按鈕，然後選取「Stack View」，來將它們嵌入垂直堆疊視圖中。至屬性檢閱器，將堆疊視圖的間距（Spacing）改爲「4」，這會增加標籤之間的間距，如圖9.14所示。

圖9.14　使用堆疊視圖來嵌入標籤

接下來，選取我們剛才建立的圖片視圖與堆疊視圖，然後點選「Embed in」按鈕，並選擇「Stack View」，以將它們嵌入水平堆疊視圖中。你可以至屬性檢閱器，將間距（Spacing）選項改為「20」，如圖9.15所示。很棒吧！你可以使用巢狀堆疊視圖來建立複雜的佈局。

圖9.15　將標籤堆疊視圖與圖片視圖結合為水平堆疊視圖

同樣的，這並不表示你不需要使用自動佈局，我們依然需要為堆疊視圖定義佈局約束條件，圖9.16描述了儲存格的佈局需求。

圖9.16　原型儲存格的佈局需求

簡單而言，我們希望將儲存格內容（即堆疊視圖）限制在儲存格的可視區域，這就是為何我們要為堆疊視圖的每一邊定義間距約束條件的原因。除此之外，圖片視圖的尺寸應該固定為「120×118點」。

現在選取堆疊視圖，並在佈局列中點選「Add New Constraints」按鈕，設定頂部、左側、底部與右側的值分別為「0、0、0、0」，另外確認有勾選「Constrain to margins」選項，如圖9.17所示。

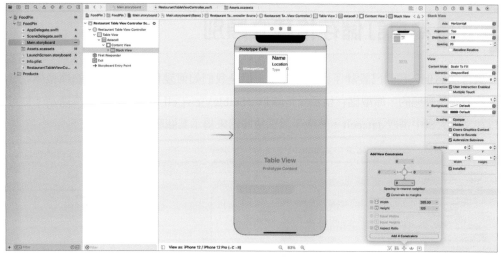

圖 9.17　加入堆疊視圖的間距約束條件

當你加入四個約束條件後，堆疊視圖應會自動調整尺寸。接下來，我們需要加入幾個約束條件來控制圖片視圖的大小，在文件大綱視圖中，從圖片視圖向自己水平拖曳，然後在彈出式選單中，按住 Shift 鍵並選擇「Width」與「Height」選項，按下 Enter 鍵進行確認，如此可以確保圖片視圖的尺寸是固定的，如圖 9.18 所示。

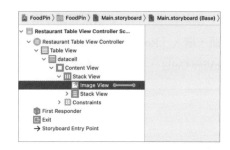

① 按住 Control 鍵從圖片視圖往自己拖曳

② 按住 Shift 鍵選擇寬度與高度

圖 9.18　加入圖片視圖的寬度與高度的約束條件

酷！你已經完成了原型儲存格的佈局，我們來繼續撰寫一些程式碼。

為自訂儲存格建立類別

到目前為止，我們已設計了表格儲存格，但是我們如何變更原型儲存格的標籤值呢？這些值應是動態的，原型儲存格預設是關聯 UITableViewCell 類別，如圖 9.19 所示。你可以在文件大綱中選取 datacell，然後至識別檢閱器來揭示其關聯性。

圖 9.19　表格視圖儲存格的預設類別設定為 UITableViewCell

為了更新儲存格資料，我們將為原型儲存格建立一個新類別（從 UITableViewCell 擴展而來）。我們想要建立一個與介面建構器中的自訂儲存格關聯的 UITableViewCell 的自訂版本。

和往常一樣，在專案導覽器的「FoodPin」資料夾上按右鍵，選擇「New File」，之後 Xcode 會提示你要選取一個模板，但由於我們需要建立一個新類別給自訂表格視圖儲存格，因此選取「Cocoa Touch Class」，然後點選「Next」按鈕，填入「RestaurantTableViewCell」作為類別名稱，並設定「Subclass of」的值為「UITableViewCell」，如圖 9.20 所示。

圖 9.20　為自訂表格視圖儲存格建立新類別

點選「Next」按鈕，並儲存檔案至 FoodPin 專案資料夾中。Xocde 應該會在專案導覽器中建立一個名為「RestaurantTableViewCell.swift」的檔案。

接著，在 RestaurantTableViewCell 類別中宣告下列的 Outlet 變數：

```
@IBOutlet var nameLabel: UILabel!
@IBOutlet var locationLabel: UILabel!
@IBOutlet var typeLabel: UILabel!
@IBOutlet var thumbnailImageView: UIImageView!
```

RestaurantTableViewCell 類別是作為自訂儲存格的視圖模型。在儲存格中，我們有四個屬性可以變更：

- 縮圖圖片視圖。
- 名稱標籤。
- 位置標籤。
- 類型標籤。

這個視圖模型儲存並提供要顯示的儲存格的值。每個項目都需要與介面建構器中相應的使用者介面物件做連結。透過原始碼與 UI 物件的連結，我們可以動態更改 UI 物件的值。

這是在 iOS 程式設計中非常重要的觀念。在故事板中的 UI 與程式碼是分開的。你在介面建構器設計 UI，且以 Swift 編寫程式碼。當你想更改 UI 元件（例如：標籤）的屬性值，則必須在它們之間建立連結，以便程式碼中的物件可以得到在故事板上定義的物件參考。在 Swift 中，你使用 @IBOutlet 關鍵字指示可向介面建構器擴充的類別屬性。對於以 IBOutlet 關鍵字註釋的屬性，我們稱為「Outlet」。

因此，在上列的程式碼中，我們宣告四個 Outlet，每個 Outlet 將與其對應的 UI 物件連結。圖 9.21 描繪了這些連結。

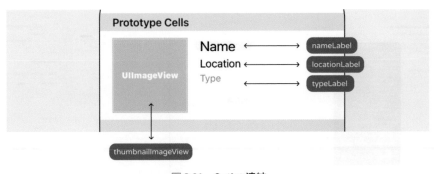

圖 9.21　Outlet 連結

我們在介面建構器中建立 RestaurantTableViewCell 類別的 Outlet 與原型儲存格之間的連結以前,必須先設定自訂類別。

如前所述,原型儲存格與預設的 UITableViewCell 類別有關聯。當要指定原型儲存格為自訂類別時,在故事板中選取儲存格,然後在識別檢閱器中,設定自訂類別為「RestaurantTableViewCell」,如圖 9.22 所示。

圖 9.22　設定原型儲存格的自訂類別

9.6　建立連結

接下來,我們將會建立原型儲存格中 Outlet 與 UI 物件之間的連結。在介面建構器中,在文件大綱視圖中的儲存格(即 datacell)上按右鍵,以開啟 Outlet 檢閱器。從圓圈(在 thumbnailImageView 旁)拖曳至原型儲存格的圖片視圖物件,如圖 9.23 所示。當你放開按鈕之後,Xcode 會自動建立連結。

圖 9.23　連結 Image View 與 Outlet

對於下列的 Outlet 重複上述的步驟：

- **locationLabel**：連結至儲存格的 Location 標籤。

- **nameLabel**：連結至儲存格的 Name 標籤。

- **typeLabel**：連結至儲存格的 Type 標籤。

完成所有的連結後，UI 看起來應該如圖 9.24 所示。

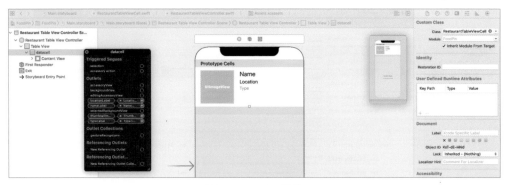

圖 9.24　Outlet 連結

你也可以切回 RestaurantTableViewCell.swift 來檢視連結。如果連結了 Outlet 變數，則會用灰色圓圈指示器指示，你甚至可以點選指示器來顯示連結，如圖 9.25 所示。

```
8   import UIKit
9
10  class RestaurantTableViewCell: UITableViewCell {
11
        [Main.storyboard — L Name Label]  eLabel: UILabel!
        @IBOutlet var locationLabel: UILabel!
        @IBOutlet var typeLabel: UILabel!
        @IBOutlet var thumbnailImageView: UIImageView!
16
17      override func awakeFromNib() {
18          super.awakeFromNib()
19          // Initialization code
20      }
```

圖 9.25　灰色圓圈表示 Outlet 已正確連結

9.7　更新儲存格提供者

終於，我們來到修改的最後部分。在 RestaurantTableViewController 類別中，我們仍然使用 UITableViewCell（即預設儲存格）來顯示內容，我們需要修改一行程式碼，以將其替換為我們自訂的儲存格。你仔細看一下 configureDataSource 方法的目前實作，則應該會找到這行程式碼：

```
let cell = tableView.dequeueReusableCell(withIdentifier: cellIdentifier, for: indexPath)
```

我已經在前一章中解釋過 dequeueReusableCell 方法的含義。它足夠彈性從佇列中回傳任何型別的儲存格。預設上，它會回傳一個 UITableViewCell 型別的通用儲存格，而我是怎麼知道的呢？我是閱讀文件而得知的。Xcode 提供一個方便的方式來閱讀 API 的文件，按住 option 鍵，將滑鼠游標移動到 dequeueReusableCell 上並點選它，Xcode 將向你顯示這個方法的說明，如圖 9.26 所示。

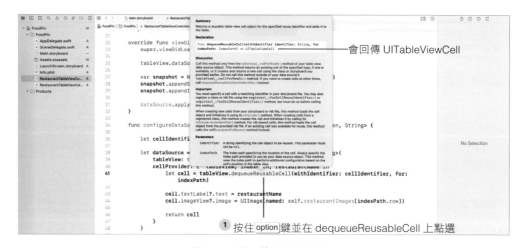

圖 9.26　顯示所選方法的文件

為了使用 RestaurantTableViewCell 類別，我們的責任是「轉換」dequeueReusableCell 的回傳物件為 RestaurantTableViewCell，這個轉換過程稱為「向下轉型」（Down Casting）。在 Swift 中，我們使用 as! 關鍵字來執行強制轉換，因此將 configureDataSource() 內的程式碼更改如下：

```
let cell = tableView.dequeueReusableCell(withIdentifier: cellIdentifier, for: indexPath) as!
RestaurantTableViewCell
```

> **說明** as! 與 as?
>
> 「向下轉型」（Downcasting）可讓類別的值轉換為其衍生的類別，例如：RestaurantTableViewCell 是 UITableViewCell 的子類別，dequeueReusableCellWithIdentifier 方法始終回傳 UITableViewCell 物件。如果使用自訂的儲存格，這個物件可以被轉換為特定儲存格型別（例如：RestaurantTableViewCell）。在 Swift 1.2 之前，你只能使用 as 運算子來向下轉型，但有時物件可能不會轉換為指定的型別，因此在 Swift 1.2 起，Apple 導入兩個運算子：as! 與 as?，若是你確定向下轉型可以正確執行，則使用 as! 來執行轉換；若是你不確定是否可將一個型別的值轉換為另一個型別，則使用 as? 來執行可選型別的向下轉型。你需要執行其他檢查來查看向下轉型是否成功。

我知道你等不及要測試這個 App 了，但是我們還需要修改幾行程式碼。下列幾行程式碼是設定餐廳名稱與圖片的值。

```
// 設定儲存格
cell.textLabel?.text = restaurantName
cell.imageView?.image = UIImage(named: self.restaurantImages[indexPath.row])
```

textLabel 與 imageView 都是預設 UITableViewCell 類別的屬性。由於我們現在使用自己的 RestaurantTableViewCell，因此需要使用自訂類別的屬性。將上列的程式碼更改如下：

```
// 設定儲存格
cell.nameLabel.text = restaurantNames[indexPath.row]
cell.thumbnailImageView.image = UIImage(named: self.restaurantImages[indexPath.row])
```

現在你已經準備好了，點擊「Run」按鈕並測試 App，你的 App 應該如圖 9.27 所示。試著旋轉模擬器，這個 App 也可以在橫向模式下運作，和之前版本的 App 相比，這是一個巨大的改進，我們準備修改圖片為圓角，讓它變得更好。

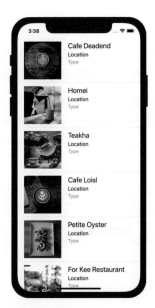

圖 9.27　帶有自訂表格視圖儲存格的 FoodPin App

隨著 iOS 14 與 macOSBigSur 的推出，我感覺到 Apple 偏好將 UI 元件的邊緣弄圓，對於這個範例 App，假使所有餐廳的圖片都圓角化，不是很好嗎？你不需要利用 Photoshop 來調整圖片，只需要撰寫幾行程式碼即可。

UIKit 中的每個視圖（例如：UIView、UIImageView）都由 CALayer 類別（即層物件）的實例支援，層物件（Layer Object）用來管理視圖的備份儲存，並處理與視圖相關的動畫。

這些層物件提供各種可以控制視圖的視覺內容的屬性，例如：

● 背景顏色（Background Color）。

● 邊框（Border）或邊框寬度（Border Width）。

● 陰影顏色（Shadow Color）、寬度（Width）等。

● 透明度（Opacity）。

● 圓角半徑（Corner Radius）。

圓角半徑是用於繪製圓角的屬性。Xcode 提供兩種編輯層屬性的方式，其中一種方式是經由介面建構器來修改。首先，選取堆疊視圖中的圖片視圖，至識別檢閱器，點選「使用者定義的執行期屬性」（User Defined Runtime Attributes）編輯器左下方的「+」按鈕，新的執行期屬性會出現在編輯器中。在新屬性的「鍵路徑」（Key Path）欄位點選兩下，以編輯屬性的鍵路徑，設定值為「cornerRadius」，然後按下 Return 鍵來確認。點選 Type 屬性，選擇「Number」，最後設定其值為「20」。

圖 9.28　設定執行期屬性來圓角化

初始化圖片視圖時，將自動載入此執行期屬性來圓角化。要讓圓形圖片能夠正確顯示之前，你還需要設定一件事，選取圖片視圖，並至屬性檢閱器，在繪圖（Drawing）區塊中，確保有勾選「Clip to Bounds」選項，這可讓圖形修剪為圓角，如圖 9.29 所示。

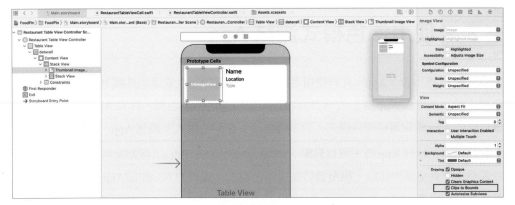

圖 9.29 帶有圓形圖片的 FoodPin App

現在編譯並執行 App，UI 看起來更好了，對吧？不需要撰寫任何程式碼，就可將圖片的邊緣修圓。你可以任意更改圓角半徑的值，試著變更圓角半徑為「60 點」，然後看一下你會得到什麼？

除了使用介面建構器之外，你還可以使用程式來變更圓角半徑。在 RestaurantTable ViewCell.swift 中，可在 thumbnailImageView 加入 didSet 程式碼區塊，如下所示：

```swift
@IBOutlet var thumbnailImageView: UIImageView! {
    didSet {
        thumbnailImageView.layer.cornerRadius = 20.0
        thumbnailImageView.clipsToBounds = true
    }
}
```

didSet 在 Swift 中稱為「屬性觀察者」（Property Observer），顧名思義，每次設定屬性值時，就會呼叫 didSet 中指定的程式碼區塊。在上列的程式碼中，當指派圖片視圖時，會呼叫 didSet 程式碼區塊，以變更圓角半徑，並設定 clipsToBounds 的值為「true」。

要建立圓形圖片，你可以變更程式碼如下，將半徑設定為圖片視圖寬度的一半。

```swift
@IBOutlet var thumbnailImageView: UIImageView! {
    didSet {
        thumbnailImageView.layer.cornerRadius = thumbnailImageView.bounds.width / 2
        thumbnailImageView.clipsToBounds = true
    }
}
```

9.9 使用深色模式測試 App

自 iOS 13 推出後，Apple 允許使用者對整個系統選擇淺色或深色外觀。當使用者選擇深色模式時，系統與 App 會對所有畫面與視圖使用深色的調色板，作為 App 開發者，你應確保你的 App 能夠遵從深色模式，有多種方式可在深色模式下測試 App。

在模擬器上執行 App 時，可以點擊「Environment Overrides」按鈕來將外觀從淺色切換為深色。啟動這個開關後，模擬器將採用深色模式。我們的 FoodPin App 看起來很好，不需要其他的變更。

圖 9.30　在模擬器中開啟深色模式

或者，你可以直接更改模擬器的設定，在任何模擬器上，點選「Settings → Developer」，將「深色外觀」（Dark Appearance）選項的開關切換為「ON」，以啟用深色模式。

9.10 你的作業：修復問題並重新設計自訂表格

作業①：更新位置與類型標籤

至目前為止，App 只顯示所有列的位置（Location）與類型（Type）。作為練習，我讓你修復這個問題，試著編輯原始碼來更新位置與類型標籤。以下是你需要的兩個陣列：

```
var restaurantLocations = ["Hong Kong", "Hong Kong", "Hong Kong", "Hong Kong", "Hong Kong",
"Hong Kong", "Hong Kong", "Sydney", "Sydney", "Sydney", "New York", "New York", "New York",
"New York", "New York", "New York", "New York", "London", "London", "London", "London"]

var restaurantTypes = ["Coffee & Tea Shop", "Cafe", "Tea House", "Austrian / Causual Drink",
"French", "Bakery", "Bakery", "Chocolate", "Cafe", "American / Seafood", "American", "American",
"Breakfast & Brunch", "Coffee & Tea", "Coffee & Tea", "Latin American", "Spanish", "Spanish",
"Spanish", "British", "Thai"]
```

作業②：重新設計原型儲存格

上一個練習對你而言，也許太簡單了，這裡有另一個挑戰，試著重新設計原型儲存格，看是否可以設計出如圖 9.31 所示的 App。

圖 9.31 **重新設計自訂表格**

這裡有個提示，你可以在 viewDidLoad() 中加入以下這行程式碼，來移除儲存格分隔符號：

```
tableView.separatorStyle = .none
```

本章小結

恭喜！你已經往前邁向一大步。如果你了解自訂儲存格的來龍去脈，你就能製作一些很棒的 UI。表格視圖是大部分 iOS App 的骨幹，除非你要建立遊戲，否則建立自己的 App 時，會以某種方式來實作表格視圖。自訂表格視圖對某些人而言，可能有些複雜，所以請花些時間來練習，並嘗試使用程式碼，記住「從做中學」是學習編寫程式碼的最好方式。

在本章所準備的範例檔中，有最後完整的 Xcode 專案（FoodPinCustomTable.zip）與作業的解答（FoodPinCustomTableExercise.zip）供你參考。

使用 UIAlertController
顯示提示並處理表格視
圖選取

你能完成前面的作業並建立自訂表格視圖嗎？如果無法完成的話，不用擔心，本章中我將說明解決方法，並介紹一些新的佈局技術。至目前為止，我們只關注在表格視圖中顯示資料，我猜你可能想知道「如何與表格視圖互動，並偵測列的選取」，這也是我們將在本章介紹的內容。

首先下載前一章建立的完整專案（FoodPinCustomTable.zip），我們將繼續改良這個App，使其變得更好。簡單而言，我們準備要實作的內容如下：

● 將另一個原型儲存格加到表格視圖中。

● 使用者點擊儲存格時顯示選單。而選單會提供兩種選項：「訂位」（Reserve a table）與「標示為最愛」（Mark as favorite）。

● 當使用者選擇「標示為最愛」（Mark as favorite）時，顯示心形圖示。

透過實作這些新功能，你將學會如何使用兩個原型儲存格以及使用 UIAlertController 在iOS 中顯示提示，如圖 10.1 所示。

圖 10.1　捷徑及 Medium App 的提示範例

提示 UIAlertController 類別在 iOS 8（或之後的版本）取代了用於顯示提示的 UIActionSheet 與 UIAlert View 類別。

10.1	建立更優雅的儲存格佈局

我在前面的作業中曾經要求你重新設計原型儲存格，以使儲存格佈局如圖 10.2 所示。我希望你已經嘗試找到答案，即使你找不到設計儲存格的方式，一樣值得嘉獎，對於初學者來說，這並不是容易的事情。

圖 10.2　重新設計表格視圖儲存格

現在我們來看如何重新設計儲存格佈局。假設你已經下載專案並在 Xcode 中開啓它，選取 Main.storyboard，並切換至介面建構器，我們不刪除目前的儲存格佈局，而是爲新設計建立另一個原型儲存格。沒錯！你可以在同一個表格視圖中建立多個原型儲存格，唯一的要求是每個原型儲存格都應具有唯一的識別碼。

在文件大綱中選取表格視圖（Table View），然後開啓屬性檢閱器，這裡將原型儲存格（Prototype Cells）選項的值從「1」改爲「2」，你將立即看到新的原型儲存格以相同的儲存格佈局加入表格視圖中。

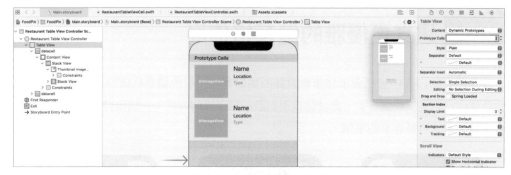

圖 10.3　加入新的原型儲存格

此時，Xcode 在介面建構器中顯示一個錯誤指示器，如果你點選錯誤指示器，Xcode 會指出兩個原型儲存格有相同的識別碼，這是不允許的。現在選取新的原型儲存格，並在屬性檢閱器中更改其識別碼，我們命名為「favoritecell」。

圖 10.4　變更新的原型儲存格的識別碼

進行更改後，Xcode 的錯誤指示會消失，現在是時候重新設計新儲存格了。你無須刪除所有元件，並從頭開始建立新儲存格，因為我們仍然需要圖片視圖與標籤，相反的，我們將重新排列儲存格的佈局。

首先選取「favoritecell」，並至尺寸檢閱器中，勾選列高（Row Height）的「Automatic」核取方塊，以使 Xcode 自動調整列高。

圖 10.5　設定列高為自動

接下來，選取 favoritecell 的根堆疊視圖，在屬性檢閱器中，將軸（Axis）選項從「Horizontal」改爲「Vertical」，如此你會看到新的儲存格佈局，這是堆疊視圖的好處之一，它可以很容易重新排列已嵌入元件的佈局。

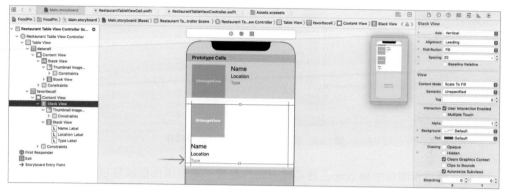

圖 10.6　變更堆疊視圖的軸

有了這個新設計，我們不再需要固定圖片視圖的寬度，因此選取圖片視圖的寬度約束條件，並按下 Delete 鍵來刪除它。

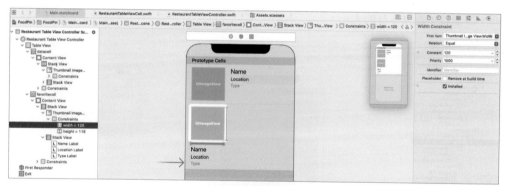

圖 10.7　刪除圖片視圖的寬度約束條件

我們還想要讓圖片大一點，因此選取圖片視圖的高度約束條件，然後在屬性檢閱器中更改其常數（constant）爲「200」。

圖 10.8　變更圖片視圖的高度約束條件

　　此時，圖片視圖無法縮放來占據堆疊視圖的寬度，這是因為根堆疊視圖的設定所致。現在再次選取堆疊視圖，並將其對齊（Alignment）選項從「Leading」改為「Fill」，則圖片視圖應該會自動展開。為了讓儲存格看起來更好一點，你還可以將間距值從「20」改為「5」。要修正佈局錯誤（你是否注意到文件大綱中的紅色指示器），將分布（Distribution）選項從「Fill」改為「Equal Spacing」，這告知堆疊視圖在子視圖之間保持相同的間距，而不需調整子視圖本身的大小。

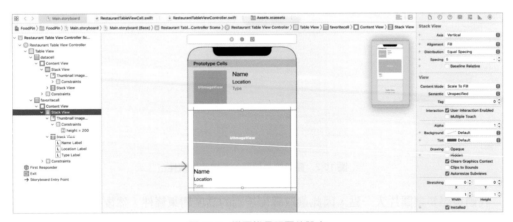

圖 10.9　變更堆疊視圖的設定

　　現在，儲存格佈局看起來和圖 10.2 所示的佈局幾乎相同，但如果你進一步查看圖 10.2 中的儲存格，標籤稍微縮排了，你應如何在堆疊視圖中滿足這個縮排的需求呢？

　　現在選取存放標籤的堆疊視圖，並至尺寸檢閱器中，你可設定「佈局邊界」（Layout Margins）來縮排堆疊視圖，將「佈局邊界」（Layout Margins）的值改為「Language Directional」，並設定前緣及後緣（Leading & Trailing）為「20 點」，如此應可讓標籤堆疊視圖縮排。

圖 10.10　變更堆疊視圖的設定

　　如果你執行這個 App，它仍然會顯示舊的設計，這是因為我們仍然在程式碼中參考 datacell。要使用新的儲存格佈局，開啟 RestaurantTableViewController.swift 檔，並在 configureDataSource() 中更改 cellIdentifier 常數。

```
let cellIdentifier = "favoritecell"
```

　　我們告知表格視圖使用新的 favoritecell，而不是使用 datacell。現在你可以測試 App 了，選擇任何一個 iPhone 模擬器，點擊「Play」按鈕，你的 App 應該會有嶄新的外觀。如果想要刪除儲存格之間的分隔符號，則在 viewDidLoad() 方法中插入這行程式碼：

```
tableView.separatorStyle = .none
```

　　若是想切換回舊設計時該如何做？是的！你只需要將「cellIdentifier」改回「datacell」即可，如此便可以建立多個原型儲存格並應用不同的設計。在後面的章節中，我將教你如何在同一表格視圖中顯示兩種不同的儲存格佈局。

了解 UITableViewDelegate 協定

　　現在，我們進入下一個主題，並討論如何在表格視圖上偵測到觸控。在第 8 章中首次建立 SimpleTable App 時，我們在 RestaurantTableViewController 類別中採用了兩個委派（UITableViewDelegate 與 UITableViewDataSource），雖然我們用了很長的篇幅介紹使用 UITableViewDiffableDataSource 取代 UITableViewDataSource 協定，但我幾乎沒有提到 UITableViewDelegate 協定。

如前所述，委派模式在 iOS 程式設計中很常見。每個委派負責一個特定的角色或任務，以保持系統的簡單和整潔。每當一個物件需要執行某個任務時，它就依賴另一個物件來處理，在軟體設計中，這通常稱為「關注點分離」（Separation of Concerns）。

UITableView 類別應用此設計概念。UITableViewDelegate 協定是用於負責表格視圖的區塊標題與頁腳的設定，以及處理儲存格選取與儲存格重新排序，因此要管理列的選取，我們將需要採用 UITableViewDelegate 協定並實作其方法。

10.2 查閱文件

在實作這些方法之前，你可能想知道：「我們如何知道實作 UITableViewDelegate 中的哪個方法呢？」

答案是「查閱文件」，你可以免費瀏覽 Apple 官方 iOS 開發者參考文件（ URL https://developer.apple.com/documentation/ ）。作為 iOS 開發者，你需要習慣閱讀 API 文件。世界上沒有一本書能將 iOS SDK 做全盤介紹，大多時候，當想要了解關於類別或協定的更多資訊時，我們必須查閱 API 文件。

Apple 提供一個簡單的方式，來訪問 Xcode 中的文件。你可以按住 option 鍵並點選類別名稱，以開啟文件，或者你可以使用 Control + command + ? 鍵，然後將游標放在類別或協定上（例如：UITableViewController），這會開啟一個彈出式視窗，來顯示類別的詳細資訊，如圖 10.11 所示。

圖 10.11 使用快捷鍵來訪問 API 文件

往下捲動，你會找到「Open in Developer Documentation」的連結，點選它來開啓文件瀏覽器，這裡你將找到該類別的所有用法。倘若你向下捲動到文件尾端，則應該會看到一個名爲「Conforms To」的區塊，這裡列出了該類別採用的所有協定，其中之一是 UITableViewDelegate 協定，點選它來查閱文件。

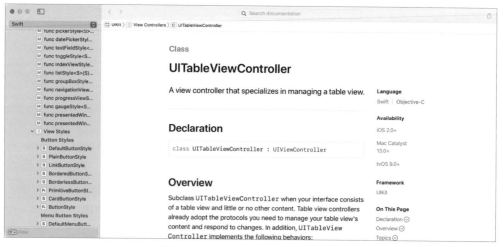

圖 10.12　**UITableViewController 文件**

瀏覽文件，你將找到以下用來管理列的選取的方法：

- func tableView(UITableView, willSelectRowAt: IndexPath) -> IndexPath?
- func tableView(UITableView, didSelectRowAt: IndexPath)

這兩個方法都是爲列的選取而設計的，唯一的差異是當選取指定列時呼叫第一個方法，你可以使用這個方法來防止選取特定儲存格。通常你使用 tableView(_:didSelectRowAt:) 方法，在使用者選取列之後，呼叫它來處理列的選取。我們將會實作這個方法，在選取列之後執行其他的任務（例如：開啓選單）。

10.3 實作協定來管理列的選取

好的，經過以上的詳細說明，我們進入有趣的部分並撰寫一些程式碼。在 FoodPin 專案中，開啓 RestaurantTableViewController.swift 檔，並在 RestaurantTableViewController 類別中實作 tableView(_:didSelectRowAt:) 方法。

```
override func tableView(_ tableView: UITableView, didSelectRowAt indexPath: IndexPath) {
    // 建立選項選單作為動作清單
    let optionMenu = UIAlertController(title: nil, message: "What do you want to do?",
preferredStyle: .actionSheet)

    // 加入動作至選單中
    let cancelAction = UIAlertAction(title: "Cancel", style: .cancel, handler: nil)
    optionMenu.addAction(cancelAction)

    // 顯示選單
    present(optionMenu, animated: true, completion: nil)
}
```

　　首先，什麼是 override 關鍵字呢？文件已經告訴我們 UITableViewController 類別採用了 UITableViewDelegate 協定，並提供該方法的預設實作。現在，我們在 RestaurantTableViewController 中使用自己的程式碼來「覆寫」（overriding）這個方法，要覆寫父類別的方法，我們加入 override 關鍵字在方法的開始處，當你這樣做的時候，彷彿在說：「嘿，不要使用預設的方法實作，請使用我的」。

　　上列的程式碼透過實例化 UIAlertController 物件來建立選項選單。當使用者點擊表格視圖中的任一列時，將自動呼叫此方法，以開啟動作清單，其中顯示「What do you want to do」訊息以及「Cancel」按鈕，如圖 10.13 所示。試著執行這個專案來快速測試，現在 App 應該能夠偵測到觸控了。

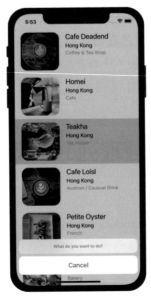

圖 10.13　顯示動作清單

10.4 了解 UIAlertController

在繼續之前,讓我再說明 UIAlertController 類別。UIAlertController 類別是在 iOS 8 新導入的類別,用來取代舊版 iOS SDK 中的 UIAlertView 與 UIActionSheet 類別,它設計用來向使用者顯示提示訊息。

參考上一節中的程式碼,你可透過 preferredStyle 參數來指定 UIAlertController 物件的樣式。我們使用的值為「.actionSheet」,此外你可以設定其值為「.alert」來提供另一種提示樣式。圖 10.14 顯示了提示訊息樣式的範例。

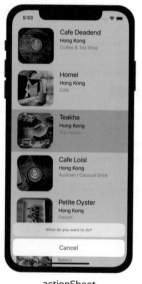

.actionSheet　　　　　　　　　　　　.alert

圖 10.14　ActionSheet（左圖）與 Alert（右圖）

除了顯示訊息給使用者之外,提示控制器(Alert Controller)通常與一個動作相關聯,來為使用者提供回應方式。在程式碼中,我們建立 UIAlertAction 物件,該物件有喜好的標題、樣式以及執行動作的程式碼區塊。cancelAction 物件的標題為「Cancel」,並設定為使用「.cancel」樣式。當使用者選擇「取消」動作時,並沒有可執行的動作,因此處理器設定為「nil」。建立 UIAlertAction 物件後,你可以使用 addAction 方法來將它指定給提示控制器。

當正確設定提示控制器後,可使用 present 方法來模態顯示它。

```
present(optionMenu, animated: true, completion: nil)
```

這就是如何使用 UIAlertController 類別在螢幕上顯示提示的方式。作爲初學者，你可能會有想到二個問題：

- 建立 UIAlertController 物件時，該如何得知 preferredStyle 參數的可用值？
- 點語法有點陌生，它不是該寫成 UIAlertControllerStyle.actionSheet 嗎？

這兩個都是好問題。

對於第一個問題，答案一樣是「參考文件」。在 Xcode 中，你可以將游標放在 preferredStyle 參數上，並按下 Control + command + ? 鍵，Xcode 將會顯示方法的宣告，你可以進一步點選 UIAlertController.Style 來閱讀 API 文件，如圖 10.15 所示。UIAlertController.Style 是一個列舉，它定義了兩個可能值：actionSheet 與 alert，也就是說，找出可用值的最便捷方式是在「preferredStyle:」後面輸入「.」，Xcode 會自動顯示所有的可能值。

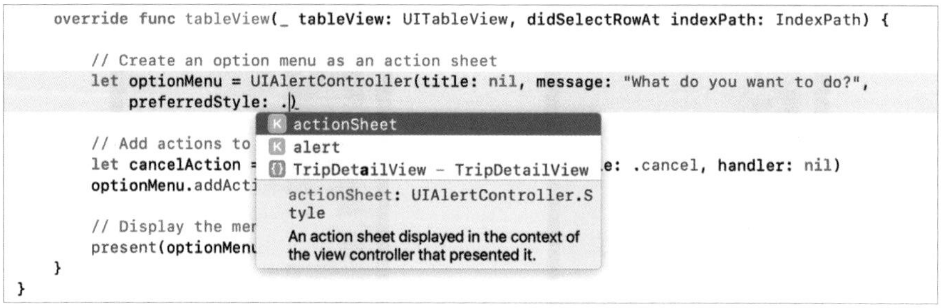

```
override func tableView(_ tableView: UITableView, didSelectRowAt indexPath: IndexPath) {

    // Create an option menu as an action sheet
    let optionMenu = UIAlertController(title: nil, message: "What do you want to do?",
        preferredStyle: .)
                                    K actionSheet
                                    K alert
    // Add actions to          F TripDetailView – TripDetailView  e: .cancel, handler: nil)
    let cancelAction =
    optionMenu.addActi          actionSheet: UIAlertController.S
                                tyle
    // Display the mer          An action sheet displayed in the context of
    present(optionMenu          the view controller that presented it.
    }
}
```

圖 10.15　可用的 UIAlertControllerStyle 值

> 説明　列舉是 Swift 中的常見型別，它定義了該型別內可能值的清單，UIAlertController.Style 就是一個很好的例子。

現在我來回答第二個問題。

通常，我們可使用 UIAlertController.Style.actionSheet 或 UIAlertController.Style.alert。你可以在建立 UIAlertController 時，撰寫下列的程式碼：

```
let optionMenu = UIAlertController(title: nil, message: "What do you want to do?",
preferredStyle: UIAlertController.Style.actionSheet)
```

上列的程式碼沒有問題，Swift 爲開發者提供捷徑，並幫助我們減少輸入程式碼。由於 preferredStyle 的參數型別（即 UIAlertController.Style）是已知的，所以 Swift 可透過省略 UIAlertController.Style 來採用較短的點語法，這就是爲何我們像這樣實例化 UIAlertController 物件的原因。

```
let optionMenu = UIAlertController(title: nil, message: "What do you want to do?",
preferredStyle: .actionSheet)
```

這同樣也適用於 UIAlertAction.Style，UIAlertAction.Style 是有三個可能值（default、cancel、destructive）的列舉。在建立 cancelAction 物件時，我們也使用簡短語法：

```
let cancelAction = UIAlertAction(title: "Cancel", style: .cancel, handler: nil)
```

10.5 對提示控制器加入動作

現在，我們再向提示控制器加入二個動作：

- **訂位動作**：這是示範如何顯示提示訊息的虛擬功能，我們將不實作此功能，而只是在螢幕上顯示提示。

- **標記為最愛動作**：選取後，此選項會將所選餐廳標記為最愛餐廳。

在 tableView(_:didSelectRowAt:) 方法中，為「訂位」動作加入下列的程式碼。你可以在 cancelAction 初始化之後插入程式碼：

```
// 加入訂位動作
let reserveActionHandler = { (action:UIAlertAction!) -> Void in

    let alertMessage = UIAlertController(title: "Not available yet", message: "Sorry, this
feature is not available yet. Please retry later.", preferredStyle: .alert)
    alertMessage.addAction(UIAlertAction(title: "OK", style: .default, handler: nil))
    self.present(alertMessage, animated: true, completion: nil)

}

let reserveAction = UIAlertAction(title: "Reserve a table", style: .default, handler:
reserveActionHandler)
optionMenu.addAction(reserveAction)
```

在上列的程式碼中，reserveActionHandler 物件對你而言是新的。如前所述，你可以在建立 UIAlertAction 物件時，將程式碼區塊指定為處理器，當使用者選取動作時，將執行程式碼區塊。之前，我們在 cancelAction 物件中指定 nil，這表示我們對「Cancel」按鈕沒有任何後續動作。

對於 reserveAction 物件，它略有不同。我們指定 reserveActionHandler 給它，該程式碼區塊顯示提示，以告知使用者這個功能還無法使用。

就技術上而言，在 Swift 中這個程式碼區塊稱為「閉包」（Closure），閉包是把程式碼區塊再包一層函數，回傳要執行的函數內容，其與 Objective-C 的區塊（blocks）類似。如同上述的範例，提供動作閉包的一種方式是將其宣告為常數或變數，並以程式碼區塊作為值。這個程式碼區塊的第一個部分與 UIAlertAction 的處理器參數的定義相同。in 關鍵字表示閉包的參數與回傳型別的定義已經完成，然後開始閉包的本體程式。圖 10.16 說明了閉包的語法。

圖 10.16　閉包的寫法

在閉包本體中所指定的程式碼對你而言應該不陌生。我們建立一個 UIAlertController 來顯示提示，不過我們使用 .alert 而不是使用 .actionSheet 樣式。待會你測試 App 時，你將可了解提示的樣式。

準備好動作處理器後，我們建立 UIAlertAction 物件，並設定其標題為「Reserve a table」。最重要的是，我們指定 reserveActionHandler 給動作物件，接著將動作物件加到選項選單。

```
let reserveAction = UIAlertAction(title: "Reserve a table", style: .default, handler:
reserveActionHandler)
optionMenu.addAction(reserveAction)
```

接下來，為「標記為最愛」動作插入下列的程式碼：

```
// 標記為最愛動作
let favoriteAction = UIAlertAction(title: "Mark as favorite", style: .default, handler: {
    (action:UIAlertAction!) -> Void in
```

```
    let cell = tableView.cellForRow(at: indexPath)
    cell?.accessoryType = .checkmark
})
optionMenu.addAction(favoriteAction)
```

上列的程式碼展示了使用閉包的另一種方式，你可編寫閉包行內（closure Inline）作為處理器的參數。

你還記得問號的作用嗎？如果你已學習第 2 章，希望你能回答這個問題。該儲存格是在 Swift 中稱為「可選型別」（optional）。如前所述，可選型別是 Swift 導入的新型別，它只是表示「是否有值」，tableView.cellForRow(at:) 回傳的儲存格是一個可選型別。要訪問儲存格的 accessoryType 屬性，需要使用問號。在這種情況下，Swift 會檢查儲存格是否有值，並讓你在儲存格存在的情況下設定 accessoryType 的值。在大多數的情況下，Xcode 的自動補齊功能可在你要訪問一個可選型別的屬性時，為你加上問號。

當使用者選擇「標記為最愛」（Mark as favorite）選項時，我們會在所選取的儲存格加上一個打勾標記。對於表格視圖儲存格，儲存格的右側部分是預留給輔助視圖（Accessory View）用的。內建的輔助視圖有四種類型，包含「揭示指示器」（disclosure indicator）、「細節揭示按鈕」（detail disclosure button）、「打勾標記」（checkmark）以及「細節」（detail），在這種情況下，我們使用打勾標記作為指示器。

程式碼區塊的第一行使用 indexPath 來取得所選的表格儲存格，其中包含所選儲存格的索引；第二行使用打勾標記更新儲存格的 accessoryType 屬性。

預設上，打勾標記會顯示為藍色，或者你可以設定儲存格的 tintColor 屬性來更改其顏色。在 RestaurantTableViewCell 的 awakeFromNib() 方法中，你可以加入一行程式碼來設定儲存格的色調：

```
override func awakeFromNib() {
    super.awakeFromNib()

    self.tintColor = .systemYellow
}
```

編譯並執行該 App，點擊餐廳並選取其中一個動作，它會顯示一個打勾標記，或一個提示，如圖 10.17 所示。

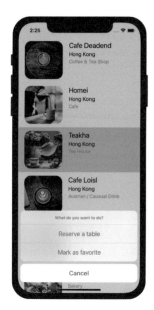  

圖 10.17 訂位與標記為最愛的動作

現在，當你選取列時，該列會以灰色來突出顯示，並保持選取的狀態。在 tableView (_:didSelectRowAt:) 方法的最後面加入下列的程式碼，以取消列的選取。

```
tableView.deselectRow(at: indexPath, animated: false)
```

tableView(_:didSelectRowAt:) 方法的最後一段程式碼如下：

```
override func tableView(_ tableView: UITableView, didSelectRowAt indexPath: IndexPath) {
    // 建立選項選單作為動作清單
    let optionMenu = UIAlertController(title: nil, message: "What do you want to do?",
preferredStyle: .actionSheet)

    // 加入動作至選單中
    let cancelAction = UIAlertAction(title: "Cancel", style: .cancel, handler: nil)
    optionMenu.addAction(cancelAction)

 // 加入訂位動作

    let reserveActionHandler = { (action:UIAlertAction!) -> Void in

        let alertMessage = UIAlertController(title: "Not available yet", message: "Sorry, this
feature is not available yet. Please retry later.", preferredStyle: .alert)
        alertMessage.addAction(UIAlertAction(title: "OK", style: .default, handler: nil))
```

```
        self.present(alertMessage, animated: true, completion: nil)

    }


    let reserveAction = UIAlertAction(title: "Reserve a table", style: .default, handler:
reserveActionHandler)
    optionMenu.addAction(reserveAction)

    // 標記為最愛動作

    let favoriteAction = UIAlertAction(title: "Mark as favorite", style: .default, handler: {
        (action:UIAlertAction!) -> Void in

        let cell = tableView.cellForRow(at: indexPath)
        cell?.accessoryType = .checkmark

    })
    optionMenu.addAction(favoriteAction)

    // 顯示選單
    present(optionMenu, animated: true, completion: nil)

    // 取消列的選取
    tableView.deselectRow(at: indexPath, animated: false)
}
```

10.6 遇到錯誤

　　App 看起來很棒，但是若你仔細觀察，會發現 App 有一個錯誤。假設你使用「標記為最愛」（Mark as favorite）動作來標記 Cafe Deadend 餐廳，當你向下捲動表格時，會發現其他餐廳（例如：Palomino Espresso）也有打勾標記，這其中有什麼問題呢？為什麼 App 增加了額外打勾標記呢？

　　提示　就像每個程式設計師一樣，我也討厭錯誤，尤其是面臨專案截止期限的時候。不過，錯誤始終可幫助我提升程式設計技術，繼續往下學習時，你還會遇到很多的錯誤，趕緊習慣吧！

　　這個問題是由於重用儲存格引起的，我們已經在前一章中討論過這個問題。例如：表格視圖有 30 個儲存格，為了效能起見，UITableView 可能只要建立 10 個儲存格，而不是建立 30 個表格儲存格,並且你在捲動表格時重複使用它們。在此情況下,UITableView 重用了第一個儲存格(原先用於有打勾標記的 Cafe Deadend),以顯示另一間餐廳。在我們的程式碼中,只有當表格視圖重用同一儲存格時,我們才更新圖片視圖與標籤。由於輔助視圖並未更新,因此下一個重用相同儲存格的餐廳,共用了相同的輔助視圖,如果輔助視圖有打勾標記,則該餐廳也會有打勾標記。

那麼我們該如何解決這個錯誤呢?

我們必須找到另一種方式來追蹤已勾選的項目。如何建立另一個陣列來儲存已選的餐廳呢?在 RestaurantTableViewController.swift 檔中,宣告一個布林陣列:

```
var restaurantIsFavorites = Array(repeating: false, count: 21)
```

布林(Bool)是 Swift 的一種資料型別,用來存放布林值。Swift 提供兩個布林值:true 及 false。我們宣告 restaurantIsVisited 陣列來存放布林值的集合。陣列中的每個值指示相應的餐廳是否標記為「已選」。例如:我們可以檢查 restaurantIsVisited[0] 的值,以查看是否選取了 Cafe Deadend。

陣列中的值初始化為 false,換句話說,預設上未選取項目。上列的程式碼展示了一種在 Swift 中使用重複值初始化陣列的方式。這個初始化的方式如下:

```
var restaurantIsVisited = [false, false, false, false, false, false, false, false, false,
false, false, false, false, false, false, false, false, false, false]
```

為了修復這個錯誤,我們必須進行一些更改。首先,當餐廳標記為最愛時,我們需要更新布林陣列的值。在 reserveAction 物件的處理器中加入一行程式碼:

```
let favoriteAction = UIAlertAction(title: "Mark as favorite", style: .default, handler: {
    (action:UIAlertAction!) -> Void in

    let cell = tableView.cellForRow(at: indexPath)
    cell?.accessoryType = .checkmark
    cell?.tintColor = .systemYellow
    self.restaurantIsFavorites[indexPath.row] = true
})
```

這行程式碼非常簡單明瞭,我們將所選項目的值從 false 改為 true。

最後,更新 configureDataSource 方法,並將下列程式碼插入 cellProvider 的閉包中:

```
cell?.accessoryType = self.restaurantIsFavorites[indexPath.row] ? .checkmark : .none
```

這是編寫 if 條件的簡化寫法，這個「?」稱爲「三元條件運算子」（ternary conditional operator），是評估簡單條件的有效率簡寫。這行程式碼的目的和以下的內容完全相同：

```
if self.restaurantIsFavorites[indexPath.row] {
    cell.accessoryType = .checkmark
} else {
    cell.accessoryType = .none
}
```

每次渲染儲存格時，我們都會檢查餐廳是否被標記爲最愛，如果條件爲 true，則在儲存格中顯示一個打勾標記，否則便不顯示。由於我們參考 restaurantIsFavorites 陣列來查看是否應標記餐廳，因此即使儲存格已被重用，我們現在也可以正確顯示輔助視圖。現在再次編譯與執行 App，錯誤應該已經解決了。

10.7 使用 iPad 執行 App

你是否試過在 iPad 上執行 App？ App 看起來不錯，但因爲儲存格會依照裝置的寬度來延展，所以你可能會發現這些儲存格有點長，尤其是當你將 iPad 裝置轉向後更爲明顯。

自 iOS 9 開始，你可以使用名爲 cellLayoutMarginsFollowReadableWidth 的屬性，來自動調整儲存格寬度。如果你像這樣更新 viewDidLoad 方法，來啓用該選項：

```
override func viewDidLoad() {
    super.viewDidLoad()
    tableView.cellLayoutMarginsFollowReadableWidth = true
}
```

更改後，再次於 iPad 模擬器上執行 App，你將立即發現差異。你可以自行決定是否要開啓這個選項。

 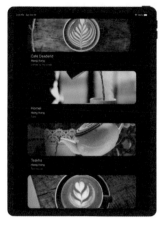 

圖 10.18　停用 cellLayoutMarginsFollowReadableWidth 屬性的表格視圖（左圖）與啟用 cellLayoutMargi nsFollowReadableWidth 屬性的表格視圖（中圖和右圖）

10.8　在 iPad 上遇到另一個錯誤

當你點擊 iPad 上的任何表格視圖儲存格時，App 會當機，並在主控台中出現錯誤訊息。

Terminating app due to uncaught exception 'NSGenericException', reason: 'Y our application has presented a UIAlertController (<UIAlertController: 0x7 ff068897400>) of style UIAlertControllerStyleActionSheet from FoodPin.Rest aurantTableViewController(<FoodP in.RestaurantTableViewController: 0x7ff06 9704d20>). The modalPresentationStyle of a UIAlertController with this style is UIModalPresentationPopover. You must provide location information for this popover through the alert controller's popoverPresentationController. You must provide either a sourceView and sourceRect or a barButtonItem. If this information is not known when you present the alert controller, you may provide it in the UIPopoverPresentationControllerDelegate method - prepareForPopoverPresentation.' terminating with uncaught exception of type NSException CoreSimulator 732.17 - Device: iPad Pro (11-inch) (2nd generation) (02AA483A-0CAA-4645-8B8F-90D3397769A3) - Runtime: iOS 14.1 (18A8394) - DeviceType : iPad Pro (11-inch) (2nd generation)

如果你看不到主控台的訊息，則到 Xcode 選單，選擇「View → Debug Area → Activate Console」。如果你不知道主控台在哪裡，則參見圖 10.19。主控台的訊息對於幫助你找出錯誤的根本原因非常有用，每當你在 App 中遇到異常時，請查看主控台並找出錯誤訊息。

圖 10.19 主控台訊息

根據錯誤訊息，.actionSheet 樣式的 UIActionController 在 iPad 上的行為會有所不同。iOS 使用彈出式樣式顯示控制器，而不是模態顯示提示控制器。

顯示過程是由 iOS 自動處理，當呼叫下列這行程式碼時，iOS 將檢查裝置是 iPhone 還是 iPad。

```
present (optionMenu, animated: true, completion: nil)
```

如果是 iPhone，提示控制器將模態顯示。在 iPad 上，提示控制器將使用儲存在 popover PresentationController 屬性中的 UIPopoverPresentationController 物件，以彈出式樣式顯示。

現在，試著再次查看錯誤訊息，你能找出錯誤的根本原因嗎？

```
You must provide location information for this popover through the alert controller's
popoverPresentationController. You must provide either a sourceView and sourceRect or a
barButtonItem.
```

使用彈出式樣式顯示活動提示控制器時，必須設定 popoverPresentationController 的來源視圖。來源視圖指示包含彈出錨點矩形的視圖，當實作彈出後，你將了解它的含義。

現在，將下列的程式碼插入 tableView(_:didSelectRowAt:) 方法中，並將該程式碼放在 optionMenu 實例化之後。

```
if let popoverController = optionMenu.popoverPresentationController {
    if let cell = tableView.cellForRow(at: indexPath) {
        popoverController.sourceView = cell
        popoverController.sourceRect = cell.bounds
    }
}
```

當 App 在 iPhone 上執行時，提示控制器（即 optionMenu）的 popoverPresentationController 屬性設定為「nil」。反之，當 App 在 iPad 上執行時，它將存放彈出式顯示控制器，因此我們使用 if let 來檢查 popoverPresentationController 屬性是否有值，如果是的話，我們將 sourceView 設定為觸發該動作的儲存格，或者我們將 sourceRect 屬性設定為儲存格的邊界，如此彈出的原點為儲存格的中心。

再次在 iPad 模擬器上測試 App，現在應該可以運作了，如圖 10.20 所示。

圖 10.20　iPad 的彈出式選單

10.9 你的作業：取消勾選與使用其他圖示

作業①：取消勾選

目前，這個 App 無法讓使用者取消所選的打勾標記，請思考如何修改程式碼，以讓 App 可以切換勾選狀態。如果所選儲存格是被標記的，你還需要讓「從最愛中移除」（Remove from favorites）按鈕顯示不同的標題。進行更改並不會太困難，如圖 10.21 所示。請花些時間來練習這個作業，我相信你會學到很多。

圖 10.21　從最愛移除餐廳

作業②：使用心形圖示來取代預設的打勾符號

與其顯示預設的打勾標記，不如我們來將其替換爲心形圖示。Xcode 有內建一些系統圖片，當加入圖片視圖後，可以將圖片設定爲 heart.fill，以使用系統內建的心形圖片，圖 10.22 顯示了最後的佈局。

你應該修改兩個原型儲存格（即 datacell 與 favoritecell），以加入心形圖示。另一個提示是你可以使用圖片視圖的 isHidden 屬性來控制其可見性，例如：你可以將 isHidden 屬性設定爲 true，以隱藏圖片視圖，如下所示：

```
cell.heartImageView.isHidden = true
```

我鼓勵你也花些時間來進行這個練習，因爲它會幫助你複習至今所學的所有內容。

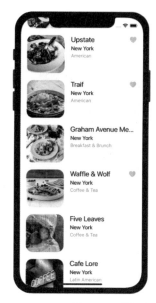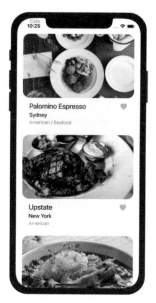

圖 10.22 使用心形圖示來取代預設打勾標記

本章小結

　　此時，你應該對如何建立表格視圖、自訂表格儲存格以及處理表格列的選取有了深入的
了解。你已經準備好建立一個簡單的表格視圖 App（例如：簡單的待辦事項 App），我始
終建議你建立自己的專案，但我並不是說你必須一開始就做大專案，如果你喜愛旅遊，可
建立一個簡單的 App 來顯示你喜愛的旅遊地點的清單；如果你喜愛音樂，也可建立自己
的 App 來顯示你喜愛的專輯清單。玩玩 Xcode，在錯誤中逐步學習。

　　在本章所準備的範例檔中，有最後完整的 Xcode 專案（FoodPinTableSelection.zip）與
作業的解答（FoodPinTableSelectionExercise.zip）供你參考。

　　在下一章中，我們將繼續探索表格視圖，並了解如何刪除表格列。

11 物件導向程式設計、組織專案與程式碼說明文件

如果你是從頭開始與我們一起進行本書所有專案的學習，你已經向前邁進一大步，目前你應該能夠使用介面建構器來建立可以在 iPhone 與 iPad 執行的 iOS 表格視圖 App 了。我們將進一步增強 FoodPin App，並改善其細節視圖及加入更多功能，我們會深入介紹 iOS App 並學習其他的 API，我會介紹物件導向程式設計（Object Oriented Programming）的基礎知識，並教導你如何撰寫更佳的程式碼。

不要被「物件導向程式設計」或簡稱「OOP」的專有名詞所嚇到，這並不是新的程式語言，而是一種程式觀念，本書不像坊間一些程式設計的書籍一樣，一開始就介紹 OOP 的觀念，我在規劃本書內容時，便打算在比較後面的章節才來介紹它，我想讓事情保持簡單，所以先介紹如何建立一個 App，我可不想讓一些技術術語或觀念嚇跑了你，而使你放棄學習建立 App。不過，我想是時候來介紹 OOP 觀念了，如果經過了 10 個章節之後，你仍在閱讀本書，我相信你已經下定決心要學好 iOS 程式，並且提升自己的程式設計技術到更進階的階段了。

好的，我們開始吧！

11.1 物件導向程式設計的基礎理論

和 Objective-C 一樣，Swift 是一種物件導向程式設計（OOP）語言。OOP 是一種以物件的組成來建立應用軟體的方式，換句話說，你在 App 中已經寫過的大多數程式碼，都是以某些方式來處理某種物件。你曾使用過的 UIViewController、UIButton、UINavigationController 及 UITableView 物件，都是 iOS SDK 所帶來的範例物件，你不只可以使用內建物件，你也在專案中建立了你自己的物件，如 RestaurantTableViewController 與 RestaurantTableViewCell。

那麼為何需要 OOP 呢？一個非常重要的理由是，我們需要把一個複雜的軟體分解成許多較小的部分（或者說是建立模塊），以便能夠輕鬆開發及維護。這裡指的較小部分就是物件，每個物件都有它的任務，物件間相互協調來讓軟體能順利運作，這就是 OOP 的基本觀念。以我們在一開始建立的 Hello World App 為例，UIViewController 物件是負責控制 App 的視圖，而它的視圖物件用來存取「Hello World」按鈕。UIButton（即「Hello World」按鈕）物件實作一個在觸控螢幕上的標準 iOS 按鈕，並監聽任何的觸控事件。另一方面，UIAlertController 物件是負責向使用者顯示提示訊息，最後這些物件一起合作建立 Hello World App，如圖 11.1 所示。

圖 11.1　Hello World App 的範例物件

在物件導向程式設計中，一個物件具有二個特徵：「屬性」（Property）與「功能性」（Functionality）。我們以一個真實世界的汽車物件來說明，一台汽車有自己的顏色、型號、最快速度、製造商等，這些都是汽車的屬性。就功能性術語而言，一台汽車應該提供基本的功能，如加速、剎車及駕駛等。

軟體物件與真實世界物件很相似，我們回到 iOS 世界中，來看 Hello World App 中 Uibutton 物件的屬性及功能性：

● **屬性（Properties）**：背景、尺寸、顏色及字型都是 UIbutton 的屬性。

● **功能性（Functionalities）**：當按鈕被點擊時，它會判別點擊事件。偵測觸控的能力是 UIButton 的眾多功能之一。

在前面的章節中，你總是會碰到一個術語—「方法」（Method）。在 Swift 中，我們建立方法來提供物件的功能性，通常一個方法對應一個物件的特定功能。

> 提示　你可能想知道函數（Function）和方法（Method）的差異性，事實上它們的功能是相同的。在類別中所定義的「函數」，就是所謂的「方法」。

類別、物件及實例

除了方法與物件之外，你也許曾接觸過「實例」（instance）和「類別」（class）等術語，這些都是 OOP 的常見術語，讓我來簡要介紹。

類別是建立物件的藍圖或原型。基本上，一個類別是由屬性與方法所組成，例如：我們要定義一個「課程」（course）類別，一個課程類別包含「課程名稱」、「課程代號」、「學生總數」等屬性。

這個類別代表課程的藍圖，我們可以用它來建立不同的課程，如「iOS 程式設計課程」（代號是 IPC101）、「烹飪課程」（代號是 CC101）等，這裡的 iOS 程式設計課程和烹飪課程就是所謂的課程類別的物件。我們一般將一個課程當作課程類別的「實例」（instance），為了簡化起見，「實例」與「物件」這兩個術詞是可以交換使用的。

提示 一個設計房子的藍圖就像是一個類別敘述，所有以藍圖所建的房子就是類別的物件，一棟房子就是一個實例。

※ 出處：URL http://stackoverflow.com/questions/3323330/difference-betweenobject-and-instance

---

結構

「結構與類別是通用的，具有彈性的結構，可為你的程式建立區塊。你可以定義屬性與方法，以在你的結構及類別中，使用與定義常數、變數與函數一樣的語法來加入功能。」

—Apple 文件（URL https://docs.swift.org/swift-book/LanguageGuide/ClassesAndStructures.html）

除了類別以外，你可以在 Swift 中使用結構（Structs）來建立具屬性與方法的型別。Swift 中的結構與類別非常相似，並有許多的共同點，兩者皆可以定義用來儲存值的屬性以及用來提供功能的方法，兩者也可以建立自己的初始化器來設定物件的初始狀態。

「繼承」（Inheritance）是物件導向程式設計的重要功能之一，記得我們已經建立了 RestaurantTableViewController 類別，它是 UITableViewController 的子類別，這個範例是類別繼承的用法。RestaurantTableViewController 類別繼承了 UITableViewController 的所有方法與屬性，每當我們需要為某個特定的函數提供特定的功能時，只要覆寫父類別的原始函數即可。

不過，結構並不允許繼承，你不能繼承另外一個結構，這是 Swift 中類別與結構的主要差異點。

Swift 中的型別分為兩種類型：「實值型別」（Value Types）與「參考型別」（Reference Types）。Swift 中的所有結構都是實值型別，而類別則是參考型別，這是類別與結構的另一個差異點。對於結構，每個實例（Instance）都有其資料的唯一副本，另一方面，參考型別則是共享資料的單一副本，當你將一個類別的實例指定給另一個變數，而不是複製該實例的資料，將參考所使用的該實例。

讓我利用一個範例來示範實值型別（結構）與參考型別（類別）間的差異性。在下列的程式碼中，我們有一個名為「Car」的類別，其屬性為 brand。我們建立一個 Car 的實例，並指定它給 car1 變數，然後我們將 car1 指定給另一個 car2 變數，最後我們修改 car1 的 brand 值。

```
class Car {
    var brand = "Tesla"
}

var car1 = Car()
var car2 = car1

car1.brand = "Audi"
print(car2.brand)
```

你猜 car2 的品牌是 Tesla 或 Audi 呢？答案是「Audi」，這就是參考型別的本質。car1 與 car2 都參考相同的實例，共享同一個資料副本。

相反的，如果你使用結構（即實值型別）來重寫同一段程式碼，則會看到不同的結果。

```
struct Car {
    var brand = "Tesla"
}

var car1 = Car()
var car2 = car1

car1.brand = "Audi"
print(car2.brand)
```

在這種情況下，只有 car1 的 brand 值更新為 Audi，而 car2 的品牌還是 Tesla，因為每個實值型別的變數皆具有自己的資料副本，圖 11.2 視覺化說明了類別與結構的區別。

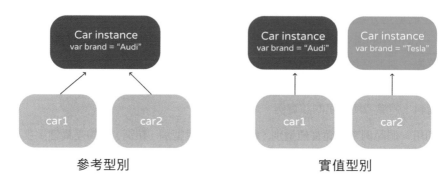

圖 11.2　**實值型別與參考型別的差異說明**

因為類別與結構皆提供相似的功能，你應該使用哪一種呢？一般而言，預設是使用結構來建立自己的型別，這是 Apple 所推薦的方式（ URL https://developer.apple.com/documentation/swift/choosing_between_structures_and_classes），如果你需要其他如繼承的功能，則選擇類別而不是結構。

11.4 複習 FoodPin 專案

那麼本章為何要特別說明 OOP 呢？沒有比用案例來學習觀念的更棒方式了，我們再次以 FoodPin 專案（FoodPinTableSelectionExercise.zip）來做說明。

在 RestaurantTableViewController 類別中，我們建立多個陣列來儲存餐廳名稱、型別、位置與餐廳圖片：

```
var restaurantNames = ["Cafe Deadend", "Homei", "Teakha", "Cafe Loisl", "Petite Oyster", "For
Kee Restaurant", "Po's Atelier", "Bourke Street Bakery", "Haigh's Chocolate", "Palomino
Espresso", "Upstate", "Traif", "Graham Avenue Meats", "Waffle & Wolf", "Five Leaves", "Cafe
Lore", "Confessional", "Barrafina", "Donostia", "Royal Oak", "CASK Pub and Kitchen"]

var restaurantImages = ["cafedeadend", "homei", "teakha", "cafeloisl", "petiteoyster",
"forkeerestaurant", "posatelier", "bourkestreetbakery", "haighschocolate", "palominoespresso",
"upstate", "traif", "grahamavenuemeats", "wafflewolf", "fiveleaves", "cafelore", "confessional",
"barrafina", "donostia", "royaloak", "caskpubkitchen"]

var restaurantLocations = ["Hong Kong", "Hong Kong", "Hong Kong", "Hong Kong", "Hong Kong",
```

```
"Hong Kong", "Hong Kong", "Sydney", "Sydney", "Sydney", "New York", "New York", "New York",
"New York", "New York", "New York", "New York", "London", "London", "London", "London"]

var restaurantTypes = ["Coffee & Tea Shop", "Cafe", "Tea House", "Austrian / Causual Drink",
"French", "Bakery", "Bakery", "Chocolate", "Cafe", "American / Seafood", "American", "American",
"Breakfast & Brunch", "Coffee & Tea", "Coffee & Tea", "Latin American", "Spanish", "Spanish",
"Spanish", "British", "Thai"]

var restaurantIsFavorites = Array(repeating: false, count: 21)
```

所有這些資料實際上是與餐廳清單有關,為什麼我們需要將它們分成多個陣列呢?你是否想過這些資料能否群組在一起呢?

在物件導向程式設計中,這些資料可以被視為餐廳的屬性,因此無須將這些資料儲存在單獨的陣列中,我們可以建立一個 Restaurant 結構來建立餐廳模型,並在一個 Restaurant 物件的陣列中儲存多間餐廳,如圖 11.3 所示。

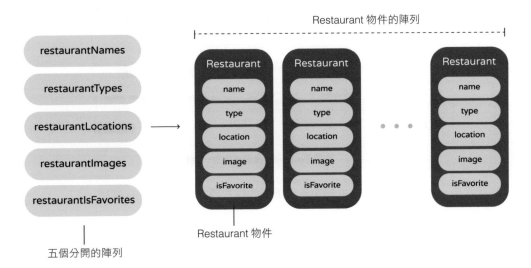

圖 11.3　將多個陣列結合成一個 Restaurant 物件陣列

現在我們來修改 FoodPin 專案,以建立 Restaurant 結構,並將程式碼轉換為使用 Restaurant 物件清單。

建立 Restaurant 結構

　　首先，我們從 Restaurant 結構開始。在專案導覽器的 FoodPin 資料夾上按右鍵，選擇「New File」，這次我們不延續使用 iOS SDK 所提供的 UI 物件，而是建立一個全新的結構，選取「Source」的「Swift File」模板，並點選「Next」按鈕，然後將檔案命名為「Restaurant.swift」，並儲存至專案資料夾中，如圖 11.4 所示。

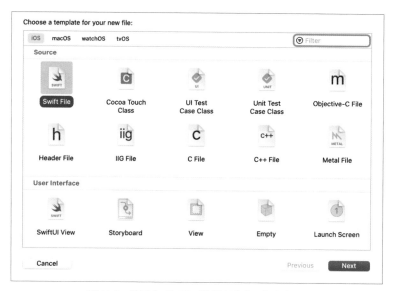

圖 11.4　**使用 Swift File 模板來建立一個新類別**

　　完成之後，在 Restaurant.swift 檔中使用下列的程式碼宣告 Restaurant 結構：

```swift
struct Restaurant {
    var name: String
    var type: String
    var location: String
    var image: String
    var isFavorite: Bool

    init(name: String, type: String, location: String, image: String, isFavorite: Bool) {
        self.name = name
        self.type = type
        self.location = location
        self.image = image
        self.isFavorite = isFavorite
```

```
    }

    init() {
        self.init(name: "", type: "", location: "", image: "", isFavorite: false)
    }
}
```

你使用 struct 關鍵字定義一個結構，上列的程式碼以 name、type、location、image、isFavorite 等五個屬性來定義 Restaurant 類別。除了 isFavorite 屬性是布林型別，其餘都是字串型別，你可以設定預設值或者明確指定每個屬性的型別，這裡我們選擇後面的作法。

11.6 初始化器的說明

初始化是一個結構（或類別）的準備程序。當你建立一個物件時，將呼叫初始化器，以在該實例準備使用之前，為該實例上的每個儲存的屬性設定初始值，並執行其他的設定。你可以使用 init 關鍵字定義一個初始化器，其最簡單的形式如下所示：

```
init() {

}
```

你可以輸入一些參數來自訂一個初始化器，就如同我們在 Restaurant 結構所定義的一樣。我們的初始化器有五個參數，每一個參數都有其名稱，並明確指定一個型別。在初始化器中，它以所賦予的值來初始化屬性的值。

要建立一個 Restaurant 結構的實例，語法如下：

```
Restaurant(name: "Thai Cafe", type: "Thai", location: "London", image: "thaicafe", isFavorite: false)
```

你可以定義多個能夠接收不同參數的初始化器。為了方便起見，在程式碼中我們建立另一個初始化器：

```
init() {
    self.init(name: "", type: "", location: "", image: "", isFavorite: false)
}
```

沒有這個初始化器，你可以像這樣初始化一個空的 Restaurant 物件：

```
Restaurant(name: "", type: "", location: "", image: "", isFavorite: false)
```

現在有了便利初始化器，你可以像這樣初始化同一個物件：

```
Restaurant()
```

這可以讓你省下每次你初始化一個空的 Restaurant 物件時，需要輸入所有初始化參數的時間。

11.7 self 關鍵字

在初始化器內的 self 關鍵字是什麼呢？在 Swift 中，你使用 self 在初始化器中來區分屬性名稱與參數。由於參數與屬性有相同的名稱，我們使用 self 來參考類別的屬性，如圖 11.5 所示。

```
struct Restaurant {
    var name: String
    var type: String
    var location: String
    var image: String
    var isFavorite: Bool

    init(name: String, type: String, location: String, image: String, isFavorite: Bool) {
        self.name = name
        self.type = type
        self.location = location
        self.image = image
        self.isFavorite = isFavorite
    }

    init() {
        self.init(name: "", type: "", location: "", image: "", isFavorite: false)
    }
}
```

圖 11.5　使用 self 關鍵字

11.8 預設初始化器

實際上，你可以為每個屬性指定預設值來省略初始化器。Swift 會在背後產生預設的初始化器，因此 Restaurant 結構的簡化版本可撰寫如下：

```
struct Restaurant {
    var name: String = ""
    var type: String = ""
    var location: String = ""
    var image: String = ""
    var isFavorite: Bool = false
}
```

11.9 使用 Restaurant 物件的陣列

對類別、結構與物件的初始化有了基本的概念後，我們回到 FoodPin 專案，將目前的陣列結合為一個 Restaurant 物件的陣列。首先，將 RestaurantTableViewController 類別中有關餐廳的陣列刪除：

```
var restaurantNames = ["Cafe Deadend", "Homei", "Teakha", "Cafe Loisl", "Petite Oyster", "For
Kee Restaurant", "Po's Atelier", "Bourke Street Bakery", "Haigh's Chocolate", "Palomino Espresso",
"Upstate", "Traif", "Graham Avenue Meats", "Waffle & Wolf", "Five Leaves", "Cafe Lore",
"Confessional", "Barrafina", "Donostia", "Royal Oak", "CASK Pub and Kitchen"]

var restaurantImages = ["cafedeadend", "homei", "teakha", "cafeloisl", "petiteoyster", "forkee",
"posatelier", "bourkestreetbakery", "haighschocolate", "palominoespresso", "upstate", "traif",
"grahamavenuemeats", "wafflewolf", "fiveleaves", "cafelore", "confessional", "barrafina",
"donostia", "royaloak", "caskpubkitchen"]

var restaurantLocations = ["Hong Kong", "Hong Kong", "Hong Kong", "Hong Kong", "Hong Kong",
"Hong Kong", "Hong Kong", "Sydney", "Sydney", "Sydney", "New York", "New York", "New York",
"New York", "New York", "New York", "New York", "London", "London", "London", "London"]

var restaurantTypes = ["Coffee & Tea Shop", "Cafe", "Tea House", "Austrian / Causual Drink",
"French", "Bakery", "Bakery", "Chocolate", "Cafe", "American / Seafood", "American", "American",
"Breakfast & Brunch", "Coffee & Tea", "Coffee & Tea", "Latin American", "Spanish", "Spanish",
"Spanish", "British", "Thai"]

var restaurantIsVisited = Array(repeating: false, count: 21)
```

將上列的陣列以新的 Restaurant 物件的陣列取代：

```
var restaurants:[Restaurant] = [
    Restaurant(name: "Cafe Deadend", type: "Coffee & Tea Shop", location: "Hong Kong", image:
```

```
    "cafedeadend", isFavorite: false),
    Restaurant(name: "Homei", type: "Cafe", location: "Hong Kong", image: "homei", isFavorite:
false),
    Restaurant(name: "Teakha", type: "Tea House", location: "Hong Kong", image: "teakha",
isFavorite: false),
    Restaurant(name: "Cafe loisl", type: "Austrian / Causual Drink", location: "Hong Kong",
image: "cafeloisl", isFavorite: false),
    Restaurant(name: "Petite Oyster", type: "French", location: "Hong Kong", image:
"petiteoyster", isFavorite: false),
    Restaurant(name: "For Kee Restaurant", type: "Bakery", location: "Hong Kong", image:
"forkee", isFavorite: false),
    Restaurant(name: "Po's Atelier", type: "Bakery", location: "Hong Kong", image:
"posatelier", isFavorite: false),
    Restaurant(name: "Bourke Street Backery", type: "Chocolate", location: "Sydney", image:
"bourkestreetbakery", isFavorite: false),
    Restaurant(name: "Haigh's Chocolate", type: "Cafe", location: "Sydney", image: "haigh",
isFavorite: false),
    Restaurant(name: "Palomino Espresso", type: "American / Seafood", location: "Sydney",
image: "palomino", isFavorite: false),
    Restaurant(name: "Upstate", type: "American", location: "New York", image: "upstate",
isFavorite: false),
    Restaurant(name: "Traif", type: "American", location: "New York", image: "traif",
isFavorite: false),
    Restaurant(name: "Graham Avenue Meats", type: "Breakfast & Brunch", location: "New York",
image: "graham", isFavorite: false),
    Restaurant(name: "Waffle & Wolf", type: "Coffee & Tea", location: "New York", image:
"waffleandwolf", isFavorite: false),
    Restaurant(name: "Five Leaves", type: "Coffee & Tea", location: "New York", image:
"fiveleaves", isFavorite: false),
    Restaurant(name: "Cafe Lore", type: "Latin American", location: "New York", image:
"cafelore", isFavorite: false),
    Restaurant(name: "Confessional", type: "Spanish", location: "New York", image:
"confessional", isFavorite: false),
    Restaurant(name: "Barrafina", type: "Spanish", location: "London", image: "barrafina",
isFavorite: false),
    Restaurant(name: "Donostia", type: "Spanish", location: "London", image: "donostia",
isFavorite: false),
    Restaurant(name: "Royal Oak", type: "British", location: "London", image: "royaloak",
isFavorite: false),
    Restaurant(name: "CASK Pub and Kitchen", type: "Thai", location: "London", image: "cask",
isFavorite: false)
]
```

當你將 restaurants 陣列取代原先的陣列之後，Xcode 會出現錯誤，這是因為我們有一些程式碼仍然參考舊陣列，如圖 11.6 所示。

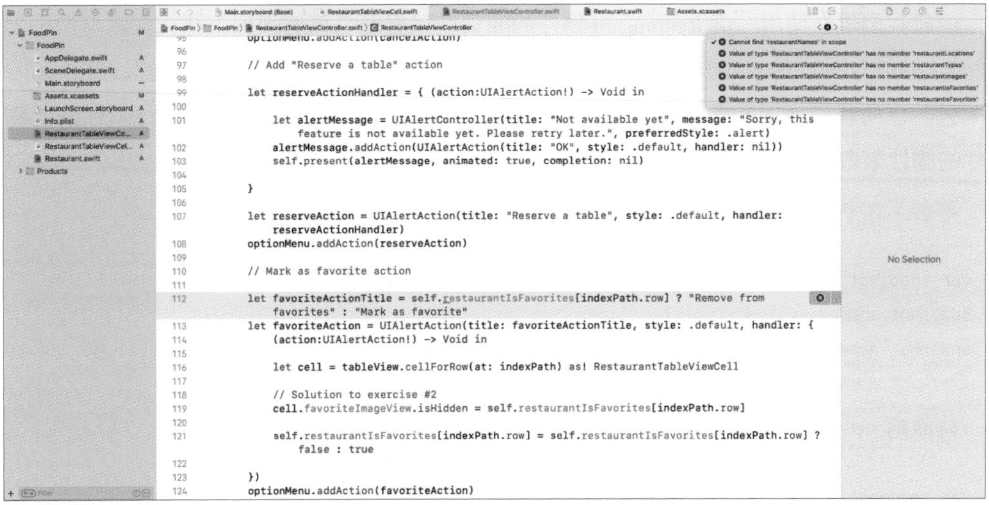

圖 11.6　你可以點選 × 符號來揭示錯誤

為了修復錯誤，我們必須修改程式碼來使用新的 restaurants 陣列。首先，更新 configure DataSource() 方法如下：

```swift
func configureDataSource() -> UITableViewDiffableDataSource<Section, Restaurant> {

    let cellIdentifier = "favoritecell"

    let dataSource = UITableViewDiffableDataSource<Section, Restaurant>(
        tableView: tableView,
        cellProvider: {  tableView, indexPath, restaurant in
            let cell = tableView.dequeueReusableCell(withIdentifier: cellIdentifier, for:
indexPath) as! RestaurantTableViewCell

            cell.nameLabel.text = restaurant.name
            cell.locationLabel.text = restaurant.location
            cell.typeLabel.text = restaurant.type
            cell.thumbnailImageView.image = UIImage(named: restaurant.image)
            cell.favoriteImageView.isHidden = restaurant.isFavorite ? false : true

            return cell
        }
    )
```

```
    return dataSource
}
```

由於我們現在使用一個 Restaurant 物件的陣列取代餐廳名稱的陣列來建立餐廳模型，因此 UITableViewDiffableDataSource 的項目型別現在已變更爲 Restaurant。對於 cellProvider 閉包，它向我們傳送一個 Restaurant 物件而不是 String，因此我們可以透過 Restaurant 物件的屬性來取得餐廳資料。

接著，在 viewDidLoad() 中將下列幾行程式碼：

```
var snapshot = NSDiffableDataSourceSnapshot<Section, String>()
snapshot.appendSections([.all])
snapshot.appendItems(restaurantNames, toSection: .all)
```

替換爲：

```
var snapshot = NSDiffableDataSourceSnapshot<Section, Restaurant>()
snapshot.appendSections([.all])
snapshot.appendItems(restaurants, toSection: .all)
```

同樣的，差異性資料來源的項目型別現在已從 String 改爲 Restaurant。這裡我們不加入 restaurantNames 至區塊中，而是在 restaurants 陣列內中加入項目。

此外，你應該會在 tableView(_:didSelectRowAt:) 方法中看到許多錯誤，因爲 restaurantIsFavorites 陣列已不再使用了，你可以替換 favoriteActionTitle 與 favoriteAction 的程式碼如下：

```
let favoriteActionTitle = self.restaurants[indexPath.row].isFavorite ? "Remove from favorites":
"Mark as favorite"
let favoriteAction = UIAlertAction(title: favoriteActionTitle, style: .default, handler: {
    (action:UIAlertAction!) -> Void in

    let cell = tableView.cellForRow(at: indexPath) as! RestaurantTableViewCell

    cell.favoriteImageView.isHidden = self.restaurants[indexPath.row].isFavorite

    self.restaurants[indexPath.row].isFavorite = self.restaurants[indexPath.row].isFavorite ?
false : true

})
```

我們現在可以存取所選餐廳物件的 isFavorite 屬性來檢查它的值。

所有的錯誤是否都修正完成了呢？還沒有，如果你回去看 configureDataSource() 與 viewDidLoad() 方法，你應該會看到多處指示 Restaurant 型別的錯誤訊息。

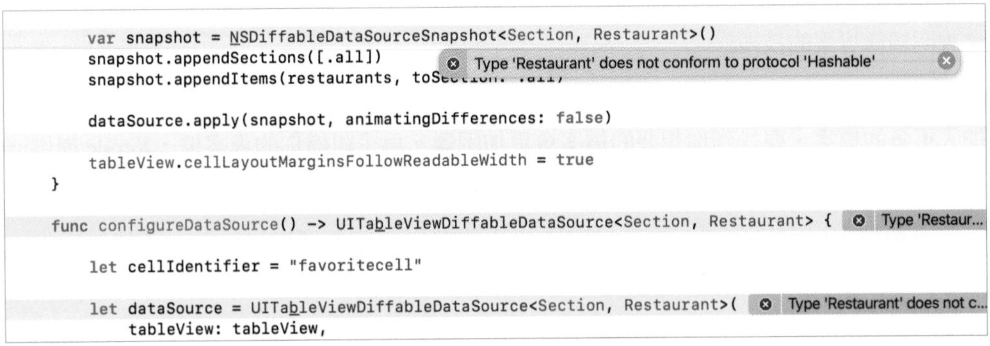

```
    var snapshot = NSDiffableDataSourceSnapshot<Section, Restaurant>()
    snapshot.appendSections([.all])          ⊗ Type 'Restaurant' does not conform to protocol 'Hashable'   ⊗
    snapshot.appendItems(restaurants, toSection: .all)

    dataSource.apply(snapshot, animatingDifferences: false)

    tableView.cellLayoutMarginsFollowReadableWidth = true
}

func configureDataSource() -> UITableViewDiffableDataSource<Section, Restaurant> {   ⊗ Type 'Restaur...

    let cellIdentifier = "favoritecell"

    let dataSource = UITableViewDiffableDataSource<Section, Restaurant>(   ⊗ Type 'Restaurant' does not c...
        tableView: tableView,
```

圖 11.7　**Restaurant 型別的錯誤訊息**

Restaurant 的結構出了什麼問題呢？這些錯誤訊息又代表什麼意思呢？UITableView DiffableDataSource 類別有兩個泛型型別，一個是給區塊識別器，另一個是給項目，這兩個型別皆需要遵循 Hashable 協定，而由於 Restaurant 型別沒有遵循 Hashable 協定，因此 Xcode 指示錯誤。

你或許想知道為什麼只針對新建立的 Restaurant 型別顯示錯誤，我們在使用 String 型別時，並沒有發現這樣的錯誤訊息，原因在於 Swift 標準型別（例如：String 與 enum）都已經遵循 Hashable 協定，但是對於 Restaurant 結構，我們必須手動採用 Hashable 協定。

你不需要額外寫程式來實作這個協定，你只需要進行宣告如下：

```
struct Restaurant: Hashable {
    var name: String = ""
    var type: String = ""
    var location: String = ""
    var image: String = ""
    var isFavorite: Bool = false
}
```

這是 Swift 內建的功能，因為 Restaurant 結構的所有屬性都是 Hashable，因此編譯器將會自動產生需要的程式碼來採用 Hashable 協定。

如此，所有的錯誤應該都已經修正完成。你現在可以執行你的 App 了，App 的外觀感覺和之前完全相同，不過我們已經重構程式碼，使用新的 Restaurant 結構。透過將多個陣列結合為一個，則程式碼已經更為簡潔且可讀性更高。

11.10 組織你的 Xcode 專案檔

當我們繼續建立 App 時，則會在專案資料夾中建立更多檔案，因此我想要利用這個機會說明組織專案的技術。

我們先看一下專案導覽器，所有你建立的檔案都放置在 FoodPin 資料夾的最上層，當你加入更多的檔案，要找到你想要的檔案會更加困難。為了組織你的專案檔，Xcode 提供一個「群組」（Group）功能，可以讓你將檔案以群組／資料夾來做組織。

有幾個群組檔案的方式，你可以將它們依特點或功能來做群組。有一個較佳的作法是依照 MVC（模型－視圖－控制器）的架構來群組它們，例如：你可以將視圖控制器群組至 Controller 下，模型類別如 Restaurant 可以群組在 Model 下。對於 Restaurant TableViewCells 的自訂視圖，則放在名為「View」的群組下。

如果要在專案導覽器中建立一個群組，在 FoodPin 資料夾按右鍵，選擇「New Group」來建立一個新群組，並命名為「Controller」，如圖 11.8 所示。

圖 11.8　在 FoodPin 按右鍵來建立一個新群組

接著，選取 RestaurantTableViewController.swift，然後將它們一起拖曳至 Controller 群組。

重複相同的步驟來群組其他的檔案，如圖 11.9 的左圖所示。如果你在 Finder 開啟你的專案資料夾，你會發現所有的檔案都很有系統地組織到資料夾中，如圖 11.9 的右圖所示。每個資料夾都對應到你的 Xcdoe 專案中的特定群組。

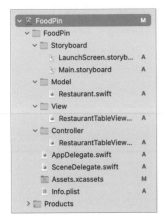
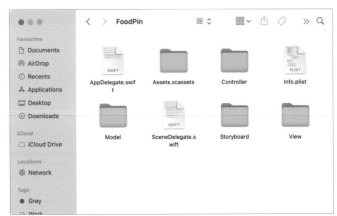

圖 11.9　組織專案檔案至群組（左圖）；每個群組都是 FoodPin 資料夾中的子資料夾（右圖）

即使你移動你的檔案，你還是可以執行這個專案，而不會有所變更。點擊「Run」按鈕來測試一下。

11.11　以註解來記錄與組織 Swift 程式碼

「事實上，花在讀程式的時間對比於寫程式的時間已經超過 10 比 1。我們不斷地將讀舊程式當作在寫新程式工夫的一部分…。因此，讓程式更易於閱讀，才能更有利於寫程式。」　　　　　　　　　　　　─Robert C. Martin《無瑕的程式碼─敏捷軟體開發技巧守則》

除了專案檔案之外，還有一些不錯的程式碼組織的作法，我將介紹一個強大的技術，以使你的 Swift 程式碼變得更有用且易於閱讀。

如你所知，那些以「//」為開始的程式都是註解。註解是註記給自己或其他開發者（如果你是團隊開發的成員之一），提供關於程式的其他資訊（例如：目的），其主要目的是讓你的程式易於理解。

```
// 加入訂位動作
```

你也許注意到一些註解前面標記「// MARK:」，如下列的例子：

```
// MARK: -  UITableViewDelegate 協定
```

MARK 是 Swift 中的一種特殊註解的標記，可組織你的程式碼為易於導覽的區塊。以 RestaurantTableViewController 類別為例，有些方法與 UITableViewDelegate 協定有關，而有些方法則與視圖控制器的生命週期或資料來源有關，我們便可以加入這個 MARK 註解來將它們分成兩個區塊。

```swift
// MARK: - 視圖控制器生命週期

override func viewDidLoad() {
    .
    .
    .
}

// MARK: - UITableView 差異性資料來源

func configureDataSource() -> UITableViewDiffableDataSource<Section, Restaurant> {
    .
    .
    .
}

// MARK: - UITableViewDelegate 協定

override func tableView(_ tableView: UITableView, didSelectRowAt indexPath: IndexPath) {
    .
    .
    .
}
```

現在當你點選編輯器視窗頂部的跳躍列（Jump Bar），你可以看到這些方法已經被組織為不同且具有意義的區塊內，如圖 11.10 所示。

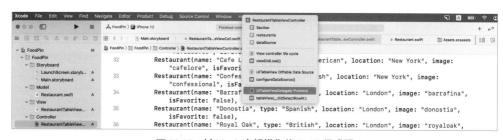

圖 11.10　以 Mark 來組織你的 Swift 程式碼

11.12 本章小結

　　恭喜你又向前邁進一步，我希望你對本章的內容不要覺得無趣，本章介紹了物件導向程式設計的基礎知識，以及一些組織程式碼與專案檔的技術。

　　其他 OOP 的許多觀念如多型（Polymorphism），由於篇幅限制的關係，而未在本書介紹，當你想要成為專業的 iOS 開發者，可參考一些資源來進一步學習。OOP 需要大量的練習，才能真正駕馭。總之，當你完成了本章的閱讀，就是一個很棒的開始。

　　本章所準備的範例檔中，有最後完整的 Xcode 專案（FoodPinOOP.zip）供你參考。

　　在下一章中，將以本章所學的內容為基礎，你將繼續調整 FoodPin App 的細節視圖畫面。一切會更有趣！

11.13 進階參考文獻

- **Swift 程式語言－類別與結構**：URL https://docs.swift.org/swift-book/LanguageGuide/Classes AndStructures.html

- **Swift 程式語言－初始化**：URL https://docs.swift.org/swift-book/LanguageGuide/Initiali zation.html

- **Swift 程式語言－繼承**：URL https://docs.swift.org/swift-book/LanguageGuide/Inheritance. html

- **MIT 開放課程的物件導向程式設計**：URL https://ocw.mit.edu/courses/electrical-engineering-and-computer-science/6-01sc-introduction-to-electrical-engineering-and-computer-science-i-spring-2011/unit-1-software-engineering/object-oriented-programming/

表格列刪除、滑動動作、動態控制器與 MVC

在前面的章節中，你已經學會如何處理表格列的選取，而若是刪除呢？我們要如何從表格視圖中刪除一列？這是在建立表格式 App 時的常見問題，選取、刪除、插入與更新是進行資料處理時的基本操作，我們已經介紹過如何「選取」表格列，在本章則會說明如何「刪除」。此外，我們還會以 FoodPin App 示範幾個新功能：

- 使用者在表格列上水平滑動時，加入一個自訂動作按鈕，這即是所謂「滑動帶出其他」（Swipe for more）動作。
- 加入一個社群分享功能，讓使用者可輕鬆分享餐廳資訊。

本章要學習的內容很多，但是會很有趣且很值得，讓我們開始吧！

12.1 淺談模型－視圖－控制器

在組織來源程式檔時，我們簡要提到 MVC 這個名詞，在進入到編寫程式之前，我想先介紹「模型 - 視圖 - 控制器」（Model-View-Controller，簡稱 MVC）模式，這是使用者介面程式設計中最常被引用的設計模式。

我想讓本書儘可能地實作，因此鮮少說明到程式理論。與 OOP 一樣，如果你的最終目標是成為一個專業的開發者，你無法不學習「模型 - 視圖 - 控制器」，尤其你的目標是建立很棒的 App，且成為一位優秀有競爭力的程式設計師時更是如此。MVC 不是 iOS 程式設計的專屬概念，若是你學過其他的程式語言如 Java 或 Ruby 時，應該都有聽過，這是一個強大的設計模式，可用於各種應用軟體，包括行動應用程式及網頁應用程式。

12.2 了解模型－視圖－控制器

「這個在之後影響到許多程式框架的 MVC 核心，就是我所說的『外觀分離』，外觀分離的背後思想在於，將『建模真實世界感知的領域物件』以及『在螢幕上看到的 GUI 元素的外觀物件』之間做清楚的劃分。領域物件應該是能完全自己運作，而不需要參考外觀，它們也能夠支援多個外觀，甚至是同時處理。這種方法也是 Unix 文化的重要一環，而且持續到今天，許多的應用程式可以透過圖形或命令列的介面方式來操作。」

—引述自 Martin Fowler

不論你學習什麼程式語言，讓你成為優秀的程式設計師的一個重要觀念就是「關注點分離」（Separation of Concern，簡稱 SoC），這個觀念很簡單，「關注點」（Concerns）是有關軟體功能的差異性，此觀念鼓勵開發者將一個複雜的功能或程式分成數個關注的區域，以使每個區域有自己的責任。

我們在前面的章節中介紹過的「委派模式」是 SoC 的其中一例，而「模型 - 視圖 - 控制器」（MVC）是 SoC 的另一個範例。MVC 的核心思想在於，將使用者介面分成三個區域（或是物件群組），每個區域負責特定的功能，顧名思義，MVC 將使用者介面分成三個部分：

- **模型（Model）**：模型是負責資料保存或者操作，它可以簡單如一個陣列物件一樣，用來儲存表格資料，增加、更新與刪除就是操作的範例。在商業世界中，這些操作通常被稱為「業務規則」（Business Rules）。

- **視圖（View）**：視圖是管理資訊的視覺化顯示，例如：UITableView 以清單格式來顯示資訊。

- **控制器（Controller）**：控制器是模型和視圖之間的橋樑，它將使用者在視圖上互動（例如：點擊）轉譯成在模型中要去執行的動作，例如：使用者點擊視圖中的「刪除」按鈕，控制器就會觸發模型中的刪除操作，完成後會請求視圖更新，以反映資料模型的更新。

為了幫助你更了解 MVC，我們以 FoodPin App 為例，這個 App 在表格視圖中列出了餐廳名單，當你把它視覺化為插圖，就能知道表格視圖是如何顯示的，如圖 12.1 所示。

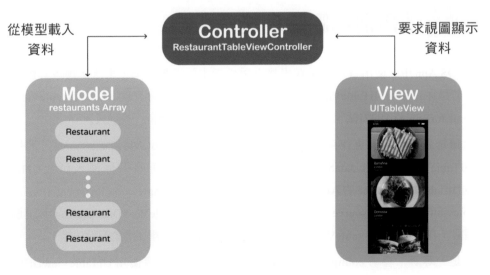

圖 12.1 **MVC 說明**

「模型」就是存放餐廳清單的restaurants陣列，每個表格列對應一個restaurants陣列中的項目。UITableView物件就是「視圖」，即使用者所看到的介面，它負責所有的視覺部分（例如：表格列的顏色、表格視圖的樣式、分隔符號的樣式等）。UITableViewController物件是「控制器」，作為表格視圖與資料模型間的橋樑，以管理表格視圖與負責從模型中載入資料。

12.3 在 UITableView 刪除列

我希望你已經對「模型 - 視圖 - 控制器」有了更進一步的認識。讓我們進入編寫程式的部分，了解如何從表格視圖上刪除列。我們會繼續開發 FoodPin App，如果你還沒完成之前的練習，則請下載專案（FoodPinOOP.zip），並加上刪除功能。

如果你已經了解 MVC 模式，你應該對「刪除列」的實作有些概念了，有三個主要工作必須要進行：

● 啟用表格視圖的滑動刪除功能，讓使用者可以選擇「刪除」選項。

● 從資料模型中刪除相對應的表格資料。

● 更新快照，並執行表格資料的變更。

12.4 啟用滑動刪除功能

在 iOS App 中，使用者通常是在表格上用手指水平滑動一下，來讓「刪除」按鈕顯示。若是你有讀過 UITableViewDataSource 協定的文件，你會發現一個名為 tableView(_:commit:forRowAt:) 的方法，這個方法是用來處理特定列的刪除（或插入）。

問題是我們該如何實作這個方法呢？我們不使用 UITableViewDataSource，而是使用 UITableViewDiffableDataSource 來管理我們的資料。而如果你深入研究 UITableViewDiffableDataSource 的 API 文件（ URL https://developer.apple.com/documentation/uikit/uitableviewdiffabledatasource ），這個協定其實是遵循 UITableViewDataSource。以這個例子而言，我們可以覆寫 tableView(_:commit:forRowAt:) ，並建立滑動刪除功能。

但是，等等！參考 configureDataSource() 方法，我們直接使用 UITableViewDiffableDataSource 類別，那麼我們如何覆寫並提供自己的實作呢？

事情變得有點棘手了。為了覆寫方法的預設實作，我們必須子類別化 UITableView DiffableDataSource 類別，並建立自己版本的差異性資料來源類別。

現在至專案導覽器，在「Model」資料夾按右鍵，並選擇「New file」，接著選取「Cocoa Touch Class」模板，然後點選「Next」按鈕，將類別命名為「RestaurantDiffableDataSource」，並將其子類別設定為為「UITableViewDiffableDataSource」。

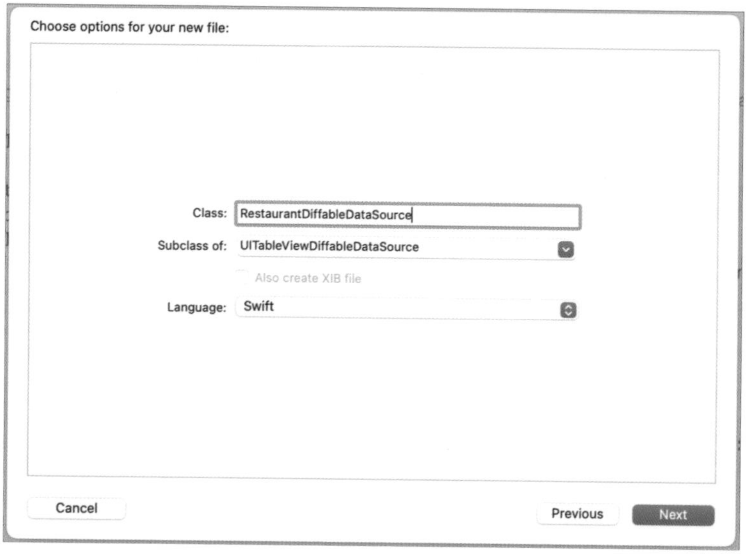

圖 12.2　建立一個新類別

檔案建立完成後，更新內容如下：

```swift
import UIKit

enum Section {
    case all
}

class RestaurantDiffableDataSource: UITableViewDiffableDataSource<Section, Restaurant> {

    override func tableView(_ tableView: UITableView, canEditRowAt indexPath: IndexPath) -> Bool {
        return true
    }

    override func tableView(_ tableView: UITableView, commit editingStyle: UITableViewCell.EditingStyle, forRowAt indexPath: IndexPath) {
```

```
        }
    }
```

我們建立自訂的差異性資料來源版本，區塊型別爲 Section，項目型別爲 Restaurant，在程式本體中，我們覆寫 tableView(_:commit:forRowAt:) 方法與 tableView(_:canEditRowAt:) 方法。而爲什麼需要覆寫 tableView(_:canEditRowAt:) 的預設實作呢？這是因爲儲存格預設是無法編輯的，這也是爲什麼覆寫這個方法的原因，設定回傳值爲 true，讓儲存格可以編輯，如果儲存格是不可編輯的，那麼滑動刪除功能將無法運作。

儘管我們覆寫了 tableView(_:commit:forRowAt:) 方法，但我們沒有提供任何的實作，這已足以啓用表格視圖的「滑動刪除」功能，當有了這個方法，則使用者在一列上滑動時，表格視圖將自動顯示「刪除」按鈕。

在我們測試 App 之前，有一些地方需要更改，由於我們有自訂版本的 UITableViewDiffableDataSource，因此切換至 RestaurantTableViewController.swift，將 configureDataSource() 方法中的 UITableViewDiffableDataSource 更改爲 RestaurantDiffableDataSource，變更後的方法如下：

```swift
func configureDataSource() -> UITableViewDiffableDataSource<Section, Restaurant> {

    let cellIdentifier = "datacell"

    let dataSource = RestaurantDiffableDataSource(
        tableView: tableView,
        cellProvider: {  tableView, indexPath, restaurant in
            let cell = tableView.dequeueReusableCell(withIdentifier: cellIdentifier, for:
 indexPath) as! RestaurantTableViewCell

            cell.nameLabel.text = restaurant.name
            cell.locationLabel.text = restaurant.location
            cell.typeLabel.text = restaurant.type
            cell.thumbnailImageView.image = UIImage(named: restaurant.image)
            cell.favoriteImageView.isHidden = restaurant.isFavorite ? false : true

            return cell
        }
    )

    return dataSource
}
```

另外請注意，我將 cellIdentifier 的值更改為「datacell」，你不需要跟我一樣，你也可以繼續保留設定為「favoritecell」。

我們還需要進行另一個更改，由於我們已經將 Section 列舉移到 RestaurantDiffableDataSource.swift，我們可刪除在 RestaurantTableViewController 的宣告：

```
enum Section {
    case all
}
```

現在快速測試一下，在 iPhone 模擬器中執行 App，雖然這個方法還沒有任何實作，但當你的手指滑過一列時，你應該可以看到「刪除」按鈕，如圖 12.3 所示。當這個按鈕有了功能，你可以點擊「刪除」按鈕或者持續滑動到左側邊緣，以刪除這個項目。

圖 12.3　滑動刪除功能

12.5 使用快照從表格視圖刪除列資料

接下來就是實作方法，並加入程式碼從表格視圖，以從表格視圖中移除實際的表格資料。在方法的宣告中，indexPath 參數提供某個要刪除的儲存格列號，因此你可以使用此資訊來取得我們將刪除的餐廳。

更新 RestaurantDiffableDataSource 的 tableView(_:commit:forRowAt:) 方法如下：

```
override func tableView(_ tableView: UITableView, commit editingStyle: UITableViewCell.
EditingStyle, forRowAt indexPath: IndexPath) {

    if editingStyle == .delete {
        if let restaurant = self.itemIdentifier(for: indexPath) {
            var snapshot = self.snapshot()
            snapshot.deleteItems([restaurant])
            self.apply(snapshot, animatingDifferences: true)
        }
    }
}
```

　　這個方法支援兩種類型的編輯樣式：「插入」與「刪除」，由於我們只對刪除操作感興趣，因此在執行程式碼區塊之前，我們檢查 editingStyle 的值。爲了找出選定的餐廳，我們使用目前的 indexPath 呼叫 itemIdentifier 方法。

　　這個方法回傳一個可選型別，表示它可以回傳 Restaurant 物件或者空值，這也是爲何我們使用 iflet 敘述來執行驗證的原因。當我們選好餐廳後，我們呼叫 snapshot() 方法來取得資料來源目前快照的副本，然後我們呼叫 deleteItems 來刪除餐廳，最後我們以更新的快照呼叫 apply 方法，來要求表格視圖更新其 UI。注意，我們還透過將 animatingDifferences 設定爲 true，來要求表格視圖爲變更做動畫處理。

　　現在執行與測試你的 App，在任何餐廳上滑動並刪除該項目，表格視圖會爲刪除操作設定動畫，並將餐廳從表格中移除。

　　如果你在沒有差異性資料來源的情況下實作了相同的刪除功能，則應該會發現 UITable ViewDiffableDataSource 可以讓模型資料與視圖資料的同步非常簡單，你不再需要呼叫 reloadData 來重新載入表格視圖，或是呼叫 deleteRows() 來刪除特定的表格列，你只需要取得快照資料的副本，從快照中刪除項目，然後將這個變更應用在表格視圖。

12.6 使用 UIContextualAction 滑動帶出其他動作

　　當你在系統的郵件 App 中向左滑動表格儲存格時，你會看到「垃圾」（Trash）、旗標（Flag）、「其他」（More）的按鈕，「其他」按鈕會開啓一個動作選單，提供諸如「回覆」（Reply）、「旗標」（Flag）等選項的清單；當向右滑動時，則會出現「封存」（Archive）按鈕，如圖 12.4 所示。

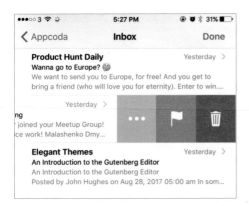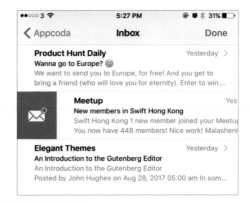

圖 12.4　在郵件 App 中滑動帶出其他動作

　　而「滑動帶出其他」（Swipe for more）的功能，是在 iOS 7 的 iPhone App 中導入，在 iOS 8 至 iOS 10 期間，Apple 透過名為「UITableViewRowAction」的類別，為開發者提供「向左滑動」的功能。而從 iOS 11（或之後的版本）開始，Apple 甚至讓開發者在 App 中使用如 UISwipeActionsConfiguration 與 UIContextualAction 的新類別，來實作「向右滑動」的功能。你可以使用 UIContextualAction 類別對任何表格視圖的表格列建立自訂動作。

　　若只是想要在我們的 App 中實作滑動刪除的功能，則我們在前一節所實作的程式已經足夠，但若是希望有「滑動帶出其他」的功能，則需要撰寫更多的程式碼。

　　在繼續往下之前，移除 RestaurantDiffableDataSource 的 tableView(_:commit:forRowAt:) 的整個方法：

```
override func tableView(_ tableView: UITableView, commit editingStyle: UITableViewCell.
EditingStyle, forRowAt indexPath: IndexPath) {
    .
    .
    .

}
```

　　我們不再需要這個方法，我們將會實作新的內容來取代它。iOS 導入了兩個新方法來處理表格視圖儲存格的滑動動作：

- tableView(_:leadingSwipeActionsConfigurationForRowAt:)
- tableView(_:trailingSwipeActionsConfigurationForRowAt:)

　　這兩個方法都在 UITableViewDelegate 中定義，第一個方法是用於處理向右滑動的動作，而第二個方法是用來處理向左滑動的動作。

現在，我們會實作第二個方法，以重建「刪除」功能並加上一個「分享」按鈕。在 RestaurantTableViewController 中插入下列的方法：

```
override func tableView(_ tableView: UITableView, trailingSwipeActionsConfigurationForRowAt
indexPath: IndexPath) -> UISwipeActionsConfiguration? {

    // 取得所選的餐廳
    guard let restaurant = self.dataSource.itemIdentifier(for: indexPath)
else {
        return UISwipeActionsConfiguration()
    }

    // 刪除動作
    let deleteAction = UIContextualAction(style: .destructive, title: "Delete") { (action,
sourceView, completionHandler) in

        var snapshot = self.dataSource.snapshot()
        snapshot.deleteItems([restaurant])
        self.dataSource.apply(snapshot, animatingDifferences: true)

        // 呼叫完成處理器來取消動作按鈕
        completionHandler(true)
    }

    // 分享動作
    let shareAction = UIContextualAction(style: .normal, title: "Share") { (action, sourceView,
completionHandler) in
        let defaultText = "Just checking in at " + restaurant.name
        let activityController = UIActivityViewController(activityItems: [defaultText],
applicationActivities: nil)

        self.present(activityController, animated: true, completion: nil)
        completionHandler(true)

    }

    // 設定這兩個動作為滑動動作
    let swipeConfiguration = UISwipeActionsConfiguration(actions: [deleteAction, shareAction])
```

```
        return swipeConfiguration
    }
```

UIContextualAction 的用法與 UIAlertAction 的用法非常相似，你指定標題、樣式及程式碼區塊（即完成處理器），以在使用者點擊按鈕時執行。在這個範例中，我們有兩個動作，一個用於刪除，另一個用於分享。

第一行程式碼可能對你來說比較陌生，我們使用 guard let 來代替 if let，以檢查我們是否能取得有效的餐廳，guard 的敘述如下：

- 如果 itemIdentifier(for: indexPath) 回傳的值不是空值，儲存 Restaurant 物件至 restaurant 常數。
- 否則，回傳一個空的滑動動作設定。

你可以使用 if let 來取代 guard let 做檢查嗎？當然可以，不過在這種情況下使用 guard let 看起來會更簡潔。

要建立刪除動作，我們以 Delete 標題與 .destructive 樣式來實例化一個 UIContextual Action 物件，指示按鈕為紅色。我們還提供了選擇刪除動作後所執行的程式碼區塊，程式碼區塊除了加上另一行名為 completionHandler(true) 的程式碼之外，其他與我們稍早所寫的一樣。當成功完成動作之後，你必須呼叫這個方法來取消動作按鈕，true 表示已執行刪除動作了。

接下來，我們使用 UIContextualAction 搭配 .normal 樣式與 Share 標題，來建立分享動作。如果樣式設定為 .destructive，這個按鈕的背景顏色預設會設定為灰色。當使用者點擊按鈕，它會開啟一個動態控制器（Activity Controller）來使用社群分享功能。

UIActivityViewController 類別是一個提供數種標準服務的標準視圖控制器，如複製項目至剪貼簿、分享內容至社群媒體網站、透過 Message 傳送項目等。要使用這個類別非常簡單，例如：你有想要分享的訊息，你只需要以訊息物件來建立 UIActivityViewController 的實例，然後將這個控制器顯示在畫面即可，這就是我們前面的程式碼所完成的部分。

最後兩行的程式碼則是最重要的部分，它以 UIContextualAction 物件的陣列（即 delete Action 與 shareAction）來回傳一個 UISwipeActionsConfiguration 物件，這告知表格視圖建立「滑動帶出其他」按鈕。

編譯與執行 App，當滑動一個表格列時，它會顯示「分享」與「刪除」按鈕，而點擊「分享」按鈕後會開啟分享選單，如圖 12.5 所示。

12 ─ 表格列刪除、滑動動作、動態控制器與 MVC

237

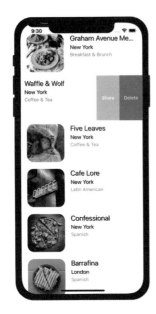

圖 12.5　在模擬器上滑動帶出分享按鈕

　　在模擬器中，你只能找到幾個選項，例如：複製項目至剪貼簿、儲存至檔案中；若是 App 在實機上執行，這個分享選單將會提供更多的應用程式，Apple 可以讓開發者定義自訂的服務至分享選單中，可取得的項目隨裝置所安裝的 App 而異。

　　這個 UIActivityViewController 類別並不限制你只以文字格式來分享內容，當你在初始化時，傳送一個 UIImage 物件給它，你的 App 將可以讓使用者複製圖片或分享至其他應用程式。修改 shareAction 常數如下：

```
let shareAction = UIContextualAction(style: .normal, title: "Share") { (action, sourceView,
completionHandler) in
    let defaultText = "Just checking in at " + restaurant.name

    let activityController: UIActivityViewController

    if let imageToShare = UIImage(named: restaurant.image) {
        activityController = UIActivityViewController(activityItems: [defaultText, imageToShare],
applicationActivities: nil)
    } else {
        activityController = UIActivityViewController(activityItems: [defaultText],
applicationActivities: nil)
    }

    self.present(activityController, animated: true, completion: nil)
```

```
        completionHandler(true)
    }
```

在上列的程式碼中，我們加入一個 imageToShare 物件，以用於圖片分享。當載入圖片時，有可能圖片會載入失敗，這就是爲何 UIImage 類別在初始化時回傳一個可選型別的原因。我們再次使用 if let 來驗證可選型別是否有值，若是可以正確載入圖片，則我們在初始化時傳送 defaultText 與 imageToShare 給 UIActivityViewController。

```
activityController = UIActivityViewController(activityItems: [defaultText, imageToShare],
applicationActivities:nil)
```

當使用者選取複製內容至剪貼簿時，UIActivityViewController 會自動嵌入所選餐廳的圖片，你可以試著選擇複製貼上至內建的訊息 App，如圖 12.6 所示。

圖 12.6　複製所選的餐廳並貼至訊息 App

說明 SF Symbols 擁有 2400 多個可配置的標誌，無縫整合 Apple 平台的 San Francisco 系統字型。每個標誌有各式各樣的粗細與比例，可以自動與文字標籤對齊，支援動態型別與粗體文字等輔助功能，你也可以輸出這些標誌，並使用向量圖形編輯工具來編輯它們，以建立具有共享設計特點與輔助功能的自訂標誌。

在我展示如何使用圖示來自訂上下文動作（contextual action）之前，我們先討論一下圖示的來源。當然，你可以在 App 中提供自己的圖片。而在 iOS 13 中，Apple 導入大量名為「SF Symbols」的系統圖片，可讓開發者在任何 App 中使用。隨著 Xcode 12 的發布，Apple 釋出 SF Symbols 2，具有更多可配置的標誌以及多色支援。

這些圖片是作為標誌用，由於它整合了內建的 San Francisco 字型，因此要使用這些標誌時，不需要額外的安裝，只要你的 App 是部署在執行 iOS 13（或之後的版本）的裝置，你就可以直接取得這些標誌。

要使用這些標誌，你需要找到標誌名稱，有超過 2,400 個標誌可以讓你使用。Apple 釋出一個名為「SF Symbols 2」（ URL https://devimages-cdn.apple.com/design/resources/download/SF-Symbols-2.dmg）的 App，因此你可以很容易找到你需要的標誌來配合你的設計，我強力建議你在進行下一節之前，先安裝這個 App。

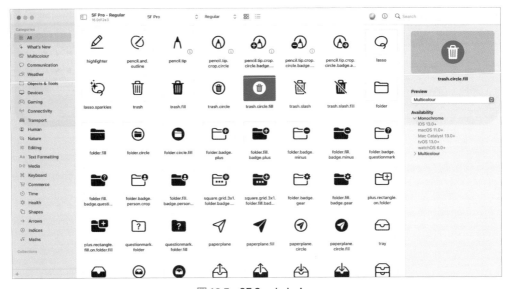

圖 12.7　SF Symbols App

12.8 自訂 UIContextualAction

接下來，我們來看如何自訂這些動作按鈕。預設的動作按鈕不是紅色就是灰色，UIContextualAction 類別提供開發者幾個屬性來自訂它的樣式，包括背景顏色與圖示，程式碼如下所示：

```
shareAction.backgroundColor = UIColor.systemOrange
shareAction.image = UIImage(systemName: "square.and.arrow.up")
```

你設定 backgroundColor 屬性來變更背景顏色，並設定 image 屬性來加入圖示。要使用 SF Symbols 提供的內建圖片，則需要實例化 UIImage，並在 systemName 參數中提供圖片名稱。

這是我們第一次以程式設計的方式來使用顏色。UIKit 框架提供一個 UIColor 類別來顯示顏色，UIKit 內的許多方法都要求你使用 UIColor 物件來提供顏色。iOS 提供多種可直接使用的系統顏色。

另外，如果你要使用自己的顏色，則可以使用 RGB 元件值來建立 UIColor 物件，元件值應介於 0 與 1 之間。若你是一位網頁設計師或者做過一些美術設計，你應該知道 RGB 的值應是在 0 與 255 的範圍內，要符合 UIColor 的要求，你建立 UIColor 物件時，必須將每個元件值除以 255，如以下的例子：

```
shareAction.backgroundColor = UIColor(red: 254.0/255.0, green: 149.0/255.0, blue: 38.0/255.0,
alpha: 1.0)
```

Apple 鼓勵我們使用內建的系統顏色，因為它同時支援淺色與深色模式，而且顏色會自動調整其飽和度，並在輔助設定中變更（如增加對比度與降低透明度），因此我們將在程式碼中使用系統顏色，你可以參考這個連結：URL https://developer.apple.com/design/human-interface-guidelines/ios/visual-design/color/，來看一下所有可支援的系統顏色。

Light	Dark	Name	API
R 0 G 122 B 255	R 10 G 132 B 255	Blue	systemBlue
R 52 G 199 B 89	R 48 G 209 B 88	Green	systemGreen
R 88 G 86 B 214	R 94 G 92 B 230	Indigo	systemIndigo
R 255 G 149 B 0	R 255 G 159 B 10	Orange	systemOrange

圖 12.8　淺色與深色模式下的系統顏色

現在於 tableView(_:trailingSwipeActionsConfigurationForRowAt:) 方法中插入下列的程式碼，並將程式碼置於 swipeConfiguration 的實例之前：

```
deleteAction.backgroundColor = UIColor.systemRed
deleteAction.image = UIImage(systemName: "trash")

shareAction.backgroundColor = UIColor.systemOrange
shareAction.image = UIImage(systemName: "square.and.arrow.up")
```

完成變更之後，再次測試 App，看看是否喜歡這個新顏色，如圖 12.9 所示；否則的話，就修改系統顏色，變更為你喜歡的顏色。

> 訣竅　若你和我一樣都不是設計師，你可能需要一些顏色的靈感，你可參考 Adobe Color CC（URL color.adobe.com）與 Flat UI Color Picker（URL flatuicolorpicker.com），將能找到許多顏色組合來設計你的 App。

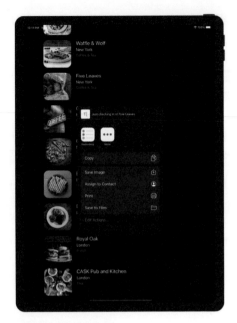

圖 12.9　使用新的背景顏色與圖示來自訂動作按鈕

12.9 在 iPad 上測試

你是否嘗試過在 iPad 上執行這個 App ？當你點擊「分享」按鈕，這個 App 會當機，並在主控台中顯示下列的錯誤訊息：

```
*** Terminating app due to uncaught exception 'NSGenericException', reason:
'UIPopoverPresentationController
(<UIPopoverPresentationController: 0x7fadaa51f7e0>) should have a non-nil sourceView or
barButtonItem set before the presentation occurs.'
terminating with uncaught exception of type NSException
CoreSimulator 732.17 - Device: iPad Pro (11-inch) (2nd generation) (02AA483A-0CAA-4645-8B8F-
90D3397769A3) - Runtime: iOS 14.1 (18A8394) - DeviceType: iPad Pro (11-inch) (2nd generation)
```

提示 要顯示視圖控制器時，你必須使用適用於目前裝置的合適方式。在 iPad 中，你必須彈出顯示視圖控制器，而在 iPhone 與 iPod touch 中，則必須模態顯示。

※ 出處：URL https://developer.apple.com/documentation/uikit/uiactivityviewcontroller。

與我們在前一章所介紹的內容類似，UIActivityViewController 將會在較大的裝置上以彈出樣式來顯示，我相信你知道如何修復這個錯誤。

提示 你必須透過視圖控制器的 popoverPresentationController 來提供此彈出視窗的位置資訊，你不是提供 sourceView 與 sourceRect，就是提供 barButtonItem。

要使用彈出樣式顯示動態視圖控制器，則必須設定 popoverPresentationController 的來源視圖，此來源視圖表示包含彈出錨點的矩形的視圖，在實作之後，你將了解其含義。

現在，在 shareAction 中呼叫 self.present(activityController, animated: true, completion: nil) 方法之前，加入下列的程式碼：

```
if let popoverController = activityController.popoverPresentationController {
    if let cell = tableView.cellForRow(at: indexPath) {
        popoverController.sourceView = cell
        popoverController.sourceRect = cell.bounds
    }
}
```

在 iPad 模擬器中，再次測試這個 App，現在應該正常了，如圖 12.10 所示。

 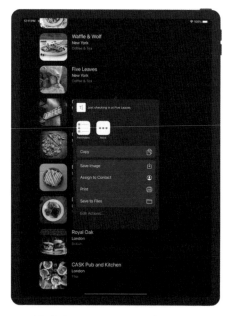

圖 12.10　分享動作在 iPad 的彈出選單

12.10 你的作業：實作向右滑動

至目前為止，我們只實作向左滑動的動作，那麼向右滑動呢？我將這部分的實作當作作業來讓你練習，如前所述，你只需要提供下列方法的實作即可：

```
override func tableView(_ tableView: UITableView, leadingSwipeActionsConfigurationForRowAt
indexPath: IndexPath) -> UISwipeActionsConfiguration? {

}
```

我要你做的是當使用者向右滑動儲存格時，加入一個「加入最愛」的動作。在 SF Symbols App 中，你會找到名為「heart.fill」與「heart.slash.fill」的圖片，你可以使用這些圖片來做加入最愛動作。完成這個作業之後，你的 App 應該可以讓使用者向右滑動，來執行我們之前所介紹的「加入最愛」動作。當你在有心形圖示的儲存格上向右滑動時，打勾圖示會被復原圖示所取代，圖 12.11 介紹了這個加入最愛的動作。

① 向右滑動來揭示「加入最愛」的動作　② 點擊「最愛」按鈕或繼續滑動到邊緣　③ 顯示心形圖示　④ 你再次向右滑動，它會顯示「復原」按鈕

圖 12.11　滑動加入最愛動作

這個作業比之前的作業來得更具挑戰性，它可以幫你複習所學過的內容，並做更進一步的探索，不要錯過這個機會，花些時間來找出答案。如果你對這個作業有任何的問題，可以到我們私人的臉書社團（URL https://www.facebook.com/groups/appcodatw/）來討論。

12.11 本章小結

在本章中，我對於 MVC 做了簡要的介紹，並且說明如何在表格視圖處理刪除動作，以及如何在表格視圖儲存格中使用 UIContextualAction 建立滑動動作，你也學習了如何使用 UIActivityViewController 來實作分享功能。FoodPin App 已變得越來越好，你應該對目前的成果感到很驕傲才是。

MVC 的觀念很重要，如果你是程式新手，或許要花些時間才能全面了解這些內容，你仍感到頭昏腦脹嗎？休息一下，喝杯咖啡吧！稍待片刻後，將本章的內容重新閱讀一遍，或許你將能更容易消化這些內容。

在本章所準備的範例檔中，有最後完整的 Xcode 專案（FoodPinTableDeletion.zip）供你參考。在下一章中，我們來了解一些新內容，並建立一個導覽控制器。

13 導覽控制器與 Segue

首先了解何謂「導覽控制器」（Navigation Controller）？和表格視圖一樣，導覽控制器是另一個開發 iOS App 經常用到的 UI 元件，它為階層式內容提供進一步的介面，例如：內建的照片 App、YouTube 以及聯絡人等都是使用導覽控制器來顯示階層式的內容，通常你可交互運用表格視圖控制器和導覽控制器來打造出具有質感的介面，但是這並不表示你一定要兩個同時使用，導覽控制器可以和任何類型的視圖控制器一起運用。

13.1 故事板中的場景及 Segue

到目前為止，我們只是在 FoodPinApp 的故事板中佈局表格視圖控制器。故事板能做的事情不止如此而已，你可以在故事板中加入更多的視圖控制器，然後互相串連，並定義視圖控制器之間的轉場（transition），而這些無須撰寫任何程式碼。使用故事板時，「場景」（Scene）與「Segue」是兩個你必須要知道的術語。在故事板中，場景通常是指畫面上的內容（例如：視圖控制器），Segue 則是指切換場景，表示從一個場景轉場到至另一個場景，「推送」（Push）與「模態」（Modal）是兩個常見的轉場類型。

> **訣竅** 你可以使用「故事板參考」（Storyboard Reference）的功能，來讓故事板更易於管理與模組化。當你的專案變得龐大且複雜時，你可以將一個大的故事板分成多個故事板，並使用「故事板參考」來將它們串連，這個功能在你和你的團隊成員共同建立故事板時特別有用。

13.2 建立導覽控制器

我們將嵌入一個表格視圖控制器至導覽控制器中，來繼續進行 FoodPin App 的專案，如圖 13.1 所示。當使用者選擇任何一間餐廳，App 會導覽到下一個顯示餐廳細節內容的畫面。

圖 13.1　深色模式下具有導覽列的 FoodPin App

假使你已經將 FoodPin 專案（FoodPinTableDeletion.zip）關閉了，則啓動 Xcode 並再次開啓該專案。選擇 Main.storyboard 來切換到介面建構編輯器，Xcode 提供一個「嵌入」（embed）功能，可以輕鬆將任何視圖控制器嵌入導覽控制器中。選取表格視圖控制器，然後在選單中選擇「Editor → Embed in → Navigation Controller」，如圖 13.2 所示。

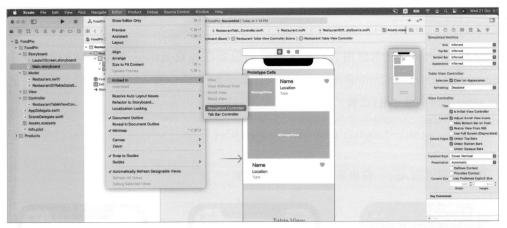

圖 13.2 在 Xcode 選單中的嵌入功能

Xcode 會自動將表格視圖控制器嵌入導覽控制器中。我們來設定導覽列的標題，選取表格視圖控制器的導覽列，在屬性檢閱器中將標題（Title）設定爲「FoodPin」，如圖 13.3 所示。

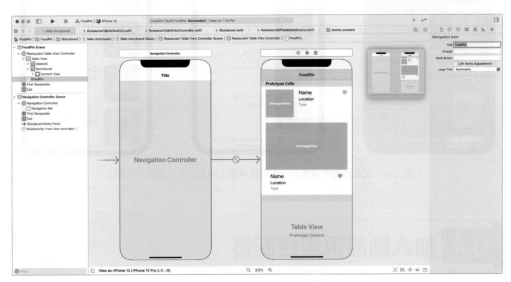

圖 13.3 將表格視圖控制器嵌入導覽控制器中

現在執行 App 並看一下結果，這個 App 和之前相同，但是已經加上導覽列了。

導覽列大標題

從 iOS 11 開始，iOS 帶有導覽列大標題，諸如郵件與設定等 App 會在導覽列中使用大標題，導覽列的大小不是固定的，當你捲動內容時，導覽列會縮回如 iOS 10 所顯示的大小。

預設上，Xcode 並未啓用大標題，若是你想要在導覽列中使用大標題，則可以在 RestaurantTableViewController 類別的 viewDidLoad() 方法中插入這行程式碼，並將其放在 super.viewDidLoad() 之後：

```
navigationController?.navigationBar.prefersLargeTitles =true
```

再次測試這個 App，你會看到如圖 13.4 的結果。

圖 13.4　iOS 預設的導覽列（左圖與中圖）以及啟用大標題（右圖）

13.4 **加入細節視圖控制器**

只要點選幾下與加入一行程式碼，即可在你的 App 的導覽列中加入大標題。現在還缺少顯示餐廳細節的另一個視圖控制器，當使用者選取一間餐廳，App 應該要轉換到細節視圖控制器（Detail View Controller），然後顯示餐廳的細節內容，而這就是我們即將要進行的事情。

在介面建構器中，從元件庫中拖曳一個視圖控制器來建立細節視圖控制器。本章的主要目的是要介紹如何實作導覽控制器，我們會讓細節視圖儘量保持簡單，在細節視圖中只會顯示餐廳圖片。從元件庫中拖曳一個圖片視圖（Image View）至視圖控制器中，然後重新調整大小來讓它填滿視圖，並為圖片視圖的每一邊加入間距約束條件。要確保圖片會正確縮放，至屬性檢閱器中，將其內容模式（Content Mode）從「Scale to Fill」改為「Aspect Fill」，如圖 13.5 所示。

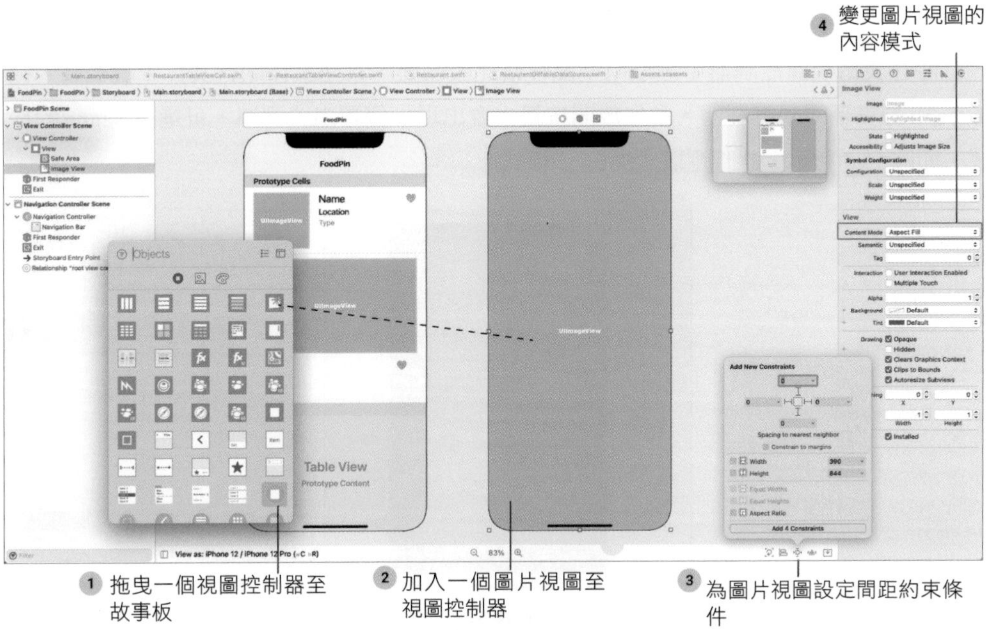

圖 13.5 加入一個圖片視圖至細節視圖控制器

現在，你在故事板中有了表格視圖控制器與細節視圖控制器，問題是該如何將它們連結在一起？在故事板中，我們需要透過 Segue 來連結。就音樂而言，Segue 是一首音樂與另一首音樂之間的無縫轉場，而在故事板中，兩個場景之間的轉場也稱為「Segue」。

當使用者點擊儲存格時，表格視圖控制器將轉場至細節場景，因此我們將加入一個 Segue，以連結原型儲存格（Prototype Cell）與細節場景。要加入一個 Segue 物件非常簡單，只要按住 Control 鍵，並點選原型儲存格（即 datacell），然後拖曳到細節視圖控制器中，如圖 13.6 所示。

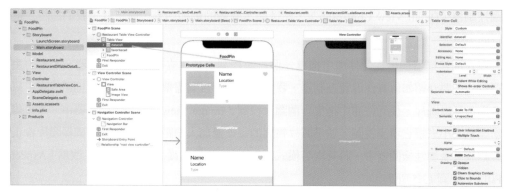

圖 13.6　以 Segue 連結場景

　　有時在表格視圖控制器中選取原型儲存格比較困難，我建議你開啓文件大綱視圖，從 datacell 拖曳至視圖控制器。當你放開按鈕，會出現一個彈出式選單，可選擇 Segue 的樣式，如圖 13.7 所示，此時選取「Show」樣式。

圖 13.7　選擇 Segue 樣式

　　選擇後，Xcode 會以「Show」Segue 自動連結 datacell 與細節視圖控制器，如圖 13.8 所示。

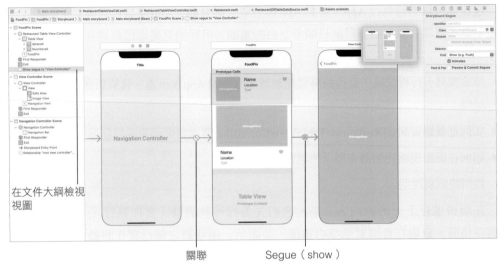

在文件大綱檢視
視圖

關聯　　　　　Segue（show）

圖 13.8　**Segue 檢視**

重複相同的步驟來連結 favoritecell 至視圖控制器，你將會看到表格視圖控制器與視圖控制器之間產生另一個 Segue。

在 iOS 中，它支援了下列幾種 Segue 類型：

● **Show**：當使用 Show 樣式時，內容會被推到目前視圖控制器堆疊的頂部。在導覽列上會顯示一個「返回」按鈕，以導覽回原來的視圖控制器。一般，我們會為導覽控制器使用這個 Segue 類型。

● **Show Detail**：和 Show 樣式類似，不過細節（或是目標）視圖控制器的內容取代了目前視圖控制器堆疊的頂部，例如：如果你在 Foodpin App 中選擇「Show Detail」來取代「Show」，則在細節視圖中便不會有導覽列與「返回」按鈕。

● **Present Modally**：模態顯示內容。使用這個類型，細節視圖控制器會以動畫從底部出現，並填滿整個 iPhone 螢幕。「Present Modally」Segue 的最佳範例是內建的日曆 App 的「Add」功能，當你在 App 中點選「+」按鈕，它會從底部開啟一個「New Event」畫面。

● **Present as popover**：以錨點彈出視窗來顯示內容至目前的視圖中。彈出視窗在 iPad App 中很常見，並且你在之前的章節中已經實作過它。

> 說明　自從 iOS 8 發布後，Push、Modal、Popover、Replace 等 Segue 類型已經過時了。當你看到「deprecated」這個字時，表示那些函數已經不推薦使用，在未來的 iOS SDK 版本可能會移除它。

現在你可以準備執行 App，啓動 App 後選取一間餐廳，App 應該可以導覽至細節視圖控制器。雖然視圖控制器目前只顯示空白的畫面，但好消息是你已經建立一個導覽介面了。

無須撰寫一行程式碼，就可將導覽控制器加到你的 App。不過，我猜想你心裡會出現一些疑問：

● 如何把餐廳資訊從 RestaurantTableViewController 傳送到細節視圖控制器中呢？
● 如何在細節視圖控制器中顯示所選餐廳的照片呢？

我們將個別說明。

在繼續進行下一節的內容之前，我們先進行一些調整。當你執行 App 並選取一個儲存格時，它現在會導覽至空白畫面，並顯示一個我們之前已實作的動作選單。我們不再需要這個動作選單，稍後我們將在細節視圖控制器中加入相同的功能，因此從 RestaurantTableViewController.swift 中刪除 tableView(_:didSelectRowAt:) 方法。

訣竅 有時你不想要移除一段程式碼，而是想要用註解的方式。Xcode 提供了一個註解多行程式碼的快捷鍵。首先，選取一段程式碼並按下 command + / 鍵，Xcode 便會自動以註解符號將這段程式碼註解掉，而若是要移除這段註解，執行同樣的快捷鍵即可，如圖 13.9 所示。

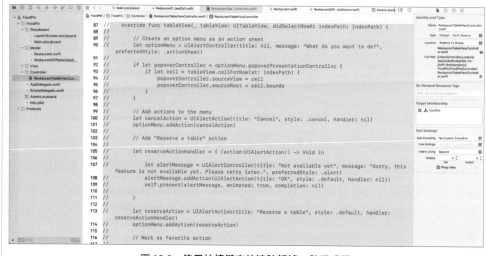

圖 13.9　使用快捷鍵來快速註解掉一段程式碼

13.5 建立細節視圖控制器的新類別

好的，我們回到細節視圖控制器中。我們的目標是更新在視圖控制器中的圖片視圖為所選餐廳的圖片。預設上，視圖控制器現在是與 UIViewController 類別相關聯，如前所述，UIViewcontroller 類別只提供基本的視圖管理模型，並沒有儲存餐廳圖片的變數，我們必須擴充 UIViewcontroller 來建立自己的類別，這樣就可以為圖片視圖加入一個新變數。

在專案導覽器中，於「Controller」資料夾上按右鍵，選擇「New File」，並選取「Cocoa Touch Class」作為類別模板。將類別命名為「RestaurantDetailViewController」，並將其設定為 UIViewController 的子類別，然後點選「Next」按鈕，儲存檔案至你的專案資料夾中，如圖 13.10 所示。

圖 13.10　建立一個 DetailViewController 類別

首先，我們必須建立介面建構器的視圖控制器與這個新類別的關聯。至 Main.storyboard 中，指定這個 RestaurantDetailViewController 類別給細節視圖控制器。在介面建構器中，選取細節視圖控制器，並開啟識別檢閱器，更改自訂類別為「RestaurantDetailViewController」，如圖 13.11 所示。

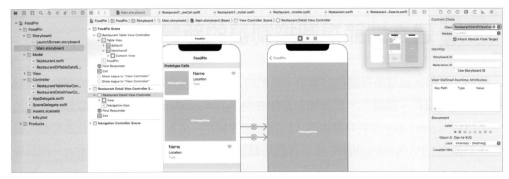

圖 13.11　為細節視圖控制器指定自訂類別

13.6　為自訂類別加入變數

我們需要在自訂類別中加入幾件事：

- **建立一個名為 restaurantImageName 變數**：當使用者選取表格視圖控制器中的餐廳時，需要有個可以將圖片名稱傳送到細節視圖的方式，這個變數將會用來作為資料傳送用。

- **建立一個名為 restaurantImageView 的 Outlet 給圖片視圖**：我們需要一個參考來更新細節視圖控制器的圖片視圖，因此我們需要建立一個 Outlet。

因此，我們插入下列的程式碼給 RestaurantDetailViewController 類別：

```
@IBOutlet var restaurantImageView: UIImageView!

var restaurantImageName = ""
```

接下來，將 restaurantImageView 變數與細節視圖控制器的圖片視圖建立連結。回到 Main.storyboard，在文件大綱視圖的餐廳細節視圖控制器（Restaurant Detail View Controller）物件上按右鍵，然後在彈出式選單中，將 restaurantImageView Outlet 與控制器的圖片視圖連結起來，如圖 13.12 所示。

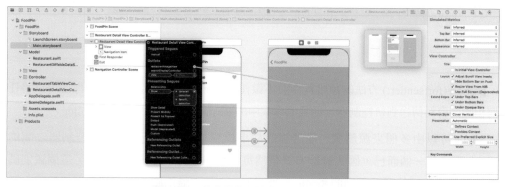

圖 13.12　建立圖片視圖與 Outlet 間的連結

現在你已經將 Outlet 變數與故事板內的圖片視圖物件連結起來，不過還有一件事情要做，即你還沒有提供圖片，圖片視圖應該顯示所選餐廳的圖片。在 Restaurant DetailViewController 類別的 viewDidLoad 方法中插入一行程式碼，你的方法應如下所示：

```
override func viewDidLoad() {
    super.viewDidLoad()

    restaurantImageView.image = UIImage(named: restaurantImageName)
}
```

當視圖載入記憶體時會呼叫 viewDidLoad 方法，你可以在方法中提供視圖的其他自訂程式。在上列的程式碼中，我們只是將圖片視圖的圖片設定為所選餐廳的圖片。

試著編譯與執行你的 App。糟糕！在選擇一間餐廳後，細節視圖依然是空白畫面，我們還漏掉了一件事情，即我們尚未將所選餐廳的圖片名稱從表格視圖控制器傳送至細節視圖控制器，這就是為何 restaurantImageName 變數沒有被指定任何值的原因。

13.7 使用 Segue 傳送資料

現在來到了本章的核心內容，即使用 Segue 傳送資料。Segue 管理視圖控制器之間的轉場，並包含轉場中涉及的視圖控制器。當 Segue 被觸發時，在視覺化轉場發生之前，故事板在執行期間透過呼叫 prepare(for:sender:) 方法來通知來源視圖控制器（Source View Controller，即 RestaurantTableViewController）。

```
func prepare(for segue: UIStoryboardSegue, sender: Any?) {

}
```

prepare(for:sender:) 方法的預設實作並不做任何事。透過覆寫這個方法，你便可以將任何相關的資料傳送到新控制器，即我們專案中的 RestaurantDetailViewController。

Segue 可以由多個來源觸發，隨著你的故事板變得越來越複雜，視圖控制器之間的 Segue 將不只一個而已，因此最佳方式是為每個 Segue 賦予唯一的識別碼，這個識別碼是一個字串，用於區分不同的 Segue。要為 Segue 指定識別碼，則在故事板編輯器中選取該 Segue，然後至屬性檢閱器中，將識別碼（Identifier）的值設定為「showRestaurant Detail」，如圖 13.13 所示。

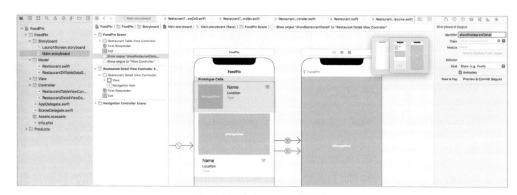

圖 13.13　加入 Segue 識別碼

因為你的 App 可以在這兩種型別的儲存格之間進行切換，你必須將 datacell 與 favoritecell 的 Segue 都設定為相同的識別碼（即 showRestaurantDetail）。設定好 Segue 之後，插入下列的程式碼至 RestaurantTableViewController 類別，來覆寫 prepare(for:sender:) 方法的預設實作：

```
override func prepare(for segue: UIStoryboardSegue, sender: Any?) {
    if segue.identifier == "showRestaurantDetail" {
        if let indexPath = tableView.indexPathForSelectedRow {
            let destinationController = segue.destination as! RestaurantDetailViewController
            destinationController.restaurantImageName = self.restaurants[indexPath.row].image
        }
    }
}
```

第一行程式碼是用來檢查 Segue 的識別碼，該程式碼區塊只會對 showRestaurantDetail Segue 執行。在程式碼區塊中，我們透過 tableView.indexPathForSelectedRow 取得所選的列，indexPath 物件應該包含了所選的儲存格。

Segue 物件同時包含了轉場時的來源視圖控制器與目標視圖控制器，你可以使用 segue. destination 取得目標控制器，這裡的目標控制器是 RestaurantDetailViewController 物件，這就是為何我們必須使用 as! 運算子來向下轉型，最後我們將所選的餐廳圖片傳送給目標控制器。

現在可以測試你的 App 了，點擊「Run」按鈕來編譯與執行 App，此時你的 App 應該運作正常。在表格視圖中選取一間餐廳，細節視圖應該會顯示你所選的餐廳圖片。

13.8 停用大標題

除了 App 的主畫面之外，你可能不想要使用大標題來獲取使用者的注意，Apple 提供開發者可以停用特定視圖控制器大標題的選項，例如：當你想要停用細節視圖控制器中的大標題，則可以在 RestaurantDetailViewController 的 viewDidLoad() 方法中插入下列程式碼：

```
navigationItem.largeTitleDisplayMode =.never
```

上列的程式碼變更導覽項目的 largeTitleDisplayMode 為 .never，表示不希望顯示大標題。顯式模式也可以是 .always 或者 .automatic，顧名思義，.always 表示要一直使用大標題，而若設定的是 .automatic，它便會繼承前一個視圖控制器的大標題模式。

13.9 你的作業：加入更多的餐廳資訊

在細節視圖中顯示更多的餐廳資訊，是不是更好呢？在這個作業中，你要加上幾個標籤來顯示所選餐廳的名稱、型別與位置，實作結果可參考圖 13.14 的畫面。若是你已經了解資料傳送的工作原理，那麼進行這些修改應該不算困難。這裡給你提示，你不傳送餐廳圖片的名稱，而是需要將餐廳物件傳送給細節視圖控制器。

圖 13.14　有更多餐廳資訊的細節視圖

我強烈建議你在進入下一章之前，先完成這個作業，這不只可以幫助你更加了解 Segue 與資料傳送的概念，同時也能複習堆疊視圖與自動佈局的觀念。

13.10 本章小結

在本章中，我已經介紹了導覽控制器與 Segue 的基礎知識，我們建立的內容都非常簡單，只是將餐廳圖片從一個視圖控制器傳送給另一個視圖控制器，相信你現在應該知道如何透過 Segue 處理在視圖控制器之間的資料傳送。

在本章所準備的範例檔中，有最後完整的 Xcode 專案（FoodPinNavigationController. zip）供你參考。

改善細節視圖、自訂
字型與自適應儲存格

目前的細節視圖有點簡單，如果能改善細節視圖如章名頁所示一般，是不是更好呢？本章我們會將重點放在三個地方：

● 使用一個自訂的表格視圖來設計 FoodPin App 的細節視圖。

● 學習如何使用你自己的字型。

● 學習如何自動調整表格視圖儲存格的大小來符合內容。

我們在本章將會介紹許多內容。你可能需要幾個小時來進行這個專案，我建議你擱置其他的事情來專注於此。另外，我假定你已經了解如何使用原型儲存格建立自訂的表格，如果你忘記這是什麼，請回到第 9 章重新閱讀。

若是你都準備好了，我們開始調整細節視圖來讓它看起來更棒吧！

我們將在精心設計的表格視圖顯示名稱、類型、位置、電話與敘述等餐廳資訊，而餐廳圖片將使用於表頭。

14.1 了解起始專案

一開始先下載本章所準備的 FoodPin 專案（FoodPinDetailViewStarter.zip），這個專案是以我們前一章所完成的內容為基礎，不過我修改了 Restaurant 結構來包含另外兩個附加屬性：

● phone

● description

restaurants 陣列的初始化已經更新了，當你仔細看 RestaurantTableViewController.swift 的程式碼，會發現 location 屬性的值已經更新為完整的地址，而且它也包含了一些虛構的電話號碼及敘述，如下所示：

```
var restaurants:[Restaurant] = [
    Restaurant(name: "Cafe Deadend", type: "Coffee & Tea Shop", location: "G/F, 72 Po Hing
Fong, Sheung Wan, Hong Kong", phone: "232-923423", description: "Searching for great breakfast
eateries and coffee? This place is for you. We open at 6:30 every morning, and close at 9 PM.
We offer espresso and espresso based drink, such as capuccino, cafe latte, piccolo and many
more. Come over and enjoy a great meal.", image: "cafedeadend", isFavorite: false),
    Restaurant(name: "Homei", type: "Cafe", location: "Shop B, G/F, 22-24A Tai Ping San Street
SOHO, Sheung Wan, Hong Kong", phone: "348-233423", description: "A little gem hidden at the
corner of the street is nothing but fantastic! This place is warm and cozy. We open at 7 every
morning except Sunday, and close at 9 PM. We offer a variety of coffee drinks and specialties
```

```
including lattes, cappuccinos, teas, and more. We serve breakfast, lunch, and dinner in an
airy open setting. Come over, have a coffee and enjoy a chit-chat with our baristas.", image:
"homei.jpg", isVisited: false),

    ...

]
```

在故事板的起始專案中，所有細節視圖控制器的子視圖已經被移除了，因為我們將重新設計，所以已經不需要那些視圖了。

這些變更都是我在起始專案中所準備的，當你下載完專案之後，我鼓勵你執行專案並熟悉這些變更。

14.2 使用自訂字型

San Francisco 字型是在 2014 年 11 月導入，並成為 iOS App 的預設字型。若是你在 Google Font（ URL https://fonts.google.com ）中找到了一個開源字型，並想要運用在你的 App 中，你該如何做呢？

Xcode 可讓開發者輕鬆使用自訂字型，你只需要將自訂字型的檔案加入你的 Xcode 專案中即可，例如：你想要在 App 中加入 Nunito 字型，則你可以至 URL https://fonts.google. com/specimen/Nunito，點選「Download Family」來下載字型檔，如圖 14.1 所示。

圖 14.1　下載喜愛的 Google 字型

現在回到Xcode並開啓起始專案（如果還沒開啓的話），在專案導覽器中，於「FoodPin」資料夾上按右鍵，選擇「New Group」，將群組命名爲「Resources」；接著在「Resources」資料夾上按右鍵，選擇「New Group」來加入一個子群組，並爲子群組命名爲「Fonts」。選取 Nunito-Regular.ttf 與 Nunito-Bold.ttf，然後將它們加入 Fonts 群組；如果你想要使用所有的字型樣式，則將所有的字型檔加入群組中，如圖 14.2 所示。

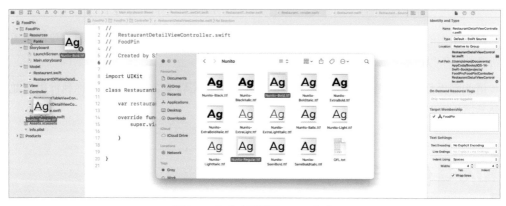

圖 14.2　加入字型檔至 Xcode 專案

> 提示　一定要建立子群組嗎？不，這是我整理組織資源檔案的習慣。

當你拖曳檔案至這個群組後，你會看到如圖 14.3 所示的提示視窗，勾選「Copy items if needed」選項以及「FoodPin」目標。

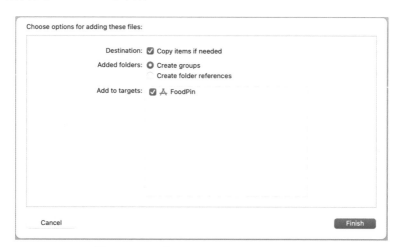

圖 14.3　勾選「Copy item if needed」與目標

當你點擊「Finish」按鈕後，這些字型檔將出現在專案導覽器中，為了確保你的 App 可以使用這些字型檔，則按住 command 鍵並選取所有字型檔，然後在檔案檢閱器中確認已啓用 Target Membership 下的「FoodPin」選項，如果沒有的話，就勾選這個選項，如圖 14.4 所示。

圖 14.4　在 Target Membership 下勾選「FoodPin」

以上是安裝自訂字型的程序，稍後我們設計細節視圖時將可使用 Nunito 字型。

14.3　設計表格視圖頭部

現在我們來開始設計細節視圖，圖 14.5 顯示了細節畫面的預期設計，有多種方式可實作這個畫面。一種方式是使用動態表格視圖（Dynamic Table View）來實作，你已經學過動態表格視圖了，在前面的章節中，你已經建立帶有原型儲存格的自訂表格視圖，原型儲存格和設計模板相似，雖然儲存格的資料不同，但是每個儲存格的外觀與感覺完全相同，這便是原型儲存格的概念。

如你所知，使用原型儲存格設計表格視圖並不是強制性的，我們已經為餐廳表格視圖建立兩個原型儲存格。要設計細節畫面，我們將建立幾個原型儲存格，而到目前為止，我還有一件事情未提到，即每個表格視圖都有自己的頭部視圖，這個頭部視圖位於表格儲存格的頂部，頭部視圖預設是空的，但你可以在其中加入自己的視圖。

圖 14.5　**將細節視圖拆成不同的儲存格**

以下是我們準備要去實現的細節視圖的設計：

● 建立一個表頭視圖，用來顯示餐廳圖片、名稱、類型與心形圖片。

● 爲餐廳資訊建立兩個原型儲型格。

● **原型儲存格 1**：用於顯示一段文字。

● **原型儲存格 2**：用於顯示兩欄資訊。在細節視圖中，我們使用這個原型儲存格來顯示餐廳的地址與電話號碼。

現在你應該對建立表格視圖有些概念了，讓我們深入研究介面建構器並設計視圖。

至起始專案的 Main.storyboard，開啓元件庫並選取表格視圖物件（注意：是表格視圖而不是表格視圖控制器），拖曳它至細節視圖控制器，並調整它來填滿整個視圖，然後點選「Add New Constraints」按鈕，設定頂部、左側、右側與底部的值爲「0」，接著點選「Add 4 Constraints」按鈕，這可以確保不管螢幕的尺寸爲何，表格始終會填滿整個畫面，你的畫面應該如圖 14.6 所示。

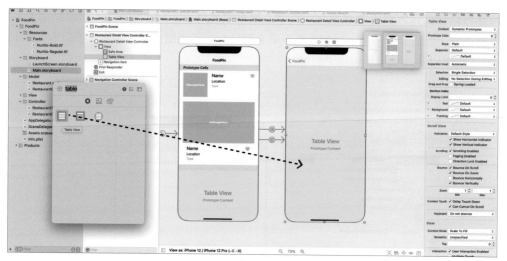

圖 14.6　加入表格視圖至細節視圖控制器

　　選取表格視圖，並在屬性檢閱器中設定原型儲存格為「2」，如此會在表格視圖中加入兩個原型儲存格，稍後我們將處理原型儲存格。

　　現在從元件庫加入一個視圖至表格視圖頭部。在文件大綱視圖中，拖曳視圖至表格視圖中，並將其置於第一個表格視圖儲存格的上方。在尺寸檢閱器中，視圖的高度更改為「445 點」，這個視圖是作為存放我們將加入其他元件（如圖片視圖）的容器視圖。完成之後，你的細節視圖的設計應如圖 14.7 所示。

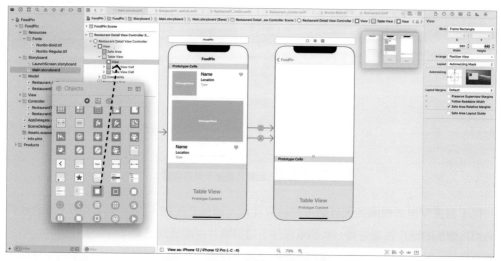

圖 14.7　視圖已經被加入表格視圖頭部

你可以在文件大綱中將視圖從「View」重新命名為「Header View」，只要點選 View 並變更它，如圖 14.8 所示。這個步驟不是必要性的，不過賦予每個視圖一個有意義的名稱，可讓你之後更容易識別特定的視圖。

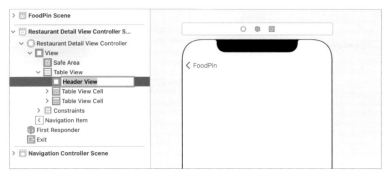

圖 14.8　變更視圖的名稱

我們還沒有設計頭部視圖，現在從元件庫拖曳一個圖片視圖，並置於頭部視圖。在屬性檢閱器中，將內容模式（Content Mode）更改為「Aspect Fill」。同樣的，為了組織及改善我們的 UI 元件，在文件大綱中為圖片視圖取一個合適的名稱，命名為「Header Image View」，如圖 14.9 所示。

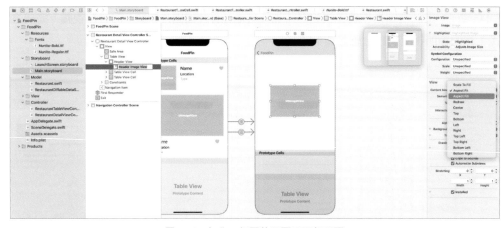

圖 14.9　加入一個圖片視圖至頭部視圖

你不需要幫頭部視圖加入自動佈局約束條件，因為它被加入表格視圖頭部，不過我們必須為頭部的圖片視圖定義一些約束條件，這個圖片視圖應該總是符合頭部視圖的大小。要做到這一點，我們將會定義圖片視圖的頂部、左側、右側與底部等四個間距約束條件。選取圖片視圖，並點選佈局列的「Add New Constraints」按鈕，設定頂部、左側、右側與底部的間距為「0」，確認各列都是紅實線，以及不勾選「Constrain to margins」選項，然後點擊「Add 4 Constraints」按鈕來加入約束條件，如圖 14.10 所示。

圖 14.10　為圖片視圖加入佈局約束條件

接下來，加入一個標籤並置於靠近圖片視圖的左下角，此標籤是用來顯示餐廳名稱，確認已選取這個標籤，並至屬性檢閱器，變更顏色為「白色」、字型為「Title 1」，此外變更其文字為「Name」，如圖 14.11 所示。

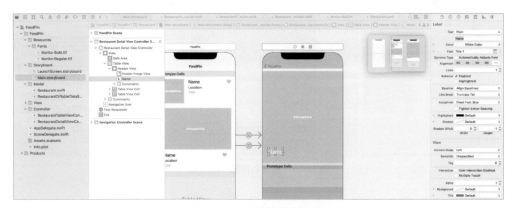

圖 14.11　加一個新標籤至頭部視圖

現在拖曳另一個標籤，並放置於前一個標籤物件的下方，這個新標籤是用來顯示餐廳類型。在屬性檢閱器中，設定背景顏色為「black」，而字型顏色變更為「White」，字型樣式更改為「headline」，並且更改對齊（Alignment）選項為「Center」，最後變更其文字為「Type」，如圖 14.12 所示。

圖 14.12　加入類型標籤

接下來，從元件庫拖曳一個新按鈕，並置於頭部視圖的右上角。這是一個圖片按鈕，可以讓使用者將餐廳加入最愛。在屬性檢閱器中，設定其標題為「空白」、圖片為「heart」（即 SF Symbol 標誌）。為了重新調整「heart」標誌，更改「Default Symbol Configuration」區塊下的「設定」（Configuration）選項為「Point Size」，且其大小增加至「30 點」，以使心形圖示變大，最後將按鈕的顏色設定為「White」，如圖 14.13 所示。

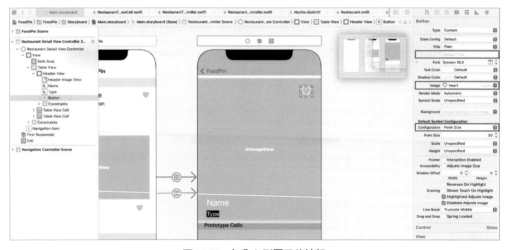

圖 14.13　加入心形圖示的按鈕

現在是時候加入這些元件的一些佈局約束條件，我們從心形圖示按鈕開始，將定義下列的佈局約束條件：

● 按鈕大小需要固定。

● 標籤的頂部要距離頭部視圖的邊緣 10 點。

● 標籤的右側（或是後緣）要距離頭部視圖的邊緣 10 點。

選取心形按鈕，然後點擊「Add New Constraints」按鈕，分別設定頂部與右側的值為「10點」，確認「Constrain to margins」選項有被勾選，接著檢查寬度與高度選項來啟用尺寸約束條件，最後點選「Add 4 Constraints」按鈕來繼續，如圖 14.14 所示。

圖 14.14　為心形按鈕加入佈局約束條件

接下來，我們為名稱與類型標籤加入佈局約束條件。我們先在堆疊視圖中嵌入這兩個標籤，在文件大綱中選取這兩個標籤，點選「Embed in」按鈕，並選擇「Stack view」，來將兩個標籤嵌入堆疊視圖中。當你建立堆疊視圖後，至屬性檢閱器中設定其間距值為「10點」。

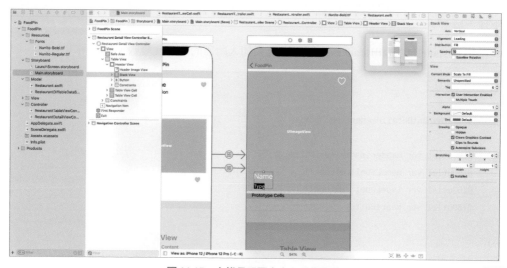

圖 14.15　在堆疊視圖中嵌入兩個標籤

現在爲了佈局需求，我想要將堆疊視圖置於頭部視圖的左下角，因此我們會加入一些間距約束條件，選取堆疊視圖，並點選「Add new constraints」按鈕，分別設定左側、右側與底部的值爲20、20與150點。「20點、20點、150點」，如果你想變更堆疊視圖的位置的話，你可以任意調整這些值，如圖14.16所示。

圖 14.16　爲堆疊視圖加入間距約束條件

如此，我們已經完成頭部視圖的設計。現在我們進入程式碼部分，我們將爲頭部視圖建立一個類別，在專案導覽器中，於「View」資料夾上按右鍵，選擇「New File」後，選取「Cocoa Touch Class」模板，然後點擊「Next」按鈕。將類別命名爲「RestaurantDetailHeaderView」，並設定其子類別爲 「UIView」，接著點擊「Next」按鈕來建立檔案。

編輯 RestaurantDetailHeaderView.swift 檔來加入所需的 Outlet 變數，如下所示：

```
import UIKit

class RestaurantDetailHeaderView: UIView {

    @IBOutlet var headerImageView: UIImageView!
    @IBOutlet var nameLabel: UILabel!
    @IBOutlet var typeLabel: UILabel!
    @IBOutlet var heartButton: UIButton!


}
```

回到介面建構器，並在文件大綱中選取「Header View」。在屬性檢閱器中，變更自訂類別為「RestaurantDetailHeaderView」，接著為每個所對應的Outlet變數建立連結，如圖14.17所示。

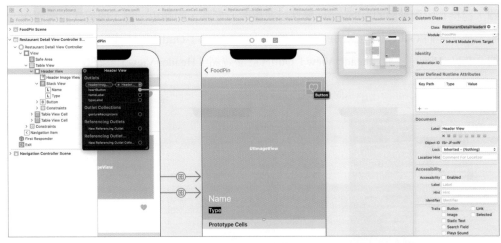

圖14.17　建立連結

現在已經準備好頭部視圖，來讓我們填入餐廳資料，是時候修改RestaurantDetailViewController.swift。在RestaurantDetailViewController類別中，為表格視圖與頭部視圖插入兩個新的Outlet變數，稍後我們需要在程式碼中修改它們的內容，這就是為何我們需要建立這些Outlet的原因。

```
@IBOutlet var tableView: UITableView!
@IBOutlet var headerView: RestaurantDetailHeaderView!
```

接著，以下列的程式碼更新viewDidLoad方法：

```
override func viewDidLoad() {
    super.viewDidLoad()

    navigationItem.largeTitleDisplayMode = .never

    // 設定頭部視圖
    headerView.nameLabel.text = restaurant.name
    headerView.typeLabel.text = restaurant.type
    headerView.headerImageView.image = UIImage(named: restaurant.image)

    let heartImage = restaurant.isFavorite ? "heart.fill" : "heart"
    headerView.heartButton.tintColor = restaurant.isFavorite ? .systemYellow : .white
```

```
        headerView.heartButton.setImage(UIImage(systemName: heartImage), for: .normal)
    }
```

　該程式碼非常簡單，載入細節視圖後，我們將餐廳資料設定爲相對應的標籤或圖片視圖，還檢查所選餐廳的 isFavorite 屬性，並更改心形圖示的顏色。爲了使程式能夠運作，請不要忘記將 Outlet 連結對應的 UI 元件。「tableView」Outlet 應該連結細節視圖控制器的「Table View」，而「headerView」Outlet 應該連結「Header View」，如圖 14.18 所示。

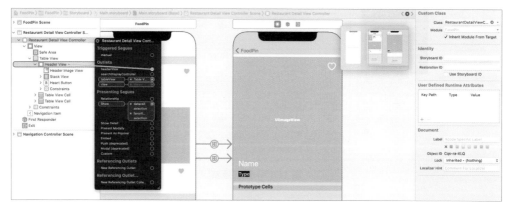

圖 14.18　建立頭部視圖與表格視圖的連結

　完成所有繁瑣的程序之後，現在可以準備測試你的 App 了，執行專案來快速預覽，這個圖片現在已經顯示在表格視圖的頭部中（位於其他表格列的上方），如圖 14.19 所示。

圖 14.19　在頭部視圖顯示餐廳圖片

14.4 了解圖片視圖的縮放

之前,我要求你設定圖片視圖的內容模式為「Aspect Fill」,然而我們還沒有討論過這個內容模式是如何影響圖片的顯示,在我們繼續建立細節視圖之前,我先來說明一下這個選項的用法。在 iOS 中的每個視圖皆有一個內容模式,UIImageView 類別是 UIView 的子類別,所以它也有一個內容模式屬性用來指定視圖如何調整其內容。以下是三個常用的縮放模式:

● Scale to Fill(預設)

● Aspect Fit

● Aspect Fill

預設上,UIImageView 物件設定為「Scale to Fill」,在此模式下,圖片視圖會縮放圖片來符合視圖尺寸,圖片的長寬比會因縮放而改變。如果你將模式更改為「Aspect Fit」,則圖片的長寬比會保持不變。不過,如果圖片視圖的長寬比與圖片的長寬比不同的話,則可能會在圖片的兩旁留下一些額外的空間。

原始圖片

Aspect Fit

Aspect Fill
(停用 Clip to Bounds)

Aspect Fill
(啟用 Clip to Bounds)

圖 14.20　**圖片縮放模式**

「Aspect Fill」是符合我們設計的最佳模式,因此我們設定頭部圖片視圖採用這個模式。在此模式下,圖片視圖會縮放圖片,以符合視圖尺寸。儘管圖片有一部分會超過圖片視圖的邊緣,但是長寬比仍保持不變,在此情況下,你需要啟用「Clip to Bounds」選項,以截掉多餘的部分(如圖 14.20 所示)。

在 Xcode 12 中,「Clip to Bounds」選項預設是啟用的,這就是為何「Aspect Fill」模式可直接使用的原因。你可以選取圖片視圖,然後在屬性檢閱器中勾選「Clips to Bounds」。

頭部視圖看起來很不錯,對吧?不過還有兩個問題需要修復:

● 一些餐廳名稱太長,而無法完整顯示。

● 一些帶有很多白色背景的餐廳圖片,餐廳名稱可能無法清楚顯示。

2 文字不清楚 ────   ──── 1 文字被截掉

圖 14.21　目前頭部視圖的幾個問題

14.6 餐廳名稱被截掉

　　第一個問題是和餐廳名稱有關,如果名稱太長,這個標籤會截掉文字。預設上,這個標籤設定為單行顯示文字。你可以選取標籤,然後在屬性檢閱器中揭示「Lines」選項,其目前的值設定為「1」。

　　iOS 中的標籤可以多行顯示,你只需要將值變更為「0」,在這種情況下,標籤會自動判斷全部的行數來符合它的內容。你可以在介面建構器中變更它的值,但我更喜歡在程式碼中自訂標籤的屬性。開啟 RestaurantDetailHeaderView.swift,並編輯 nameLabel 變數,以使用 didSet 來更新 numberOfLines 屬性。

```
@IBOutlet var nameLabel: UILabel! {
    didSet {
        nameLabel.numberOfLines = 0
    }
}
```

14.7 使用 UIView 調暗圖片

現在來修復最二個問題。由於餐廳名稱標籤爲白色，若是餐廳圖片中有許多的白色部分，便可能無法清楚顯示，我們該如何解決這個問題呢？

一種方式是加入一個遮罩來使圖片變暗。要這麼做的話，至 Main.storyboard，開啓元件庫，並拖曳一個視圖，在文件大綱中將其置於頭部圖片視圖的下方，且命名爲「Dim View」，如圖 14.22 所示。

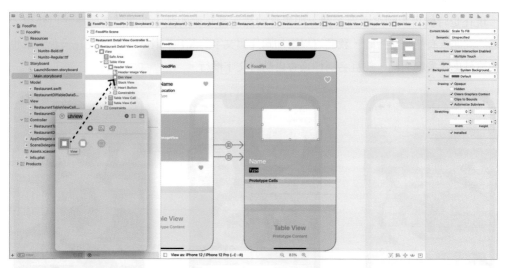

圖 14.22　加入一個新視圖

調整這個視圖的大小，以使其和頭部視圖一樣，然後至屬性檢閱器中，設定背景顏色爲「Black」、alpha 值爲「0.2」。alpha 值控制顏色的透明度，值的範圍是從 0 至 1，0 代表完全透明，而 1 代表完全不透明。我們設定 alpha 值爲「0.2」，以使其部分透明，並呈現一點暗淡的效果。如果你不知道如何更改不透明度的值，則可設定背景（Background）選項爲「Custom」，然後你會看到一個「Colors」對話視窗，選取「Color Sliders」，將其設定爲「RGB Sliders」，即可選取不透明度。

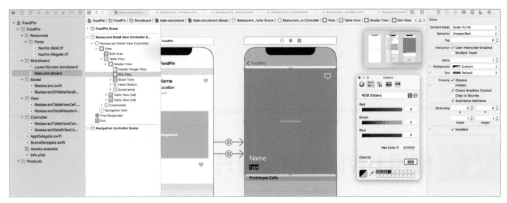

圖 14.23　變更背景顏色與設定不透明度

　　最後，不要忘記定義視圖的佈局約束條件。選取暗淡視圖（Dim View），並點選「Add New Constraints」按鈕，設定頂部、左側、右側與底部的間距為「0」，並確認各列都是紅實線，以及不勾選「Constrain to margins」選項，然後點擊「Add 4 Constraints」按鈕來加入約束條件。

　　現在是時候再次測試頭部視圖，如果你的設定都正確的話，則頭部視圖應該已修復上述的問題。有了暗淡視圖，我們可以增加圖片與文字的顏色對比，如此即使在淺色背景也能清楚顯示餐廳名稱，並且名稱標籤會自動將文字換行。

圖 14.24　圖片變暗淡

14.8 對動態型別使用自訂字型

你還記得我們在本章一開始導入的字型檔嗎？我們還沒有使用它們，現在所有標籤皆設定使用文字樣式，例如：名稱標籤使用「Title 1」文字樣式，若沒有自訂的話，iOS 會使用 San Francisco 作為預設字型。

文字樣式（或動態型別）要使用自訂字型的話，我們必須先在 Info.plist（這是 Xcode 專案的設定）設定這些字型檔。在專案導覽器中，選取 Info.plist，並於任一空白處按右鍵來開啟內容選單，選擇「Add Row」，以在檔案中建立新列。

圖 14.25　編輯 Info.plist 檔

接著，於 Key 欄位輸入「Fonts provided by application」。為了註冊這些字型檔，我們需要加入鍵（key）並指定所有字型檔。在你加入鍵後，點選「揭示」按鈕來展開它。對於 item 0，設定其值為「Nunito-Regular.ttf」，你可以點選 item 0 的 + 按鈕來加入另一個項目，而對於 item 1，設定其值為「Nunito-Bold.ttf」。

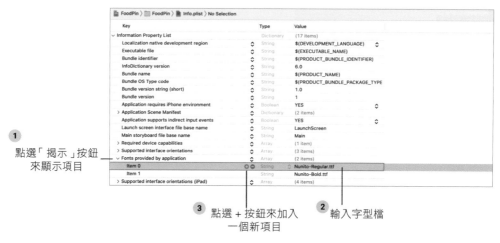

圖 14.26　**在 Info.plist 中指定字型檔**

現在你可以在介面建構器中或以程式碼來使用這些字型了。要更改特定文字樣式的字型，你可以將程式碼撰寫如下：

```
if let customFont = UIFont(name: "Nunito-Bold", size: 40.0) {
    nameLabel.font = UIFontMetrics(forTextStyle: .title1).scaledFont(for: customFont)
}
```

UIFont 類別可讓你載入字型檔，並提供你取得字型的特徵，在你的 App 中使用 UIFontMetrics 物件來支援可縮放的自訂字型。在上列的程式碼中，我們對「Title1」文字樣式應用 Nunito-Bold 字型，如果你想要為其他文字樣式設定自訂字型，則只需傳送帶有另一個值的 forTextStyle 參數。

現在於 RestaurantDetailHeaderView 類別中修改 nameLabel 與 typeLabel，如下所示：

```
@IBOutlet var nameLabel: UILabel! {
    didSet {
        nameLabel.numberOfLines = 0

        if let customFont = UIFont(name: "Nunito-Bold", size: 40.0) {
            nameLabel.font = UIFontMetrics(forTextStyle: .title1).scaledFont(for: customFont)
        }
    }
}
@IBOutlet var typeLabel: UILabel! {
    didSet {
        if let customFont = UIFont(name: "Nunito-Bold", size: 20.0) {
```

```
        typeLabel.font = UIFontMetrics(forTextStyle: .headline).scaledFont(for: customFont)
      }
    }
  }
```

　　我們告訴系統對於名稱與類型標籤使用我們自己的字型。當你變更完成之後，你可以再次執行 App，在細節視圖中，App 現在應該可以使用自訂字型了。

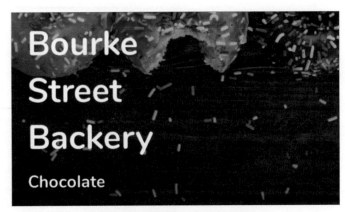

圖 14.27　對兩個標籤使用自訂字型

14.9 設計原型儲存格

　　現在已經完成了頭部視圖的實作，我們來實作表格視圖儲存格。如果你已閱讀本書前面的章節，那麼你應該知道如何自訂原型儲存格。要顯示餐廳資訊，我們將會建立兩個原型儲存格，以支援兩種不同類型的儲存格佈局，原型儲存格是用來顯示多行文字，而儲存格則是用來顯示兩欄的資料。

原型儲存格 1（文字）

原型儲存格 2（兩欄）

圖 14.28　建立兩個原型儲存格

RestaurantDetailTextCell

現在開啓 Main.storyboard，並拖曳一個標籤至第一個原型儲存格，雙擊標籤來變更其標題爲「Description」。至屬性檢閱器中，變更字型爲「Body」文字樣式，然後點選「Add new constraints」按鈕來加入四個間距約束條件，對每一邊設定間距值爲「0」，並確認你有勾選「Constrain to margins」選項。

圖 14.29　設計具標籤的第一個原型儲存格

對於每個原型儲存格，我們將建立對應的 Swift 檔來做連結。在專案導覽器中，於「View」資料夾上按右鍵，選擇「New file」，然後選取「Cocoa Touch Class」模板，在下個畫面中，將類別命名爲「RestaurantDetailTextCell」，並設定其爲 UITableViewCell 的子類別，然後點選「Next」按鈕來儲存檔案。

和我們之前所做的類似，我們將會建立一個 Outlet 變數來連結標籤。在 RestaurantDetail TextCell.swift 檔中宣告以下的變數：

```swift
@IBOutlet var descriptionLabel: UILabel! {
    didSet {
        descriptionLabel.numberOfLines = 0
    }
}
```

你應該能理解上面的程式碼，我們只是爲文字標籤建立一個 Outlet 變數。由於文字會以多行呈現，因此我們設定標籤的 numberOfLines 屬性爲「0」。

現在回到介面建構器，並選取我們剛才設計的原型儲存格，我們還沒有設定儲存格的識別碼與自訂類別，因此至屬性檢閱器中設定識別碼爲「RestaurantDetailTextCell」。

圖 14.30　設定儲存格的識別碼

要設定自訂類別，至識別檢閱器中更改自訂類別爲「RestaurantDetailTextCell」。

你是否有注意到識別碼與類別名稱相同嗎？稍後我會解釋爲何這樣做。現在至文件大綱中，於 RestaurantDetailTextCell 上按右鍵，在敘述標籤與我們之前定義的 Outlet 變數之間建立連結。

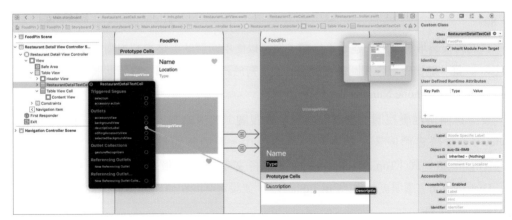

圖 14.31　設定儲存格的識別碼

RestaurantDetailTwoColumnCell

現在，我們將繼續第二個原型儲存格的實作。這個儲存格用來顯示兩欄資料，顯然的，我們將使用堆疊視圖來建立佈局。

首先，讓第二個原型儲存格的高度高一點（例如：140 點），這可使我們更輕鬆在儲存格中填滿 UI 元件。現在拖曳一個標籤至儲存格，並變更文字為「Address」，在屬性檢閱器中，設定它的字型樣式為「Headline」。接下來，拖曳另一個標籤至儲存格，並將其置於 Address 標籤的正下方，將標籤命名為「Full Address」，並設定它的字型樣式為「Body」。

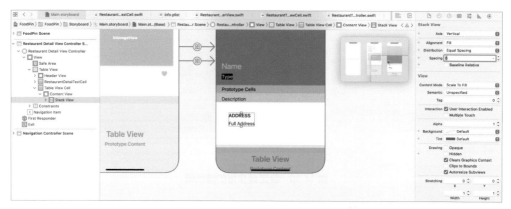

圖 14.32　加入兩個標籤至第二個原型儲存格

設定好兩個標籤後，按住 command 鍵並選取這兩個項目，然後點選「Embed in」，選擇「Stack view」，以將兩個標籤嵌入一個垂直堆疊視圖中（參見圖 14.32）。在屬性檢閱器中，將堆疊視圖的分布（Distribution）選項更改為「Equal Spacing」，並設定其間距值為「8」。

我們將複製堆疊視圖來建立第二欄，你可以使用複製貼上來複製視圖，或者你可以按住 option 鍵，並拖曳堆疊視圖來複製另一個。對於新的堆疊視圖，將兩個標籤分別更改為「Phone」與「Phone Number」。

要並排兩個堆疊視圖，則選取兩個堆疊視圖，然後點選「Embed in」，選擇「Stack view」，以將它們嵌入一個水平堆疊視圖中。對於新的堆疊視圖，設定它的對齊（Alignment）為「Top」，因為我們想要將文字對齊視圖的頂部。另外，將分布（Distribution）選項更改為「Fill Equally」，並設定其間距值為「10」。你的堆疊視圖應該類似圖 14.33。

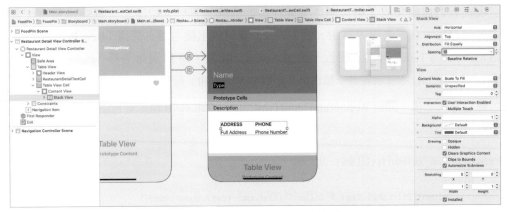

圖 14.33　嵌入兩個堆疊視圖至一個水平堆疊視圖中

現在我們將為堆疊視圖加入一個間距約束條件。選取新的堆疊視圖，並點選「Add new constraints」，設定各邊的間距值為「0」，並勾選「Constrain to margins」選項。

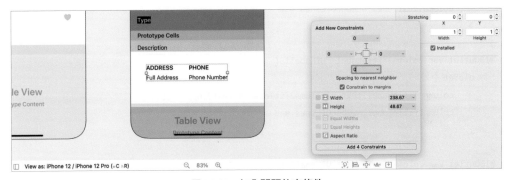

圖 14.34　加入間距約束條件

目前儲存格的高度是固定的，要讓儲存格的高度可以自動調整，則在文件大綱中選取表格視圖儲存格（Table View Cell），至尺寸檢閱器中勾選「Automatic」核取方塊。

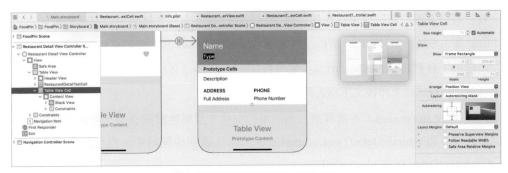

圖 14.35　設定儲存格的大小為自動

現在我們已經完成了第二個原型儲存格的設計，下一步是建立一個Swift檔來配對這個儲存格。在專案導覽器中，於「View」資料夾上按右鍵，選擇「New File」，然後選取「Cocoa Touch Class」模板，點選「Next」按鈕。將類別命名為「RestaurantDetailTwoColumnCell」，並設定其子類別為「UITableViewCell」。

建立完成之後，開啓 RestaurantDetailTwoColumnCell.swift 檔，宣告這些標籤的 Outlet 變數：

```swift
@IBOutlet var column1TitleLabel: UILabel! {
    didSet {
        column1TitleLabel.text = column1TitleLabel.text?.uppercased()
        column1TitleLabel.numberOfLines = 0
    }
}
@IBOutlet var column1TextLabel: UILabel! {
    didSet {
        column1TextLabel.numberOfLines = 0
    }
}
@IBOutlet var column2TitleLabel: UILabel! {
    didSet {
        column2TitleLabel.text = column2TitleLabel.text?.uppercased()
        column2TitleLabel.numberOfLines = 0
    }
}
@IBOutlet var column2TextLabel: UILabel! {
    didSet {
        column2TextLabel.numberOfLines = 0
    }
}
```

我已經試著讓這個原型儲存格儘可能彈性，因此可使用程式碼設定這四個標籤。它們不限於顯示地址或電話號碼，實際上，它適合以兩欄佈局顯示任何文字。

同樣的，我們設定 numberOfLines 屬性爲「0」，以顯示多行文字。對於標題標籤，我們有另一行程式碼來轉換文字爲大寫。

回到 Main.storyboard，並選擇第二個原型儲存格。至屬性檢閱器中，將儲存格的識別碼設定爲「RestaurantDetailTwoColumnCell」，而在識別檢閱器中，將自訂類別設定爲「RestaurantDetailTwoColumnCell」。

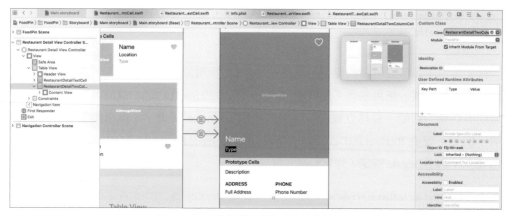

圖 14.36　設定兩欄原型儲存格的自訂類別

最後，建立標籤與 Outlet 變數之間的連結。column1TitleLabel 應該與 Address 標籤連結，而 column1TextLabel 則應該與 Full Address 標籤連結。

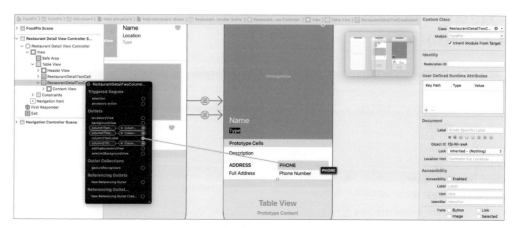

圖 14.37　設定兩欄原型儲存格的自訂類別

14.10　更新 RestaurantDetailViewController 類別

很棒！你即將完成原型儲存格的設計，我們更新 RestaurantDetailViewController 類別來填入餐廳資訊。RestaurantDetailViewController 類別是 UIViewController 的子類別。正如同你在第 8 章所學過的內容，我們必須採用 UITableViewDataSource 與 UITableView Delegate 這兩個協定，才能在表格視圖中顯示內容。

在前面的章節中，我們學過以下列的語法來採用這些協定：

```
class RestaurantDetailViewController: UIViewController, UITableViewDataSource,
UITableViewDelegate {
```

在父類別後面加入所需的協定，這是在 Swift 中採用協定的方式之一，讓我藉此機會介紹另一種方式，使用名為「擴展」（Extensions）的 Swift 功能。擴展可讓你擴充目前類別與結構的功能。要建立擴展，則開頭使用 extension 關鍵字，後面接著要擴展的類別，例如：要在 RestaurantDetailViewController 類別中採用 UITableViewDataSource 與 UITableViewDelegate 協定，你可以建立擴展如下：

```
extension RestaurantDetailViewController: UITableViewDataSource, UITableViewDelegate {
    .
    .
    .
}
```

現在讓我們開啟 RestaurantDetailViewController.swift 檔，並編寫擴展。在檔案的結尾處插入下列的程式碼：

```
extension RestaurantDetailViewController: UITableViewDataSource, UITableViewDelegate {

    func tableView(_ tableView: UITableView, numberOfRowsInSection section: Int) -> Int {
        return 2
    }

    func tableView(_ tableView: UITableView, cellForRowAt indexPath: IndexPath) ->
UITableViewCell {
        switch indexPath.row {
        case 0:
            let cell = tableView.dequeueReusableCell(withIdentifier: String(describing:
RestaurantDetailTextCell.self), for: indexPath) as! RestaurantDetailTextCell

            cell.descriptionLabel.text = restaurant.description

            return cell

        case 1:
            let cell = tableView.dequeueReusableCell(withIdentifier: String(describing:
RestaurantDetailTwoColumnCell.self), for: indexPath) as! RestaurantDetailTwoColumnCell

            cell.column1TitleLabel.text = "Address"
            cell.column1TextLabel.text = restaurant.location
```

```
        cell.column2TitleLabel.text = "Phone"
        cell.column2TextLabel.text = restaurant.phone

        return cell

    default:
        fatalError("Failed to instantiate the table view cell for detail view controller")

    }
  }

}
```

我們為 RestaurantDetailViewController 建立了擴展，採用了這些協定，並實作用來填入表格視圖資料的所需方法。細節視圖有兩列的資料，這就是為何我們在 tableView(_:numberOfRowsInSection:) 方法中回傳「2」的原因。

tableView(_:cellForRowAt:) 方法的實作和你之前所學的有點不同，因為我們必須滿足兩種不同類型的原型儲存格，第一個儲存格使用 RestaurantDetailTextCell，而第二個儲存格則使用 RestaurantDetailTwoColumnCell。

在上列的程式碼中，我們使用 switch 控制程式流程，並依照 indexPath.row 的值來執行不同的程式。對於第一個儲存格（即 indexPath.row 為 0），我們以 RestaurantDetail TextCell 識別碼來取出（dequeue）可重用的儲存格，然後填入餐廳敘述。

回想一下，我們將儲存格識別碼設定為其自訂類別的名稱，你可以明確指定識別碼與取出（dequeue）儲存格如下：

```
let cell = tableView.dequeueReusableCell(withIdentifier: "RestaurantDetailTextCell", for:
indexPath) as! RestaurantDetailIconTextCell
```

上列的程式結果與我們之前所寫的一樣，String(describing: RestaurantDetailTextCell. self) 會回傳類別的名稱（即 RestaurantDetailTextCell）。

```
let cell = tableView.dequeueReusableCell(withIdentifier: String(describing:
RestaurantDetailTextCell.self), for: indexPath) as! RestaurantDetailTextCell
```

那麼，為何我們使用後面的版本呢？寫死儲存格的識別碼容易出現錯字。如果你將識別碼輸入錯誤，Xcode 也不會告知你錯誤，你只能在測試 App 時才會發現。

使用後面的版本，則即使輸錯類別名稱（RestaurantDetailTxtCell.self），Xcode 會馬上提示錯誤。

對於 case 1，這段程式碼很相似，但是我們使用 RestaurantDetailTwoColumnCell 來顯示地址與電話號碼。

case default 只會在 indexPath.row 的值不符合 0、1 或 2 時執行，在此情況下，我們會顯示出一個嚴重錯誤。

好的，RestaurantDetailViewController 類別的程式碼已準備就緒，但還有一件事，我們尚未在故事板中建立與表格視圖之間的連結。

在前面的章節中，我介紹過如何透過介面建構器（參考第 8 章）來進行，這次我們使用程式碼來設定。在 RestaurantDetailViewController 的 viewDidLoad 方法插入下列的程式碼：

```
tableView.delegate = self
tableView.dataSource = self
```

如此，我們已經將表格視圖的委派與資料來源設定為 self。

14.11 準備測試

點擊「Run」按鈕來測試你的 App，細節視圖現在顯示了許多與所選餐廳有關的資訊，如圖 14.38 所示。

圖 14.38　範例餐廳的細節視圖

14.12 自訂表格視圖分隔符號

表格視圖已經很棒了，若是你想要移除表格的分隔符號，你可以在 viewDidLoad 方法中插入下列的程式碼：

```
tableView.separatorStyle = .none
```

將分隔符號的樣式設定爲「.none」後，即可移除所有的分隔符號。

14.13 了解自適應儲存格

在結束本章之前，我們來介紹自適應儲存格的概念，你是否想過爲何儲存格的高度可自動調整呢？當敘述／位置有較多文字時，儲存格的高度將跟著增加。

在 iOS 8 之前，如果你想要在表格視圖中以多列來顯示動態內容，則必須手動計算儲存格的列高。在 iOS 8 之後，Apple 爲 UITableView 導入了一個名爲「自適應儲存格」（Self Sizing Cells）的新功能。

簡單而言，要實作對表格視圖儲存格的自適應，你必須實作以下幾件事：

● 爲原型儲存格定義自動佈局約束條件。

● 指定表格視圖的 estimatedRowHeight 屬性。

● 設定表格視圖的 rowHeight 屬性爲 UITableViewAutomaticDimension。

在 iOS 11 之前，你必須手動處理第 2 點與第 3 點，但現在 Xcode 將估計的列高與列高都已預設爲自動（參見圖 14.35），因此要使用自適應儲存格，你只需要設定佈局約束條件。

只要你定義了適當的佈局約束條件，儲存格就會自動調整大小來符合內容。

14.14 本章小結

很棒！我期望你喜歡本章的內容以及你所建立的 App，你已經建立了一個精美的 App，這雖不是一個複雜的 App，但是你已經會管理及使用一些常見的元件，如 iOS 的表格視圖與導覽控制器，而且你還學會如何運用自訂字型以及使用自訂表格視圖來建立細節視圖。

我也介紹了一個 Swift 中受歡迎、名為「擴展」的功能，這是一個非常強大的功能，你在 App 開發中時可以利用它，想學習更多 Swift 擴展的話，你可以參考這份文件：
URL https://docs.swift.org/swift-book/LanguageGuide/Extensions.html。

本章的篇幅很長，即使你已經等不及要進到下一章，我建議你要休息一下，這需要一點時間來消化目前已介紹過的內容，請喝杯咖啡或你喜歡的飲料來放鬆一下。

本章所準備的範例檔中，有最後完整的 Xcode 專案（FoodPinDetailView.zip）供你參考。

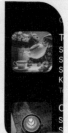

Oyster

French

An upscale dining venue, features premium and seasonal imported oysters, and delicate yet creative modern

oyster bar displays a full array of freshest oysters imported from all over the world including

FoodPin

Cafe Deaden
G/F, 72 Po Hing
Fong, Sheung W
Hong Kong
Coffee & Tea Shop

Homei
Shop B, G/F, 22-
Tai Ping San Stre

Upstate

American

The absolute best seafood place in town The atmosphere here creates a very homey feeling. We open at 5

t 10:30

one

3-2332

Royal Oak

British

Specialise in great pub food. Established in 1872, we have local and world lagers, craft beer and a selection of wine and spirits for people to enjoy. Don't forget to try our range of Young's

CHAPTER

15

自訂導覽列、深色模式 與動態型別

我們建立的細節視圖已經很棒了，但在本章中，我們將使它更具吸引力，圖15.1顯示了改良後的設計，其中有以下的變更：

- 自訂導覽列使其透明，以將餐廳圖片移到螢幕的最上方。
- 自訂「返回」按鈕，我們不使用預設的「返回」按鈕，而是使用自己的返回圖示，並移除「返回」按鈕的標題。
- 變更狀態列的顏色。為了能夠迎足深色內容，最好將狀態列的顏色改為白色。

圖 15.1　**自訂導覽列與狀態列**

最重要的是，我將教你如何在主畫面上自訂導覽列大標題。我們將執行三個變更：

- 自訂導覽列的背景，並使其透明。
- 變更大標題的字型，並使其顏色能適應不同的介面樣式（淺色／深色模式）。
- 當使用者滑動表格視圖時，隱藏導覽列。

在本章的前兩節中，我們會將重點放在自訂導覽列與狀態列。在此之後，我將會介紹動態型別，這是 iOS 建立來讓使用者依自己喜好選擇文字尺寸的技術。透過處理專案，我會說明如何使用 Swift 的擴展（extension）來簡化程式。

我們從自訂導覽列來開始吧！

15.1 自訂導覽列

我們將從主畫面的自訂開始，我們要讓背景透明並更改標題的顏色。

自 iOS 13 開始，Apple 導入了一個名為「UINavigationBarAppearance」的新類別，用來自訂導覽列。你可以將自訂的導覽列應用於特定視圖或整個 App，我會在本章中介紹這兩種應用方式。

我們開啓 RestaurantTableViewController.swift 檔。在 viewDidLoad() 方法中插入下列的程式碼：

```
if let appearance = navigationController?.navigationBar.standardAppearance {

    appearance.configureWithTransparentBackground()

    if let customFont = UIFont(name: "Nunito-Bold", size: 45.0) {

        appearance.titleTextAttributes = [.foregroundColor: UIColor(red: 218/255, green: 96/255,
blue: 51/255, alpha: 1.0)]
        appearance.largeTitleTextAttributes = [.foregroundColor: UIColor(red: 218/255, green:
96/255, blue: 51/255, alpha: 1.0), .font: customFont]
    }

    navigationController?.navigationBar.standardAppearance = appearance
    navigationController?.navigationBar.compactAppearance = appearance
    navigationController?.navigationBar.scrollEdgeAppearance = appearance
}
```

要自訂導覽列，你需要先取得目前的 UINavigationBarAppearance 物件，standardAppearance 屬性包含標準尺寸導覽列的目前外觀設定。下一步是修改 appearance 物件的屬性，並應用我們的自訂。configureWithTransparentBackground() 函數設定導覽列爲透明背景與無陰影。

要變更導覽列標題的顏色與字型，則修改 titleTextAttributes 與 largeTitleTextAttributes 屬性，這兩個屬性都接收一組鍵／值格式的屬性。titleTextAttributes 屬性是用來設計標準尺寸的標題，而 largeTitleTextAttributes 屬性則用於顯示大尺寸標題。在上列的程式碼中，我們修改字型顏色，並應用我們的自訂字型。

即使我們完成了 appearance 物件的修改，自訂的結果也不會立即應用於導覽列，你必須指定物件至 standardAppearance、compactAppearance 與 scrollEdgeAppearance 屬性，每個屬性負責導覽列外觀的不同狀態。standardAppearance 屬性儲存標準尺寸導覽列的外觀設定，而 compactAppearance 的設定控制小尺寸導覽列的外觀，scrollEdgeAppearance 則是任何可捲動內容的邊緣到達導覽列邊緣時所要使用的外觀設定。

執行這個 App 來快速測試一下，你應該會看到如圖 15.2 所示的結果。

圖 15.2　淺色與深色模式下的自訂導覽列

現在我們進入細節視圖的實作，我們想要將表格視圖往上移到畫面的頂部邊緣。在 RestaurantDetailViewController 的 viewDidLoad() 方法中插入下列的程式碼：

```
tableView.contentInsetAdjustmentBehavior = .never
```

contentInsetAdjustmentBehavior 屬性的值控制表格視圖內容位移（offset）的調整，其預設設定爲「.always」，在這個情況下，iOS 會自動調整表格視圖的內容位移，以使內容不會被導覽列擋住，如圖 15.3 左圖所示。現在我們將 contentInsetAdjustmentBehavior 設定爲「.never」，以告知 iOS 不要調整內容區域。

圖 15.3　將 contentInsetAdjustmentBehavior 設定為 .always（左圖），contentInsetAdjustmentBehavior 設定為 .never（右圖）

如同本章開頭所述，我們要自訂導覽控制器的「返回」按鈕的圖示，而不使用預設的圖片，我們希望顯示 SF Symbols 的箭頭圖片（即 arrow.backward）。

UINavigationBarAppearance 物件還提供一個名為「setBackIndicatorImage」的函數，用來更改「返回」按鈕的圖片，如下所示：

```
var backButtonImage = UIImage(systemName: "arrow.backward", withConfiguration: UIImage.
SymbolConfiguration(pointSize: 20.0, weight: .bold))

backButtonImage = backButtonImage?.withAlignmentRectInsets(UIEdgeInsets(top: 0, left: -10,
bottom: 0, right: 0))
appearance.setBackIndicatorImage(backButtonImage, transitionMaskImage: backButtonImage)
```

在上列的範例程式碼中，我們載入系統圖片，並傳送我們的標誌設定來放大它。要變更「返回」按鈕的圖片，你可以呼叫 UINavigationBarAppearance 物件的 setBack IndicatorImage，並傳送我們自己的圖片。另外，我們使用 withAlignmentRectInsets 來調整「返回」按鈕的圖片位置。

這是全面的變更，適用於具有「返回」按鈕的全部畫面，而非只用於單一視圖，因此我們不會在 RestaurantTableViewController 中修改外觀物件來應用這個變更。

問題是：「我們要將上列的程式碼放在哪裡呢？」

AppDelegate 類別是整個應用程式的進入點，當從專案模板建立專案時，這個類別會由 Xcode 產生。通常，我們將自訂的程式碼放入 AppDelegate 類別的 application(_:didFinishLaunchingWithOptions:) 方法，在 App 載入時會呼叫這個方法，該方法適用於加入影響整個應用程式的自訂程式碼。

現在，更新 AppDelegate 的 application(_:didFinishLaunchingWithOptions:) 方法如下：

```swift
func application(_ application: UIApplication, didFinishLaunchingWithOptions launchOptions: [UIApplication.LaunchOptionsKey: Any]?) -> Bool {

    let navBarAppearance = UINavigationBarAppearance()

    var backButtonImage = UIImage(systemName: "arrow.backward", withConfiguration: UIImage.SymbolConfiguration(pointSize: 20.0, weight: .bold))

    backButtonImage = backButtonImage?.withAlignmentRectInsets(UIEdgeInsets(top: 0, left: -10, bottom: 0, right: 0))
    navBarAppearance.setBackIndicatorImage(backButtonImage, transitionMaskImage: backButtonImage)

    UINavigationBar.appearance().tintColor = .white
    UINavigationBar.appearance().standardAppearance = navBarAppearance
    UINavigationBar.appearance().compactAppearance = navBarAppearance
    UINavigationBar.appearance().scrollEdgeAppearance = navBarAppearance

    return true

}
```

在上列的程式碼中，我們先建立 UINavigationBarAppearance 物件，並更改「返回」按鈕的圖片，然後將修改過的 appearance 物件指定給 standardAppearance、compactAppearance 與 scrollEdgeAppearance 屬性。

如此，現在可以測試你的 App 並查看一下，由於我們還更改了導覽列的 tintColor 屬性，因此返回圖示應該更改為白色箭頭，如圖 15.4 所示。

圖 15.4　變更「返回」按鈕的圖片

如你所見，App 仍然顯示「返回」按鈕的標題，如果你想要移除標題，請開啟 Restaurant TableViewController.swift，並在 viewDidLoad() 方法中加入下列這行程式碼：

```
navigationItem.backButtonTitle = ""
```

再次測試 App，導覽列應該不再顯示「返回」按鈕的標題了。

15.2 滑動隱藏導覽列

自 iOS 8 開始，Apple 導入一個很棒的功能，可以讓你在滑動或點擊時隱藏導覽列，這個功能對你而言應該不陌生，當你在行動版 Safari 中向下捲動網頁時，網址列會壓縮，工具列也會消失。如果要在 App 中建立這個功能，你需要一個點選或是一行程式碼，就能啟用這個功能。

至 Main.storyboard，在導覽控制器（Navigation Controller）場景中選取導覽控制器，然後在屬性檢閱器中，Navigation Controller 區塊下有一個名為「On Swipe」的選項，如圖 15.5 所示。勾選啟用後，當使用者向下捲動內容視圖時，你的 App 便會隱藏導覽列及工具列（如果有的話），而當使用者滑動回去時，這些列又會再次出現。

圖 15.5　隱藏導覽列的 On Swipe 選項

這個變更會適用於整個 App 的所有導覽列，這表示餐廳表格視圖控制器與細節視圖控制器都會自動啟用該功能。如果我們只想隱藏餐廳表格視圖控制器的導覽列的話，該怎麼做呢？最好是在程式碼中修改會較好。

注意　如果你在介面建構器中啟用了 On Swipe 選項，在繼續操作之前，先關掉它，因為我們將編寫程式碼來設定該選項。

要滑動隱藏導覽列時，則可將 hidesBarsOnSwipe 屬性設定為 true，如下所示：

```
navigationController?.hidesBarsOnSwipe = true
```

我們在 RestaurantTableViewController 類別的 viewDidLoad 方法中加入上列的程式碼，接著執行 App 來快速測試，向上滑動表格視圖時，導覽列會被隱藏，運作得很好。

但是，如果你選取一間餐廳並導覽至細節視圖，也會啟用這個滑動隱藏的功能。好的，我們想要在細節視圖中關掉滑動隱藏的功能，則加入下列的程式碼至 Restaurant DetailViewController 類別的 viewDidLoad 方法中來關掉它。

```
navigationController?.hidesBarsOnSwipe = false
```

再次執行這個 App 進行測試，問題解決了嗎？

首先，看起來似乎解決了導覽列的問題，但是當你深入測試時，則會發現其他的問題，如圖 15.6 所示。

圖 15.6　在 viewDidLoad 方法中設定 hidesBarsOnSwipe 屬性的可能問題

我們簡要說明一下視圖控制器的生命週期。當首次建立視圖控制器的內容視圖並從故事板載入時，iOS 會呼叫 viewDidLoad 方法，這就是為何我們要在 viewDidLoad 中設定 Outlet 變數或者執行其他的初始化的原因。

不過，請記住只有在首次載入視圖時才會呼叫 viewDidLoad 方法，之後便不會再呼叫它，換句話說，如果你導覽至細節視圖，hidesBarsOnSwipe 屬性設定為 false，即使你回到表格視圖控制器，其值也會保持不變，這便是導覽列不會隱藏的原因（問題 1）。

對於問題 2，隱藏的導覽列仍然影響細節視圖，即使我們設法在 viewDidLoad 方法中將 hidesBarsOnSwipe 屬性設定回 false，它也不會顯示導覽列，因此我們必須明確告訴 App 要重新顯示導覽列。

幸運的是，UIViewController 類別提供了可回應不同視圖型別的幾個方法，不像 viewDidLoad 方法，這些方法在每次顯示或移除視圖時都會被呼叫。顯示視圖時，會同時呼叫 viewWillAppear 與 viewDidAppear 方法。當視圖準備要顯示時，會呼叫 viewWillAppear 方法，而視圖在畫面上顯示後會立即觸發 viewDidAppear 方法。

顯然的，viewWillAppear 方法符合我們的需求，在 RestaurantTableViewController 類別中插入下列的程式碼：

```swift
override func viewWillAppear(_ animated: Bool) {
    super.viewWillAppear(animated)

    navigationController?.hidesBarsOnSwipe = true
}
```

對於 RestaurantDetailViewController 類別，加入下列的程式碼：

```swift
override func viewWillAppear(_ animated: Bool) {
    super.viewWillAppear(animated)

    navigationController?.hidesBarsOnSwipe = false
    navigationController?.setNavigationBarHidden(false, animated: true)
}
```

由於每次要顯示視圖時，都會呼叫 viewWillAppear 方法，因此我們可以完美切換 hidesBarsOnSwipe 屬性。在 RestaurantDetailViewController 類別中的其他行程式碼明確告知 App 取消隱藏導覽列，這可解決了問題 2。有件事情需要特別注意，在一些實作情況下，你必須呼叫 super 方法，完成更改後就執行 App，請享受樂趣！

15.3 作業①：修正導覽列的錯誤

在我們繼續開發 App 的新功能之前，我們先修正一個你可能注意到的錯誤。在主視圖中，導覽列是使用大標題，但從細節視圖導覽回主視圖時，你是否注意到導覽列會變成標準尺寸列。

你的作業就是修正這個錯誤，以使主視圖（即 RestaurantTableView Controller）的導覽列始終顯示大標題。

15.4 Swift 擴展

繼續介紹其他的自訂 UI 之前，我想要岔開話題一下，來說明 Swift 中的「擴展」（Extension）功能。我們之前已討論過擴展，但是我想要更深入說明如何利用這個強大的 Swift 功能。

「擴展」是 Swift 中一個很棒的功能，可讓你加入新功能至目前的類別或其他型別（包括結構與列舉），這意味著什麼呢？你如何使用這個功能來編寫出更好的程式碼呢？我們以一個例子來說明。

當你看一下 RestaurantTableViewController 類別，你會發現有幾行程式碼與 UIColor 的初始化有關，如下所示：

```
UIColor(red: 218/255, green: 96/255, blue: 51/255, alpha: 1.0)
```

這裡我們使用自訂的 RGB 值來實例化 UIColor 物件。由於 UIColor 僅接受範圍是 0 至 1 的 RGB 值，在初始化期間，我們必須要將每個 RGB 分量除以 255。

這樣有點麻煩，我們可以像下面簡化上列的程式碼嗎？

```
UIColor(red: 218, green: 96, blue: 51)
```

這裡我們可以應用擴展來擴充 UIColor 的功能。即使 UIColor 是 iOS SDK 所提供的內建類別，我們可以使用 Swift 擴展來加入更多的功能。

欲將我們的專案組織得更好，則先建立一個群組來儲存擴展檔案。至專案導覽器，在「FoodPin」資料夾上按右鍵，選擇「New Group」，然後將群組命名為「Extensions」。

接著，在 Extensions 上按右鍵，選擇「New File」，然後選取「Swift File」模板，將檔案命名為「UIColor+Ext.swift」。檔案建立之後，更新程式碼如下：

```
import UIKit

extension UIColor {
    convenience init(red: Int, green: Int, blue: Int) {
        let redValue = CGFloat(red) / 255.0
```

```
        let greenValue = CGFloat(green) / 255.0
        let blueValue = CGFloat(blue) / 255.0
        self.init(red: redValue, green: greenValue, blue: blueValue, alpha: 1.0)
    }

}
```

要為現有的類別宣告擴展時，則以 extension 關鍵字開頭，後面接著想擴展的類別，這裡是 UIColor 類別。

我們實作另外的便利型初始器，其接受三個參數：「red」、「green」與「blue」。在初始器的主體中，我們將所給的 RGB 值除以 255 來進行轉換，最後我們以轉換後的 RGB 分量來呼叫原來的 init 方法。

這就是使用 Swift 擴展來加入另一個初始器至內建類別的方式，現在新的初始器已經可以使用了，例如：你可以將 RestaurantTableViewController 內的這行程式碼：

```
appearance.titleTextAttributes = [.foregroundColor: UIColor(red: 218/255, green: 96/255, blue: 51/255, alpha: 1.0)]
```

改為：

```
appearance.titleTextAttributes = [.foregroundColor: UIColor(red: 218, green: 96, blue: 51, alpha: 1.0)]
```

那麼你還能使用原來的初始器嗎？絕對可以，這個新的初始器只是簡化了冗餘的轉換，讓你輸入較少的程式碼。

15.5 為深色模式調整顏色

自深色模式導入後，你的 App 應該要配合淺色外觀與深色外觀。至今，FoodPin App 在深色模式下運作良好，主要原因在於我們大部分使用 Apple 所提供的內建自適應顏色。

隨著深色模式於 iOS 13 首次亮相後，Apple 導入兩種類型的內建顏色：「系統顏色」（System Colors）與「語義化顏色」（Semantic Colors），這些顏色皆設計為能夠適應不同的系統環境，不論是選擇系統顏色或者語義化顏色，這個顏色在淺色外觀與深色外觀上都看起來不錯。如前所述，相同的系統顏色如系統紅色（System Red Color）對於不同的介面樣式會有不同的顏色值。

如同系統顏色，語義化顏色也設計為自適應，並對不同的介面樣式回傳不同的顏色值。顏色名稱描述了顏色的意義，例如：「標籤顏色」（Label Color）是為標籤而建立，而「系統背景顏色」（System Background Color）則是用於繪製視圖的背景。

圖 15.7　自適應與語義化顏色

Apple 鼓勵開發者使用系統顏色與語義化顏色，因為它使你更容易支援深色模式，你應該避免使用寫死的顏色值來建立 UIColor 物件，那麼如果我們想使用自己的顏色而不使用內建的顏色（例如：用於導覽列標題的顏色），該如何做呢？

在素材目錄中，你可以建立自訂的顏色，該顏色對於淺色外觀與深色外觀有不同的顏色值。至 Assets.xcassets 素材目錄的任何空白區域按右鍵，會開啟內容選單，選擇「Color Set」來加入一個新顏色集。

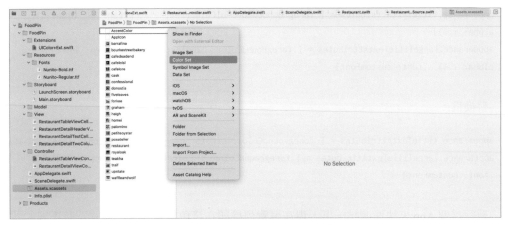

圖 15.8　在素材目錄加入新顏色集

將顏色集命名爲「NavigationBarTitle」，然後你需要爲「任何外觀」（Any Appearance）
與「深色外觀」（Dark Appearance）填入兩種不同的顏色。首先，選取「Any Appearance」，
然後到屬性檢閱器中更改輸入方法爲「8-bit Hexidecimal」，並設定十六進位（Hex）值爲
「#DA6033」。

圖 15.9　設定 Any Appearance 的顏色

重複相同的步驟，但是改對「Dark Appearance」設定顏色。我們對這個介面樣式使用
不同顏色值，因此設定十六進位值爲「#D35400」，這是定義自訂語義化顏色的方式。

要使用這個自訂顏色，你可以使用顏色名稱來建立 UIColor 實例，如下所示：

```
let color = UIColor(named: "NavigationBarTitle")!
```

現在你可以將 RestaurantTableViewController 類別的 viewDidLoad() 方法的下列程式
碼：

```
appearance.titleTextAttributes = [.foregroundColor: UIColor(red: 218, green: 96, blue: 51,
alpha: 1.0)]
appearance.largeTitleTextAttributes = [.foregroundColor: UIColor(red: 218, green: 96, blue: 51,
alpha: 1.0), .font: customFont]
```

替換為：

```
appearance.titleTextAttributes = [.foregroundColor: UIColor(named: "NavigationBarTitle")!]
appearance.largeTitleTextAttributes = [.foregroundColor: UIColor(named: "NavigationBarTitle")!,
.font: customFont]
```

執行這個 App 來快速測試一下，現在導覽列標題在淺色模式與深色模式下有不同的顏色。

15.6 變更狀態列的樣式

現在我們回到自訂 UI 的部分。狀態列的樣式在主畫面上看起來不錯，但是與細節視圖中的餐廳圖片不搭調，若是我們可將細節視圖的狀態列的顏色改為白色，那不是更好嗎？

iOS SDK 允許開發者使用 UIStatusBarStyle 常數，來指定狀態列的內容為深色還是淺色。預設上，狀態列顯示深色內容，換句話說，諸如時間、電池指示器與 Wi-Fi 訊號等項目是以深色顯示。

你可能想要將狀態列的樣式從暗色改為淺色，以使 App 看起來更好，有兩種方式可以辦到，你可以更改整個 App 的狀態列樣式，也可以只更改單個控制器的樣式。

顯然的，狀態列的樣式會因 FoodPin App 的不同視圖控制器而異。至於主畫面，我們想要保持預設樣式，而細節視圖的狀態則更改為淺色樣式。

通常要在任何視圖控制器中控制狀態列的樣式，可以在類別中加入下列的程式碼，以覆寫 preferredStatusBarStyle 屬性，並回傳喜愛的樣式。

```
override var preferredStatusBarStyle: UIStatusBarStyle {
    return .lightContent
}
```

你可以在 RestaurantDetailViewController 類別中插入上列的程式碼來嘗試，可惜的是，上列的程式碼在這裡無法運作。

原因是細節視圖控制器嵌入於導覽控制器中，iOS 使用導覽控制器中所指定的預設樣式來代替。那麼我們要如何告知 iOS 更改狀態列的樣式呢？

這有點棘手，你需要建立一個自訂的 UINavigationController 類別，並覆寫它的 preferredStatusBarStyle 屬性。在專案導覽器中，於 Controller 群組按右鍵，選擇「New File」，接著選取「CocoaTouchClass」模板，將類別命名為「NavigationController」，並設定其子類別為「UINavigationController」。更新程式碼如下：

```
class NavigationController: UINavigationController {

    override var preferredStatusBarStyle: UIStatusBarStyle {
        return topViewController?.preferredStatusBarStyle ?? .default
    }

}
```

我們覆寫 preferredStatusBarStyle 屬性，它會回傳頂部視圖控制器（Top View Controller）的 preferredStatusBarStyle 的值。在這裡，topViewController 是導覽堆疊頂部的視圖控制器。以細節視圖來說，RestaurantDetailViewController 是頂部視圖控制器。

最後切換至 Main.storyboard，我們需要更新導覽控制器來使用我們自訂的導覽控制器。在文件視圖中選取「Navigation Controller」，然後在識別檢閱器中更改自訂類別。

圖 15.10　變更自訂類別為 NavigationController

現在再次執行 App 來看結果，在細節視圖中，狀態列應該已更改為白色，如圖 15.11 所示。

圖 15.11　細節視圖以白色顯示狀態列

這是處理單個控制器的狀態列樣式的方式，雖然這對於我們的 App 來說已經足夠了，但我想要花幾分鐘來說明如何變更整個應用程式的狀態列樣式。

要辦到的話，你可以在專案導覽器中選取「Food Pin」專案，然後在「General」頁籤中，你可將狀態列樣式變更為「Light Content」，這將更改整個 App 的狀態列樣式。

圖 15.12　變更狀態列樣式

不過，在進行此修改之前，還有一個地方需要設定。

預設上，Xcode 專案是啟用「View controller-based status bar appearance」，這表示你可以控制每個視圖控制器狀態列的外觀。當你想要全面更改狀態列的樣式時，則需要修改 Info.plist 檔，來選擇退出「View controller-based status bar appearance」。

選取 Info.plist 檔來開啟它，在「Information Property List」按右鍵，選擇「Add Row」，然後插入一個名為「View controller-based status bar appearance」的新鍵，並設定其值為「NO」，這指示 Xcode 使用我們之前在「General」頁籤中所設定的狀態列，現在整個 App 會使用新的狀態樣式，如圖 15.13 所示。

圖 15.13　編輯 Info.plist 來加入新鍵

15·7 動態型別

何謂「動態型別」（Dynamic Type）？你可能沒聽過動態型別，但你應該有看過設定畫面（「設定→輔助使用→顯示與文字大小→放大文字」，或是「設定→螢幕顯示與亮度→文字大小」），如圖 15.14 所示。

圖 15.14　加大文字的設定

動態型別並不是新的功能，在 iOS 7 時就被導入。有了這個功能，使用者可以自訂 App 的文字大小來符合他們的需求，不過只有採用動態型別的 App 才能夠因應文字的變化。

所有內建的原廠 App 都採用動態型別，至於第三方 App，則是取決於開發者的決定。雖然 Apple 並沒有強制要求開發者要支援動態型別，但是其始終建議加入，如此使用者才能選擇自己的文字大小。

那麼該如何採用動態型別呢？由於我們已經使用自動佈局來設計視圖了，採用動態型別只是小事一件。還記得我們設定所有的標籤使用文字樣式，這也是採用動態型別所需要的，即使用文字樣式而不是固定的字型型別，如圖 15.15 所示。

圖 15.15　以文字樣式設定名稱標籤

那麼，你該如何使用內建的模擬器來測試動態型別呢？其中一種方式是至「設定（Settings）→輔助使用（Accessibility）→顯示與文字大小（Display & Text Size）→放大文字（Large Text）」，來更改模擬器中的設定，我們啟用「更大的輔助使用字體大小」（Larger Accessibility Sizes），並將滑桿往右拖曳來加大字型。

另一個更方便的方法是使用 Xcode 中的「Environment Overrides」選項。在模擬器中執行 App 時，點選「Environment Overrides」按鈕，並開啟「Text」選項，你可以使用動態型別滑桿來調整字型大小。在模擬器中，App 應該會對文字大小的變更做因應，如圖 15.16 所示。

圖 15.16　使用 Environment Overrides 來測試動態型別

目前的實作還存在一個問題，在模擬器中至「設定→輔助使用→顯示與文字大小→放大文字」，接著啟用「更大的輔助使用字體大小」來加大字型，然後切回模擬器，你將會發現標籤的大小沒有改變，但是如果你再次執行這個 App，則字型大小就會相應更改。

我們該如何解決這個問題呢？

在文字標籤中有一個選項稱爲「Automatically Adjusts Font」，其預設是關閉的，啓用這個選項後，它會在系統設定中監聽文字大小的變更，並自動更新爲新的文字大小。

至 Main.storyboard，並選取餐廳表格視圖控制器的名稱標籤，在屬性檢閱器中，啓用「自動調整字型」（Automatically Adjusts Font）選項，如圖 15.17 所示。對於其他標籤重複相同的步驟，透過開啓這個選項，則每當使用者在設定中變更字型大小時，標籤將自動調整大小。

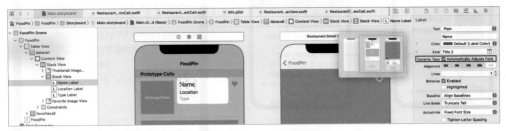

圖 15.17　啟用自動調整字型功能

另外，您還可以設定 UILabel 的 AdjustsFontForContentSizeCategory 屬性爲 true 來應用變更，例如：

```
descriptionLabel.adjustsFontForContentSizeCategory = true
```

15.8　作業②：解決問題

與作業①相似，作業②是關於錯誤的修復。假設你已測試過 App 的動態型別，你應該會注意到並非所有的字型大小都能正常運作，如圖 15.18 所示。設定字型大小爲最大時，會出現以下的問題：

● 在主畫面中，放大字型時地址會被截斷。

● 如果文字太長，在細節視圖中的類型標籤會被截斷。

● 在 iPad 中，如果名稱太長，則無法在細節視圖中完整顯示餐廳的名稱。

根據你所學的知識，試著解決所有這些問題。其中一個問題與自動佈局有關，你將需要特別對 iPad 裝置更改約束條件。

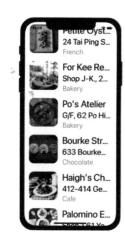

圖 15.18　當字型變大時的幾個問題

本章小結

　　在本章中，你學會了如何自訂導覽列與狀態列，我還介紹了動態顏色與動態型別，這讓使用者可選擇他們喜愛的字型大小。Apple 鼓勵所有的 iOS 開發者採用這個技術，因為這提供你的使用者有其他的選擇。對於視力較差的人，他們可能喜歡較大的文字，而對某些人而言，他們可能更喜歡較小的文字。不管如何，盡力在你的 App 中支援動態型別。

　　在本章所準備的範例檔中，有最後完整的 Xcode 專案及作業的解答（FoodPinNav Customization.zip）供你參考。

> 提示 可參考 Apple 的《iOS 人機介面指南》（iOS Human Interface Guidelines）：URL https://developer.apple.com/ios/human-interface-guidelines/visual-design/typography/。

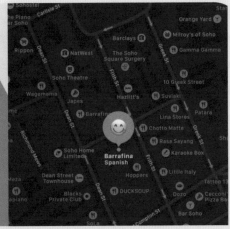

Homei

Cafe

A little gem hidden at the corner of the street is nothing but fantastic! This place is warm and cozy. We open at 7 every morning except Sunday, and close at 9 PM. We offer a variety of coffee drinks and specialties including lattes, cappuccinos, teas, and more. We serve breakfast, lunch, and dinner in an airy open setting. Come over, have a coffee and enjoy a chit-chat with our baristas.

Address

Shop B, G/F, 22-24A
Tai Ping San Street
SOHO, Sheung Wan,
Hong Kong

Phone

348-233423

16 運用地圖

MapKit 框架爲開發者提供 API，來顯示地圖、導覽地圖、在特定位置加入標記、在目前地圖上加入堆疊等。藉由這個框架，可以讓你不需要撰寫任何程式碼，就把功能完整的地圖介面嵌入到你的 App 中。

最新版本的 MapKit 框架還讓開發者提供自訂大頭針、交通工具路線、飛行俯瞰的支援。使用內建的 API，開發者便可依照選項來自訂標記，我會介紹其中的一些功能，尤其是你將學到關於框架的下列內容：

● 如何在視圖和表格視圖儲存格中嵌入地圖。

● 如何使用地理編碼器（Geocoder）將地址轉成座標。

● 如何在地圖上加入與自訂大頭針（即標記）。

● 如何自訂標記。

爲了讓你對 MapKit 框架更加了解，我們會在 FoodPin App 中加入地圖功能。變更後，App 會在細節視圖的畫面中顯示一個小的地圖視圖，當使用者點擊該地圖視圖時，這個 App 將進一步顯示全螢幕互動地圖。

太酷了對吧？這一定很有趣，讓我們開始吧！

16.1 使用 MapKit 框架

預設上， MapKit 框架並沒有綁定在 Xcode 專案中，要使用它的話，你必須先加入框架，並將它綁定至你的專案中，但是你不需要手動執行此操作。Xcode 有個 Capability 區塊，可讓你爲各種 Apple 技術（如 Maps 與 iCloud）設定框架。

在專案導覽器中，選取 FoodPin 專案，然後選取 FoodPin 目標。你可以點擊「+ Capabilities」按鈕來啓用地圖（Maps）功能。只需找到「Maps」並點擊兩下即可，Xcode 會自動設定專案，以使用 MapKit 框架，如圖 16.1 所示。

①選取 FoodPin 專案　②選取目標

③點選 Capability

圖 16.1　在你的 Xcode 專案中啟用 Maps

16.2　加入地圖介面至你的 App

我們所要做的是在餐廳細節視圖的頁尾中加入一個非互動式地圖。當使用者點擊地圖時，App 會導覽到地圖視圖控制器，來顯示餐廳位置的全螢幕地圖，圖 16.2 顯示了 App 的最終 UI。

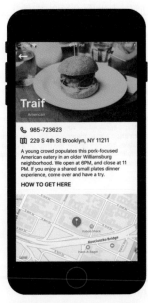

圖 16.2　在表格視圖頁尾的嵌入式地圖（左圖）；在視圖控制器中的全螢幕地圖（右圖）

我們先修改細節視圖來支援地圖功能。如你所知，我們需要實作一個新的原型儲存格來顯示地圖視圖。

現在開啓 Main.storyboard，並選取細節視圖控制器的表格視圖。在屬性檢閱器中，將原型儲存格（Prototype Cell）的值從「2」改爲「3」，Xcode 會自動在表格視圖中複製兩欄儲存格，然後刪除堆疊視圖來清除其內容，如圖 16.3 所示。

圖 16.3　再加入兩個原型儲存格

開啓元件庫，搜尋「Map Kit View」，這是用於嵌入地圖介面的物件，如圖 16.4 所示。

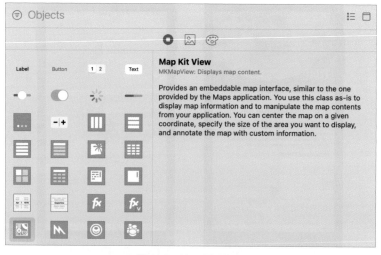

圖 16.4　Map Kit View

拖曳 Map Kit View 至新儲存格，點選「Add New Constraints」按鈕，並爲地圖視圖加上間距約束條件，設定所有邊的值爲「0」、高度爲「200」，另外確認未勾選「Constrain to margins」選項，然後點選「Add 5 Constraints」來讓地圖視圖填滿整個儲存格，如圖16.5所示。

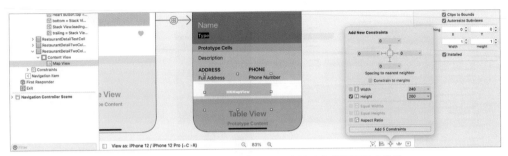

圖 16.5　將地圖視圖加入到新的原型儲存格並定義間距約束條件

如你所見，儲存格超出了表格視圖的邊界，爲了方便編輯，你可讓這個視圖控制器大一點。在文件大綱中選取「Restaurant Detail View Controller」，在尺寸檢閱器中，將其模擬尺寸（Simulated Size）從「Fixed」更改爲「Freeform」，並設定高度爲「1000」，這可讓細節視圖控制器延展至「1000 點」，如圖 16.6 所示，現在你可以輕鬆編輯地圖儲存格了。

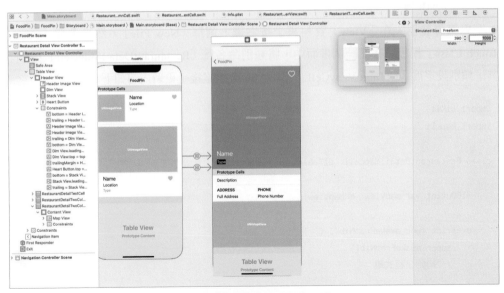

圖 16.6　調整細節視圖控制器的模擬尺寸

如果你選取地圖視圖並至屬性檢閱器，你會發現幾個設定其行為的選項（例如：縮放與捲動等）。由於這個地圖視圖只在表格儲存格中顯示，因此我想要降低互動性，取消勾選「捲動」（Scrolling）、「旋轉」（Rotating）、「3D 視圖」（3D View）選項，如圖 16.7 所示。

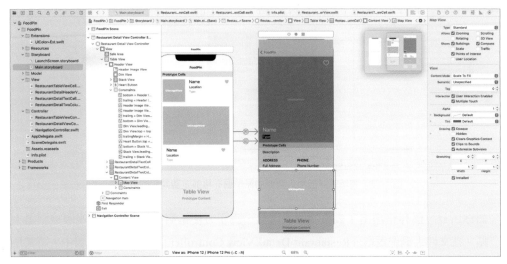

圖 16.7　更改地圖視圖的選項

我知道你迫不及待要測試變更，但是我們還需要設定一些事情。我們還沒有為地圖儲存格建立 Swift 檔。

至專案導覽器，在「View」資料夾上按右鍵，選擇「New File」，然後選取「Cocoa Touch Class」模板。在下一個畫面中，將類別命名為「RestaurantDetailMapCell」，並將其子類別設定為「UITableViewCell」。儲存 Swift 檔案後，更新內容如下：

```
import UIKit
import MapKit

class RestaurantDetailMapCell: UITableViewCell {

    @IBOutlet var mapView: MKMapView!

    override func awakeFromNib() {
        super.awakeFromNib()
        // 初始化程式碼
    }

    override func setSelected(_ selected: Bool, animated: Bool) {
        super.setSelected(selected, animated: animated)
```

```
        // 設定視圖為被選取狀態

    }


}
```

這裡我們做了一些更改。首先，我們在程式碼的開頭加入一個 import 敘述，另一件事是 mapView Outlet。由於 MKMapView 是透過 MapKit 套件才能使用，因此我們必須加入這個 import 敘述。

現在回到介面建構器來建立 Outlet 連結，選取具有地圖視圖的原型儲存格，然後至屬性檢閱器，變更其識別碼為「RestaurantDetailMapCell」，如圖 16.8 所示。

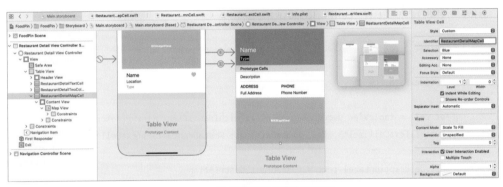

圖 16.8　更改原型儲存格的識別碼

在識別檢閱器中，設定自訂類別為「RestaurantDetailMapCell」，接下來建立 mapView 變數與地圖視圖之間的連結，如圖 16.9 所示。

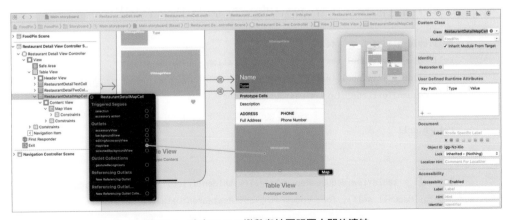

圖 16.9　建立 Outlet 變數與地圖視圖之間的連結

酷！你快完成了。使用這個新的原型儲存格，你必須對 RestaurantDetailViewController.
swift 檔進行一些更改：

● 對於細節視圖中的儲存格數量，要從「2」改爲「3」。

● 應該要更新 tableView(_:cellForRowAt:) 方法，因爲我們必須爲第二列回傳不同的儲存
格型別。

現在開啓 RestaurantDetailViewController.swift，並更新儲存格的總數爲：

```swift
func tableView(_ tableView: UITableView, numberOfRowsInSection section: Int) -> Int {
    return 3
}
```

另外，更新 tableView(_:cellForRowAt:) 方法如下：

```swift
func tableView(_ tableView: UITableView, cellForRowAt indexPath: IndexPath) -> UITableViewCell
{
    switch indexPath.row {
    case 0:
        let cell = tableView.dequeueReusableCell(withIdentifier: String(describing:
RestaurantDetailTextCell.self), for: indexPath) as! RestaurantDetailTextCell

        cell.descriptionLabel.text = restaurant.description

        return cell

    case 1:
        let cell = tableView.dequeueReusableCell(withIdentifier: String(describing:
RestaurantDetailTwoColumnCell.self), for: indexPath) as! RestaurantDetailTwoColumnCell

        cell.column1TitleLabel.text = "Address"
        cell.column1TextLabel.text = restaurant.location
        cell.column2TitleLabel.text = "Phone"
        cell.column2TextLabel.text = restaurant.phone

        return cell

    case 2:
        let cell = tableView.dequeueReusableCell(withIdentifier: String(describing:
RestaurantDetailMapCell.self), for: indexPath) as! RestaurantDetailMapCell

        return cell
```

```
        default:
            fatalError("Failed to instantiate the table view cell for detail view controller")

    }
}
```

在上列的程式碼中，我們只加入一個新的 case 來處理地圖儲存格。我們點擊「Run」按鈕來快速測試一下，當你選取一間餐廳並導覽至細節視圖時，它會顯示一個地圖，這就是MapKit 的強大之處，不需要為地圖視圖撰寫程式碼，你就已經在 App 中嵌入地圖了。現在，它只顯示基於你目前位置的預設地圖，但已經非常酷了，對吧？

圖 16.10　現在地圖視圖顯示了地圖

16.3　作業①：修改地圖視圖

我們還沒有完成地圖視圖的實作。在繼續往下之前，我們先做一個簡單的練習，修改佈局約束條件與地圖視圖的圓角半徑，使其如圖 16.11 所示。

圖 16.11　調整細節視圖

如果你無法想出解答的話，你可以參考我們的完整專案（FoodPinRoundedMap.zip）。

16.4 顯示全螢幕地圖

我們還沒有完成 UI，我希望當使用者點擊地圖時，它會導覽至另一個顯示全螢幕地圖的畫面。現在我們來實作全螢幕地圖的 UI，對於這個地圖，我們以一個單獨的視圖控制器來實作它。開啟元件庫，並拖曳一個視圖控制器至故事板中，如圖 16.12 所示。

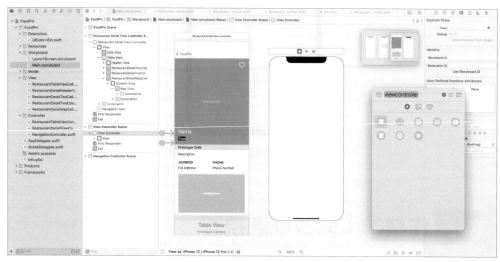

圖 16.12　加入新視圖控制器

然後將地圖視圖拖曳至視圖控制器，並調整其大小來符合視圖，接下來點選「Add New Constraints」按鈕，以加入所需的佈局約束條件，設定頂部、左側、底部與右側為「0」，並點選「Add 4 Constraints」進行確認，如圖 16.13 所示。

圖 16.13　加入地圖視圖的間距約束條件

　　為了在使用者點擊地圖儲存格時顯示全螢幕地圖，我們必須在視圖控制器與儲存格之間設定一個 Segue。現在按住 Control 鍵，並從 RestaurantDetailMapCell 拖曳至新的地圖視圖控制器來建立 Segue，如圖 16.14 所示。選擇「Show」作為 Segue 型別，當建立 Segue後選取它，然後在屬性檢閱器中設定其識別碼為「showMap」。

圖 16.14　為地圖視圖儲存格建立 Segue

　　如果你編譯與執行這個 App，在細節視圖中點擊地圖，App 應該會導覽至功能完整的地圖。

作業②：修復錯誤

這裡有另一個臨時練習，同樣是關於錯誤修復。在細節視圖中，你是否試過點擊描述或地址儲存格嗎？當你點擊任何一個儲存格時，該儲存格會突出顯示為灰色，並且無法切換回白色，如圖 16.15 所示。我們之前已討論過這個問題了，你的任務是找出這個問題的解答。

圖 16.15　儲存格無法切換回白色的問題

16.6 使用地理編碼器將地址轉換為座標

現在你應該了解如何在 App 中嵌入地圖，但是如何在地圖上定位你的位置呢？在地圖上定位餐廳位置之前，我們先來了解如何處理地圖上的位置。

要在地圖上突出顯示位置，你不能只使用實際的地址，MapKit 框架不能這樣運作，地圖要知道的是對應地球上的點的經緯度地理座標。

這個框架為開發者提供一個 Geocoder 類別，可將文字地址（即地標）轉換為全球座標，這個過程通常稱為「前向地理編碼」（Forward Geocoding）；反之，你也可以使用地理編碼器將經緯度值轉換回地標，這個過程稱為「反向地理編碼」（Reverse Geocoding）。

要使用 CLGeocoder 類別初始化一個前向地理編碼，則需要建立一個 CLGeocoder 實例，接著使用帶著地址參數的 geocodeAddressString 方法，例如：

```
let geoCoder = CLGeocoder()
geoCoder.geocodeAddressString("524 Ct St, Brooklyn, NY 11231", completionHandler: { placemarks,
error in

// 處理地標

})
```

這裡沒有指定地理字串的格式。這個方法將特定的位置資料非同步傳送到地理編碼伺服器，然後伺服器會解析地址，回傳一個 placemark 物件的陣列。而回傳的 placemark 物件的數量取決於你提供的地址，如果你提供的地址資訊越具體，結果會越好；如果你的地址不夠精確，則可能會得到多個 placemark 物件。

有了 placemark 物件（即 CLPlacemark 類別的實例），你可以使用下列的程式碼輕鬆取得地址的地理座標：

```
let coordinate = placemark.location?.coordinate
```

完成處理器（Completion Handler）是在前向地理編碼請求完成後要執行的程式碼區塊，諸如標記地標的操作會在這個程式碼區塊中完成。

16.7 地圖標記概論

現在你已經對地理編碼器有了基本概念，並了解如何取得地址的全球座標，接著我們來了解如何在地圖上定位，如圖 16.16 所示。為此，MapKit 框架提供標記功能來精確定位特定的位置。

圖 16.16　在 iOS 的標記

標記可以多種形式出現。在 iOS 11 之前，標記是以大頭針的形式出現，而在最新版的 MapKit 框架中，Apple 重新設計了預設標記，以使其看起來更現代。通常，標記由圖示（如大頭針或自訂圖片）與標題所組成。

從開發者的觀點來看，標記實際上由兩種不同的物件組成：

- **標記物件（Annotation Object）**：儲存標記的資料，例如：地標名稱。這個物件應遵循 MapKit 中定義的 MKAnnotation 協定。

- **標記視圖（Annotation View）**：這是標記的視覺呈現的實際物件。大頭針圖片就是一個例子，當你想顯示自己的標記形式（例如：以鉛筆代替大頭針），就需要建立自己的標記視圖。

MapKit 框架帶有一個標準標記物件及一個標記視圖（即 MarkerAnnotationView），因此除非你想要自訂標記，否則你不需要建立自己的標記。

圖 16.17　預設標記

最簡單的形式是標準標記，如圖 16.17 所示。要在地圖加上大頭針，你只需要幾行程式碼：

```
let annotation = MKPointAnnotation()
if let location = placemark.location {
    annotation.coordinate = location.coordinate
    mapView.addAnnotation(annotation)
}
```

MKPointAnnotation 類別是一個標準類別，採用了 MKAnnotation 協定。透過在標記物件中指定座標，可以呼叫 mapView 物件的 addAnnotation 方法，以在地圖上放置大頭針。

16.8 對地圖加入標記

介紹完標記與地理編碼的基礎內容後，我們回到 FoodPin 專案。我們先在表格儲存格中對地圖加入一個大頭針標記。

在 RestaurantDetailMapCell.swift 中插入下列的方法：

```
func configure(location: String) {
    // 取得位置
    let geoCoder = CLGeocoder()

    print(location)
    geoCoder.geocodeAddressString(location, completionHandler: { placemarks, error in
        if let error = error {
            print(error.localizedDescription)
            return
        }

        if let placemarks = placemarks {
            // 取得第一個地標
            let placemark = placemarks[0]

            // 加上標記
            let annotation = MKPointAnnotation()

            if let location = placemark.location {
                // 顯示標記
                annotation.coordinate = location.coordinate
                self.mapView.addAnnotation(annotation)
```

```
            // 設定縮放程度
            let region = MKCoordinateRegion(center: annotation.coordinate, latitudinalMeters:
    250, longitudinalMeters: 250)
            self.mapView.setRegion(region, animated: false)
        }
    }


    })
}
```

　　這個地圖儲存格負責處理地圖視圖，並在地圖上顯示標記，因此我們加入一個名為
configure 的新方法，該方法接受餐廳地址作為參數。由於我們之前已經討論過地理編碼
器與標記的用法，因此我不會逐行解釋上列的程式碼，簡單而言，我們先用地理編碼器將
所選餐廳的地址（即 location）轉換為座標。在大多數的情況下，地標陣列應包含一個項
目，因此我們只從陣列中選擇第一個元素，然後在地圖視圖上顯示標記。

　　最後兩行程式碼對你而言會較為陌生，這裡我們使用 MKCoordinateRegion 函數，將地
圖的初始縮放程度調整為 250m 半徑。

> **提示** 你仍然可以在沒有這兩行程式碼的情況下標記位置，試著移除這些程式碼，並觀察有何不同。

　　現在編輯 RestaurantDetailViewController.swift 檔，更新 tableView(_:cellForRowAt:) 方
法的 case 2 如下：

```
case 2:
    let cell = tableView.dequeueReusableCell(withIdentifier: String(describing:
RestaurantDetailMapCell.self), for: indexPath) as! RestaurantDetailMapCell
    cell.configure(location: restaurant.location)
    cell.selectionStyle = .none

    return cell
```

　　我們只需要增加一行程式碼來呼叫帶有餐廳位置的 configure 方法。如果你現在執行
App，它會在地圖上正確顯示餐廳的位置，如圖 16.18 所示。

圖 16.18　在地圖上定位餐廳位置

對全螢幕地圖加入標記

好的，我們進入全螢幕地圖的實作。和往常一樣，我們先爲地圖視圖控制器建立一個自訂類別。至專案導覽器中，在「Controller」資料夾上按右鍵，選擇「New File」，然後使用「Cocoa Touch class」模板來建立新類別，並將類別命名爲「MapViewController」，確認其設定爲「UIViewController」的子類別，並儲存檔案。

同樣，我們先匯入 MapKit 框架，在 MapViewController.swift 檔的開頭插入下列的程式碼：

```
import MapKit
```

接下來，爲地圖視圖宣告以下的 Outlet 變數，並爲所選餐廳宣告另一個變數：

```
IBOutlet var mapView: MKMapView!
```

```
var restaurant = Restaurant()
```

這個 Outlet 變數是用來連結在 Storyboard 中的地圖視圖。至介面建構器，並選取地圖視圖控制器，在識別檢閱器中設定自訂類別爲「MapViewController」，然後建立一個 Outlet 變數與地圖視圖間的連結，如圖 16.19 所示。

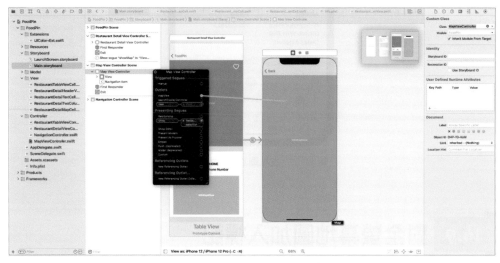

圖 16.19 在 MKMapView 與 Outlet 變數之間建立連結

要在地圖上加入標記，則將 MapViewController 類別的 viewDidLoad 方法更新如下：

```swift
override func viewDidLoad() {
    super.viewDidLoad()

    // 地址轉換為座標後標記在地圖上
    let geoCoder = CLGeocoder()
    geoCoder.geocodeAddressString(restaurant.location, completionHandler: { placemarks,
error in
        if let error = error {
            print(error)
            return
        }

        if let placemarks = placemarks {
            // 取得第一個地標
            let placemark = placemarks[0]

            // 加上標記
            let annotation = MKPointAnnotation()
            annotation.title = self.restaurant.name
            annotation.subtitle = self.restaurant.type

            if let location = placemark.location {
                annotation.coordinate = location.coordinate
```

```
        // 顯示標記
        self.mapView.showAnnotations([annotation], animated: true)
        self.mapView.selectAnnotation(annotation, animated: true)
      }
    }

  })

}
```

　　上列的程式碼和我們剛才討論的程式碼很相似，因此我不會逐行解釋上列的程式碼。我們將地址轉換為用來標記的座標，再一次，我們使用 MKPointAnnotation 對地圖加入一個大頭針，但是這次我們為它指定標題與副標題，並使用 mapView 物件的 showAnnotations 方法來將大頭針放到地圖上。這個方法很聰明，可以判斷放置大頭針的最佳合適區域。

　　標記有三種狀態。預設上，當標記沒有被選取時，是處於平常狀態，圖示看起來較小。在上列的程式碼中，我們呼叫 selectAnnotation 方法來選取標記，並將它轉換為選取狀態，此時它的圖示會變大。當你測試這個 App 時，你將會更了解我所指的大小的意思。

　　在測試 App 之前，還有一件事要做，我們還沒有傳送所選餐廳至地圖視圖控制器。在 RestaurantDetailViewController 類別中插入 prepare(for:sender:) 方法如下：

```
override func prepare(for segue: UIStoryboardSegue, sender: Any?) {
    if segue.identifier == "showMap" {
        let destinationController = segue.destination as! MapViewController

        destinationController.restaurant = restaurant
    }
}
```

　　我們只需取得所選的餐廳，並將其傳送給目的視圖控制器（Destination View Controller），這裡是指 MapViewController 類別。好的，我們編譯與執行這個 App，點擊細節視圖中的「地圖」按鈕，你將在地圖上看到一個大頭針，如圖 16.20 所示。

圖 16.20　現在點擊地圖按鈕會顯示帶有餐廳位置的地圖

自訂標記

　　你可以變更標記視圖的外觀（即 MKMarkerAnnotationView），例如：自訂其顏色與圖示。如果你閱讀 MKMarkerAnnotationView 的 API 文件（ URL https://developer.apple.com/documentation/mapkit/mkmarkerannotationview），你會發現幾個用於自訂的屬性。這裡有些例子：

● **markerTintColor**：氣球標記的背景顏色。

● **glyphText**：氣球標記中顯示的文字。

● **glyphImage**：氣球標記中顯示的圖片。

　　如本章開頭所述，標記視圖控制標記的視覺部分。為了修改標記的外觀，我們必須修改標記視圖。為此，我們必須採用 MKMapViewDelegate 協定，這個協定定義了一組可選型別的方法，可用於接收與地圖有關的更新訊息。這個地圖視圖使用其中一個方法來請求標記，每當地圖視圖需要一個標記視圖時，它會呼叫 mapView(_:viewFor:) 方法：

```
optional func mapView(_ mapView: MKMapView, viewFor annotation: MKAnnotation) ->
MKAnnotationView?
```

到目前為止，我們還沒有採用這個協定，而是為該方法提供自己的實作，這就是為何會顯示預設的標記視圖的原因。我們將實作這個方法並自訂標記視圖的顏色與圖示。

回到 MapViewController.swift 檔，並使用擴展來採用 MKMapViewDelegate 協定，如下所示：

```swift
extension MapViewController: MKMapViewDelegate {

    func mapView(_ mapView: MKMapView, viewFor annotation: MKAnnotation) -> MKAnnotationView? {
        let identifier = "MyMarker"

        if annotation.isKind(of: MKUserLocation.self) {
            return nil
        }

        // 如果可能則重複使用標記
        var annotationView: MKMarkerAnnotationView? = mapView.dequeueReusableAnnotationView(withIdentifier: identifier) as? MKMarkerAnnotationView

        if annotationView == nil {
            annotationView = MKMarkerAnnotationView(annotation: annotation, reuseIdentifier: identifier)
        }

        annotationView?.glyphText = ""
        annotationView?.markerTintColor = UIColor.orange

        return annotationView
    }
}
```

我們逐行來看上列的程式碼。每當地圖視圖需要顯示一個標記時，會呼叫上列的方法。之前，我們尚未實作這個方法，在這種情況下，地圖視圖會使用預設的標記。基本上，有兩種類型的標記：

● 地標。

● 目前位置。

使用者的目前位置也是一種標記。標記使用者位置時，地圖視圖也會呼叫這個方法。如你所知，目前位置在地圖中顯示為一個藍點，即使我們還沒有啟用 App 來顯示目前位置，我們也不想要更改其標記視圖，這就是爲何我們驗證這個標記物件是否爲 MKUserLocation 的原因。如果是的話，我們只回傳 nil，然後地圖視圖會使用藍點來顯示位置。

爲了性能起見，最好是重複使用現有的標記視圖，而非重新建立一個新的標記視圖。這個地圖視圖可以聰明快取未使用的標記視圖。與 UITableView 類似，我們可以呼叫 dequeueReusableAnnotationView(withIdentifier:) 方法，以查看是否有未使用的視圖可以使用，如果是的話，則將其向下轉型爲 MKMarkerAnnotationView。

如果沒有可用的未使用視圖，我們將透過實例化 MKMarkerAnnotationView 物件來建立一個新視圖。一旦我們獲得了標記視圖，就可以修改它的 glphyText 與 markerTintColor 屬性來自訂外觀。

在 viewDidLoad 方法中，加入下列這行程式碼來定義 mapView 的委派：

```
mapView.delegate = self
```

這裡我們定義 MapViewController 爲 mapView 的委派物件。

酷！我們完成了，點擊「Run」按鈕並啓動 App。選擇一間餐廳，然後點擊「地圖」按鈕，來查看修改後的標記，如圖 16.21 所示。

圖 16.21　加上表情符號的標記

如果你要用圖片代替標記，則將 glyphText 替換爲 glypImage，如下所示：

```
annotationView?.glyphImage = UIImage(systemName: "arrowtriangle.down.circle")
```

16.11 自訂地圖

Apple 也讓開發者控制地圖視圖上的內容，以下是三個用於控制地圖視圖內容的新屬性：

- **showTraffic**：在你的地圖視圖上顯示任何高流量。
- **showScale**：在你的地圖視圖的左上角顯示比例尺。
- **showCompass**：在你的地圖視圖的右上角顯示一個指南針控制元件。請注意指南針只在地圖稍微偏離正北方後才會出現。

圖 16.22　在地圖上顯示交通流量、比例尺與指南針

作為示範，你可以在 viewDidLoad 方法中插入下列的程式碼來嘗試看看：

```
mapView.showsCompass = true
mapView.showsScale = true
mapView.showsTraffic = true
```

如果你在模擬器執行 App，在地圖最初載入時，你可能不會看到指南針的圖示，你可以按住 option 鍵，並拖曳地圖來讓它出現。

16.12 作業③：移除標題

這是最後的練習。在地圖視圖控制器中，導覽列的「返回」按鈕顯示標題為「Back」，你的任務是修改程式碼來移除標題。

16.13 本章小結

在本章中，我已經介紹了 MapKit 框架的基礎內容，現在你應該知道如何在 App 中嵌入地圖並加入標記，不過這只是一個開始而已，你可以進一步探索 MKDirection（ URL https://developer.apple.com/documentation/mapkit/mkdirections ），它可提供來自 Apple 伺服器、基於路線的方向資料，以取得行駛時間的資訊或行車路線或步行路線，你可讓 App 顯示方向，使其更具多功能。

在本章所準備的範例檔中，有最後完整的 Xcode 專案（FoodPinMaps.zip）供你參考。

基礎動畫、視覺效果
與回退 Segue

在 iOS 中，建立複雜的動畫並不需要你撰寫複雜的程式碼，你只需要知道 UIView 類別中的一個方法即可：

```
UIView.animateWithDuration(1.0, animations)
```

該方法有多種變數，可提供其他的設定與功能，這是每個視圖動畫的基礎。

首先，什麼是動畫？如何建立動畫呢？動畫是透過快速顯示一連串靜態圖片或影格（Frame）來模擬移動及形狀變化，而物件在移動或改變大小是一種錯覺，例如：一個逐漸變大的圓形動畫實際上是透過顯示序列影格來建立，它從一個點開始，每個影格中的圓形會比之前的圓形大一點，這就產生點越來越大的錯覺。圖 17.1 說明了靜態圖片的序列，我使範例簡單一點，因此只顯示五個影格，但想要達到流暢的轉場與動畫效果，你需要建立更多的影格才行。

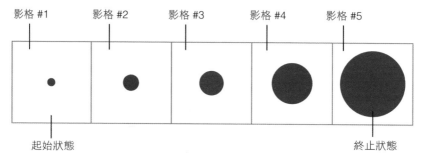

圖 17.1　用於建立動畫的影格序列

既然現在你對動畫的工作原理有了基本的了解，那麼如何在 iOS 中建立動畫呢？以逐漸變大的圓形為例，你知道動畫是從點開始（即起始狀態），並以大紅色圓形結束（即終止狀態），其挑戰在於如何在這兩個狀態之間產生影格。你可能認為要有一個演算法（Algorithm）並寫上數百行程式碼，以在兩者之間產生一連串的影格，而 UIView 動畫可幫助你計算起始與終止狀態之間的影格，從而獲得流暢的動畫，你只需指定開始狀態，並透過呼叫 UIView.animateWithDuration 方法來告知 UIView 的終止狀態，其餘的工作皆由 iOS 處理，這聽起來不錯吧？

要了解技術的最佳方式，莫過於以實際例子來進行研究了。我們將在 FoodPin App 加入一些基本的動畫，如圖 17.2 所示。以下是我們要做的：

● 在細節視圖中加入「Rate it」按鈕。

● 當使用者點擊該按鈕時，它會開啟一個評分視圖控制器（Review View Controller），該按鈕具有動畫效果，供使用者對餐廳進行評分。

③ 餐廳評分

② 評分畫面

① 評分按鈕

圖 17.2　在詳細資訊畫面中加入評分功能

透過建立評分視圖控制器，我將教你如何使用 UIView 建立基本動畫。最重要的是，我會教你如何使用內建的 API 來建立模糊的背景，以及如何使用回退 Segue（Unwind Segue）在視圖控制器之間傳遞資料。

17.1 加入評分按鈕

在建立動畫視圖之前，我們將在細節視圖控制器中加入評分按鈕。首先，開啟本章所準備的圖片包（FoodPinRatingButtons.zip），並將圖示加到 Assets.xcassets 中，或者你也可以在素材目錄中建立一個資料夾，以管理圖片，如圖 17.3 所示。

> 注意 這些圖示是由 Pat Johnson 所製作（ URL https://www.sketchappsources.com/free-source/2870-animated-emojis-sketch-freebie-resource.html ）。

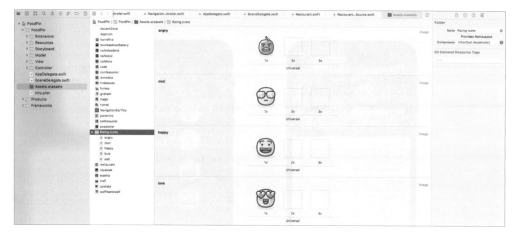

圖 17.3　將圖示加入素材目錄中

你已經了解如何使用表格視圖的頭部（Header），這次我們將會加入「Rate it」按鈕至表格視圖的尾部（Footer）中。至 Main.storyboard，然後在文件大綱中選取餐廳細節視圖控制器（Restaurant Detail View Controller），為了方便起見，在加入評分按鈕之前，我們先將控制器加長一點。在尺寸檢閱器中，設定模擬尺寸（Simulatd Size）為「Freeform」，高度設定為「1200」。

接下來，從元件庫拖曳一個視圖物件至表格視圖的尾部，然後將該視圖放在文件大綱中的 RestaurantDetailMapCell 下方。這個視圖物件是作為存放評分按鈕的容器，如果操作正確的話，你應該在地圖視圖的下方看到一個白色區域，該視圖的預設大小有點大，至尺寸檢閱器中，將高度設定為「90」，如圖 17.4 所示。

圖 17.4　在細節視圖加入評分按鈕

接下來，從元件庫拖曳一個按鈕到我們剛加入的視圖中。在屬性檢閱器中，設定標題爲「Rate it」，更改字型爲「Headline - Text Style」，並設定顏色爲「White」，而背景顏色則更改爲「NavigationBarTitle」顏色。

一如既往，我們需要爲按鈕加入一些佈局約束條件。選取這個按鈕，並點擊佈局列的「Add New Constraints」按鈕，設定所有邊的值爲「20」，然後取消選取「Constrain to margins」選項，如圖 17.5 所示。點擊「Add 4 Constraints」來進行確認。

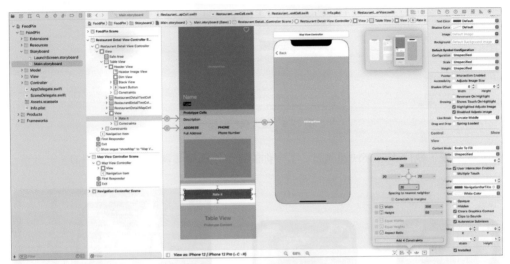

圖 17.5　爲按鈕加入佈局約束條件

你也許注意到，這個評分按鈕具有圓角，你可以透過編寫程式碼來實作它。現在，我想展示另一種修改圖層圓角半徑的方式，首先選取「Rate it」按鈕，然後至識別檢閱器中，點擊「使用者定義的執行期屬性」（User Defined Runtime Attributes）區塊下的「+」按鈕，在「鍵路徑」（Key Path）欄位輸入「cornerRadius」，將型別（Type）更改爲「Number」，設定其值爲「25」，如圖 17.6 所示。

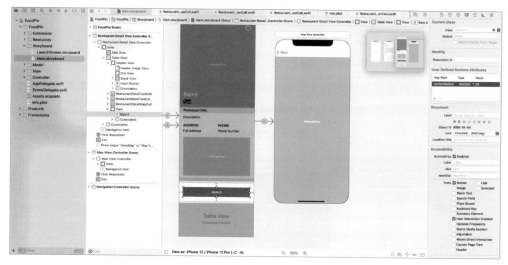

圖 17.6　加入執行期屬性

完成之後，執行 App 來快速測試一下，你的細節視圖應該與圖 17.7 極為相似。

圖 17.7　細節視圖中的評分按鈕

17.2 建立視圖控制器來評分餐廳

當使用者點擊了「Rate it」按鈕時，我們想要開啟一個模態視圖來讓使用者為餐廳進行評分，如果你忘記評分畫面的外觀，請參見圖 17.2。

在介面建構器中，從元件庫拖曳一個新的視圖控制器至故事板中，將圖片視圖加入該視圖，並設定其內容模式為「Aspect Fill」，這個圖片視圖是用來顯示背景圖片。稍後，你將學習如何模糊化圖片，以建立一個模糊的背景。

一如既往，我們需要為 UI 元件定義一些佈局約束條件。點選「Add New Constraints」按鈕，設定頂部、左側、底部與右側的值為「0」，如圖 17.8 所示。點擊「Add 4 Constraints」來進行確認。

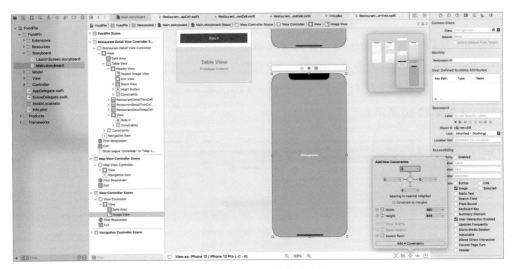

圖 17.8　加入缺少的約束條件

接下來，從元件庫拖曳一個按鈕至右上角，該按鈕是一個「關閉」按鈕。在屬性檢閱器中，設定其標題為「空白」、圖片為「xmark」，你可以在介面建構器中直接使用 SF Symbols，而 xmark 是 ╳ 標誌的名稱。要使它大一點的話，可以更改設定（configuration）選項為「Point Size」，並將其設為「30 點」。另外，往下捲動至「視圖」（View）區塊，然後更改色調（Tint color）為「White」。同樣的，我們需要為頂部與右側加入幾個間距約束條件，你可以參見圖 17.9 的詳細設定。

圖 17.9　評分視圖的 UI 設計

現在，我們將佈局評分按鈕。從元件庫拖曳一個按鈕至視圖控制器，在之前的章節中，我們使用了圖片按鈕或文字按鈕，這次有點不同，該按鈕同時具有文字及圖片。在屬性檢閱器中，設定標題為「Love」、圖片為「Awesome」，並更改字型為文字樣式「Large Title」，如圖 17.10 所示。

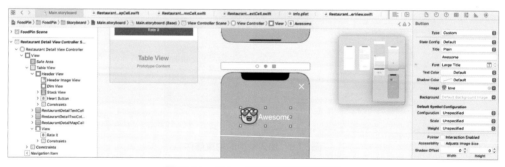

圖 17.10　加上一個視圖至視圖控制器

由於其他四個按鈕和我們建立的按鈕相似，因此我們只需執行「複製與貼上」，並相應更改每個標題與圖片：

● **第二個按鈕**：設定標題為「Cool」、圖片為「Good」。

● **第三個按鈕**：設定標題為「Happy」、圖片為「Okay」。

● **第四個按鈕**：設定標題為「Sad」、圖片為「Bad」。

● **第五個按鈕**：設定標題為「Angry」、圖片為「Terrible」。

你的按鈕應該類似圖 17.11 中的按鈕。

圖 17.11　評分按鈕

同樣的，是時候定義 UI 物件的佈局約束條件了。首先，我們先將這些按鈕嵌入一個堆疊視圖中，然後定義必要的約束條件。按住 command 鍵，並選取所有五個按鈕，然後在佈局列中點擊「Embed in」按鈕，選擇「Stack view」，以將它們嵌入垂直堆疊視圖中。在屬性檢閱器中，更改對齊（Alignment）選項為「Leading」、間距（Spacing）為「10 點」。

我們想要使堆疊視圖在水平與垂直方向皆置中。確保你已選取堆疊視圖，點擊「Align」按鈕，然後勾選「Horizontally in Container」與「Vertically in Container」核取方塊，當你確認加入這些約束條件後，堆疊視圖就會保持置中了，如圖 17.12 所示。

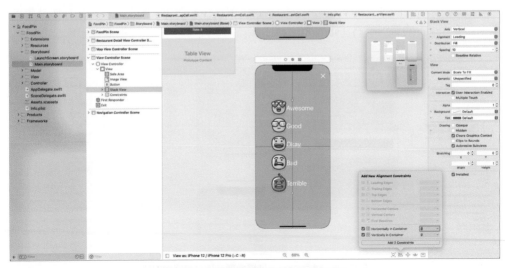

圖 17.12　為容器視圖加入佈局約束條件

現在，我們已經完成了視圖控制器的設計，讓我們來建立一個與它配對的類別。在專案導覽器中，於「Controller」資料夾上按右鍵，選擇「New File」，然後選取「Cocoa Touch Class」模板，設定類別名稱為「ReviewViewController」以及其子類別為「UIViewController」。

建立檔案後，在 ReviewViewController 類別中為背景圖片視圖宣告一個 Outlet 變數。另外，宣告一個用於存放目前餐廳的變數：

```
@IBOutlet var backgroundImageView: UIImageView!

var restaurant = Restaurant()
```

在 viewDidLoad() 方法中，插入下列的程式碼來設定圖片視圖：

```
backgroundImageView.image = UIImage(named: restaurant.image)
```

這行程式碼載入餐廳圖片作為背景圖片。切換到 Main.storyboard，並選取有評分按鈕的視圖控制器，在識別檢閱器中，更改自訂類別為「ReviewViewController」，然後在文件大綱中的評分視圖控制器按右鍵，連結 backgroundImageView 的 Outlet 變數。

17.3　為模態視圖建立 Segue

要以模態方式開啟評分視圖，我們必須使用 Segue 連結「Rate it」按鈕與評分視圖控制器，如圖 17.13 所示。按住 Control 鍵，從「Rate it」按鈕拖曳至評分視圖控制器，然後放開按鈕，選擇「Present modally」作為 Segue 的類型。建立 Segue 後，選取它並在屬性檢閱器中設定 Segue 的識別碼為「showReview」。

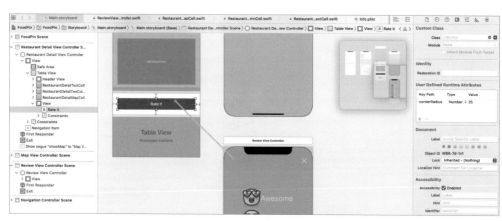

圖 17.13　建立 Segue 以模態顯示評分視圖控制器

由於我們需要將 restaurant 物件從細節視圖傳送至評分視圖，因此開啓 RestaurantDetail
ViewController.swift 檔，並編輯下列的方法：

```swift
override func prepare(for segue: UIStoryboardSegue, sender: Any?) {
    switch segue.identifier {
    case "showMap":
        let destinationController = segue.destination as! MapViewController

        destinationController.restaurant = restaurant

    case "showReview":
        let destinationController = segue.destination as! ReviewViewController
        destinationController.restaurant = restaurant

    default: break
    }
}
```

這個修改非常簡單，對於識別碼爲「showReview」的 Segue，我們取得 ReviewView
Controller 物件，然後將其傳送給目前的餐廳。現在，我們來快速測試一下，執行 App 並
至細節視圖，點擊「Rate it」按鈕，此時應該會開啓評分視圖，如圖 17.14 所示。

圖 17.14　評分視圖

從 iOS 13 開始，模態視圖（Modal View）的顯示方式已經改變，iOS 不會顯示全螢幕的模態視圖，相反的，當模態顯示視圖時，系統會顯示類似於模態視圖的卡片，而原本的視圖位於模態視圖的後面，更重要的是它內建了手勢支援，從螢幕頂部向下滑動，會關閉模態視圖。

如果你不喜歡這個預設行為，而想要將其改回全螢幕模式，則可以選取「showReview」Segue，然後在屬性檢閱器中設定顯示（Presentation）選項為「Full Screen」，如圖 17.15 所示。

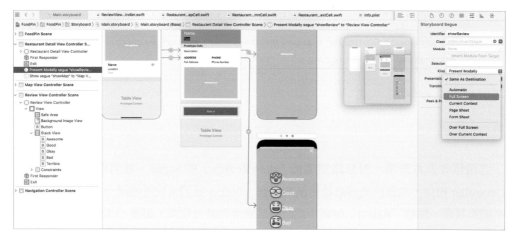

圖 17.15　變更顯示模式

iOS 有一些內建的轉場動畫供你運用。預設上，這個評分視圖從螢幕底部開啟，此轉場動畫稱為「垂直覆蓋」（Cover Vertical），是模態顯示的預設轉場。當你選取 Segue，並至屬性檢閱器，則可以找到其他的轉場選項，例如：交叉溶解（Cross Dissolve）與水平翻轉（Flip Horizontal）。試著變更轉場選項，從「預設」（Default）改為「交叉溶解」（Cross Dissolve），然後查看所取得的動畫。在本例中，我將繼續使用「交叉溶解」作為轉場動畫，不過你可自行選擇轉場動畫。

17.4　為評分視圖控制器定義退出機制

顯示模式切換為全螢幕模式後，你將失去關閉視圖的內建手勢支援。有多種處理關閉視圖的方式，我們要實作的是回退 Segue，回退 Segue 可用於透過模態（Modal）或推送（Push）Segue 來返回前一個頁面。在此範例中，我們可以使用它來關閉模態視圖。

欲使用回退Segue，你需要做兩件事。首先，在目標視圖控制器中宣告一個方法。在此情況下，它是RestaurantDetailViewController類別。在RestaurantDetailViewController.swift加入下列的方法：

```
@IBAction func close(segue: UIStoryboardSegue) {
    dismiss(animated: true, completion: nil)
}
```

在介面控制器中加入回退Segue之前，你必須在目標控制器中定義一個回退動作。這個動作方法表示視圖控制器可以是回退segue的目標控制器，這裡我們只是呼叫dismiss(animated: true, completion: nil)方法來關閉目前的視圖控制器，或者你也可以在這個方法中實作其他邏輯。回到介面建構器，按住 Control 鍵並從「Close」按鈕拖曳至場景Dock上的Exit圖示，如圖17.16所示，接著在出現的提示視窗中，選擇「closeWithSegue:」作為動作Segue。

圖 17.16　為關閉按鈕加入回退 Segue

你可再次執行這個專案，現在當使用者點擊「關閉」按鈕時，模態視圖便會消失。

17.5　對背景圖片應用模糊效果

現在背景圖片顯示的是原先的餐廳圖片，這和我們預期的不一樣，它應具有模糊效果。iOS SDK有一個名為「UIVisualEffectView」的類別，讓開發者可應用視覺效果於視圖上。與UIBlurEffect類別結合使用，你可以輕鬆將模糊效果應用於圖片視圖。

開啟ReviewViewController.swift檔，並更新viewDidLoad方法如下：

```
override func viewDidLoad() {
    super.viewDidLoad()
```

```
backgroundImageView.image = UIImage(named: restaurant.image)

// 應用模糊效果
let blurEffect = UIBlurEffect(style: .dark)
let blurEffectView = UIVisualEffectView(effect: blurEffect)
blurEffectView.frame = view.bounds
backgroundImageView.addSubview(blurEffectView)
}
```

要將模糊效果應用於背景圖片視圖，你需要做的是建立一個帶有模糊效果的 UIVisualEffectView 物件，然後將視覺效果視圖加到背景圖片視圖。UIBlurEffect 類別提供三種不同的樣式：「.dark」、「.light」、「.extraLight」。我喜歡深色樣式，但是你可以自行決定樣式。上列的程式碼是使背景圖片模糊的所需程式碼。

你準備好了，圖 17.17 顯示了結果畫面，具體取決於你所選的模糊樣式而有所不同。

圖 17.17　Extralight 模糊樣式（左圖）、Light 模糊樣式（中圖）與 Dark 模糊樣式（右圖）

17.6　了解 Outlet 集合

我們很快會介紹如何建立 UI 動畫。由於我們要對按鈕進行動畫處理，因此必須將它們連結到我們的程式碼，通常我們為每個按鈕建立一個 Outlet，但這次我們來介紹一些不同的東西，稱為「Oulet 集合」（Collection）。

Outlet 集合的功能與 Outlet 完全相同，它仍然是在介面建構器中參考 UI 物件的屬性，但不同的是 Outlet 集合可讓你使用單個 Outlet 變數來參考多個 UI 物件，之後你便會明白我的意思。

假使我們要使用 Outlet 集合來參考一組評分按鈕，則可在 ReviewViewController 類別中宣告一個 Outlet 變數：

```
@IBOutlet var rateButtons: [UIButton]!
```

如你所見，Outlet 集合的變數型別為 [UIButton]，它包含一個 UIButton 陣列，而不是單個按鈕。

現在至 Main.storyboard，我們將每個評分按鈕連結到這個 Outlet 變數。在評分視圖控制器（Review View Controller）上按右鍵，點選「rateButtons」的圓形按鈕，然後將其拖曳到「Love」按鈕，如圖 17.18 所示。

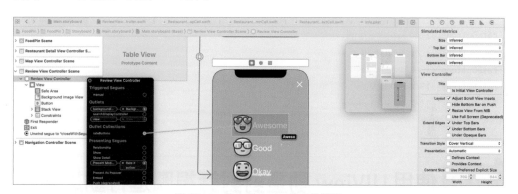

圖 17.18　建立與 Outlet 集合的連結

你應該非常熟悉這個程序。Outlet 集合的有趣之處在於，你可以繼續與其他按鈕建立連結。連結「Love」按鈕後，點選圓形按鈕，並拖曳至「Cool」按鈕來建立連結。

對其餘的按鈕重複相同的步驟，rateButton Outlet 集合的結果應該如圖 17.19 所示。

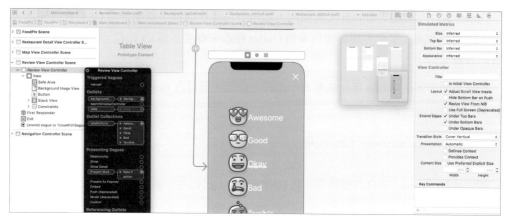

圖 17.19　所有的按鈕皆與 Outlet 集合連結

你可能想知道如何從 rateButtons Outlet 取得每個按鈕，這些按鈕會依照連結的順序加入到陣列中，因此你可使用 rateButtons[0] 訪問第一個按鈕，反之亦然。

```
rateButtons[0] // Awesome 按鈕
rateButtons[1] // Good 按鈕
rateButtons[2] // Okay 按鈕
rateButtons[3] // Bad 按鈕
rateButtons[4] // Terrible 按鈕
```

17.7　使用 UIView 動畫對對話視圖進行動畫處理

完成所有的準備後，我們終於來到本章的核心部分：UIView 動畫。首先，我們將為評分按鈕建立一個簡單的淡入動畫，圖 17.20 會讓你對這個動畫更具概念。

圖 17.20　淡入動畫

如前所述，你只需要提供動畫的兩個狀態（起始狀態與終止狀態），然後 UIView 會爲你產生動畫。對於淡入動畫，以下是起始與終止狀態：

- **隱藏狀態**：按鈕的起始狀態，這可以透過將 alpha 值設定爲「0」來達成。
- **顯示狀態**：按鈕的終止狀態，alpha 值設定爲「1」。

我們從起始狀態來開始，我們將使所有的評分按鈕在 ReviewViewController 類別的 viewDidLoad() 方法中隱藏。在 viewDidLoad() 的最後插入下列的程式碼：

```
// 使按鈕隱藏
for rateButton in rateButtons {
    rateButton.alpha = 0
}
```

alpha 屬性的值設定爲「0」時，我們可以使按鈕隱藏。

現在來到終止狀態。要建立淡入效果，則在 ReviewViewController 類別中插入下列的程式碼：

```
override func viewWillAppear(_ animated: Bool) {
    UIView.animate(withDuration: 2.0) {
        self.rateButtons[0].alpha = 1.0
        self.rateButtons[1].alpha = 1.0
        self.rateButtons[2].alpha = 1.0
        self.rateButtons[3].alpha = 1.0
```

```
            self.rateButtons[4].alpha = 1.0
        }
    }
```

該程式碼非常簡單，我們呼叫 UIView.animate(withDuration:animations:) 方法來動畫化 alpha 值的變化。在閉包的本體中，你只需要指定終止狀態（即 alpha = 1.0），API 會自動 為你計算動畫，而 duration 參數是指定動畫的持續時間，在此範例中，動畫會在 2 秒內完 成。

你可能會對 viewWillAppear 有疑問，為什麼是用這個方法而不是 viewDidLoad 方法來 實作動畫呢？在前面的章節中，我已簡要說明了視圖控制器的生命週期。首次載入視圖 時，會呼叫 viewDidLoad 方法，但是這個視圖尚未顯示在螢幕上，如果我們以此方法實 作動畫，則動畫可能開始得太早，甚至可能在視圖出現在螢幕之前就結束了。此外，當視 圖即將出現在螢幕上時，iOS 將在 viewDidLoad 方法後自動呼叫 viewWillAppear 方法， 它更適合我們用來渲染動畫，這就是為什麼我們是在 viewWillAppear 方法中編寫程式碼， 而不是在 viewDidLoad 方法的原因。

如此，執行 App 來快速測試一下，並欣賞動畫吧！

> **訣竅** 如果你看不清楚動畫，則可將 duration 參數從 2 秒更改為其他值（例如：10.0），以減慢動 畫的播放速度，或者你可以在 iOS 模擬器中啟用慢速動畫，至模擬器選單，選擇「Debug → Slow animations」。

UIView.animate(withDuration:animations:) 方法不是渲染動畫的唯一 API，它有其他參 數來控制動畫。試著用下列的程式碼來取代 viewWillAppear 方法：

```
override func viewWillAppear(_ animated: Bool) {

    UIView.animate(withDuration: 0.4, delay: 0.1, options: [], animations: {
        self.rateButtons[0].alpha = 1.0
    }, completion: nil)

    UIView.animate(withDuration: 0.4, delay: 0.15, options: [], animations: {
        self.rateButtons[1].alpha = 1.0
    }, completion: nil)

    UIView.animate(withDuration: 0.4, delay: 0.2, options: [], animations: {
        self.rateButtons[2].alpha = 1.0
    }, completion: nil)
```

```
UIView.animate(withDuration: 0.4, delay: 0.25, options: [], animations: {
    self.rateButtons[3].alpha = 1.0
}, completion: nil)

UIView.animate(withDuration: 0.4, delay: 0.3, options: [], animations: {
    self.rateButtons[4].alpha = 1.0
}, completion: nil)

}
```

UIView.animate 方法有其他的參數（例如：延遲），可供開發者進一步自訂動畫。在上列的程式碼中，我們為每個按鈕設定了不同的 delay 值。再次執行 App，你將體驗到更好的淡入動畫，如圖 17.21 所示。

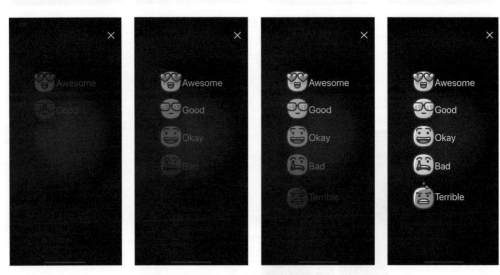

圖 17.21　加上延遲的淡入動畫

17.8 滑入動畫

滑入動畫（Slide-in Animation）是另一種常見的動畫類型，如果你不知道滑入動畫的樣子，請參見圖 17.22，物件從螢幕的最右邊滑入，直到到達某個位置。

圖 17.22　滑入動畫的工作原理

　　我們來看如何實作這種動畫。同樣的，須考慮動畫的起始與終止狀態，要建立從右側滑入的動畫，起始狀態是將所有的評分按鈕移到右側的螢幕外，而終止狀態是我們在介面建構器中所定義的按鈕的原先位置，如圖 17.23 所示。

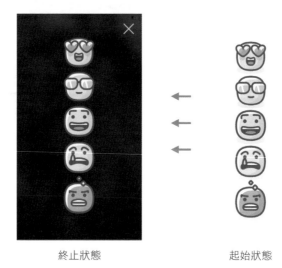

終止狀態　　　　　　　　起始狀態

圖 17.23　滑入動畫的起始與終止狀態

　　此時，你可能正在嘗試找出如何將視圖（或按鈕）移出螢幕。iOS 提供一個名為「CGAffineTransform」的架構，用來移動、縮放與旋轉視圖。要移動視圖，你需要做的是建立一個仿射變形（Affine Transformation），並將其設定為 UIView 物件的 transform 屬性。下面是用於建立漸變變形（Translation Transform）的程式碼，可將視圖移到螢幕右側 600 點：

```
CGAffineTransform.init(translationX: 600, y: 0)
```

如果要將視圖移到螢幕左側，則使用負數，參數 y 使你可沿著 y 軸移動視圖，換句話說，你可以設定這個值來垂直移動視圖。

現在我們來試著執行程式碼。更新 ReviewViewController 類別的 viewDidLoad 方法如下：

```
override func viewDidLoad() {
    super.viewDidLoad()

    backgroundImageView.image = UIImage(named: restaurant.image)

    // 應用模糊效果
    let blurEffect = UIBlurEffect(style: .dark)
    let blurEffectView = UIVisualEffectView(effect: blurEffect)
    blurEffectView.frame = view.bounds
    backgroundImageView.addSubview(blurEffectView)

    let moveRightTransform = CGAffineTransform.init(translationX: 600, y: 0)

    // 使按鈕隱藏
    for rateButton in rateButtons {
        rateButton.transform = moveRightTransform
        rateButton.alpha = 0
    }
}
```

我們在這裡做了一些小變動。首先，我們宣告一個名為「moveRightTransform」的常數，該常數包含用來將視圖移至右側的漸變變形；其次，我們在 for-in 迴圈中加入一行程式碼：

```
rateButton.transform = moveRightTransform
```

每個按鈕的 transform 屬性皆指定 moveRightTransform，這會將按鈕移至右側的螢幕外。

好的，這就是起始狀態的實作。而對於終止狀態，問題在於我們如何將評分按鈕的位置重設為原先的位置呢？

這很簡單，有一個名為「恆等變形」（Identity Transform）的內建變形，可用來清除任何預先定義的變形，因此更新 viewWillAppear 方法如下：

```
override func viewWillAppear(_ animated: Bool) {

    UIView.animate(withDuration: 0.4, delay: 0.1, options: [], animations: {
        self.rateButtons[0].alpha = 1.0
        self.rateButtons[0].transform = .identity
    }, completion: nil)

    UIView.animate(withDuration: 0.4, delay: 0.15, options: [], animations: {
        self.rateButtons[1].alpha = 1.0
        self.rateButtons[1].transform = .identity
    }, completion: nil)

    UIView.animate(withDuration: 0.4, delay: 0.2, options: [], animations: {
        self.rateButtons[2].alpha = 1.0
        self.rateButtons[2].transform = .identity
    }, completion: nil)

    UIView.animate(withDuration: 0.4, delay: 0.25, options: [], animations: {
        self.rateButtons[3].alpha = 1.0
        self.rateButtons[3].transform = .identity
    }, completion: nil)

    UIView.animate(withDuration: 0.4, delay: 0.3, options: [], animations: {
        self.rateButtons[4].alpha = 1.0
        self.rateButtons[4].transform = .identity
    }, completion: nil)

}
```

對於每個按鈕,我們加入一行程式碼來設定按鈕的變形爲「.identity」,這會重設按鈕爲其原來的位置。

如此,現在是時候測試 App 來觀察動畫的運作。

17.9 彈簧動畫

動畫很酷,對吧?我來介紹一下 UIView 動畫的變體,稱爲「彈簧動畫」(Spring Animation)。彈簧動畫 API 使你輕鬆建立一些彈跳的動畫。要在 App 中利用彈簧動畫,以下是你需要呼叫的方法:

```
UIView.animate(withDuration: 0.8, delay: 0.1, usingSpringWithDamping: 0.2,
  initialSpringVelocity: 0.3, options: [], animations: {
     self.rateButtons[0].alpha = 1.0
     self.rateButtons[0].transform = .identity
  }, completion: nil)
```

這個方法對你來說應該很熟悉，但是它加入了 damping 與 initialSpringVelocity 參數。阻尼（Damping）值是從 0 到 1，其控制彈簧在接近動畫的終止狀態時所具有的阻力。如果要增加振動，則將阻尼值設低一點。initialSpringVelocity 屬性指定彈簧初速度。試著使用上列的程式碼取代 rateButtons[0] 的現有動畫程式碼，然後查看彈簧動畫的工作原理。

17.10 結合兩種變形

仿射變形的有趣之處在於，你可以將一個變形與另一個變形連接在一起。以下是你需要記住的函數：

```
transform1.concatenating(transform2)
```

現在我們已經為評分按鈕實作漸變變形，如果我們可對它們加入縮放（Scale）變形，不就可以建立一些驚奇的動畫嗎？在 viewDidload 方法中，將下列的程式碼：

```
let moveRightTransform = CGAffineTransform.init(translationX: 600, y: 0)
// 使按鈕隱藏
for rateButton in rateButtons {
    rateButton.transform = moveRightTransform
    rateButton.alpha = 0
}
```

替換為：

```
let moveRightTransform = CGAffineTransform.init(translationX: 600, y: 0)
let scaleUpTransform = CGAffineTransform.init(scaleX: 5.0, y: 5.0)
let moveScaleTransform = scaleUpTransform.concatenating(moveRightTransform)

// 使按鈕隱藏並移出螢幕
for rateButton in rateButtons {
```

```
        rateButton.transform = moveScaleTransform
        rateButton.alpha = 0
    }
```

我們建立一個放大變形，可讓視圖放大五倍，然後我們透過呼叫 concatenating 函數來將它與漸變變形結合在一起，每個評分按鈕都指定這個組合變形。

對於終止狀態，我們可保持 viewWillAppear 方法不變。如此，你已經準備好，並了解組合動畫的工作原理。

17.11 回退 Segue 與資料傳遞

之前，當使用者點擊「關閉」（Close）按鈕時，我們使用了回退 Segue 來「返回」細節視圖。而評分按鈕又是如何呢？我們如何將所選的評分從評分視圖控制器傳遞到細節視圖控制器呢？

我們使用回退 Segue 來促成資料傳遞，以下是我們所要實作的：

- 我們將在 ReviewViewController 類別中加入另一個回退動作方法，當點擊任何按鈕（awesome/good/okay/bad/terrible）時，將呼叫該方法。

- 在這個方法中，我們確定點擊了哪一個按鈕，然後儲存相應的評分。

- 然後我們在細節視圖中顯示所選的評分，你可以參見圖 17.2 來了解評分圖示的顯示方式。

這聽起來很複雜，但是其實和我們剛才實作「關閉」按鈕時很相似，也就是說，在儲存餐廳的評分之前，我們必須做一些其他的工作。

首先，Restaurant 類別沒有任何屬性來保存所選評分的值，因此我們需要編輯這個類別來加入一個 rating 屬性。問題是這個 rating 屬性應該使用哪種型別呢？我們應該使用字串型別來儲存圖片檔名嗎？還是需要建立一個新型別呢？

在這種情況下，使用列舉建立新型別是較好的作法。開啟 Restaurant.swift 檔，並更新 Restaurant 的結構如下：

```
struct Restaurant: Hashable {
    enum Rating: String {
        case awesome
        case good
```

```
    case okay
    case bad
    case terrible

    var image: String {
        switch self {
        case .awesome: return "love"
        case .good: return "cool"
        case .okay: return "happy"
        case .bad: return "sad"
        case .terrible: return "angry"
        }
    }
}

var name: String = ""
var type: String = ""
var location: String = ""
var phone: String = ""
var description: String = ""
var image: String = ""
var isFavorite: Bool = false
var rating: Rating?
}
```

　　上列的程式碼中，我們加入一個 Rating 型別的新 rating 屬性，該變數是可選型別，表示它不是必須儲存的值。Rating 型別是一個列舉，用於儲存所有可用的評分，包括非常好（awesome）、好（good）、尚可（okay）、差（bad）、很差（terrible）。在列舉中，我們有一個名爲「image」的計算屬性，其會回傳評分圖片的相應檔名。

　　你可能想知道爲什麼我們使用列舉而不是字串來表示評分，字串是處理自由格式的文字的理想選擇，但是卻不是儲存這類資料的理想選擇。這裡我們只有五種不同的評分，如果我們使用 String 型別來儲存評分，則表示它可以儲存任何文字資料，不管是 awesome、Awesome、AWESOME 都可以。由於 Swift 是區分大小寫的語言，所有這些值都不相同，爲了避免程式錯誤，更適合的方式是使用列舉來建立新型別，並定義它可以存放的可能值。

　　現在切換到 Main.storyboard，我們將加入另一個圖片視圖至頭部視圖，該圖片視圖將用來顯示所選評分的圖示。從元件庫拖曳一個圖片視圖至餐廳細節視圖控制器，將其置於文件大綱中的暗淡視圖（Dim View）下。

接下來，點選「Add New Constraints」按鈕來加入一些佈局約束條件。設定右側與底部的值為「20」，為了限制圖片視圖的尺寸，因此同時檢查高度與寬度選項，設定高度為「50」、寬度為「52」，如圖17.24所示。點擊「Add 4 Constraints」進行確認。

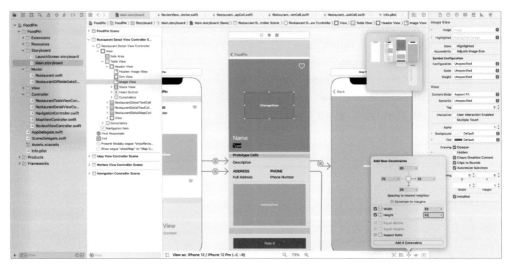

圖17.24　加入圖片視圖至頭部視圖

加入約束條件之後，將調整圖片視圖的大小並移動，然而它沒有位於我們想要的位置，我們希望它位於頭部視圖的右下角附近。圖片視圖的底部約束條件存在一個問題，當你選取它時，你將發現這個間距約束條件是相對於名稱標籤的，而這是不正確的，它應該相對於頭部視圖的底部。

在屬性檢閱器中，將第一個項目（First Item）從「Stack View.Top」更改為「Stack View.Bottom」。你必須點選「Stack View.Top」選項，然後選擇「Bottom」，如圖17.25所示。另外，將常數（Constant）更改為「0」。

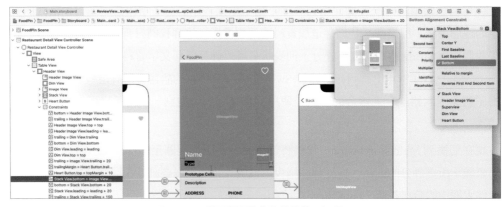

圖17.25　變更間距約束條件的第一個項目

如果你正確更改，則圖片視圖的底部應該與類型標籤的底部完全對齊，如圖 17.26 所示。

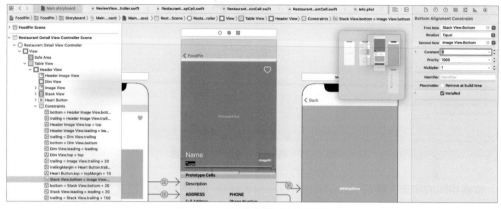

圖 17.26　圖片視圖對齊類型標籤

現在，我們已經完成了細節視圖的 UI 設計。開啟 RestaurantDetailHeaderView.swift 檔，並為這個圖片視圖加入一個 Outlet 變數：

```
@IBOutlet var ratingImageView: UIImageView!
```

回到故事板，在文件大綱中的頭部視圖（Header View）按右鍵，來建立 Outlet 變數與新圖片視圖之間的連結。

最後，我們已經完成了所有的 UI 準備工作，現在是時候建立一個回退 Segue 來進行資料傳遞了。在 RestaurantDetailViewController 類別中宣告下列的方法：

```
@IBAction func rateRestaurant(segue: UIStoryboardSegue) {

}
```

現在至 Main.storyboard，以使用回退動作方法連結每個評分按鈕。按住 Control 鍵，從「Love」按鈕拖曳至 Exit 圖示，放開按鈕，然後選擇「rateRestaurantWithSegue:」。建立回退 Segue 後，在文件大綱中選取它，然後在屬性檢閱器中將其識別碼（identifier）設定為「awesome」，如圖 17.27 所示。

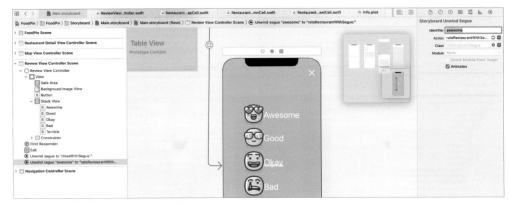

圖 17.27　為回退 Segue 加入識別碼

重複相同的步驟，使用 ratingButtonTappedWithSegue: 方法來連結其他四個按鈕：

- **Good 按鈕**：回退 Segue 的識別碼設定爲「good」。
- **Okay 按鈕**：回退 Segue 的識別碼設定爲「okay」。
- **Bad 按鈕**：回退 Segue 的識別碼設定爲「bad」。
- **Terrible 按鈕**：回退 Segue 的識別碼設定爲「terrible」。

你知道爲什麼我們要設定這些識別碼嗎？每個評分按鈕都連結到相同的回退動作方法，我們需要一種方式來找出哪個按鈕被點擊了，這就是我們設定這些 Segue 識別碼的原因，並且識別碼的值和我們在 Rating 列舉中定義的值相同。

回到 RestaurantDetailViewController.swift 來實作回退動作方法。更新 rateRestaurant (segue:) 方法如下：

```swift
@IBAction func rateRestaurant(segue: UIStoryboardSegue) {

    guard let identifier = segue.identifier else {
        return
    }

    if let rating = Restaurant.Rating(rawValue: identifier) {
        self.restaurant.rating = rating
        self.headerView.ratingImageView.image = UIImage(named: rating.image)
    }

    dismiss(animated: true, completion: nil)
}
```

上列的程式碼非常簡單，我們首先取得回退 Segue 的識別碼。依據 Segue 的識別碼
（love/awesome/good/okay/bad/terrible），我們相應設定了餐廳的評分，然後我們透過訪
問 image 屬性取得評分圖片，並將其指定給評分圖片視圖。

如果你現在執行 App 並對餐廳進行評分，你會注意到所選視圖的圖片顯示在細節視圖
上了，如圖 17.28 所示。

圖 17.28　評分圖示現在顯示在細節視圖上

評分功能很棒！但是我們可以透過加入細緻的動畫來進一步改良它。試著更新
rateRestaurant 方法如下：

```
@IBAction func rateRestaurant(segue: UIStoryboardSegue) {

    guard let identifier = segue.identifier else {
        return
    }

    dismiss(animated: true, completion: {

        if let rating = Restaurant.Rating(rawValue: identifier) {
            self.restaurant.rating = rating
            self.headerView.ratingImageView.image = UIImage(named: rating.image)
        }
```

```
        let scaleTransform = CGAffineTransform.init(scaleX: 0.1, y: 0.1)
        self.headerView.ratingImageView.transform = scaleTransform
        self.headerView.ratingImageView.alpha = 0

        UIView.animate(withDuration: 0.4, delay: 0, usingSpringWithDamping: 0.3,
initialSpringVelocity: 0.7, options: [], animations: {
            self.headerView.ratingImageView.transform = .identity
            self.headerView.ratingImageView.alpha = 1
        }, completion: nil)


    })


}
```

　　dismiss 方法接受兩個參數：animated 與 completion。animated 參數指示視圖關閉是否具有動畫效果，而 completion 參數則可以指定在關閉視圖控制器之後要執行的程式碼區塊。在程式碼區塊中，我們首先依比例縮小評分圖片，然後將其重設為原來的大小，以建立一個細緻的動畫。執行 App 來進行測試，你將會了解我的意思。

17.12 你的作業：加入動畫與重構程式碼

作業①：為關閉按鈕加入動畫

　　這次我準備了兩個作業。第一個作業是用來測試你對視圖動畫的了解。評分視圖控制器的「關閉」按鈕尚未設定動畫，你的任務就是為「關閉」按鈕實作從頂部滑入的動畫。

> 提示　你需要為「關閉」按鈕建立一個 Outlet，並為按鈕建立一個位移變形。

作業②：使用 for-in 迴圈重構程式

　　第二個作業和程式碼重構有關。如果你查看 ReviewViewController 的 viewWillAppear 方法，則會發現有很多重複的程式碼：

```
override func viewWillAppear(_ animated: Bool) {
```

```swift
UIView.animate(withDuration: 0.4, delay: 0.1, options: [], animations: {
    self.rateButtons[0].alpha = 1.0
    self.rateButtons[0].transform = .identity
}, completion: nil)

UIView.animate(withDuration: 0.4, delay: 0.15, options: [], animations: {
    self.rateButtons[1].alpha = 1.0
    self.rateButtons[1].transform = .identity
}, completion: nil)

UIView.animate(withDuration: 0.4, delay: 0.2, options: [], animations: {
    self.rateButtons[2].alpha = 1.0
    self.rateButtons[2].transform = .identity
}, completion: nil)

UIView.animate(withDuration: 0.4, delay: 0.25, options: [], animations: {
    self.rateButtons[3].alpha = 1.0
    self.rateButtons[3].transform = .identity
}, completion: nil)

UIView.animate(withDuration: 0.4, delay: 0.3, options: [], animations: {
    self.rateButtons[4].alpha = 1.0
    self.rateButtons[4].transform = .identity
}, completion: nil)

}
```

對於每個按鈕，我們設定 alpha 值為「1.0」、transform 為「.identity」。上列的程式碼可以使用 for-in 迴圈來重寫，請思考一下並試著重新撰寫這個部分。

17.13 本章小結

這是另一個非常重要的章節，內容涵蓋了 UIView 動畫、視覺效果與回退 Segue，希望你喜歡本章關於 UIView 動畫及視覺效果的所有技術。如你所見，無論是按鈕還是視圖，都非常容易為視圖設定動畫。我鼓勵你使用這些參數（如 damping、initial spring velocity、delay），然後了解可以建立哪些動畫。並且，不要忘記花些時間來完成你的作業。

在本章所準備的範例檔中，有最後完整的 Xcode 專案（FoodPinAnimation.zip）以及作業的解答供你參考。

18

靜態表格視圖、相機與 NSLayoutConstraint

至目前為止，FoodPin App 只能顯示內容，我們需要找到一種讓使用者新增餐廳的方式。在本章中，我們將建立一個新畫面來顯示用於收集餐廳資訊的輸入表單（Form）。在表單中，它將讓使用者從內建的照片庫選擇餐廳照片。你將學到許多技術：

● 如何使用靜態表格視圖（Static Table View）建立表單。

● 如何使用 UIImagePickerController 來從內建照片庫選擇照片。

● 如何使用 NSLayoutAnchor 以編寫程式碼的方式定義自動佈局約束條件。

在本書的前幾章中，我們介紹了表格視圖的基本概念，我所介紹的表格視圖在本質上是動態的。通常，你建立一個原型儲存格並在其中填滿動態內容，但是表格視圖並不侷限於顯示動態內容，有時你可能只想使用表格視圖顯示表單或設定畫面，在這種情況下，你需要一個靜態表格視圖。對於顯示預先定義好數量的資料項目，靜態表格視圖是理想的選擇。

Xcode 讓開發者使用最少的程式碼建立靜態表格視圖。為了說明使用介面建構器來實作靜態表格視圖有多麼容易，我們將建立一個用於加入新餐廳的新畫面，如圖 18.1 所示。

圖 18.1　建立一個新餐廳畫面以加入新餐廳

18.1 設計新餐廳視圖控制器

在你開始之前，要先下載圖片檔案（newphotoicon.zip），並將圖片加到素材目錄中。接下來，至 Main.storyboard，從元件庫拖曳一個表格視圖控制器到故事板中，在文件大綱中選擇表格視圖（Table View），然後在屬性檢閱器中，將內容（Content）選項從「Dynamic Prototypes」改成「Static Cells」。變更後，你的表格視圖將有三個空的靜態儲存格，如圖 18.2 所示。

圖 18.2　靜態表格視圖

如果你參考圖 18.1，你將會發現我們總共需要六個表格視圖儲存格：

● **儲存格 1**：用於顯示餐廳圖片的圖片視圖。

● **儲存格 2**：Name 標籤與文字欄位。

● **儲存格 3**：Type 標籤與文字欄位。

● **儲存格 4**：Address 標籤與文字欄位。

● **儲存格 5**：Phone 標籤與文字欄位。

● **儲存格 6**：Description 標籤與多行文字欄位。

透過選取文件大綱中的表格視圖節（Table View Section），你可以輕鬆增加儲存格的數量。在屬性檢閱器中，可以將列（Rows）選項從「3」改為「6」，如圖 18.3 所示。

圖 18.3　將列數從 3 改為 6

現在，我們將佈局每個表格視圖儲存格。對於第一個儲存格，在尺寸檢閱器中，將其高度更改為「200」（或者你喜歡的任何值），並在屬性檢閱器中，將選取（Selection）選項設定為「None」。

開啟元件庫，並拖曳一個圖片視圖至第一個儲存格。在屬性檢閱器中，將圖片設定為「newphoto」，並將背景色更改為「System Gray 6 Color」，而這是你匯入至素材目錄的圖片。如果你不喜歡這張圖片，則可以使用其他的系統圖片（例如：photo）。接下來，點擊「Add new constraints」來加入一些間距約束條件，勾選「Constrain to margin」選項，並將所有邊的值設定為「0」。

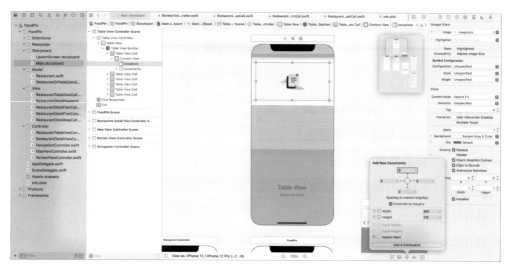

圖 18.4　將圖片視圖加到第一個儲存格

對於第二個儲存格，調整其高度，以使其高一點，你會發現很難將標籤及文字欄位都放在儲存格中。在屬性檢閱器中，將「選取」（Selection）選項設定為「None」，這可以確保儲存格即使被觸碰到，也不會更改其顏色。

開啟元件庫，拖曳一個標籤至儲存格，並將其標題更改為「NAME」，或者你也可以更改它的字型為「Headline」樣式、字型顏色為「dark gray」，然後拖曳一個文字欄位至儲存格，並將它放在名稱標籤的下方。文字欄位是用來捕捉使用者輸入並顯示可編輯文字的控制元件，一般你會使用它來收集使用者的少量文字。在屬性檢閱器中，將占位符（Placeholder）的值設定為「Fill in the restaurant name」，並更改字型為「Body」，如圖18.5所示。當文字欄位中沒有其他文字時，將顯示占位符。

圖 18.5　捕捉使用者輸入的儲存格佈局

接下來，選取名稱標籤與文字欄位，點擊「Embed in」按鈕，然後選擇「Stack View」，以將它們嵌入堆疊視圖。點擊「Add New Constraints」按鈕，來加入頂部、左側、底部與右側的間距約束條件，然後將間距值設定為「0」，並勾選「Constrain to margins」選項，如圖18.6所示。

圖 18.6　將兩個項目都嵌入堆疊視圖並定義佈局約束條件

　　文字欄位看起來不如預期。確保選取了堆疊視圖，並至屬性檢閱器中，將對齊（Alignment）選項從「Leading」更改爲「Fill」，另外間距值更改爲「5」。

　　對於第三個、第四個、第五個儲存格，則重複相同的步驟，但是將標籤分別設定爲「TYPE、ADDRESS、PHONE」。

　　對於最後一個儲存格，其讓使用者輸入餐廳敘述，需要一個較大的文字區域，因此調整儲存格的大小，使其高一點。拖曳一個標籤至儲存格，並將其命名爲「DESCRIPTION」，同樣的，更改它的字型爲「Headline」、字型顏色爲「Dark Gray」。

> **訣竅** 如果發現很難編輯最後一個儲存格，則可以選取視圖控制器，然後至屬性檢閱器中變更模擬尺寸（Simulated Size）爲「Freeform」，設定高度爲「900」，以讓視圖控制器更大一點。

　　接下來，從元件庫拖曳一個文字視圖至儲存格中，文字視圖類似於文字欄位，但可以讓你輸入多行文字。在屬性檢閱器中，將初始文字替換爲「A great restaurant to try out」，同樣的，更改其背景顏色爲「System Gray 6 Color」，對於字型，則更改爲「Body」文字樣式，如圖 18.7 所示。

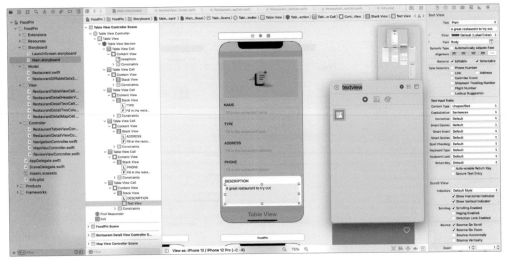

圖 18.7　加入文字視圖

　　將標籤視圖和文字視圖都嵌入堆疊視圖中。在屬性檢閱器中，變更對齊（Alignment）
選項爲「Fill」，並設定間距值（Spacing）爲「5 點」，然後爲堆疊視圖加入一些間距約束
條件，詳細資訊請參見圖 18.8。

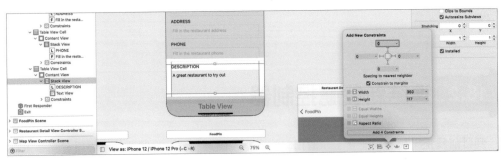

圖 18.8　定義堆疊視圖的佈局約束條件

　　要完成畫面的佈局，則將表格視圖控制器嵌入導覽控制器中。選取表格視圖控制器，
然後至 Xcode 選單，選擇「Editor → Embedin → NavigationController」，設定導覽列的標
題爲「New Restaurant」。我比較喜歡在導覽列使用大標題，因此選取導覽控制器的導覽
列，在屬性檢閱器中，勾選「Prefers Large Titles」選項，如圖 18.9 所示。

圖 18.9 設定導覽列標題

　你無須撰寫任何程式碼，就可以使用靜態表格視圖建立表單。你不限於使用靜態表格視圖來建立表單，也可應用相同的技術建立其他畫面（例如：設定畫面）。

> 提示 若是你覺得很難建立 UI 設計，則可使用我們的起始專案來開始（FoodPinStaticTableStarter.zip）。

18.2　連結新餐廳控制器

　到目前為止，我們只建立了一個獨立的表格視圖控制器。我們期望當使用者點擊主控制器（即餐廳表格視圖控制器）右上角的「+」按鈕時，會開啟這個控制器，顯然的，我們需要使用 Segue 將按鈕與新餐廳控制器連結在一起。

　在介面建構器的編輯器中，從元件庫拖曳一個列按鈕項目（Bar Button Item）至 FoodPin 控制器的導覽列，然後在屬性檢閱器中更改標題（Title）選項為「空白」，設定圖片（Image）選項為「Plus」，另外更改色調（Tint）為「Label Color」，以便 iOS 在深色模式下自動變更其顏色，如圖 18.10 所示。

> 提示 列按鈕（UIBarButtonItem）與標準按鈕（UIButton）非常相似，不過列按鈕是專門為導覽列（navigation bar）以及工具列（toolbar）所設計的。

圖 18.10　在主畫面的導覽列中加入一個列按鈕項目

接著，按住 Control 鍵不放，拖曳「+」圖示至嵌入了新餐廳視圖控制器的導覽控制器。放開按鈕並選擇「Present modally」，來作為 Segue 的型別。在屬性檢閱器中，設定 Segue 的識別碼為「addRestaurant」，如圖 18.11 所示。

訣竅　你可以在故事板上的任何空白區域按右鍵，然後選擇「Zoom Out」選項，以具有故事板的概觀。

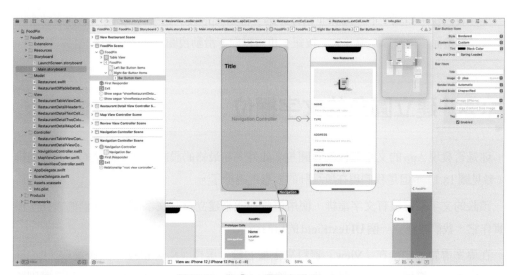

圖 18.11　為「+」圖示加入 Segue

和我們之前建立的模態視圖控制器類似，我們需要為使用者提供一種可以關閉的方式。在新餐廳視圖控制器的導覽列中，加入一個列按鈕項目至左上角。在屬性檢閱器中，設定標題為「空白」、圖片為「xmark」。同樣的，更改色調為「Label Color」。

當使用者點擊按鈕時，模態視圖會關閉，為了實作它，我們將定義一個回退 Segue。選取 RestaurantTableViewController.swift 檔，並定義下列的回退動作：

```
@IBAction func unwindToHome(segue: UIStoryboardSegue) {
    dismiss(animated: true, completion: nil)
}
```

當你加入這個方法後，介面建構器可識別回退動作。現在回到 Main.storyboard，按住 Control 鍵，從「關閉」按鈕拖曳到場景 Dock 的 Exit 圖示，如圖 18.12 所示。在彈出式選單中，選擇「unwindToHomeWithSegue:」選項作為 Segue 的動作。

圖 18.12　為關閉按鈕加入回退 Segue

現在我們快速測試一下。編譯並執行專案，啟動 App 後，點擊「+」圖示，你應該會看到新餐廳畫面，你可以點擊「×」按鈕，也可以向下滑動視圖來關閉它。

18.3　建立圓角的文字欄位

你是否發現 App 的文字欄位沒有圓角？此外，在最終的設計中文字欄位的文字要縮排（參見圖 18.1），但是我們現在所設計的太靠近邊緣了。

預設的文字欄位沒有文字縮排，使用這些功能來建立自訂文字欄位是我們的責任。要實作它，我們將建立一個 UITextField 的自訂版本。

在專案導覽器中，在「View」資料夾上按右鍵，選擇「New file」，然後選取「Cocoa Touch Class」模板，在下一個畫面中，將類別命名為「RoundedTextField」，其子類別設定為「UITextField」，接著確認並儲存檔案。

建立檔案後，將內容替換為下列的程式碼：

```
import UIKit

class RoundedBorderTextField: UITextField {

    let padding = UIEdgeInsets(top: 0, left: 15, bottom: 0, right: 15);

    override func textRect(forBounds bounds: CGRect) -> CGRect {
        return bounds.inset(by: padding)
    }

    override func placeholderRect(forBounds bounds: CGRect) -> CGRect {
        return bounds.inset(by: padding)
    }

    override func editingRect(forBounds bounds: CGRect) -> CGRect {
        return bounds.inset(by: padding)
    }

    override func layoutSubviews() {
        super.layoutSubviews()

        self.layer.borderWidth = 1.0
        self.layer.borderColor = UIColor.systemGray5.cgColor
        self.layer.cornerRadius = 10.0
        self.layer.masksToBounds = true
    }

}
```

前三個方法用於文字縮排,而最後的方法用於建立圓角。我先解釋一下如何進行文字縮排。這三個方法都是設計用來繪製文字欄位的矩形:

● **textRect(forBounds:)**:此方法回傳文字欄位的文字的繪製矩形。

● **placeholderRect(forBounds:)**:此方法回傳文字欄位的占位符文字的繪製矩形。

● **editingRect(forBounds:)**:此方法回傳可在其中顯示可編輯文字的矩形。

預設上,這三個方法回傳未縮排的矩形。在我們的情況中,我們希望縮排文字欄位的文字,因此我們將覆寫這些方法,並回傳帶有縮排的矩形。我們使用 UIEdgeInsets 為文字欄位的左側和右側建立邊距區域,然後我們呼叫 bounds.inset(by: padding) 來應用邊緣內縮,以縮小矩形。

15 點

15 點

圖 18.13　同時使用 UIEdgeInsets 與 bounds.inset(by: padding) 來縮小矩形

　　文字欄位的預設樣式的確有圓角，但是我想要更改圓角半徑，以使圓角更圓一點。我們在前面章節中討論過這個技術，你應該知道如何為文字欄位建立圓角，你需要做的是為 cornerRadius 屬性指定一個值（大於零），這裡我們將其設定為「10 點」，此外我們更改邊框的寬度和顏色。

　　那麼 layoutSubviews() 到底是什麼呢？每次佈局文字欄位時都會呼叫它，因此我們將下列程式碼放入方法中：

```
self.layer.borderWidth = 1.0
self.layer.borderColor = UIColor.systemGray5.cgColor
self.layer.cornerRadius = 10.0
self.layer.masksToBounds = true
```

　　現在，我們已經建立了文字欄位的圓角版本，但是還沒有應用它於控制器的文字欄位。我們回到 Main.storyboard 中，選取餐廳名稱的文字欄位，至識別檢閱器中，更改其自訂類別為「RoundedTextField」，如圖 18.14 所示。

圖 18.14　設定文字欄位的自訂類別

　　對於其餘文字欄位重複相同的步驟（餐廳敘述的文字視圖除外），完成後你可以執行 App 來進行測試，現在文字欄位應該具有文字縮排了。

　　你還可以調整另一件事，以使表單看起來更好。你可以在文件大綱中選取表格視圖，然後更改分隔符號（Separator）選項為「None」，這會刪除儲存格之間的分隔符號。

18.4 移至下一個文字欄位

你是否試過在文字欄位中輸入文字呢？如果你還沒有試過，請再次執行 App 來測試。預設上，模擬器不顯示軟體鍵盤，你可以按下 command + K 鍵來開啓它。

你找到可改良的地方嗎？現在，當你按下 Return 鍵時，游標不會移至下一個文字欄位，它還是留在原地。

我們來看使用者按下 Return 鍵時，如何移動游標至下一個文字欄位。一般的想法是，我們爲每個文字欄位指定一個標籤（Tag）。例如：對於「Name」文字欄位，我們設定其標籤爲「1」，「Type」文字欄位的標籤值則設定爲「2」，當使用者按下 Return 鍵時，文字欄位會識別這個事件，接著它透過將標籤值加 1 來尋找下一個文字欄位，然後告知游標移動到該文字欄位。

爲了實作這個解決方案，我們必須先爲新餐廳控制器建立一個自訂類別。在專案導覽器中，於「Controller」資料夾上按右鍵，選擇「New File」，然後選取「Cocoa Touch Class」類別作爲模板，設定類別名稱爲「NewRestaurantController」以及其子類別爲「UITableViewController」。

建立 NewRestaurantController.swift 檔後，刪除下列產生的方法，因爲靜態表格視圖不需要它們。

```swift
override func numberOfSections(in tableView: UITableView) -> Int {
    // #warning Incomplete implementation, return the number of sections
    return 0
}

override func tableView(_ tableView: UITableView, numberOfRowsInSection section: Int) -> Int {
    // #warning Incomplete implementation, return the number of rows
    return 0
}
```

接下來，爲每個文字欄位與文字視圖建立一個 Outlet 變數：

```swift
@IBOutlet var nameTextField: RoundedBorderTextField! {
    didSet {
        nameTextField.tag = 1
        nameTextField.becomeFirstResponder()
        nameTextField.delegate = self
    }
```

```
    }

    @IBOutlet var typeTextField: RoundedBorderTextField! {
        didSet {
            typeTextField.tag = 2
            typeTextField.delegate = self
        }
    }

    @IBOutlet var addressTextField: RoundedBorderTextField! {
        didSet {
            addressTextField.tag = 3
            addressTextField.delegate = self
        }
    }

    @IBOutlet var phoneTextField: RoundedBorderTextField! {
        didSet {
            phoneTextField.tag = 4
            phoneTextField.delegate = self
        }
    }

    @IBOutlet var descriptionTextView: UITextView! {
        didSet {
            descriptionTextView.tag = 5
            descriptionTextView.layer.cornerRadius = 10.0
            descriptionTextView.layer.masksToBounds = true
        }
    }
```

　　無論是按鈕或者文字欄位（或任何其他視圖物件），都可使用 tag 屬性來儲存標籤值。在上列的程式碼中，我們為每個文字欄位和文字視圖指定了不同的標籤值。「Name」文字欄位的標籤值最小，並且是第一個回應者。

　　下一個問題是我們該如何偵測 Return 鍵被按下了？

　　為了處理這個事件，我們需要採用 UITextFieldDelegate 協定，該協定為開發者提供一組可選方法來管理文字欄位的編輯。對於目前情況，textFieldShouldReturn(_:) 方法特別有用，當使用者在文字欄位中按下 Return 鍵，將呼叫這個方法。我們可以實作這個方法來將游標移動到下一個文字欄位。

我們將建立一個擴展來採用 UITextFieldDelegate 協定，如下所示：

```
extension NewRestaurantController: UITextFieldDelegate {
    func textFieldShouldReturn(_ textField: UITextField) -> Bool {
        if let nextTextField = view.viewWithTag(textField.tag + 1) {
            textField.resignFirstResponder()
            nextTextField.becomeFirstResponder()
        }

        return true
    }
}
```

在上列的程式碼中，我們將目前的標籤值加 1 並呼叫 view.viewWithTag，以取得下一個文字欄位，然後我們呼叫 resignFirstResponder() 來移除對目前文字欄位的焦點，並使下一個文字欄位成為第一個回應者。

現在還沒有準備好測試這個 App，我們必須回到 Main.storyboard 來連結 Outlet。

在介面建構器中，選取新餐廳控制器，接著至識別檢閱器，設定其自訂類別為「NewRestaurantController」，然後在新餐廳控制器（New Restaurant Controller）按右鍵，來建立其與 Outlet 之間的連結，如圖 18.15 所示。

圖 18.15　連結 Outlet

現在再次測試這個 App，如果你在編輯文字欄位時點擊 Return 鍵，游標將自動移動到下一個欄位。

自訂導覽列

在開始使用 UIImagePickerController 之前，我們來自訂導覽列。「自訂導覽列」這件事是完全可選的，而我要做的是使 UI 保持一致。

更新 NewRestaurantController 類別的 viewDidLoad() 方法如下：

```swift
override func viewDidLoad() {
    super.viewDidLoad()

    // 自訂導覽列外觀
    if let appearance = navigationController?.navigationBar.standardAppearance {

        if let customFont = UIFont(name: "Nunito-Bold", size: 40.0) {

            appearance.titleTextAttributes = [.foregroundColor: UIColor(named:
"NavigationBarTitle")!]
            appearance.largeTitleTextAttributes = [.foregroundColor: UIColor(named:
"NavigationBarTitle")!, .font: customFont]
        }

        navigationController?.navigationBar.standardAppearance = appearance
        navigationController?.navigationBar.compactAppearance = appearance
        navigationController?.navigationBar.scrollEdgeAppearance = appearance
    }
}
```

我已經在第 15 章中討論過自訂導覽列，因此我相信你了解程式碼的含義，如果仍不了解的話，請回到第 15 章重新閱讀。

18.6 使用 UIImagePickerController 顯示照片庫

當第一個表格視圖儲存格（即帶有相機圖示的儲存格）被點擊後，這個 App 將讓使用者選擇照片來源：相機或照片庫。UIKit 框架提供了一個名為「UIImagePickerController」的便利型 API，用來從照片庫載入照片，很棒的是可以使用相同的 API 來開啟用於照相的相機介面。

模擬器不支援相機功能，如果你要測試採用了內建相機的 App，則需要一台真正的 iOS 裝置。

> 說明 從 Xcode 7 開始，你不再需要註冊 Apple 開發者計畫，即可在真正的 iOS 裝置上測試你的 App。在第 28 章中，我將向說明如何部署 App 至實體裝置上進行測試。

為了讓使用者選擇照片來源，我們將使用 UIAlertController 來開啟動作選單，並要求使用者選擇一個選項。在 NewRestaurantController 類別中插入下列的方法，以偵測觸控：

```swift
override func tableView(_ tableView: UITableView, didSelectRowAt indexPath: IndexPath) {
    if indexPath.row == 0 {

        let photoSourceRequestController = UIAlertController(title: "", message: "Choose your photo source", preferredStyle: .actionSheet)

        let cameraAction = UIAlertAction(title: "Camera", style: .default, handler: { (action) in
            if UIImagePickerController.isSourceTypeAvailable(.camera) {
                let imagePicker = UIImagePickerController()
                imagePicker.allowsEditing = false
                imagePicker.sourceType = .camera

                self.present(imagePicker, animated: true, completion: nil)
            }
        })

        let photoLibraryAction = UIAlertAction(title: "Photo library", style: .default, handler: { (action) in
            if UIImagePickerController.isSourceTypeAvailable(.photoLibrary) {
                let imagePicker = UIImagePickerController()
                imagePicker.allowsEditing = false
                imagePicker.sourceType = .photoLibrary

                self.present(imagePicker, animated: true, completion: nil)
            }
        })

        photoSourceRequestController.addAction(cameraAction)
        photoSourceRequestController.addAction(photoLibraryAction)

        // 對於 iPad
        if let popoverController = photoSourceRequestController.popoverPresentationController {
```

```
            if let cell = tableView.cellForRow(at: indexPath) {
                popoverController.sourceView = cell
                popoverController.sourceRect = cell.bounds
            }
        }

        present(photoSourceRequestController, animated: true, completion: nil)

    }
}
```

如前所述，當選取一個儲存格時，將呼叫 tableView(_:didSelectRowAt:) 方法。在此情況下，我們只想在選取第一個儲存格時開啓提示控制器，因此我們在一開始就有條件檢查。

在上列的程式碼中，我們建立兩個提示動作：一個用於使用相機，另一個用於載入照片庫。如果你查看這兩個動作的程式碼，則程式碼片段基本上是相同的，只有 sourceType 不同。

要載入照片庫，你只需要建立 UIImagePickerController 的實例，並將其 sourceType 設定爲「.photoLibary」。如果你要開啓相機來照相，則只需要將 sourceType 設定爲「.camera」，然後呼叫 present(_:animated:completion:) 方法，來開啓照片庫／相機。

如此，簡單吧？有時使用者可能不允許你訪問照片庫，較好的作法是你應該始終使用 isSourceTypeAvailable 方法，來驗證特定的媒體來源是否可用。

在 iOS 10 或之後的版本中，爲了保護隱私，你必須明確說明你的 App 存取使用者的照片庫或相機的理由，如果不這樣做，則可能會導致錯誤。你將需要在 Info.plist 檔中加入兩個鍵（NSPhotoLibraryUsageDescription 和 NSCameraUsageDescription），並提供你的理由。

你可以將 Info.plist 檔視爲你的 App 專案的設定檔，它包含 App 的元資訊（meta information），例如：Bundle ID、支援的方向，並且其內容是使用 XML 結構。

現在於專案導覽器中選取 Info.plist，在編輯器的「Information Property List」上按右鍵，選擇「Add Row」。設定鍵爲「Privacy - Photo Library Usage Description」，並將其值設定爲「You need to grant the app access to your photo library so you can pick your favorite restaurant photo」。重複同樣的步驟來加入另一列，設定鍵爲「Privacy - Camera Usage Description」，並將其值設定爲「You need to grant the app access to your camera in order to take photos」，如圖 18.16 所示。

Key		Type	Value	
⌄ Information Property List		Dictionary	(22 items)	
Privacy – Photo Library Usage Description	↕	String	You need to grant the app access to yo	
Privacy – Camera Usage Description	↕ ⊕ ⊖	String	↕ You need to grant the app access to yo	
Localization native development region	↕	String	$(DEVELOPMENT_LANGUAGE)	↕
Executable file	↕	String	$(EXECUTABLE_NAME)	
Bundle identifier	↕	String	$(PRODUCT_BUNDLE_IDENTIFIER)	
InfoDictionary version	↕	String	6.0	
Bundle name	↕	String	$(PRODUCT_NAME)	

圖 18.16　加入鍵以指定理由

現在編譯並執行 App。點擊照片圖示，應該會開啓動作選單，然後選擇照片庫，你的 App 應該能夠存取照片庫，如圖 18.17 所示。模擬器已經有一些範例照片，如果你要加入自己的照片，則將其從 Finder 拖曳至模擬器中，這會將照片自動加入模擬器的照片 App 中。

圖 18.17　在 FoodPin App 中載入內建的照片庫

18.7 採用 UIImagePickerControllerDelegate 協定

如果你從照片庫中選取一張照片，則該照片不會顯示在圖片視圖中。你如何知道使用者選取的照片呢？要和圖片選擇器介面進行互動，NewRestaurantController 類別必須採用兩個委派：UIImagePickerControllerDelegate 及 UINavigationControllerDelegate。

當使用者從照片庫中選取照片時，會呼叫委派的imagePickerController(_:didFinishPickin gMediaWith Info:) 方法。

```
func imagePickerController(_ picker: UIImagePickerController, didFinishPickingMediaWithInfo
info: [UIImagePickerController.InfoKey : Any]) {

}
```

透過實作該方法，我們可以從方法的參數中取得所選的照片。在實作該方法之前，我們在 NewRestaurantController 中為圖片視圖宣告一個 Outlet 變數。稍後，我們可以使用所選的圖片來設定圖片視圖。

```
@IBOutlet var photoImageView: UIImageView! {
    didSet {
        photoImageView.layer.cornerRadius = 10.0
        photoImageView.layer.masksToBounds = true
    }
}
```

至介面建構器中，將儲存格的圖片視圖與 photoImageView Outlet 變數連結。

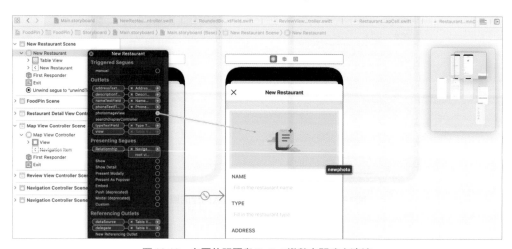

圖 18.18　在圖片視圖與 Outlet 變數之間建立連結

接下來，建立一個擴展來採用必要的協定並實作委派方法，如下所示：

```
extension NewRestaurantController: UIImagePickerControllerDelegate, UINavigationControllerDelegate
{
```

```
func imagePickerController(_ picker: UIImagePickerController, didFinishPickingMediaWithInfo
info: [UIImagePickerController.InfoKey : Any]) {

    if let selectedImage = info[UIImagePickerController.InfoKey.originalImage] as? UIImage
{
        photoImageView.image = selectedImage
        photoImageView.contentMode = .scaleAspectFill
        photoImageView.clipsToBounds = true
    }

    dismiss(animated: true, completion: nil)
}

}
```

呼叫這個方法時，系統會向你傳遞一個包含所選圖片的 info 字典物件。UIImagePicker ControllerOriginalImage 是使用者所選圖片的鍵。

上列的程式碼為圖片視圖指定所選的圖片。我們還更改內容模式，使圖片以「Aspect Fill」模式顯示，最後我們呼叫 dismiss 方法來關閉圖片選擇器。

不要忘記加入下列的程式碼至 tableView(_:didSelectRowAt:) 方法中，其緊接在兩個提示動作的 imagePicker 宣告之後：

```
imagePicker.delegate = self
```

現在，你可以測試 App 了。試著從相簿中選取一張照片，該照片應該會顯示在圖片視圖的右邊。

18.8 以編寫程式的方式來定義自動佈局約束條件

新餐廳視圖的運作相當不錯。在結束本章之前，我想要教你如何使用程式碼來定義自動佈局約束條件。你應該知道如何在介面建構器中使用佈局約束條件。隨著你持續精進程式設計的技術後，你可能更喜歡使用 NSLayoutAnchor 來以編寫程式的方式定義這些佈局約束條件。

我們以「NewRestaurantController」的照片視圖為例，如圖 18.19 所示。之前，我們已經定義了一組間距約束條件來安排圖片視圖的佈局。圖片視圖的所有邊距離邊緣應該為「0 點」。

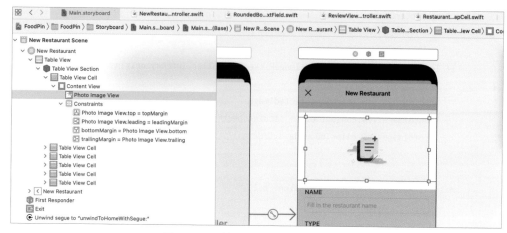

圖 18.19　照片視圖的間距約束條件範例

　　你應該知道如何在介面建構器中定義間距約束條件，問題是如何以編寫程式的方式來定義這些佈局約束條件呢？

　　在編寫用於自動佈局的程式碼時，可以使用名為「NSLayoutAnchor」的 API 來定義約束條件。以前緣約束條件為例，我們指定圖片視圖的前緣與其父視圖的前緣邊界之間沒有間距，你可以在文件大綱中找到以下的約束條件：

```
Photo Image View.leading = leadingMargin
```

　　你可以使用 NSLayoutAnchor 來編寫相同的約束條件，如下所示：

```
let margins = photoImageView.superview!.layoutMarginsGuide
photoImageView.leadingAnchor.constraint(equalTo: margins.leadingAnchor).isActive = true
```

　　佈局約束條件實際上定義了兩個使用者介面物件之間的關聯。如果你將定義在屬性檢閱器中的約束條件屬性與定義在程式碼中的屬性進行比較，你應該可揭示它們之間的關聯。我們的 photoImageView 的 superView 參考儲存格的內容視圖。layoutMarginsGuide 表示視圖的佈局邊界。該程式碼的作用是將圖片視圖的前緣錨點（Leading Anchor）固定到內容視圖的邊界的前緣錨點。

　　預設上，實例化後不會啟動約束條件，你必須將其 isActive 屬性設定為「true」，才能啟動它。

　　在你撰寫程式碼之前，要切換回 Main.storyboard 並刪除 Photo Image View 的佈局約束條件，如圖 18.19 所示。

現在回到 NewRestaurantController.swift，並爲佈局約束條件編寫程式碼。我們必須爲圖片視圖的頂部、底部、前緣（即左側）與後緣（即右側）加入四個佈局約束條件。在 viewDidLoad() 方法中插入下列的程式碼：

```
// 取得父視圖的佈局
let margins = photoImageView.superview!.layoutMarginsGuide

// 停用自動調整大小的遮罩，以編寫程式的方式來使用自動佈局
photoImageView.translatesAutoresizingMaskIntoConstraints = false

// 將圖片視圖的前緣固定到邊界的前緣
photoImageView.leadingAnchor.constraint(equalTo: margins.leadingAnchor).isActive = true

// 將圖片視圖的後緣固定到邊界的後緣
photoImageView.trailingAnchor.constraint(equalTo: margins.trailingAnchor).isActive = true

// 將圖片視圖的頂部邊緣固定到邊界的頂部邊緣
photoImageView.topAnchor.constraint(equalTo: margins.topAnchor).isActive = true

// 將圖片視圖的底部邊緣固定到邊界的底部邊緣
photoImageView.bottomAnchor.constraint(equalTo: margins.bottomAnchor).isActive = true
```

這裡我們爲圖片視圖定義並啓動四個佈局約束條件，以便將圖片綁定在儲存格的邊緣內。要以編寫程式的方式建立佈局約束條件，則必須將視圖的 translatesAutoresizing MaskIntoConstraints 屬性設定爲「false」。現在我們再次執行 App，新餐廳表單的佈局和以前相同，但是圖片視圖的約束條件是用程式編寫的，如圖 18.20 所示。

圖 18.20　圖片已縮小並完美顯示

隱藏鍵盤

目前你無法關閉 iPhone 上的鍵盤，我們想要讓使用者在點擊表單的任何空白區域時，可以關閉鍵盤。為此，你可以在 viewDidLoad() 方法中插入下列的程式碼：

```
let tap = UITapGestureRecognizer(target: view, action: #selector(UIView.endEditing))
tap.cancelsTouchesInView = false
view.addGestureRecognizer(tap)
```

在程式碼中，我們為視圖建立了一個點擊手勢識別器。每當使用者點擊表單視圖時（不包括那些文字欄位），我們就會呼叫 endEditing 方法來關閉軟體鍵盤。

你的作業：加入儲存按鈕

你的作業是在導覽列的右上角加入「儲存」（Save）按鈕。當使用者點擊按鈕時，你將取得文字欄位的值，對其進行驗證，並將其輸出至主控台，如圖 18.21 所示。

圖 18.21　用於表單驗證的提示範例

這個作業比之前的作業更具挑戰性，因此我將給你一些提示。第一個提示是你將需要參考 UITextField 文件（ [URL] https://developer.apple.com/documentation/uikit/uitextfield ）。透過閱讀 API 文件，你將發現用來在文字欄位中儲存文字的屬性。

第二個提示是你必須在 NewRestaurant 類別中宣告一個 saveButtonTapped 動作方法。點擊「儲存」按鈕時，將呼叫此動作方法。你必須將按鈕連結到介面建構器中的動作方法。在這個方法的主體中，你將編寫程式碼來執行幾件事：

● **表單驗證**：檢查輸入的文字是否為空白。若是空白的話，則使用 UIAlertController 顯示警告提示。

● **主控台輸出**：將表單的值輸出到主控台，這裡有一個輸出範例：

```
Name: Izakaya Sozai
Type: Japanese
Location: 1500 Irving St San Francisco, CA 94122
Phone: (415) 742-5122
Description: A great restaurant to try out
```

我會提供解答給你參考，你可以在本章所準備的範例檔中找到解答，但是我強烈建議你花一些時間來進行練習，理解了自己的實作會很有趣。

18.11 本章小結

在本章中，我們示範如何使用介面建構器來建立靜態表格視圖。雖然你可以使用表格視圖顯示來自資料來源的動態資料，但是靜態表格視圖提供了一種顯示已經預知的有限資料量的好方式。你還學習了如何存取內建的照片庫，UIImagePickerController 讓開發者可以輕鬆存取內建的相機及照片庫。

此外，我們也介紹了 NSLayoutAnchor，現在你應該對如何以編寫程式的方式來建立佈局約束條件有些概念了。通常，你使用介面建構器來定義佈局約束條件，這對大部分的佈局而言，已經足夠了，但是當你需要在 App 中建立動態 UI 時，你就需要在執行期修改佈局約束條件。我只向你簡要介紹了 NSLayoutAnchor，你可以參考官方文件的說明（ [URL] https://developer.apple.com/documentation/uikit/nslayoutconstraint ），以了解詳細資訊。

在本章所準備的範例檔中，有最後完整的 Xcode 專案（ FoodPinStaticTableView.zip ）供你參考。

在下一章中，我們將介紹 Core Data，並了解如何將餐廳資料儲存在資料庫中。

19 運用 Core Data

首先恭喜你的功力又更上一層了，你已經建立了一個簡單的 App，可以讓使用者列出他們最愛的餐廳名單，如果你有完成前面的練習，你應該對如何新增餐廳已經具有概念。我已儘量保持簡單，以將重點放在 UITableView 的基礎上。到這裡爲止，所有的餐廳是先在程式碼中定義，並儲存在陣列中，當你要儲存餐廳，最簡單的方式就是新增一個餐廳到現行的 restaurants 陣列中。

不過，這樣的方式並無法永久儲存新的餐廳名單，資料暫存在記憶體（如陣列），一旦你離開 App 後，所有的變更將會消失，因此我們需要找到一個可以永久儲存資料的方式。

想要永久儲存資料，我們需要將它們儲存在持久性儲存器（Persistent Storage）中，例如：檔案或資料庫，藉由資料庫做資料的儲存，即使 App 當機或者離開 App 也不用擔心資料的遺失；檔案是另一種資料儲存的方式，但是它適合儲存小量且不需要經常性變動的資料，舉例而言，檔案通常用來儲存應用程式的設定項目，如 Info.plist 檔案。

而 FoodPin App 可能需要儲存數千筆餐廳資料，且使用者也許會經常增加或移除餐廳資料。在這個範例中，資料庫是處理大量資料最佳的方式，本章將介紹 Core Data 框架，並說明如何使用它來處理資料庫中的資料，這將對目前的 FoodPin 專案做許多的修改。而學習完本章之後，你的 App 將可讓使用者永久儲存他們最喜愛的餐廳。

若是你還沒有完成前面的練習，你可以取得本章所準備的範例模板（FoodPinStatic Table.zip）來開始。

19.1 何謂 Core Data？

當我們談到「持久性資料」（Persistent Data），一般人想到的是資料庫，如果你熟悉 Oracle 或 MySQL，你會知道關聯性資料庫（Relational Database）是表格形式，以列及行的方式來儲存資料，而且你的 App 通常可以快速透過 SQL（Structured Query Language）來存取。不過，千萬不要把 Core Data 與資料庫混淆了，雖然 SQLite 資料庫是 iOS Core Data 的預設持久性儲存器，但是 Core Data 並不是關聯性資料庫，它實際上是一種以物件導向方式來讓開發者與資料庫（或是其他持久性儲存器）互動的框架。

> 提示 如果你對 SQL 沒有概念，而有興趣了解的話，你可以參考這篇簡單的教學文章：URL https://www.w3schools.com/sql/sql_intro.asp。

以 FoodPin App 爲例，當你要將資料儲存到資料庫，你需要負責寫程式碼來連結資料庫，並使用 SQL 取得及更新資料，這對開發者會是一個負擔，特別是對不懂 SQL 的人而言更是。

Core Data 提供了一種儲存資料至持久性儲存器的簡易方式，你可以將 App 中的物件與資料庫中的表格相對應，簡單而言，它允許你在資料庫進行管理記錄（選取／插入／更新／刪除），甚至不需要知道有關 SQL 的技術。

19.2 Core Data 堆疊

我們開始進行這個專案之前，你需要先了解「Core Data 堆疊」（Core Data Stack），如圖 19.1 所示。

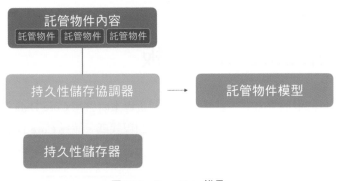

圖 19.1　**Core Data 堆疊**

- **託管物件內容**（**Managed Object Context**）：把它想成是一種包含許多物件在其中的「暫存記憶體」，可以和持久性儲存器的資料互動，它的工作是管理被建立的物件，並使用 Core Data 框架回傳。在 Core Data 堆疊的元件中，託管物件內容是一個 NSManagedObjectContext 類別的實例，這是要花最多時間直接面對處理的部分。一般而言，不論你是要取得或儲存物件到持久性儲存器中，這個內容是你第一個要互動的元件。

- **託管物件模型**（**Managed Object Model**）：它是描述你在 App 使用的綱目（Schema），若是你有資料庫的經驗，把它想成資料庫的綱目，但是這個綱目是由一個物件集合來代表（即所謂的實體），例如：一個模型物件的集合可以用來表示 FoodPin App 中餐廳的集合。在 Xcode 中，託管物件模型是以副檔名為「.xcdatamodeld」的檔案來定義。你可以使用視覺編輯器來定義實體以及它們的屬性與關聯性。

- **持久性儲存協調器**（**Persistent Store Coordinator**）：顧名思義，它是 Core Data 堆疊的協調器，位於託管物件內容與持久性儲存器之間，雖然圖 19.1 只列出一個儲存器，但是 Core Data 的應用程式可以擁有多個儲存器。持久性儲存協調器是一個

NSPersistentStoreCoordinator 的實例，負責處理不同持久性物件儲存區以及將物件儲存到儲存區中，在使用 Core Data 時，一般很少直接和持久性儲存協調器互動。

- **持久性儲存器（Persistent Store）**：這是你的資料實際儲存的區域，其通常是資料庫，而預設的資料庫就是 SQLite，但它也可以是二進位檔或 XML 檔。

這看起來很複雜，是吧？的確，Apple 的工程師也發現了這個問題，從 iOS 10 開始，團隊導入了一個名為「NSPersistentContainer」的類別，來簡化 App 中 Core Data 堆疊的管理，而 NSPersistentContainer 是你用來儲存與取得資料的類別。

仍然感到有點困惑嗎？別擔心！當你將 FoodPin App 中的陣列轉換成 Core Data 時，你就會明白我的意思了。

19.3 使用 Core Data 模板

使用 Core Data 的最簡單方式，就是建立一個新專案時啟用 Core Data 選項，如圖 19.2 所示，Xcode 將會在 AppDelegate.swift 產生所需的程式碼，並為 Core Data 建立資料模型檔案。

圖 19.2　啟用 Core Data 功能

當你建立「CoreDataDemo」專案時啟用 Core Data 選項，你將在 AppDelegate 類別看到下列的變數和方法：

```
// MARK: - Core Data stack

lazy var persistentContainer: NSPersistentContainer = {
    /*
     The persistent container for the application. This implementation
     creates and returns a container, having loaded the store for the
     application to it. This property is optional since there are legitimate
     error conditions that could cause the creation of the store to fail.
     */
    let container = NSPersistentContainer(name: "CoreDataDemo")
    container.loadPersistentStores(completionHandler: { (storeDescription, error) in
        if let error = error as NSError? {
            // Replace this implementation with code to handle the error appropriately.
            // fatalError() causes the application to generate a crash log and terminate.
You should not use this function in a shipping application, although it may be useful during
development.

            /*
             Typical reasons for an error here include:
             * The parent directory does not exist, cannot be created, or disallows writing.
             * The persistent store is not accessible, due to permissions or data protection
when the device is locked.
             * The device is out of space.
             * The store could not be migrated to the current model version.
             Check the error message to determine what the actual problem was.
             */
            fatalError("Unresolved error \(error), \(error.userInfo)")
        }
    })
    return container
}()

// MARK: - Core Data Saving support

func saveContext () {
    let context = persistentContainer.viewContext
    if context.hasChanges {
        do {
            try context.save()
        } catch {
            // Replace this implementation with code to handle the error appropriately.
            // fatalError() causes the application to generate a crash log and terminate.
You should not use this function in a shipping application, although it may be useful during
```

```
development.
        let nserror = error as NSError
        fatalError("Unresolved error \(nserror), \(nserror.userInfo)")
    }
  }
}
```

這段程式碼提供了一個變數與一個方法：

- persistentContainer 變數是 NSPersistentContainer 的實例，並以一個名為 CoreDataDemo 的持久性儲存器來初始化，這個容器在你的應用程式中封裝 Core Data 堆疊。在 iOS 10 之前，你需要建立與處理託管物件模型（NSManagedObjectModel）、持久性儲存協調器（NSPersistentStoreCoordinator）與託管物件內容（NSManagedObjectContext），而 NSPersistentContainer 的導入，可簡化所有的過程，以後你只需使用此變數來與 Core Data 堆疊進行互動。

- saveContext() 是一個提供資料儲存的輔助方法，當你需要在持久性儲存器中插入／更新／刪除資料時，你將會呼叫這個方法。

問題是我們如何在目前的 Xcode 專案中使用這個程式碼模板呢？你只要複製與貼上這些程式碼至 FoodPin 專案中的 AppDelegate.swift 檔中，但是你還需要做一些少許的修改。

```
let container = NSPersistentContainer(name: "CoreDataDemo")
```

原來的程式碼模板是為了 CoreDataDemo 專案來產生，Xcode 使用這個專案名稱來命名 SQLite 與資料模型檔，而對於 FoodPin 專案，我們將名稱改為「FoodPin」，因此變更上列的程式碼如下：

```
let container = NSPersistentContainer(name: "FoodPin")
```

最後，在 AppDelegate 類別的開始處加入 import 敘述，以匯入 Core Data 框架：

```
import CoreData
```

> 提示 你可以下載取得我們為你準備的專案模板（FoodPinCoreDataStarter.zip）。

19.4 建立資料模型

現在你已經準備好存取 Core Data 堆疊的程式碼，我們將繼續建立資料模型，每個 Core Data 應用程式有一個資料模型描述所儲存的資料結構。至專案導覽器中，在 FoodPin 的資料夾上按右鍵，選擇「New File」，並向下捲動至 Core Data 區塊，然後選取「Data Model」，如圖 19.3 所示。

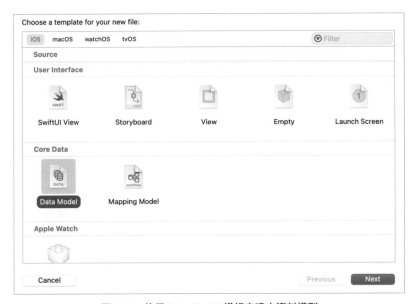

圖 19.3　使用 Data Model 模板來建立資料模型

將模型命名為「FoodPin」，並點選「Create」按鈕來建立資料模型。當建立後，你應該可以在專案導覽器中找到一個名為「FoodPin.xcdatamodeld」的檔案，選擇它來開啟資料模型編輯器（Data Model Editor），你可以在這裡建立實體（Entity）給資料模型。

由於我們想要將 Restaurant 物件儲存到資料庫中，因此我們將建立一個與程式碼中的 Restaurant 結構搭配的 Restaurant 實體。要建立實體，則點選編輯窗格底下的「Add Entity」按鈕，然後將實體命名為「Restaurant」。

為了將 Restaurant 物件中的資料儲存至資料庫中，我們將加入幾個屬性給實體，以對應物件的屬性。你只要點選在 Attributes 區塊的「+」按鈕，就可以建立新屬性。為 Restaurant 實體加入八個屬性，包含 name、type、location、phone、summary、image、isFavorite 與 ratingText，細節部分請參考圖 19.4。

圖 19.4　**對 Restaurant 實體新增屬性**

你可能想知道爲何我們使用屬性名稱 summary 來替代 description，當你試著使用 description 這個名稱，則你會碰到錯誤，告知 description 是保留字，這也是爲何我們不能使用它，而必須以 summary 來替代的原因。

name、type、location、phone、isFavorite、summary 與 ratingText 的屬性型別比較沒什麼特殊，但爲何我們將 image 的屬性型別設定爲「BinaryData」呢？

目前餐廳圖片是綁定在 App 內，可由素材目錄來管理，這就是爲何我們可以透過傳送帶有圖片名稱的 UIImage 來載入圖片。當使用者建立一間新餐廳時，不管是內建的照片庫或是從相機拍攝的圖片，圖片都是從外部來源來載入，在這種情況下，我們不能只是儲存檔名；相反的，我們儲存實際圖片資料至資料庫，而二進位資料型別就是用於這個目的。

你可能還有另一個關於 ratingText 屬性的疑問，爲什麼我們將它命名爲「ratingText」而不是「rating」呢？如果你再次參考 Restaurant.swift 檔，rating 變數是 Rating 的型別，即一個列舉，每個 case 都有一個預設的文字值（例如：awesome），這也是爲何我們將這個屬性命名爲「ratingText」來儲存文字值的原因。

當你選擇特定的屬性，你可以在資料模型檢閱器中進一步設定其屬性性質，如圖 19.5 所示。舉例而言，name 的屬性是必要的屬性，則你可以取消勾選 Optional 核取方塊，來使它成爲強制必要的。對於 FoodPin 專案，你可以根據需要來設定所有的屬性（rating 除外）。

圖 19.5　在資料模型檢閱器中編輯屬性的性質

19.5　建立託管物件

　　要使用 Core Data，第一步是建立資料模型，而你已經完成這個，第二步則是建立託管物件，被綁定到 Core Data 框架的模型物件，稱爲「託管物件」（Managed Objects），其是 Core Data 應用程式的核心。

　　對於 FoodPin 專案，你可以手動轉換 Restaurant 結構爲託管物件類別，而在 Xcode 8 之後，你可以利用開發工具來轉換，Xcode 會參考實體模型來自動幫你產生託管物件類別，如圖 19.6 所示。

> 說明　你也許想知道為何我們需要建立託管物件類別，是否還記得在介面建構器中 Outlet 變數與 UI 物件間的關聯性？透過 Outlet 值的更新，我們可以修改 UI 物件的內容。託管物件和 Outlet 變數非常相似，你可以透過託管物件的更新來修改實體的內容。

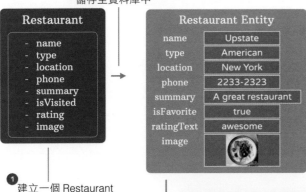

圖 19.6　模型物件與實體之間的關聯示意圖

現在選取 Restaurant 實體，然後至資料模型檢閱器中，你應該會看到一個 Class 區塊，預設的 Codegen 選項設定為「Class Definition」，表示當你建立專案時 Xcode 會為你產生模型類別，如果你選擇這個選項，則將無法找到或修改這個類別檔案，它適用於類別不需要進一步修改的簡單專案，如圖 19.7 所示。

圖 19.7　將實體指定為 Restaurant 類別

對於這個專案，我們將使用 manual 選項，因為我們需要自訂模型類別，以處理餐廳評分。在 Class 區塊中，設定類別名稱為「Restaurant」、模組為「Current Product Module」、Codegen 選項為「Manual / None」。

類別的名稱和 Restaurant 結構相同，我們將其轉換為 Core Data 的模型類別，開啟 Restaurant.swift 檔，並將檔案內容替換如下：

```
import CoreData

public class Restaurant: NSManagedObject {
    @nonobjc public class func fetchRequest() -> NSFetchRequest<Restaurant> {
        return NSFetchRequest<Restaurant>(entityName: "Restaurant")
    }

    @NSManaged public var name: String
    @NSManaged public var type: String
    @NSManaged public var location: String
    @NSManaged public var phone: String
    @NSManaged public var summary: String
    @NSManaged public var image: Data
    @NSManaged public var ratingText: String?
    @NSManaged public var isFavorite: Bool

}
```

Core Data 的模型類別應繼承自 NSManagedObject，每個屬性會以 @NSManaged 做標註，並對應我們之前建立的 Core Data 模型的屬性。透過使用 @NSManaged，告知編譯器該屬性已由 Core Data 處理。在程式碼中，我們也建立一個名為 fetchRequest() 方法，用於從資料庫中取得餐廳資料。

如果你使用 Codegen 的「ClassDefinition」選項，則上列的程式碼將由 Xcode 產生，但是手動建立它並不難。

我們還沒有完成實作，在原來的 Restaurant 結構中，有一個名為「rating」的屬性以及一個名為「Rating」的列舉，用於存放餐廳評分，該屬性應該遷移至新的 Restaurant 類別。為此，我們會建立一個擴展如下：

```swift
extension Restaurant {

    enum Rating: String {
        case awesome
        case good
        case okay
        case bad
        case terrible

        var image: String {
            switch self {
            case .awesome: return "love"
            case .good: return "cool"
            case .okay: return "happy"
            case .bad: return "sad"
            case .terrible: return "angry"
            }
        }
    }

    var rating: Rating? {
        get {
            guard let ratingText = ratingText else {
                return nil
            }

            return Rating(rawValue: ratingText)
        }

        set {
            self.ratingText = newValue?.rawValue
        }
```

```
        }
    }
```

這個 Rating 列舉完全和之前一樣，而 rating 屬性則是一個計算屬性，負責處理評分文字的轉換。至目前為止，我們所有的程式使用 Rating 列舉來處理餐廳的評分，現在因為 Core Data 的關係，我們將評分儲存為文字。我們需要一種方式搭建 rating 與 ratingText 之間的橋樑，這就是為什麼我們將 rating 屬性建立為計算屬性的原因。對於 Getter，我們將 ratingText 轉換回列舉；對於 Setter，我們取得列舉的原始值，並將它指定為 ratingText。

19.6 使用託管物件

現在我們已經準備好資料模型與模型類別，我們開始轉換目前的程式碼來支援 Core Data，首先開啟 RestaurantTableViewController.swift 檔，我們不再需要以預設值來初始化餐廳陣列，因為我們將從資料庫來提取資料，因此宣告 restaurants 物件如下：

```
var restaurants: [Restaurant] = []
```

一旦你做了變更，你會在 RestaurantTableViewController 看到兩個錯誤，你可以在問題導覽器檢查你的專案問題，如圖 19.8 所示。

圖 19.8　問題導覽

基本上，這兩個錯誤是和 Restaurant 類別的 image 屬性有關。在變更之前，image 屬性是 String 型別，使用 Core Data 的話，image 現在儲存為一個 Data 物件，因此 Xcode 才會出現這些問題。

我們來逐一修正。首先，它是 RestaurantTableViewController 的 configureDataSource 方法，Xcode 針對以下的程式碼產生一個錯誤：

```
cell.thumbnailImageView.image = UIImage(named: restaurant.image)
```

要載入圖片，則使用 data 參數來初始化 UIImage 物件，取代透過 name 參數傳送圖片。將該行程式碼以下列的程式碼取代：

```
cell.thumbnailImageView.image = UIImage(data: restaurant.image)
```

這將修正錯誤，且同樣也適用於 tableView(_:trailingSwipeActionsConfigurationForRow At:) 中的 imageToShare。將該行程式碼以下列這行程式碼代替：

```
if let imageToShare = UIImage(data: restaurant.image) {
```

接下來，我們進入 restaurantDetailViewController.swift 中，同樣的，你會看到一些和 Restaurant 的 image 屬性變更有關的錯誤。在 viewDidLoad() 方法中，使用 data 取代 name 來初始化餐廳圖片：

```
headerView.headerImageView.image = UIImage(data: restaurant.image
```

然後是 ReviewViewController 類別，在 viewDidLoad() 方法中，使用 data 來變更 UIImage 的初始化：

```
backgroundImageView.image = UIImage(data: restaurant.image)
```

完成所有的修改之後，你應該能夠執行 App，並看到一個空表格。我鼓勵你可以自己修復這些錯誤，但你也可以下載參考我們所準備的範例檔（FoodPinCoreDataStarter2.zip）。

19.7 處理空表格視圖

在我們繼續說明 Core Data 之前，我們岔開一下話題來介紹空表格視圖。現在你應該在執行 App 時看到一個空白的表格，若我們可以向使用者顯示出如圖 19.9 所示的指示畫面，是不是更好呢？

圖 19.9　一個漂亮的空表格視圖

　　空視圖一般是提供使用者一些資訊，以讓使用者知道要從哪邊開始。要實作一個空視圖並不困難，UITableView 有一個 backgroundView 屬性，可以讓開發者指定一個視圖給它，我們將會使用這個屬性來顯示我們的空視圖，當然我們需要執行一些驗證，只有在沒有餐廳資料的情況下，才會顯示空視圖。

　　我已經設計了一個空視圖的圖片，你可以下載使用我們準備的圖片包（emptydata. zip），下載完成之後，將它解壓縮，並將圖片加到素材目錄（Assets.xcasset），並確認你已為圖片啟用「Preserve Vector Data」選項。

　　現在開啓 Main.storyboard，介面建構器有一個功能可以讓你嵌入另外一個視圖至目前的視圖控制器中。首先，選取餐廳表格視圖控制器（Restaurant Table View Controller）來揭示場景（Scene）Dock。從元件庫拖曳一個 View 物件至場景 Dock，並將它放在 Exit 圖示旁邊，如圖 19.10 所示。

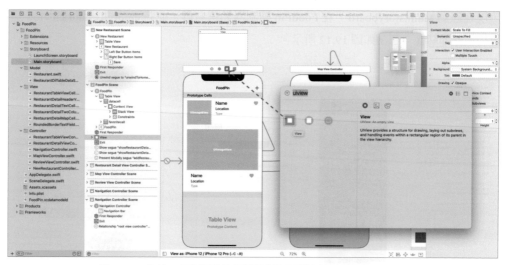

圖 19.10　加入一個視圖物件至餐廳表格視圖控制器的場景 Dock 中

　　加好視圖之後，你將會在控制器上方看到一個視圖，現在可以像設計其他視圖一樣來設計這個視圖。拖曳一個圖片視圖至視圖中，在屬性檢閱器中，設定圖片（Image）選項為「emptydata」，如圖 19.11 所示。

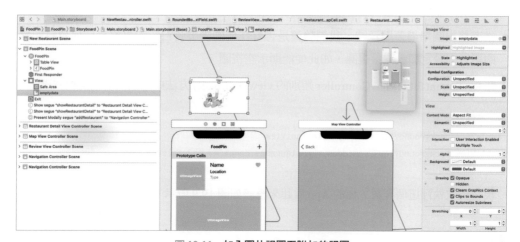

圖 19.11　加入圖片視圖至附加的視圖

　　這個視圖是表格視圖控制器的附加視圖，為了能夠從程式中存取它，我們必須定義一個 Outlet 來連結它。至 RestaurantTableViewController.swift，在類別中宣告一個名為「emptyRestaurantView」的 Outlet：

```
@IBOutlet var emptyRestaurantView: UIView!
```

現在回到 Main.storyboard，在 FoodPin 控制器點選右鍵，並將 emptyRestaurantView 與附加視圖連結在一起，如圖 19.12 所示。

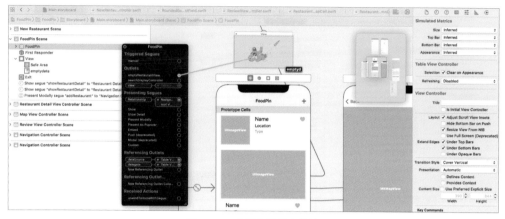

圖 19.12　定義佈局約束條件

你已經準備好空視圖的設計，是時候寫一些程式來顯示了，我們的實作內容如下：

- 加上一個空視圖至表格視圖的背景視圖。

- 預設上，我們設定隱藏這個背景視圖。

- 當表格視圖準備要顯示時，我們驗證是否有任何的餐廳資料，如果沒有任何資料記錄的話，則設定顯示背景視圖，如此便能顯示空視圖。

在 RestaurantTableViewController 類別的 viewDidLoad() 方法中，插入下列的程式碼：

```
// 準備空視圖
tableView.backgroundView = emptyRestaurantView
tableView.backgroundView?.isHidden = restaurants.count == 0 ? false : true
```

現在再次執行這個專案，你的 App 看起來應該如圖 19.9 所示。

19.8　運用託管物件

現在回到 Core Data，我們已經將 FoodPin 專案轉換使用託管物件，接下來的問題是「如何使用物件來儲存資料至資料庫中」呢？

NSPersistentContainer 導入之後，在 Core Data 堆疊中的繁複設定已經大為減少，一般的操作（如插入一個記錄至資料庫）變得簡單許多。要儲存一間餐廳資料，基本上只要做幾件事即可：

● 建立一個 Restaurant 物件，內容設定為持久性容器中的視圖內容，然後設定它的屬性：

```
restaurant = Restaurant(context: appDelegate.persistentContainer.viewContext)
restaurant.name = "Upstate"
restaurant.type = "Cafe"
restaurant.location = "New York"
```

● 接下來，呼叫在 AppDelegate 中的 saveContext() 方法來儲存資料至資料庫中：

```
appDelegate.saveContext()
```

以上，如你所見，Core Data 將資料庫管理的基本邏輯都遮蔽了，你不需要知道如何使用 SQL 來插入一個記錄至資料庫中，所有的工作都是透過使用 Core Data API 來完成。

19.9 儲存一間新餐廳至資料庫

現在你已經對託管物件有了基礎概念，我們更新 NewRestaurantController 類別來儲存一間新餐廳至資料庫。首先，加上下列的 import 敘述至 NewRestaurantController.swift 的最前面，這個類別便可利用 Core Data 框架：

```
import CoreData
```

在 NewRestaurantController 類別中宣告一個 restaurant 變數：

```
var restaurant: Restaurant!
```

在 saveButtonTapped(sender: AnyObject) 方法中，應用你剛學到的內容來儲存 restaurant 物件至持久性儲存器，將下列的程式碼置於 dismiss 方法的呼叫之前：

```
if let appDelegate = (UIApplication.shared.delegate as? AppDelegate) {
    restaurant = Restaurant(context: appDelegate.persistentContainer.viewContext)
    restaurant.name = nameTextField.text!
    restaurant.type = typeTextField.text!
    restaurant.location = addressTextField.text!
```

```
    restaurant.phone = phoneTextField.text!
    restaurant.summary = descriptionTextView.text
    restaurant.isFavorite = false

    if let imageData = photoImageView.image?.pngData() {
        restaurant.image = imageData
    }

    print("Saving data to context...")
    appDelegate.saveContext()
}
```

上列的程式碼和我們在上一節所介紹過的非常類似，不過有幾行程式碼對你而言是陌生的。首先是下列這行程式碼：

```
if let appDelegate = (UIApplication.shared.delegate as? AppDelegate) {
```

persistentContainer 變數是宣告在 AppDelegate.swift 中，爲了存取這個變數，我們需要先取得 AppDelegate 的參考。在 iOS SDK，你可以使用 UIApplication.shared.delegate as? AppDelegate 來取得 AppDelegate 物件。

接著，來談一下 image 屬性。

```
if let imageData = photoImageView.image?.pngData() {
    restaurant.image = imageData
}
```

是否記得 Restaurant 實體的圖片型別設定爲二進位資料呢？在此範例中，RestaurantMO 所產生的 image 屬性具有 Data 型別。

因此，當我們設定 image 屬性值的時候，我們必須先取得所選的圖片檔資料，並將其轉換爲 Data 物件。UIKit 框架提供了一組內建的函數作爲圖形的操作，pngData() 函數可以讓我們以 PNG 格式來取得特定圖片的圖片資料，然後再使用這個圖片資料建立 Data 物件。

以上是你要加入一間新餐廳至資料庫所需的程式碼。若是你現在執行這個 App，並儲存一間新餐廳，這個 App 應該已經能夠正確地將記錄儲存至資料庫中了，你應該會在主控台中看到「Saving data to context...」的訊息，但是你的 App 還未能顯示剛才加入的餐廳，下一節中我們會將它顯示出來。

19.10 使用 Core Data 取得資料

Restaurant 類別具有 fetchRequest() 方法，當我們呼叫它之後，它將回傳 NSFetchRequest 物件，該物件指定搜尋條件與要搜尋的實體（這裡是 Restaurant 實體），搭配另一個 NSFetchedResultsController 的 API，你將能夠有效率從資料庫中取得資料。

NSFetchResultController 是特別用來管理從 Core Data 讀取請求後的回傳結果，並為表格視圖提供資料，它會監聽託管物件內容中的物件變動，然後將變動結果報告給其委派。

我們來看一下如何使用 NSFetchedResultsController 與差異性資料來源來取得餐廳，並在表格視圖更新資料。

在 RestaurantTableViewController.swift 中匯入 Core Data 框架：

```
import CoreData
```

接著，對於這個讀取結果控制器宣告一個實例變數：

```
var fetchResultController: NSFetchedResultsController<Restaurant>!
```

為了讓程式碼更有組織，我們以分開的方法來處理資料項目的取回，建立一個名為 fetchRestaurantData() 新方法如下：

```
func fetchRestaurantData() {
    // 從資料儲存中取得資料
    let fetchRequest: NSFetchRequest<Restaurant> = Restaurant.fetchRequest()
    let sortDescriptor = NSSortDescriptor(key: "name", ascending: true)
    fetchRequest.sortDescriptors = [sortDescriptor]

    if let appDelegate = (UIApplication.shared.delegate as? AppDelegate) {
        let context = appDelegate.persistentContainer.viewContext
        fetchResultController = NSFetchedResultsController(fetchRequest: fetchRequest,
managedObjectContext: context, sectionNameKeyPath: nil, cacheName: nil)
        fetchResultController.delegate = self

        do {
            try fetchResultController.performFetch()
            updateSnapshot()
        } catch {
            print(error)
```

```
            }
        }
    }
```

我們先從 Restaurant 取得 NSFetchRequest 物件，使用 NSSortDescriptor 物件來指定排序，NSSortDescriptor 可以讓你指定物件間的排序，這裡我們使用 name 作為鍵，來指定 Restaurant 物件為升序排列。

讀取請求建立完成之後，我們初始化 fetchResultController，並指定它的委派來監聽資料的變化情況，最後我們呼叫 performFetch() 方法來執行讀取結果。完成後，我們呼叫 updateSnapshot() 方法來更新表格視圖上的餐廳。

我們還沒有建立 updateSnapshot() 方法，插入以下的程式碼來實作這個方法：

```swift
func updateSnapshot(animatingChange: Bool = false) {

    if let fetchedObjects = fetchResultController.fetchedObjects {
        restaurants = fetchedObjects
    }

    // 建立一個快照並填入資料
    var snapshot = NSDiffableDataSourceSnapshot<Section, Restaurant>()
    snapshot.appendSections([.all])
    snapshot.appendItems(restaurants, toSection: .all)

    dataSource.apply(snapshot, animatingDifferences: animatingChange)

    tableView.backgroundView?.isHidden = restaurants.count == 0 ? false : true
}
```

這個方法帶入一個名為「animatingChanges」的布林參數，其值預設設定為「false」，這個參數可以讓呼叫者靈活指定是否需要動畫，如果設定為「true」，差異性資料來源將對資料更新進行動畫處理。

執行讀取請求之後，所有取得的物件都儲存在讀取結果控制器。在這個方法中，我們先驗證控制器是否有包含任何讀取的物件，如果結果是有的，我們建立一個快照，並更新對應的 UI，這個程式碼與我們之前實作表格視圖時所討論的完全相同。

fetchResultController 的委派設定為「self」，即 RestaurantTableViewController。在這個例子中，類別應該採用 NSFetchedResultsControllerDelegate 協定。

在任何時候，當控制器的讀取結果有了變更時，這個協定提供方法來通知它的委派，稍後我們會實作這些方法，現在只要建立一個擴展來採用這個協定，如下所示：

```
extension RestaurantTableViewController: NSFetchedResultsControllerDelegate {

}
```

fetchRestaurantData() 方法準備好之後，在 viewDidLoad() 方法中呼叫它：

```
fetchData()
```

另外，因為我們們建立 updateSnap() 方法，我們可以刪除下列的程式碼：

```
var snapshot = NSDiffableDataSourceSnapshot<Section, Restaurant>()
snapshot.appendSections([.all])
snapshot.appendItems(restaurants, toSection: .all)

dataSource.apply(snapshot, animatingDifferences: false)
```

如果你現在編譯與執行 App，它應該會顯示你先前新增的餐廳，但是當你新增另一間新餐廳，表格的新記錄並沒有更新。

還剩下一些步驟要處理。

如果有任何的新增 / 刪除 / 移動 / 更新的變更，下列 NSFetchedResultsControllerDelegate 協定的方法會被呼叫：

- controllerWillChangeContent(_:)
- controllerDidChangeContent(_:)

我們將實作 controllerDidChangeContent(_:) 方法，並更新對應的 UI，更新擴展如下：

```
extension RestaurantTableViewController: NSFetchedResultsControllerDelegate {

    func controllerDidChangeContent(_ controller: NSFetchedResultsController<NSFetchRequestResult>) {
        updateSnapshot()
    }

}
```

當託管物件內容有任何變更時（例如：儲存一間新餐廳），這個方法會自動被呼叫，這裡我們以最新新增（或刪除）的項目呼叫 updateSnapshot() 方法來更新 UI。

如此，現在再次編譯與執行 App，並建立幾間新餐廳，App 應該會馬上做出變更，如圖 19.13 所示。

圖 19.13　加入一間新餐廳（左圖），現在新加入的餐廳顯示在表格視圖中

19.11 使用 Core Data 刪除資料

要從持久性儲存器刪除一筆資料，你只需要呼叫帶著要刪除的託管物件的 delete 方法，然後呼叫 saveContext 方法來做變更，下列為程式碼區塊：

```
let context = appDelegate.persistentContainer.viewContext
context.delete(objectToDelete)
appDelegate.saveContext()
```

要從資料庫將所選擇的餐廳移除，你必須要更新在 tableView(_:trailingSwipeActionsConfigurationForRowAt:_) 方法中的 deleteAction 變數，如下所示：

```
let deleteAction = UIContextualAction(style: .destructive, title: "Delete") { (action,
sourceView, completionHandler) in

    if let appDelegate = (UIApplication.shared.delegate as? AppDelegate) {
        let context = appDelegate.persistentContainer.viewContext
```

```
    // 刪除項目
    context.delete(restaurant)
    appDelegate.saveContext()

    // 更新視圖
    self.updateSnapshot(animatingChange: true)
  }

  // 呼叫完成處理器來關閉動作按鈕
  completionHandler(true)
}
```

在上列的程式碼中，我們呼叫 delete 方法來刪除項目，最後我們呼叫 saveContext() 方法來儲存這些變更。

現在編譯與執行 App，此時試著刪除某筆記錄，其應該能夠從資料庫完全移除了。

19.12 作業①：修復錯誤

本章還沒有完成，不過這裡有個問題：你是否注意到餐廳細節畫面的敘述欄位有一個錯誤？它出現了一個奇怪的訊息，如圖 19.14 所示。

圖 19.14　這個敘述標籤現在出現了一個錯誤訊息

請試著找出原因來修復這個錯誤，我給你一個提示：進一步檢查RestaurantDetail ViewController 類別。

19.13 更新託管物件

當我們需要更新目前餐廳的評分該怎麼做呢？我們該如何更新資料庫中的記錄？

和建立新餐廳類似，你可透過更新相對應的託管物件來更新持久性儲存器中的餐廳記錄，然後呼叫 saveContext() 來儲存這些變更。

例如：要儲存餐廳的評分，你可以更新 RestaurantDetailViewController 類別的 rateRestaurant 方法如下：

```
@IBAction func rateRestaurant(segue: UIStoryboardSegue) {

    dismiss(animated: true, completion: {
        if let rating = segue.identifier {
            self.restaurant.rating = rating
            self.headerView.ratingImageView.image = UIImage(named: rating)

            if let appDelegate = (UIApplication.shared.delegate as? AppDelegate) {
                appDelegate.saveContext()
            }

            let scaleTransform = CGAffineTransform.init(scaleX: 0.1, y: 0.1)
            self.headerView.ratingImageView.transform = scaleTransform
            self.headerView.ratingImageView.alpha = 0

            UIView.animate(withDuration: 0.4, delay: 0, usingSpringWithDamping: 0.3,
initialSpringVelocity: 0.7, options: [], animations: {
                self.headerView.ratingImageView.transform = .identity
                self.headerView.ratingImageView.alpha = 1
            }, completion: nil)
        }
    })
}
```

除了加上幾行程式碼呼叫 appDelegate.saveContext()，以將變更儲存在資料庫之外，這段程式碼和前面完全一樣。

目前版本的餐廳細節視圖控制器在它第一次載入時，不會顯示餐廳的評分，我們在 RestaurantDetailViewController 的 viewDidLoad() 方法中，插入下列的程式碼來解決這個問題：

```
if let rating = restaurant.rating {
    headerView.ratingImageView.image = UIImage(named: rating.image)
}
```

酷！你現在準備可以測試了，選取一間餐廳來評分，現在這個評分已經可以永久儲存在資料庫中了。

19.14 作業②：修改最愛按鈕

細節視圖的「Save as favorite」按鈕目前還無法運作，在這個作業中，你的任務是使其正常運作，並使用 Core Data 將其狀態儲存在資料庫中。此外，將細節視圖中的心形圖示移動到導覽列，圖 19.15 說明了佈局變更。

圖 19.15 移動最愛按鈕至導覽列來變更細節視圖的佈局

19.15 本章小結

恭喜！你應該為自己喝采，你已經做了一個使用 Core Data 的 App，此時你應該知道如何讀取與處理持久性儲存器中的資料。Core Data 是用來處理持久性資料的強大框架，尤其是對不具備資料庫知識開發者很有用，NSPersistentContainer 類別封裝了整個 Core Data 堆疊，讓你輕而易舉地運用 Core Data，對初學者而言非常好用。

本章只是 Core Data 的簡要介紹而已，我希望你了解 Core Data 的基礎，並知道如何使用它來儲存持久性資料，雖然我在本書中沒有深入介紹 Core Data，但不要就此停止學習與探索，你可以參考 Apple 官方文件：URL https://developer.apple.com/library/content/documentation/Cocoa/Conceptual/CoreData/index.html，來學習更多 Core Data 的內容。

在本章所準備的範例檔中，有最後完整的 Xcode 專案（FoodPinCoreDataFinal.zip）供你參考。

準備好更進一步改善 App 了嗎？我期望你還跟著我的腳步，讓我們一同繼續前進，來了解如何加上搜尋列到 App 中。

搜尋列與
UISearchController

大部分的表格式 App 常會在畫面上看到一個搜尋列（Search Bar），而你要如何實作搜尋列來做資料搜尋呢？在本章中，我們會幫 FoodPin App 加上搜尋列，有了搜尋列，我們將強化這個餐廳 App，以讓使用者搜尋到想找的餐廳。

iOS 8 導入了一個名為「UISearchController」的新類別，來取代自 iOS 3 就已經存在的 UISearchDisplayController API。UISearchController API 簡化了建立搜尋列以及管理搜尋結果的方式，你不再侷限於只在表格視圖控制器中做搜尋，而可以在任何視圖控制器（如集合視圖控制器）中使用它。此外，它提供開發者透過自訂的動畫物件，來靈活改變搜尋列的動畫。

從 iOS 11 開始，Apple 進一步簡化搜尋列的實作，它在導覽列的導覽項目導入一個新的 searchController 屬性，只需幾行程式碼，你就可加入一個搜尋列至導覽列中，之後你將會了解我的意思。

有了 UISearchController，加上一個搜尋列至你的 App 中是一件很簡單的事，我們來開始實作預設的搜尋列，並了解如何篩選餐廳資料。

20.1 使用 UISearchController

通常，要加上一個搜尋列至導覽列中，基本上可歸結為下列的幾行程式碼：

```
let searchController = UISearchController(searchResultsController: nil)
searchController.searchResultsUpdater = self
self.navigationItem.searchController = searchController
```

第一行程式碼建立了 UISearchController 的實例，如果你傳送 nil 值，表示搜尋結果會顯示於你正在搜尋的相同視圖中，另外你也可以指定其他的視圖控制器來顯示搜尋結果。

你可能會想知道何時需要定義另外一個視圖控制器，以 FoodPin App 為例，當使用 nil，搜尋結果將會顯示在表格視圖。圖 20.1 顯示了搜尋結果的格式，如你所見，顯示的樣式和表格視圖完全相同，如果你想要以其他格式來顯示搜尋結果，則需要建立另一個視圖控制器，並在 UISearchController 初始化時指定它。

圖 20.1　搜尋結果範例

　　第二行程式碼是告知搜尋控制器，哪一個物件會負責更新搜尋結果，它可以是你的應用程式中的任何物件，或者只是目前這個。

　　最後一行程式碼是在導覽列上加上搜尋列。

20.2 加上搜尋列

　　現在，我們來試著在 FoodPin App 加上搜尋列。開啟 RestaurantTableViewController. swift，宣告 searchController 變數：

```
var searchController: UISearchController!
```

　　然後在 viewDidLoad 方法加入下列的程式碼：

```
searchController = UISearchController(searchResultsController: nil)
self.navigationItem.searchController = searchController
```

　　我在前面已經解釋過這些程式碼了，因此這裡不再重複說明，但是你可以看到，加入一個預設的搜尋列只需要兩行程式碼即可。如果你現在編譯與執行 App，透過將表格視圖往下拉，你應該會在導覽列下方找到一個搜尋列，如圖 20.2 所示，然而現在還無法運作，因為我們還沒有實作搜尋邏輯。

圖 20.2　在導覽列加上搜尋列

20.3　內容篩選

　　搜尋控制器不提供任何預設功能來篩選資料，你必須開發自己的實作來篩選內容。對於 FoodPin App，它允許使用者可以使用餐廳名稱進行搜尋。你有兩種方式篩選內容並搜尋結果。首先，你可以篩選目前的 restaurants 陣列來計算搜尋結果，在 Swift 中有一個名為「filter」的內建方法，用於篩選現有的陣列，你使用 filter 來搜尋一個集合並回傳一個新陣列，陣列包含符合指定條件的項目，例如：新陣列只包含了名稱以 up 開頭的餐廳。

　　filter 方法帶入提供篩選規則的程式碼區塊，對於要包含的元素，你指示一個 true 的回傳值；否則回傳 false，則該元素會被排除，以下為其程式碼範例：

```
let searchResults = restaurants.filter({ (restaurant) -> Bool in
    let isMatch = restaurant.name.localizedCaseInsensitiveContains(searchText)
    return isMatch
})
```

　　在上列的程式碼中，我們使用 localizedCaseInsensitiveContains 方法檢查餐廳名稱是否包含搜尋文字，而不區分字串的大小寫。若是找到搜尋文字，則該方法會回傳 true，指示餐廳名稱應包含在新陣列中；否則回傳 false，而排除該項目。

　　另一個方法是使用 Core Data 來執行搜尋查詢。NSFetchRequest 類別可以讓開發者指定述詞（predicate），即指定要篩選的屬性以及資料選擇的限制，例如：如果你想要取得包含 cafe 一詞的餐廳名稱，你可以如下指定述詞：

```
fetchRequest.predicate = NSPredicate(format: "name CONTAINS[c] %@", "cafe")
```

這個運算符號 CONTAINS[c] 將比對所有餐廳有包含 cafe 一詞的名稱，[c] 表示它是不分大小寫的搜尋。

這個範例中，我們使用第二種方式來實作搜尋功能，因此更新 fetchRestaurantData() 方法如下：

```
func fetchRestaurantData(searchText: String = "") {
    // 從資料儲存中取得資料
    let fetchRequest: NSFetchRequest<Restaurant> = Restaurant.fetchRequest()

    if !searchText.isEmpty {
        fetchRequest.predicate = NSPredicate(format: "name CONTAINS[c] %@", searchText)
    }

    let sortDescriptor = NSSortDescriptor(key: "name", ascending: true)
    fetchRequest.sortDescriptors = [sortDescriptor]

    if let appDelegate = (UIApplication.shared.delegate as? AppDelegate) {
        let context = appDelegate.persistentContainer.viewContext
        fetchResultController = NSFetchedResultsController(fetchRequest: fetchRequest,
managedObjectContext: context, sectionNameKeyPath: nil, cacheName: nil)
        fetchResultController.delegate = self

        do {
            try fetchResultController.performFetch()
            updateSnapshot(animatingChange: searchText.isEmpty ? false : true)
        } catch {
            print(error)
        }
    }
}
```

我們修改這個方法來接收一個名為「searchText」的參數，預設值設定為空白。以這個例子而言，如果方法的呼叫者沒有指定任何搜尋詞，這個方法將會從資料庫取得所有的餐廳。這段程式碼除了修改幾行之外，與之前幾乎相同。如果 searchText 不是空的，我們指定一個 NSPredicate 物件給讀取請求，這就是我們篩選那些符合搜尋規則餐廳的方式。

現在我們已實作搜尋邏輯，問題是我們如何知道使用者正在輸入搜尋文字呢？關鍵在於採用 UISearchResultsUpdating 協定，這個協定定義了名為 updateSearchResults(for:) 的方法，當使用者選取搜尋列或輸入關鍵字時，這個方法會被呼叫。

透過這個方法的實作，我們可以使用相對應的搜尋詞呼叫 fetchRestaurantData(searchText:) 方法，同樣的，我們將會使用擴展來採用這個協定。在 RestaurantTableViewController.swift 檔，插入下列的程式碼區塊：

```
extension RestaurantTableViewController: UISearchResultsUpdating {
    func updateSearchResults(for searchController: UISearchController) {

        guard let searchText = searchController.searchBar.text else {
            return
        }

        fetchRestaurantData(searchText: searchText)
    }
}
```

這段程式碼非常簡單，我們在使用者輸入文字時取得搜尋文字，並傳送它至 fetchRestaurantData(searchText:) 方法，這個方法會觸發另一個讀取結果，並顯示對應的篩選內容。

你幾乎要完成了，最後一件事是加入下列的程式碼至 viewDidLoad 方法：

```
searchController.searchResultsUpdater = self
searchController.obscuresBackgroundDuringPresentation = false
```

第一行程式碼是指定目前類別為搜尋結果更新器。而 obscuresBackgroundDuringPresentation 屬性，是控制底下的內容於搜尋期間是否變為暗淡的狀態。由於我們要在同一視圖顯示搜尋結果，因此應將屬性設定為「false」。

酷！你可以準備啟動你的 App 來測試搜尋功能。很棒的是，你可以點擊搜尋結果並導覽至餐廳細節，如圖 20.3 所示。原來的表格視圖控制器中的所有內容都可以重用。

圖 20.3 搜尋結果

你可能會注意到，表格視圖儲存格繼承了「分享」與「刪除」按鈕，你可能不希望在搜尋結果顯示按鈕，欲停用它們，你可以在 tableView(trailingSwipeActionsConfigurationForRowAt:) 方法插入下列的程式碼：

```
override func tableView(_ tableView: UITableView, trailingSwipeActionsConfigurationForRowAt
indexPath: IndexPath) -> UISwipeActionsConfiguration? {

    if searchController.isActive {
        return UISwipeActionsConfiguration()
    }
    .
    .
    .

}
```

這個 searchController 物件有一個名為「isActive」的屬性，指示使用者是否使用搜尋列，我們只是在搜尋控制器啟動時，回傳一個空的設定。

20.5 表頭視圖的搜尋列

在導覽列中置入搜尋列並非是強制性的，或者你可以將它置入表格視圖頭部。要做到這一點，你可以將 RestaurantTableViewController 的 viewDidLoad() 方法的下列程式碼：

```
self.navigationItem.searchController = searchController
```

變更為：

```
tableView.tableHeaderView = searchController.searchBar
```

這會將搜尋列置入表頭視圖。再次執行這個App，你將會看到搜尋列，如圖20.4所示。

圖 20.4　表頭視圖的搜尋列

20.6 自訂搜尋列的外觀

　　UISearchBar 提供幾個自訂搜尋列外觀的選項，你可以使用下列的程式碼來存取搜尋列的屬性：

```
searchController.searchBar.tintColor
```

　　這裡我們將介紹一些常用到的自訂屬性：

- **placeholder**：你可以在沒有其他文字在文字欄位時，使用 placeholder 屬性來設定預設文字。
- **prompt**：prompt 屬性允許你在搜尋列的上方顯示一行文字。
- **barTintColor**：設定搜尋列的背景顏色。
- **tintColor**：設定搜尋列內主要元素的色調顏色，例如：你可使用這個屬性改變搜尋列中「Cancel」按鈕的顏色。

- **searchBarStyle**：指定搜尋列的樣式，預設設定為「.prominent」。當設定這個樣式時，搜尋列會變為半透明的背景，而搜尋列欄位則是不透明的，或者你可變更為「.minimal」來移除背景，並讓搜尋列欄位變成半透明。

舉例而言，你可以插入下列的程式碼至 RestaurantTableViewController 類別的 viewDidLoad 方法的最後面：

```
searchController.searchBar.placeholder = "Search restaurants..."
searchController.searchBar.backgroundImage = UIImage()
searchController.searchBar.tintColor = UIColor(named: "NavigationBarTitle")
```

圖 20.5 顯示客製化的自訂搜尋列。你可以進一步參考官方文件（ URL https://developer.apple.com/documentation/uikit/uisearchbar ）所提供的全部自訂屬性。

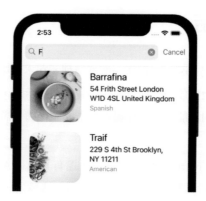

圖 20.5　自訂的搜尋列範例

20.7 你的作業：加強搜尋功能

現在 App 可以讓使用者以餐廳名稱來搜尋餐廳，而本章給予你的作業是「加強搜尋功能」，讓它也能支援位置搜尋，如圖 20.6 所示。例如：當你在搜尋列中輸入「Sydney」，App 會搜尋全部的餐廳清單，不管是「位置在 Sydney」或者「餐廳名稱中有 Sydney」的餐廳都會列出來。

圖 20.6　**App 現在支援位置搜尋**

20.8　本章小結

　　現在你應該知道要如何在 iOS App 實作一個搜尋列。在本章中，我們爲 FoodPin App 加上了搜尋功能，使它的功能更佳，當你有大量的資訊要顯示時，這個搜尋功能特別重要，如果你仍不完全了解搜尋列功能的話，在繼續往下閱讀之前，請重新閱讀與演練本章的所有內容。

　　本章只有說明 UISearchController 的基礎而已，還有其他在 App 中使用搜尋列的方式，例如：你可能想要在使用者點擊「搜尋」按鈕時顯示搜尋列。想要探索如何整合其他搜尋列的方式時，我鼓勵你看一下 Apple 的 UICatalog 範例（ URL https://developer.apple.com/library/prerelease/ios/samplecode/UICatalog/Introduction/Intro.html ）。

　　在本章所準備的範例檔中，有最後完整的 Xcode 專案（FoodPinSearch.zip）及作業的解答供你參考。

CREATE YOUR OWN FOOD GUIDE

Pin your favorite restaurants and create your own food guide

SHOW YOU THE LOCATION

Search and locate your favourite restaurant on Maps

NEXT

Skip

VER GREAT RESTAURANTS

urants shared by your friends and other foodies

NEXT

Skip

使用 UIPageView Controller 與容器視圖 建立導覽畫面

最初啟動一個App時，你可能會發現有一系列導覽（或教學）畫面，它常見於行動App的運用，帶領使用者透過多個畫面，逐步示範所有的特色功能。有些人說如果你的App需要導覽畫面的話，可能會是個失敗的作品，我個人並不討厭導覽畫面，因為我發現大部分是有用的，只要讓它儘量保持簡短，不要讓它包含太多冗長且無聊的教學，這裡我不準備爭論是否應該在App加上導覽畫面的話題，我只想教導你該如何做出這個功能。

在本章中，我將教導你如何使用UIPageViewController來建立導覽畫面，你也會學到如何使用一種特殊型別的視圖，稱為「容器視圖」（Container View）。

圖 21.1　**IFTTT 的導覽畫面範例**

要實作導覽畫面的其中一種方式是使用UIPageViewController類別，它讓開發者建立內容頁面，每一頁是由自己的視圖控制器來管理。這個類別內建支援捲動式轉場，有了UIPageViewController，使用者可以透過簡單的手勢來輕鬆導覽多個頁面。頁面視圖控制器（Page View Controller）不限於只建立導覽畫面，你可以在遊戲（如 Angry Bird 顯示有多少的關卡）或是電子書 App（顯示目錄頁）等發現頁面視圖的實作。

UIPageViewController 是一個可高度支配的類別，你可以做如下的定義：

- **頁面視圖的方向**：垂直與水平方向。
- **轉場樣式**：捲頁式轉場樣式或者捲動式轉場樣式。
- **書背位置**：只適用捲頁式轉場樣式。
- **頁面間距**：只適用捲動式轉場樣式，用來定義內頁空間。

我們將爲 FoodPin App 中加入一個簡單的導覽畫面，透過這個新功能的實作，你將學到 UIPageViewController 是如何運作的，也就是說，我們不示範 UIPageViewController 的每個功能，我們只使用捲動式轉場樣式來顯示一系列的導覽畫面。對於 UIPageViewController 有了基本概念之後，我相信你便能夠探索頁面視圖控制器的其他功能。我們開始吧！

21.1 快速瀏覽導覽畫面

讓我們快速瀏覽一下導覽畫面，App 將顯示三個導覽畫面，使用者可以在頁面間以滑動切換，或者點擊「NEXT」按鈕來做導覽。

在最後的導覽畫面中，它顯示一個「Get Started」按鈕。當使用者點擊按鈕，導覽畫面將會關閉，並且不再顯示，而在任何時候，使用者皆可以點擊「Skip」按鈕來略過導覽畫面。圖 21.2 是導覽畫面的截圖。

圖 21.2　FoodPin App 的導覽畫面

為 UIPageViewController 建立新故事板

至目前為止，我們只使用 Main.storyboard 來設計 App UI，Xcode 並不限制你只能有一個故事板，你可以任意建立個別的故事板來佈局你的 App 元件，而當你的 App 變得更複雜，就可建立更多的故事板，以使 App 的 UI 更有組織性。

> 提示 如果你無法完成前一個作業，你可以下載目前版本的 FoodPin 專案（FoodPinSearch.zip）。

在專案導覽器中，於「Storyboard」資料夾上按右鍵，選擇「New File」，然後選取「Storyboard」模板，點選「Next」按鈕，將檔案命名為「Onboarding」，如圖 21.3 所示。

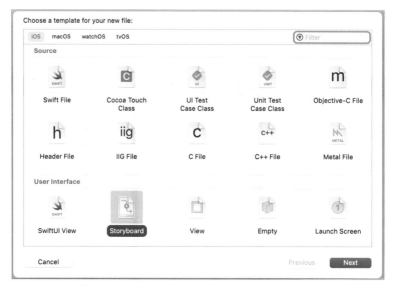

圖 21.3　選取 Storyboard 模板

現在跳到 Onboarding.storyboard，開啟元件庫，拖曳一個頁面視圖控制器（Page View Controller）至故事板中。如你所見，在屬性檢閱器中有多個用於設定控制器行為的選項，例如：可以自訂導覽樣式（Navigation）為水平或垂直，以及轉場樣式（Transition Style）、頁面間距（Page Spacing）、書背位置（Spine Location），如圖 21.4 所示。

圖 21.4　加入一個 UIPageViewController 至故事板

頁面視圖控制器的轉場樣式預設是「Page Curl」，這個樣式對於書籍類 App 很適合。而對於導覽畫面，我們較喜歡使用捲動樣式，在屬性檢閱器中，將轉場樣式變更爲「Scroll」。

接著，爲頁面視圖控制器指定一個故事板 ID。在識別檢閱器中，將頁面視圖控制器的故事板 ID 設定爲「WalkthroughController」，之後我們將使用這個 ID 在程式中建立控制器。這個故事板 ID 並非必要的設定，不過當你需要在程式碼中使用它時，你就需要賦予此控制器一個故事板 ID。

21.3　了解頁面視圖控制器與容器視圖

現在，你無法直接在頁面視圖控制器佈局導覽畫面。在我介紹接下來的程序之前，我們先來了解頁面視圖控制器的運作方式，以及我們該如何實作這些導覽畫面。

當你再次參見圖 21.2，你會發現這個導覽畫面實際上可以拆成兩個主要部分，有兩個導覽這些教學畫面的方式。使用者可以點擊「Next」按鈕，也可以向左滑動畫面。例如：當你點擊「Next」按鈕，畫面目前顯示的視圖開始移出畫面，同時下一個導覽畫面會移入來取代目前的視圖。

畫面的下層部分幾乎是靜態的，唯一會變更的部分是它的頁面指示器（Page Indicator），以反映目前的頁碼。

所以我們要如何實作這種型態的導覽畫面呢？以下是我們準備要進行的部分：

- 首先，我們將有一個頁面內容視圖控制器，用來存放導覽畫面的內容，它是一個可顯示圖片與幾個敘述標籤的一般視圖控制器。你可能很好奇為何我們只需要一個視圖控制器來處理三頁的內容，而不是需要三個不同的視圖控制器呢？如果你仔細查看圖21.5，你會發現所有的導覽畫面看起來非常相似，因此與其為每個畫面建立一個視圖控制器，不如重複使用相同的視圖控制器，並填入不同的內容。

- 第二，我們將使用 UIPageViewController 類別來建立頁面視圖控制器，這是處理我們在第一點所提的頁面內容視圖控制器的導覽畫面，和 UINavigationController 類似，UIPageViewController 類別是歸類為容器控制器（Container Controller）。容器控制器是用來存放或管理 App 中顯示的多個視圖控制器，並且控制一個視圖控制器如何切換到另一個視圖控制器。圖21.5介紹了頁面視圖控制器與頁面內容視圖控制器之間的關係。

- 最後，我們需要一個主視圖控制器（Master View Controller）來存放頁面視圖控制器（即畫面的上方部分）與按鈕（即畫面的下方部分）。

你仍有疑惑嗎？沒關係，只要持續閱讀下去，你將會在實作完導覽畫面之後，更加了解 UIPageViewController 的運作方式。

圖 21.5　頁面視圖控制器與頁面內容視圖控制器之間的關係

21.4 設計主視圖控制器

我們回頭來開始設計主視圖控制器，如前所述，這個主視圖控制器是用來存放頁面視圖控制器、按鈕與頁面指示器。

現在開啓 Onboarding.storyboard，並確認你使用 iPhone 12 / iPhone 12 Pro 設計使用者介面。拖曳一個視圖控制器至故事板中，主視圖控制器只是一個視圖控制器，但爲了存放頁面視圖控制器，則拖曳一個容器視圖至視圖控制器，設定這個容器視圖的尺寸爲「415×500 點」，如圖 21.6 所示。

① 加入一個視圖控制器

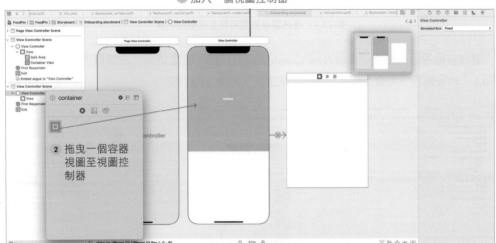

圖 21.6 加入一個容器視圖

容器視圖是一個占位符物件，代表子視圖控制器的內容。將容器視圖加入視圖控制器後，這個容器視圖會自動與另一個視圖控制器關聯，如果你重新調整容器視圖的大小，這個視圖控制器的大小也會自動調整。

由於容器視圖是用來顯示頁面視圖控制器的內容，由 Xcode 所自動產生的視圖控制器在這裡便不適用。選取自動產生的視圖控制器與容器視圖之間的 Segue，點選「Delete」按鈕來移除。

接著按住 Control 鍵，從容器視圖拖曳至頁面視圖控制器，放開按鈕之後，選取「Embed」選項。現在頁面視圖控制器會自動調整大小，並使用「Embed」Segue 與容器視圖連結，如圖 21.7 所示。

圖 21.7　連結容器視圖與頁面視圖控制器

　　選取容器視圖並點選「Add New Constraints」按鈕。設定頂部、左側與右側的間距值為「0」，然後點選「Add 3 Constraints」來確認，如圖 21.8 所示。

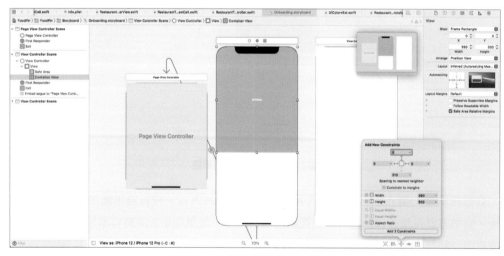

圖 21.8　設定容器視圖間距約束條件

　　我們準備要設計視圖的下方部分。首先，拖曳一個 View 物件至視圖控制器，在尺寸檢閱器，設定 X 為「0」、Y 為「500」、寬度為「390」、高度為「344」。同樣的，我們需要加入一些佈局約束條件，請參考圖 21.9，加入四個間距約束條件。

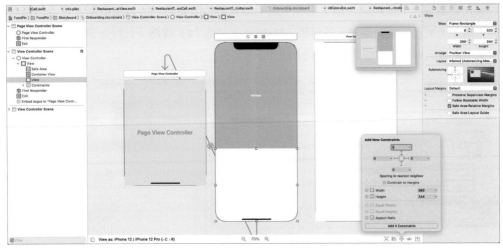

圖 21.9　加入一個視圖至視圖控制器的下方部分

　　定義好間距約束條件之後，Xcode 還有指示出一些佈局錯誤，原因是我們沒有定義這些視圖的高度約束條件。這裡我希望容器視圖占視圖控制器三分之二的空間，換句話說，空視圖將會占剩下三分之一的空間。

　　我們要如何針對這個需求來定義佈局約束條件呢？我來教你一個非常有用的自動佈局的技巧。

　　在文件大綱中，選取「View」物件，然後按住 Control 鍵，將其拖曳至安全區域，當彈出式選單出現時，選擇「Equal Height」，這定義了視圖的高度約束條件，表示視圖的高度應等於安全區域的高度，如圖 21.10 所示。

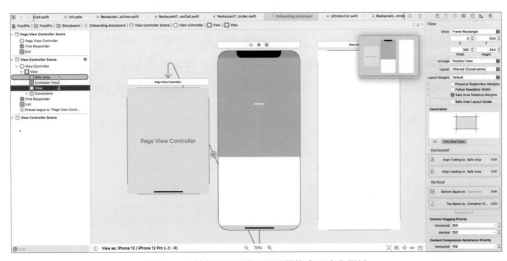

圖 21.10　按住 Control 鍵並從視圖拖曳至安全區域

現在容器視圖被壓縮成一個小矩形，這不是我們所想要的，所以選取剛才定義的高度約束條件，至尺寸檢閱器中，將倍數（Multiplier）從「1」改為「1:3」，這指定了空視圖占安全區域三分之一的空間，如圖 21.11 所示。

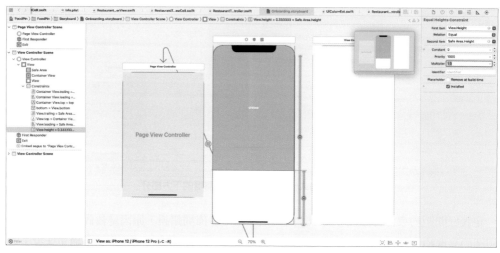

圖 21.11　將倍數改為「1:3」

　　接下來，我們需要加入按鈕與頁面指示器至空視圖。從元件庫拖曳一個按鈕至空視圖，在尺寸檢閱器中，設定它的寬度為「190」、高度為「50」；而在屬性檢閱器中，變更它的標題為「NEXT」，並設定它的字型為「Headline」文字樣式，另外變更字型顏色為「White」、背景顏色為「System Indigo Color」。

　　拖曳另外一個按鈕並置於「NEXT」按鈕下方，在屬性檢閱器中，設定按鈕的標題為「Skip」，變更它的字型為「Body」文字樣式、字型顏色為「Label Color」。

　　在元件庫中找到頁面控制物件，將它拖曳至空視圖，並置於「NEXT」按鈕上方。你看不到這些點，是因為這些點的顏色預設為透明，至屬性檢閱器中，變更它的色調為「System Gray 4 Color」，另外設定目前的頁面顏色為「System Indigo Color」，如圖 21.12 所示。

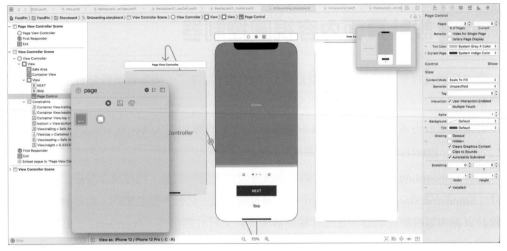

圖 21.12　加入頁面控制物件

　　我們快完成了，現在是時候定義按鈕與頁面控制的佈局約束條件。選取「NEXT」按鈕，並點選「Add New Constraints」按鈕，勾選寬度與高度的核取方塊，以將寬度限制為「190」、高度限制為「50」。

　　現在按住 command 鍵，並選取「頁面控制」、「NEXT」按鈕與「Skip」按鈕，點選「Embed in」按鈕後，選擇「Stack view」，來將它們嵌入垂直堆疊視圖中。在屬性檢閱器中，變更間距為「20」，以使元件分開。最後點選自動佈局選單列的「對齊」（Align）按鈕，加入兩個約束條件，來將堆疊視圖置中，如圖 21.13 所示。

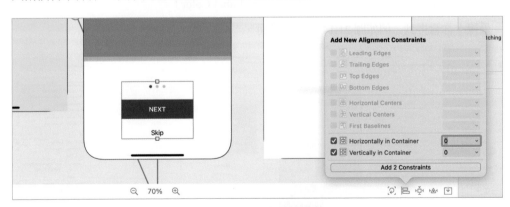

圖 21.13　加入頁面控制物件

設計頁面內容視圖控制器

現在我們已經準備好主視圖控制器與頁面視圖控制器了，接著繼續設計頁面內容視圖控制器。

首先下載取得本章的圖片包（onboarding.zip），將圖片加入 Assets.xcasset，並確認你已啓用了「Preserve Vector Data」選項。

開啓 Onboarding.storyboard，我們準備設計這個視圖控制器，我建議你變更它的模擬尺寸（Simulated Size），以使它的大小和容器視圖類似，這雖不是必要的，但是會有助於你設計頁面內容視圖控制器。在尺寸檢閱器中，設定尺寸選項爲「Freeform」，高度更改爲「623」。

現在跟著下列程序來佈局這個UI：

● 拖曳一個圖片視圖至視圖控制器，並設定它的尺寸爲「333×229點」。

● 加入一個標籤物件，並命名爲「HEADING」。變更字型爲「Headline」文字樣式，另外設定對齊（Alignment）選項爲「Center」。你可以選擇自己喜歡的文字顏色，對我而言，我偏好「Label Color」。

● 拖曳另一個標籤物件至視圖控制器，並命名爲「Subheading」。設定它的字型爲「Subhead」文字樣式，並將對齊（Alignment）選項更改爲「Center」。同樣的，選取你喜歡的字型顏色，這裡我使用「Secondary Label Color」。

最後，你會得到一個如圖 21.14 所示的畫面。

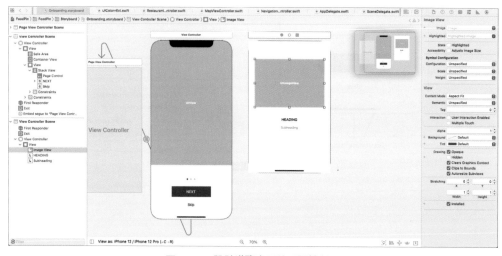

圖 21.14　設計導覽畫面的視圖控制器

一如既往，你必須定義這些元件的佈局約束條件。首先，按住 command 鍵，並選取這兩個標籤，點選「Embed in」按鈕後，選取 「Stack view」，來將它們嵌入一個垂直堆疊視圖中。在屬性檢閱器中，變更堆疊視圖的選項，設定對齊選項為「Center」、間距選項為「10」。

接著，選取堆疊視圖與圖片視圖，點選「Embed in」按鈕後，選擇 「Stack view」，以將兩個視圖嵌入另一個堆疊視圖。在屬性檢閱器中，設定對齊選項為「Center」、間距選項為「50」。

選取你上一步中所建立的堆疊視圖。點選「Add New Constraints」按鈕，來設定頂部、左側、右側與底部的值分別為「50、24、24、10」，如圖 21.15 所示。

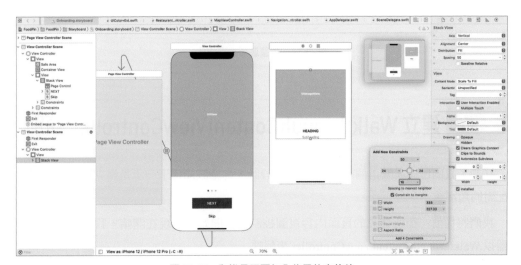

圖 21.15　為堆疊視圖加入佈局約束條件

然後，選取圖片視圖，並點選「Add New Constraints」按鈕。勾選「Aspect Ratio」核取方塊來加入一個長寬比的約束條件。

最後，選取底部約束條件，並將關係（Relation）選項從 「Equal」改為「Great than or Equal」，如圖 21.16 所示。

> 提示　如果你在建立 UI 時遇到任何困難，你可以參考這個 Xcode 專案模板（FoodPinOnboarding1.zip）。

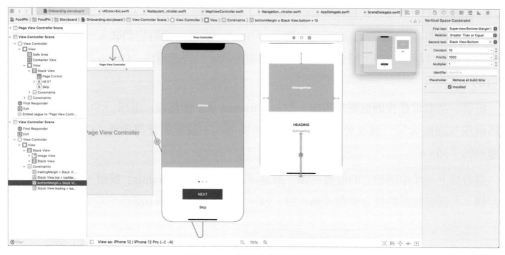

圖 21.16　調整底部約束條件

21.6　建立 WalkthroughContentViewController 類別

好的，我們已經完成這個導覽視圖的 UI 設計，你應該知道下一步是建立與視圖控制器配對的類別。

我們將從前一節所建立的頁面內容視圖控制器來開始。從現在開始，我會將這個控制器以 WalkthroughContentViewController 來稱呼。

現在回到專案導覽器，並在「Controller」資料夾上按右鍵，選擇「New File」，然後選取「Cocoa Touch Class」模板，將類別命名為「WalkthroughContentViewController」，並設定其為 UIViewController 的子類別。

檔案建立完成後，在這個類別中宣告下列的 Outlet 與實例變數：

```
@IBOutlet var headingLabel: UILabel! {
    didSet {
        headingLabel.numberOfLines = 0
    }
}
@IBOutlet var subHeadingLabel: UILabel! {
    didSet {
        subHeadingLabel.numberOfLines = 0
    }
}
```

```
@IBOutlet var contentImageView: UIImageView!

var index = 0
var heading = ""
var subHeading = ""
var imageFile = ""
```

我們將使用這個類別來支援多個導覽畫面。這裡的 index 變數是用來儲存目前頁面的索引值，例如：第一個導覽畫面的索引值為「0」。這個視圖控制器是用來顯示圖片、標題與子標題，因此我們建立三個變數來傳送資料。

對於標題與子標題標籤，我加入一個 didSet 觀察者來設定 numberOfLines 屬性為「0」。這個設定能讓標籤支援多行顯示。

接著，變更 viewDidLoad() 方法如下：

```
override func viewDidLoad() {
    super.viewDidLoad()

    headingLabel.text = heading
    subHeadingLabel.text = subHeading
    contentImageView.image = UIImage(named: imageFile)
}
```

這裡我們初始化這些標籤與圖片視圖，你應該知道下一件事便是建立 UI 元件與 Outlet 變數之間的連結。

至 Onboarding.storyboard，並選取你所建立的頁面內容視圖控制器。在識別檢閱器中，設定自訂類別為「WalkthroughContentViewController」。另外，設定故事板 ID（Storyboard ID）為「WalkthroughContentViewController」。稍後，我們會使用這個故事板 ID 來實例化視圖控制器，我將會在下一節中進一步解釋。

接著，在文件大綱中的頁面內容視圖控制器按右鍵，來建立以下的連結，如圖 21.17 所示。

● 連結 headingLabel Outlet 與 HEADING 標籤。

● 連結 subHeadingLabel Outlet 與 Subheading 標籤。

● 連結 contentImageView Outlet 與圖片視圖物件。

圖 21.17　建立與 Outlet 變數間的連結

21.7 實作頁面視圖控制器

我們現在已經準備好內容視圖控制器，下一步是建立每一個內容視圖控制器，並將其加入頁面視圖控制器（即 UIPageViewController），讓使用者可以在它們之間導覽。

有兩個方式可以告知 UIPageViewController 要顯示什麼，你可以一次只提供一個內容視圖控制器，也可按照需求使用資料來源。當只想要在 UIPageViewController 顯示某個視圖控制器時，則可以要顯示的視圖控制器呼叫 setViewControllers(_:direction:animated:completion:) 方法。

由於我們的 App 支援基於手勢的瀏覽動作，因此它需要以按照需求來處理，也就是指定資料來源物件作為內容視圖控制器的提供者。每當使用者從一頁導覽到另一頁，UIPageViewController 會向資料來源請求：「嗨，內容視圖控制器要顯示什麼呢？請傳送給我」，這個資料來源物件便會回傳給相對應的內容視圖控制器。

資料來源物件應遵循 UIPageViewControllerDataSource 協定，並實作下列所需的方法：

- pageViewController(_:viewControllerBefore:)
- pageViewController(_:viewControllerAfter:)

這個 UIPageViewControllerDataSource 看起來是不是很熟悉？它和 UITableViewDataSource 很相似，你必須實作 UITableViewDataSource 所需的方法來提供表格視圖資料，而 UIPageViewControllerDataSource 需要你實作這些方法來提供頁面內容視圖控制器。

當使用者在瀏覽頁面時，這兩個方法都可能會被呼叫。呼叫時，方法會以指定的視圖控制器來傳送，你的工作就是決定並回傳一個內容視圖控制器，以在既定的視圖控制器的之前／之後顯示，例如：你的內容視圖控制器的索引值爲「1」，UIPageViewController 物件將請求：

- 嗨，「下一個」視圖控制器是什麼？這種情況下，你應該回傳索引值爲「2」的內容視圖控制器。

- 嗨，「前一個」視圖控制器是什麼？這種情況下，你應該回傳索引值爲「0」的內容視圖控制器。

現在，你已經對 UIPageViewController 如何運作有些概念了，我們將繼續建立頁面視圖控制器的新類別。在「Controller」資料夾上按右鍵，選擇「New File」，然後選取「Cocoa Touch Class」模板，將類別命名爲「WalkthroughPageViewController」，並設定其爲 UIPageViewController 的子類別。

建立完成後，開啓 WalkthroughPageViewController.swift，宣告與初始化用來建立類別的內容視圖控制器的標題、子標題與圖片變數。另外，宣告一個 currentIndex 變數來儲存目前頁面視圖的目前索引。

```swift
var pageHeadings = ["CREATE YOUR OWN FOOD GUIDE", "SHOW YOU THE LOCATION", "DISCOVER GREAT
RESTAURANTS"]
var pageImages = ["onboarding-1", "onboarding-2", "onboarding-3"]
var pageSubHeadings = ["Pin your favorite restaurants and create your own food guide",
                "Search and locate your favourite restaurant on Maps",
                "Find restaurants shared by your friends and other foodies"]

var currentIndex = 0
```

接著，建立一個擴展並實作 UIPageViewControllerDataSource 協定的兩個所需方法：

```swift
extension WalkthroughPageViewController: UIPageViewControllerDataSource {

    func pageViewController(_ pageViewController: UIPageViewController, viewControllerBefore
viewController: UIViewController) -> UIViewController? {

        var index = (viewController as! WalkthroughContentViewController).index
        index -= 1

        return contentViewController(at: index)
    }
```

```
func pageViewController(_ pageViewController: UIPageViewController, viewControllerAfter
viewController: UIViewController) -> UIViewController? {

    var index = (viewController as! WalkthroughContentViewController).index
    index += 1

    return contentViewController(at: index)
}

}
```

上列的方法很簡單。首先，我們取得既定視圖控制器的目前頁面索引值。依照這些方法，我們只需增加／減少索引號碼，並回傳給視圖控制器顯示。

你也許注意到，我們還沒有建立 contentViewController(at:) 方法，這是一個輔助方法，用來按照需求建立頁面內容視圖控制器，它接受索引參數並建立相對應的頁面內容控制器。

現在，在這個擴展中加入輔助方法：

```
func contentViewController(at index: Int) -> WalkthroughContentViewController? {
    if index < 0 || index >= pageHeadings.count {
        return nil
    }

    // 建立新的視圖控制器並傳送適合的資料
    let storyboard = UIStoryboard(name: "Onboarding", bundle: nil)
    if let pageContentViewController = storyboard.instantiateViewController(withIdentifier:
"WalkthroughContentViewController") as? WalkthroughContentViewController {

        pageContentViewController.imageFile = pageImages[index]
        pageContentViewController.heading = pageHeadings[index]
        pageContentViewController.subHeading = pageSubHeadings[index]
        pageContentViewController.index = index

        return pageContentViewController
    }

    return nil
}
```

還有許多事要進行，我們逐行來看一下這個方法。

這個方法是設計來接受頁面索引參數，例如：傳送値爲「0」時，這個方法將會產生第一個導覽畫面。在方法的開始處，我們執行一些驗證來確認所給的索引是有效的。

還記得我們在介面建構器中已爲導覽內容視圖控制器設定故事板 ID，這個 ID 是用來作爲建立視圖控制器實例的參考。要在故事板實例化一個視圖控制器，則要先建立特定故事板的實例，這裡是 Onboarding 故事板，然後你以特定的故事板 ID 呼叫 instantiateViewController(withIdentifier:) 方法。這個方法回傳一個通用的視圖控制器，這也是爲什麼我們使用 as? 來將物件向下轉型爲 WalkthroughContentViewController。

實例化之後，我們爲內容視圖控制器指定特定圖片、標題、子標題及索引。

最後，更新 viewDidLoad 方法如下：

```swift
override func viewDidLoad() {
    super.viewDidLoad()

    // 將資料來源設定爲自己
    dataSource = self

    // 建立第一個導覽畫面
    if let startingViewController = contentViewController(at: 0) {
        setViewControllers([startingViewController], direction: .forward, animated: true,
completion: nil)
    }
}
```

在上列程式碼中，我們設定 UIPageViewController 的資料來源爲它自己，並在頁面視圖控制器第一次載入時建立第一個內容視圖控制器。

設定類別後，至故事板並選取頁面視圖控制器。在識別檢閱器中，將自訂類別從「UIPageViewController」改爲「WalkthroughPageViewController」，另外設定故事板 ID 爲「WalkthroughPageViewController」，如圖 21.18 所示。

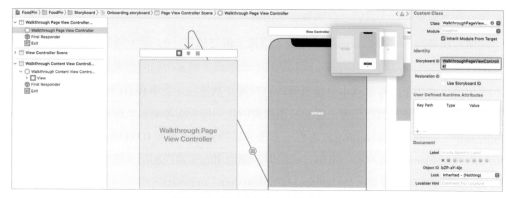

圖 21.18　設定自訂類別與故事板 ID

21.8 實作導覽視圖控制器

最後，我們建立一個類別給導覽視圖控制器。在專案導覽器中，在「Controller」資料夾上按右鍵，選擇「New File」，接著選取「Cocoa Touch Class」模板，將類別命名為「WalkthroughViewController」，並設定其子類別為「UIViewController」。

建立完成後，在這個類別中宣告 Outlet 變數：

```
@IBOutlet var pageControl: UIPageControl!
@IBOutlet var nextButton: UIButton! {
    didSet {
        nextButton.layer.cornerRadius = 25.0 .
        nextButton.layer.masksToBounds = true
    }
}
@IBOutlet var skipButton: UIButton!
```

現在切回 Onboarding.storyboard，選取導覽視圖控制器，也就是有存放頁面視圖控制器的主視圖。在識別檢閱器中，設定自訂類別為「WalkthroughViewController」、故事板 ID 為「WalkthroughViewController」，如圖 21.19 所示。

接下來，連結 Outlet 變數與 UI 元件：

● 連結 pageControl Outlet 至頁面控制。

● 連結 nextButton Outlet 至 NEXT 按鈕。

● 連結 skipButton Outlet 至 Skip 按鈕。

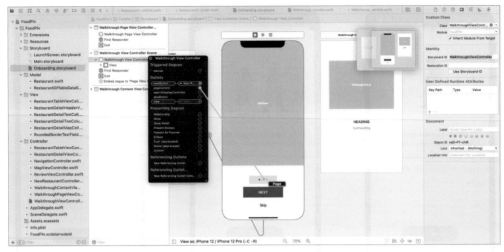

圖 21.19　設定自訂類別與故事板 ID

21.9 顯示導覽畫面

　　你幾乎已經準備好測試導覽畫面了。由於我們要在使用者第一次啟動 App 時開啟導覽視圖控制器，因此在 RestaurantTableViewController 類別中實例化這個控制器，加入下列的方法：

```swift
override func viewDidAppear(_ animated: Bool) {
    let storyboard = UIStoryboard(name: "Onboarding", bundle: nil)
    if let walkthroughViewController = storyboard.instantiateViewController(withIdentifier:
"WalkthroughViewController") as? WalkthroughViewController {

        present(walkthroughViewController, animated: true, completion: nil)
    }
}
```

　　iOS 將自動呼叫 viewDidAppear 方法，我們使用這個方法來開啟導覽視圖控制器。這段程式碼很容易看懂，我們只是實例化 WalkthroughPageViewController 物件，並將其以模態（Modal）方式顯示。

　　現在你可點擊「Run」按鈕來測試 App。當你啟動 App 時，它會開啟導覽畫面，你可以透過手勢來瀏覽頁面，向右滑動圖片，會進入下一個畫面，如圖 21.20 所示。

圖 21.20　沒有頁面指示器的導覽畫面

處理頁面指示器與 Next/Skip 按鈕

導覽畫面的運作很正常，是吧？不過，你應該發現了幾個問題：

- 「Next」與「Skip」按鈕還無法運作，顯然是因為我們還沒有提供實作。

- 在最後一個畫面中，「Skip」按鈕應該要隱藏，而「Next」按鈕應該變更為「GET STARTED」按鈕。

- 頁面指示器無法運作。紅色圓點沒有依照導覽畫面的目前索引來改變位置。

　　現在我們來解決這幾個問題。首先，我們準備針對「Next」與「Skip」按鈕來實作這些方法。

　　這個「Skip」按鈕的功能很簡單。當使用者點擊按鈕，App 會關閉導覽視圖控制器，因此在 WalkthroughViewController 類別建立一個動作方法：

```
@IBAction func skipButtonTapped(sender: UIButton) {
    dismiss(animated: true, completion: nil)
}
```

　　在此方法中，我們只是呼叫 dismiss 方法來關閉視圖控制器。

對於「Next」按鈕，則更爲複雜。當使用者點擊這個按鈕時，它會自動顯示下一個導覽畫面。我們該如何以程式來顯示頁面視圖控制器的下一個畫面呢？

在 WalkthroughPageViewController 類別中插入一個名爲 forwardPage() 的新方法：

```
func forwardPage() {
    currentIndex += 1
    if let nextViewController = contentViewController(at: currentIndex) {
        setViewControllers([nextViewController], direction: .forward, animated: true,
completion: nil)
    }
}
```

當這個方法被呼叫時，它會自動建立下一個內容視圖控制器。如果這個控制器可以被建立，我們呼叫內建的 setViewControllers 方法，並導覽至下一個視圖控制器。

現在回到 WalkthroughViewController 並加入一個屬性：

```
var walkthroughPageViewController: WalkthroughPageViewController?
```

這是儲存參考 WalkthroughPageViewController 物件的屬性。稍後，我們將使用它來找到導覽畫面的目前索引。

還記得容器視圖透過嵌入的 Segue（參見圖 21.8）來連結導覽頁面視圖控制器，我們可以加入 prepare 方法來取得導覽頁面視圖控制器的參考，在 WalkthroughViewController 類別插入以下的方法：

```
override func prepare(for segue: UIStoryboardSegue, sender: Any?) {
    let destination = segue.destination
    if let pageViewController = destination as? WalkthroughPageViewController {
        walkthroughPageViewController = pageViewController
    }
}
```

現在，是時候在 WalkthroughViewController 類別中建立 nextButtonTapped 動作方法，這個動作方法在「Next」按鈕被點擊時呼叫：

```
@IBAction func nextButtonTapped(sender: UIButton) {

    if let index = walkthroughPageViewController?.currentIndex {
        switch index {
        case 0...1:
```

```
        walkthroughPageViewController?.forwardPage()

    case 2:
        dismiss(animated: true, completion: nil)

    default: break


        }
    }

    updateUI()
}
```

這段程式碼很容易理解，我們依據目前的頁面索引執行不同的動作。對於前兩頁，我們呼叫 forwardPage() 方法來顯示下一個導覽畫面，而對於最後一個導覽頁面，我們呼叫 dismiss 方法來關閉視圖控制器。

好的，我們已經實作「Next」與「Skip」按鈕的動作方法，不過我們還沒有處理頁面控制，這也是 updateUI 方法的目的之一，在上列的程式碼中，我們在方法的結尾處呼叫 updateUI() 方法。加入下列的程式碼來建立這個方法：

```
func updateUI() {

    if let index = walkthroughPageViewController?.currentIndex {
        switch index {
        case 0...1:
            nextButton.setTitle("NEXT", for: .normal)
            skipButton.isHidden = false
        case 2:
            nextButton.setTitle("GET STARTED", for: .normal)
            skipButton.isHidden = true
        default: break
        }

        pageControl.currentPage = index
    }

}
```

updateUI() 方法處理兩件事。首先，它控制「Next」按鈕的標題，並判斷「Skip」按鈕是否該被隱藏；第二，它透過 currentPage 屬性的設定來變更頁面控制的指示器。

現在已經準備好這些動作方法，我們切換到 Onboarding.storyboard 來連結這些方法。按住 Control 鍵，從「NEXT」按鈕拖曳至導覽視圖控制器（Walkthrough View Controller），當提示視窗出現後，選取「nextButtonTappedWithSender:」，如圖 21.21 所示。

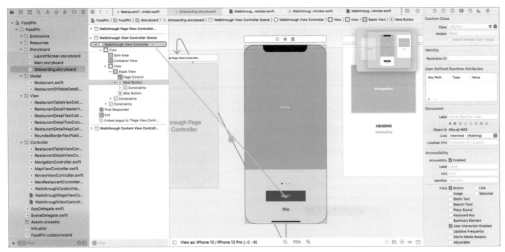

圖 21.21 連結按鈕與它的動作方法

重複相同的步驟來設定「Skip」按鈕，但選取的是「skipButtonTappedWithSender:」。

現在執行這個 App 並測試，點擊「NEXT」按鈕，將會顯示下一個導覽畫面。最重要的是，頁面指示器的運作如預期一樣，如圖 21.22 所示。

圖 21.22 現在最後一個畫面隱藏了「Skip」按鈕

為手勢導覽更新頁面指示器

你有發現另一個頁面指示器的問題嗎？

導覽視圖控制器同時支援手勢與按鈕導覽，當你點擊「NEXT」按鈕，它以動畫轉場方式導覽至下一個畫面，然後頁面指示器也會跟著更新。非常棒！不過，如果使用手勢導覽至下一個畫面，這個頁面控制無法自行更新。

這裡出了什麼問題呢？當使用者滑動導覽畫面時，頁面視圖控制器並沒有通知導覽視圖控制器來更新頁面指示器，如圖 21.23 所示。

圖 21.23　頁面視圖控制器應該要找到一個方式來與導覽視圖控制器進行溝通

那麼，頁面視圖控制器該如何通知導覽視圖控制器呢？在 iOS 程式設計中，一個常見的方式是使用一個委派來執行這樣的通知。一般的作法是在導覽頁面視圖控制器使用所需的方法定義一個委派協定。

對於想要被知會的導覽視圖控制器（或是任一個視圖控制器），它必須採用委派協定，並告知導覽頁面視圖控制器的委派是誰。在此範例中，這個委派是導覽視圖控制器。

在適當時機時，導覽頁面視圖控制器會呼叫該方法，來告知它的委派的目前索引，這個委派可以更新頁面指示器。

好的，我們來到實作部分。

在 WalkthroughPageViewController.swift 檔案中，插入下列的程式碼，並置於 import UIKit 下方：

```
protocol WalkthroughPageViewControllerDelegate: class {
    func didUpdatePageIndex(currentIndex: Int)
}
```

你之前採用了一些協定如 UITableViewDelegate，而這是你第一次定義自己的協定。在 Swift 的協定可以讓你定義一些方法的藍圖來處理特定的任務。協定是以 protocol 關鍵字開頭，後面跟著協定名稱。在內容中，你宣告這個方法的定義，這裡我們宣告一個 didUpdatePageIndex 方法，並告知它的委派目前的頁面索引。

在 WalkthroughPageViewController 類別中，宣告一個 walkthroughDelegate 變數來存放這個委派：

```
weak var walkthroughDelegate: WalkthroughPageViewControllerDelegate?
```

在大部分的情況下，我們對委派使用 weak 關鍵字來防止記憶體洩漏，我將不在這裡詳細介紹記憶體管理，若要了解更多資訊的話，你可以參考《Swift 程式語言指南》（ URL https://docs.swift.org/swift-book/LanguageGuide/AutomaticReferenceCounting.html ）中關於「自動參考計數」（Automatic Reference Counting）的內容。

現在我們已經定義自己的協定，接下來的問題是何時可以呼叫這個委派的方法呢？

顯然的，當下一個導覽畫面完整出現時，我們應該通知這個委派。有個名為「UIPage ViewControllerDelegate」的內建協定，其中帶有下列的方法：

```
optional func pageViewController(_ pageViewController: UIPageViewController, didFinishAnimating
finished: Bool, previousViewControllers: [UIViewController], transitionCompleted completed:
Bool)
```

如果你採用 UIPageViewControllerDelegate 協定並實作這個方法，則在完成手勢所驅動的轉場後會自動呼叫該方法，這正是我們在尋找的東西。

同樣的，我們將建立一個擴展來採用 UIPageViewControllerDelegate 協定並實作方法如下：

```
extension WalkthroughPageViewController: UIPageViewControllerDelegate {

    func pageViewController(_ pageViewController: UIPageViewController, didFinishAnimating
    finished: Bool, previousViewControllers: [UIViewController], transitionCompleted completed:
    Bool) {

        if completed {
            if let contentViewController = pageViewController.viewControllers?.first as?
    WalkthroughContentViewController {

                currentIndex = contentViewController.index

                walkthroughDelegate?.didUpdatePageIndex(currentIndex: contentViewController.
    index)
            }

        }
    }

}
```

　　我們先檢查轉場是否完成，並找出目前的頁面索引值，然後我們呼叫 didUpdate PageIndex 來通知這個委派。

　　最後在 viewDidLoad() 方法中，插入下列這行程式碼，以指定 UIPageViewController Delegate 協定的委派：

```
delegate = self
```

　　好的，是時候完成整個拼圖了。現在開啓 WalkthroughViewController.swift 檔，並建立一個擴展來採用 WalkthroughPageViewControllerDelegate 協定如下：

```
extension WalkthroughViewController: WalkthroughPageViewControllerDelegate {

    func didUpdatePageIndex(currentIndex: Int) {
        updateUI()
    }

}
```

　　然後更新 prepare 方法如下：

```
override func prepare(for segue: UIStoryboardSegue, sender: Any?) {
    let destination = segue.destination
    if let pageViewController = destination as? WalkthroughPageViewController {
        walkthroughPageViewController = pageViewController
        walkthroughPageViewController?.walkthroughDelegate = self
    }
}
```

除了我們指定一個值給 walkthroughDelegate 屬性之外，這個方法幾乎和之前相同。

酷！我們已經做完變更，可以運作了嗎？編譯並執行這個專案來測試，如果你的步驟都正確的話，這個頁面指示器應該可以正常運作了。

21.12 解決導覽畫面重複出現的問題

現在導覽功能已經可以運作了，但是每次當你再次啟動 App 或從細節視圖返回時，它都會重複不斷地顯示。這個 viewDidAppear 方法在每次主畫面出現時會被呼叫，我們還沒有實作任何的邏輯來控制導覽畫面的顯示。

一般而言，導覽畫面只會在使用者第一次開啟 App 時才會顯示，我們需要找到一個儲存狀態的方法，以指示使用者是否看過導覽。

我們要在哪裡記錄這個狀態呢？

你已經學習 Core Data 了，因此你可能希望將這個狀態儲存在本地資料庫中，雖然這是一個選項，但是還有更簡單的方式可儲存應用程式與使用者設定。

21.13 UserDefaults 介紹

iOS SDK 內建了 UserDefaults 類別，用於管理應用程式與使用者相關的設定。舉例而言，你可以儲存使用者是否已經看過導覽的狀態，或者如果你改善這個 App 來顯示平均一餐的價錢，並且讓使用者設定預設的貨幣，你也可以使用 UserDefaults 來儲存使用者的偏好設定。

UserDefaults 類別提供一個用來和預設系統進行互動的程式介面，該預設系統是自動建立的，可用於你的 App 的所有程式。儲存在預設系統的資料是持久性的，換句話說，即使使用者離開 App 或者 App 當機，你依然可以存取資料。

要使用 UserDefaults，你所需要的就是取得分享預設物件：

```
UserDefaults.standard
```

依照要取得物件的型別，你可以使用下列的方法來取得設定：

- array(forKey:)
- bool(forKey:)
- data(forKey:)
- dictionary(forKey:)
- float(forKey:)
- integer(forKey:)
- object(forKey:)
- stringArray(forKey:)
- string(forKey:)
- double(forKey:)
- url(forKey:)

要將設定儲存在預設系統中，請使用特定鍵設定該值，舉例如下：

```
UserDefaults.standard.set(true, forKey: "hasViewedWalkthrough")
```

21.14 使用 UserDefaults

如果你了解 UserDefaults 的工作原理，則可能知道如何使用它來儲存導覽狀態。當使用者點擊「GET STARTED」按鈕後，我們將狀態儲存在 UserDefaults，以指示該使用者已經看完導覽畫面。開啟 WalkthroughViewController.swift，並更新 nextButtonTapped 方法如下：

```
@IBAction func nextButtonTapped(sender: UIButton) {

    if let index = walkthroughPageViewController?.currentIndex {
        switch index {
        case 0...1:
```

```
        walkthroughPageViewController?.forwardPage()

    case 2:
        UserDefaults.standard.set(true, forKey: "hasViewedWalkthrough")
        dismiss(animated: true, completion: nil)

    default: break

    }
}

    updateUI()
}
```

當點擊「GET STARTED」按鈕，我們加入一個 hasViewedWalkthrough 鍵給使用者，並設定為 true。

在 skipButtonTapped 方法也應用相同的邏輯：

```
@IBAction func skipButtonTapped(sender: UIButton) {
    UserDefaults.standard.set(true, forKey: "hasViewedWalkthrough")
    dismiss(animated: true, completion: nil)
}
```

現在開啟 RestaurantTableViewController.swift，並在 viewDidAppear 加入一個簡單邏輯來判斷是否需要顯示導覽視圖控制器。更新方法如下：

```
override func viewDidAppear(_ animated: Bool) {

    if UserDefaults.standard.bool(forKey: "hasViewedWalkthrough") {
        return
    }

    let storyboard = UIStoryboard(name: "Onboarding", bundle: nil)
    if let walkthroughViewController = storyboard.instantiateViewController(withIdentifier:
"WalkthroughViewController") as? WalkthroughViewController {

        present(walkthroughViewController, animated: true, completion: nil)
    }
}
```

這個變更應該很簡單，我們只是從 UserDefaults 取得 hasViewedWalkthrough 鍵，並檢查其值，這個導覽視圖控制器只會在值設定為 false 時才會顯示。

如此，執行專案來快速測試一下。現在，一旦你點擊「GET STARTED」按鈕或者「Skip」按鈕，這個 App 將不再顯示導覽畫面了。

21.15 本章小結

在本章中，我們介紹了 UIPageViewController、容器視圖與 UserDefaults 的基礎概念，你應該了解如何為使用者在第一次使用 App 時建立導覽或者教學畫面。

UIPageViewController 是用來實作導覽畫面或教學畫面非常方便的類別，也就是說，UIPageViewController 的用法是沒有限制的，你可以使用它來顯示任何資訊，例如：網頁視圖的頁面。

到目前為止，我們只使用了捲動轉場樣式，你知道可以使用 UIPageViewController 建立一個簡單的電子書 App 嗎？將轉場樣式從捲動式（Scroll）改為捲頁式（Page Curl），然後確認有什麼變化。

在本章所準備的範例檔中，有最後完整的 Xcode 專案（FoodPinOnboarding.zip）供你參考。

探索標籤列控制器與
故事板參考

「標籤列」（Tab Bar）是一列在畫面底部的視覺化按鈕，可以開啓 App 的不同功能，它曾經是主流設計中不突出的 UI 設計，不過標籤列最近又逐漸受到歡迎。

在大螢幕裝置出現之前，只有 3.5 吋以及 4 吋規格的 iPhone 時期，使用標籤列的一個缺點是你會犧牲一點畫面的空間，這對於小尺寸螢幕是一個問題。而當 Apple 在 2014 年推出搭配大螢幕尺寸的 iPhone 6 及 iPhone 6 Plus 之後，App 開發者開始將 App 的選單以標籤列來替代。Facebook App 就是將側邊列選單的設計改成標籤列形式，其他受歡迎的 App 如 Whatsapp、Twitter（參見圖 22.1）、Quora、Instagram 以及 Apple Music，也使用標籤列進行導覽。

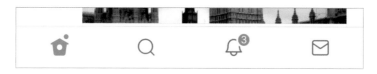

圖 22.1　在 Twitter App 的標籤列

標籤列可以讓使用者只要點擊一下，即可快速訪問 App 的核心功能，儘管它占了一點螢幕空間，不過卻很值得。

導覽控制器藉由管理視圖控制器的堆疊，讓使用者能逐層導覽內容，而標籤列管理多個視圖控制器，彼此間不需要有任何的關係，通常一個標籤列控制器至少包含二個標籤，你可按照自己的需求增加多達五個標籤。

在本章中，我將透過標籤列的實作教導你如何自訂它的外觀，我們也將了解介面建構器中的另一個名爲「故事板參考」的功能。

22.1　建立標籤列控制器

首先開啓 FoodPin 專案，我們準備建立含有三個項目的標籤列，如圖 22.2 所示。

- **Favorites**：這是餐廳清單畫面。
- **Discover**：這是一個發掘由你的朋友或世界各地的其他美食愛好者所推薦的最愛餐廳畫面，我們將在 iCloud 一章實作這個標籤。
- **About**：這是 App 的「關於」畫面，這裡我們先留下空白，到下一章中再來進行。

圖 22.2　FoodPin App 的標籤列

建立標籤列控制器是一件很容易的事，無須撰寫一行程式碼，你只要使用介面建構器來嵌入一組視圖控制器至標籤列控制器即可。

開啓 Main.storyboard，選取導覽控制器（Navigation Controller），即這個 App 的初始控制器（Initial Controller），它也是我們要嵌入標籤列控制器中的控制器。現在至 Xcode 選單，點選「Editor → Embed in → Tab Bar Controller」，如圖 22.3 所示。

圖 22.3　嵌入導覽控制器至標籤列控制器

介面建構器會自動將導覽控制器嵌入標籤列控制器，很容易吧！然後你可以點選導覽控制器的標籤項目，並在屬性檢閱器中變更其屬性。你可以使用自己的圖片建立自訂的標籤項目，爲了簡化起見，我們只使用系統項目，將系統項目（System Item）選項更改爲「Favorites」，此時標籤列應會更新，如圖 22.4 所示。

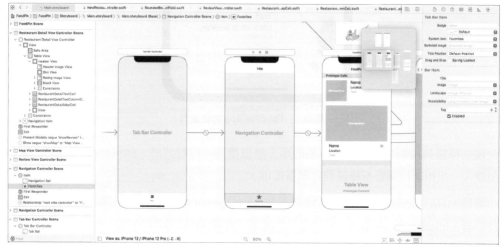

圖 22.4 設定標籤列項目

現在準備測試 App，點擊「Run」按鈕，然後確認它的結果為何。現在這個 App 增加了帶有 Favorites 標籤的標籤列，最棒的是你不需要為標籤列定義任何約束條件，非常方便使用。試著在 iPhone 與 iPad 測試這個 App，標籤列一樣運作正常，如圖 22.5 所示。

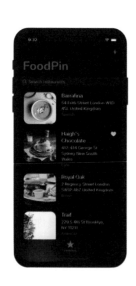

圖 22.5 FoodPin App 現在有標籤列

22.2 推送後隱藏標籤列

我們在前幾章中所實作的內容,現在都放進標籤列控制器了。當你選取了一間餐廳,則 App 將導覽至細節視圖,並且標籤列還存在,你也許想要在細節視圖或導覽階層的其他視圖中隱藏標籤列,iOS 提供了一個簡單的方式,當導覽控制器上的視圖控制器被推送(Push)時會隱藏標籤列。

舉例而言,要隱藏細節視圖的標籤列,你可以選取故事板的細節視圖控制器,並在屬性檢閱器中啟用「Hide Bottom Bar on Push」選項,如此當細節視圖出現時,標籤列便會隱藏起來,如圖 22.6 所示。

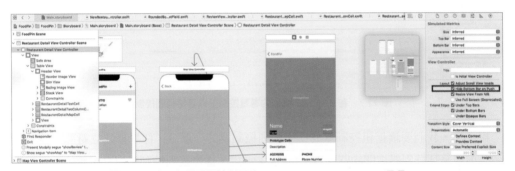

圖 22.6　啟用細節視圖控制器的 Hide Bottom Bar on Push 選項

或者,若你想要編寫程式碼來實作它,則可以加入下列的程式碼到 RestaurantTableView Controller 類別的 prepare(for:) 方法中:

```
destinationController.hidesBottomBarWhenPushed = true
```

試著再次測試 App,當你導覽至細節視圖時,標籤列應該消失了。

22.3 加入新標籤

為什麼 App 需要標籤列來顯示單個標籤項目,這並沒有特別的原因,你使用標籤列介面來將你的 App 組織為不同的操作模式,每個標籤會開啟一個特定的功能。一般而言,在 App 中使用標籤列的話,至少需要兩個標籤,因此我們將在 FoodPin App 中建立兩個標籤項目:Discover 與 About。

在 Main.storyboard，開啓元件庫，並拖曳一個導覽控制器至故事板。導覽控制器預設是和表格視圖控制器做關聯，只需變更導覽列的標題爲「Discover」，其他部分保持不變，我們將會在之後的章節實作這個標籤，如圖 22.7 所示。

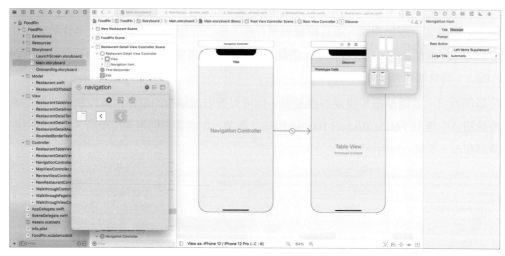

圖 22.7　在 Discover 標籤的導覽控制器與表格視圖控制器

接下來，我們要讓這組控制器成爲標籤列控制器的一部分，你只要建立新導覽控制器與目前標籤列控制器之間的關聯性。按住 Control 鍵，從標籤列控制器拖曳至新的導覽控制器，接著放開按鈕，選擇 Relationship Segue 下的「View Controllers」選項，這是告知 Xcode，這個新導覽控制器已經成爲標籤列控制器的一部分了，如圖 22.8 所示。

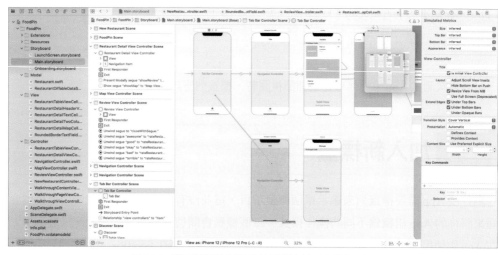

圖 22.8　將標籤列控制器與新導覽控制器連結在一起

建立關聯後，這個標籤列控制器自動加入一個新標籤，並建立與新導覽控制器的關聯。選取導覽控制器的標籤列項目，然後在屬性檢閱器中變更標籤列項目為「Recent」，如果你等不及測試 App，則再次執行這個專案，你現在應該會見到一個新的「Recent」標籤。

說明 為了簡化起見，我們只使用系統項目，你可能想知道如何將這個標籤項目改成自己的標題與圖片，別擔心！稍後我會在本章的後面向你說明。

重複相同的步驟來建立 About 標籤。拖曳另一個導覽控制器，並將表格視圖控制器的標題改為「About」，然後建立和標籤列控制器間的關聯，這會在標籤列控制器加入另一個新標籤。變更新導覽控制器的標籤列項目為系統項目「More」。在故事板中，這兩個控制器間的連結應該類似圖 22.9。

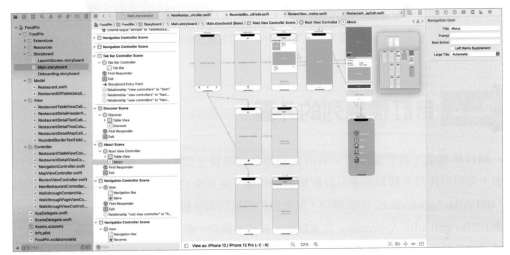

圖 22.9　標籤列控制器現在已經加上兩個新標籤項目

現在可以執行專案來快速測試一下，FoodPin App 現在應該會顯示一個帶有三個標籤（Favorites、Recent 與 More）的標籤列，你可以在標籤之間做切換，不過 Discover 與 About 標籤的畫面是空白的，如圖 22.10 所示。

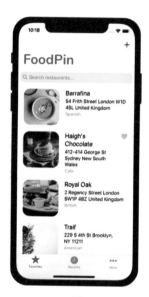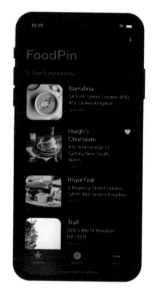

圖 22.10　FoodPin App 現在有三個標籤

22.4　自訂標籤列的外觀

到目前為止，我們使用了一些內建的標籤列項目，如 Recents 與 More。與導覽列相似，你可以使用外觀類別來自訂標籤列的外觀。從 iOS 13 開始，Apple 導入了一個名為「UITabBarAppearance」的新類別，用於自訂標籤列的外觀，UITabBarAppearance 的用法與 UINavigationBarAppearance 非常類似。首先，建立一個 UITabBarAppearance 的實例，並設定其屬性（例如：背景顏色），接著指定這個外觀物件為標籤列的標準外觀，如下列程式碼：

```
let tabBarAppearance = UITabBarAppearance()
tabBarAppearance.configureWithDefaultBackground()
tabBarAppearance.backgroundColor = .darkGray
UITabBar.appearance().standardAppearance = tabBarAppearance
```

如果你想要將標籤列設定為透明背景，則可使用 .configureWithTransparentBackground 方法來代替 .configureWithDefaultBackground 方法，如下所示：

```
tabBarAppearance.configureWithTransparentBackground()
```

要變更標籤列項目的色調顏色，你可以設定 Appearance API 的 tintColor 屬性：

```
UITabBar.appearance().tintColor = UIColor.systemRed
```

舉例而言，你可以在 AppDelegate 類別的 application(_:didFinishLaunchingWithOptions:) 方法插入下列的程式碼，以自訂標籤列：

```
let tabBarAppearance = UITabBarAppearance()
tabBarAppearance.configureWithOpaqueBackground()

UITabBar.appearance().tintColor = UIColor(named: "NavigationBarTitle")
UITabBar.appearance().standardAppearance = tabBarAppearance
```

再次執行這個專案，你應該會看到標籤列在淺色模式與深色模式下有不同的色調顏色，如圖 22.11 所示。

圖 22.11　自訂標籤列的範例

你可以參考 UITabBarAppearance 的官方文件，來學習更多關於自訂屬性的內容（ URL https://developer.apple.com/documentation/uikit/uitabbarappearance ）。

22.5　變更標籤列項目的圖片

除了使用系統項目之外，標籤列項目也可以使用自己的圖片與標題。要變更標籤列項目，則選取故事板中的項目，在屬性檢閱器中，將系統項目（System Item）選項改為「Custom」，並設定標題／圖片（Title／Image）值爲你自己的值。對於 Favorite 標籤，設定它的標題爲「Favorites」，圖片設定爲「tag.fill」，這是 SF Symbols 內建的圖片。而 Recent 標籤則設定標題爲「Discover」，圖片設定爲「wand.and.rays」。對於 More 標籤，變更標題爲「About」，而圖片設定爲「square.stack」，如圖 22.12 所示。

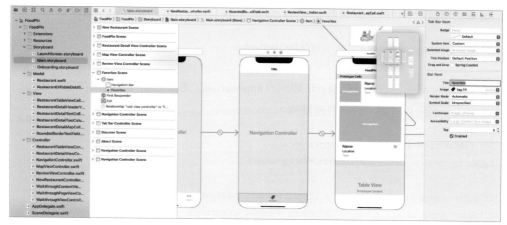

圖 22.12　設定標籤列項目的標題與圖片

當你再次測試 App，標籤列應該如圖 22.13 所示。

圖 22.13　在橫向的自訂標籤列上使用自己的圖片

22.6 故事板參考

　　故事板的優勢是可以讓你視覺化佈局你的 App 的 UI，不過常聽到的抱怨是當專案越來越大時，故事板會變得難以管理。在前面的章節中，你手動建立一個單獨的故事板來管理 UI，現在我準備要告訴你另一種更方便管理你的故事板的方式。

　　自從 Xcode 7 開始，Apple 提供了一個名為「故事板參考」（Storyboard References）的新功能，讓故事板變得更加容易管理，你可以輕鬆將某些 UI 元件從某個故事板移到另一個故事板。

　　我們以 FoodPin App 為例，來了解故事板參考是如何運作的。這個 App 現在有 Favorites、Discover 與 About 等三個標籤，每個標籤都使用它們自己的 UI 導覽控制器。在每個標籤下的視圖控制器，大部分獨立於故事板中的其他場景。

　　假設你正在進行有兩個其他成員的專案，每位團隊成員負責其中一個標籤，在這種情況下，把每個標籤拉出，使用自己的故事板會比較合理。

要這麼做的話，至 Main.storyboard，選取屬於 About 標籤的兩個視圖控制器，然後至 Editor 選單，點選「Refactor to Storyboard」選項，如圖 22.14 所示。

圖 22.14　重構 About 視圖控制器至新故事板

在提示視窗出現之後，命名新故事板為「About.storyboard」，當你確認變更後，Xcode 會將所選取的視圖控制器拉出，並放置在 About.storyboard 檔。在 Main.storyboard 中，會顯示一個故事板參考，如圖 22.15 所示。當你在故事板參考點擊兩下，Xcode 會帶你至相對應的故事板，並顯示這個主故事板所參考的視圖控制器。

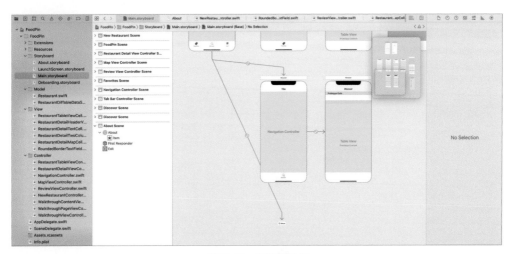

圖 22.15　故事板參考

重複相同的步驟來重構 Discover 標籤，並將新故事板命名為「Discover.storyboard」。

22.7 本章小結

現在你應該知道如何建立一個標籤列控制器，並加入新的標籤列項目。使用介面建構器，可以輕鬆將任何視圖控制器嵌入標籤列控制器中。標籤列提供使用者可以快速訪問 App 的不同功能。

我們還介紹 Xcode 中一個名為「故事板參考」的功能，隨著故事板變得越來越複雜時，你可以將故事板拆成多個部分來管理，這個功能對於團隊特別有用。如果你本來不太願意使用故事板，現在是時候重新考慮在你的 App 專案中採用故事板了。

在本章所準備的範例檔中，有最後完整的 Xcode 專案（FoodPinTabbar.zip）供你參考。

23

入門 WKWebView 與 SFSafariViewController

在 App 中顯示網頁內容是很常見的事。從 iOS 9 開始，它為開發者提供了三個顯示網頁內容的選項：

- **Mobile Safari**：iOS SDK 提供了 API，可以在內建的行動版 Safari 瀏覽器中開啟特定的 URL。在這種情況下，你的使用者會暫時離開應用程式，並切換至 Safari。

- **WKWebView**：在 iOS 9 發布之前，這是將網頁內容嵌入你的 App 的最便捷方式。你可以將 UIWebView 想成是一個精簡版的 Safari，它負責載入 URL 請求並顯示網頁內容。WKWebView 是在 iOS 8 時所導入，屬於 UIWebView 的改良版，它具有 Nitro JavaScript 引擎的優勢，並提供更多的功能，如果只需要顯示特定的網頁，WKWebView 是最好的選擇。

- **SFSafariViewController**：這是在 iOS 9 所導入的控制器。雖然 WKWebView 可以讓你在 App 中嵌入網頁內容，但你必須建立一個自訂的網頁視圖，才能提供完整的網頁瀏覽功能，例如：WKWebView 沒有附帶前進／後退按鈕，以讓使用者可以返回以及往前瀏覽歷史記錄，為了提供這個功能，你必須使用 WKWebView 開發一個自訂的網頁瀏覽器。在 iOS 9 中，Apple 導入 SFSafariViewController 來省下開發者自己建立瀏覽器的工夫，透過使用 SFSafariViewController，你的使用者在不離開 App 的情況下享受行動版 Safari 的所有功能。

在本章中，我會引導你完成所有的選項，並說明如何使用它們來顯示網頁內容。我將不介紹 UIWebView，因為從 iOS 13 開始它已經無法使用。

我們在上一章中建立了 About.storyboard，不過我們還沒有提供任何的實作，參見圖 23.1，這是我們準備要建立的 About 畫面，下列是每一列的工作：

- **Rate us on App Store（在 App Store 評價）**：選取後，我們會在行動版 Safari 載入一個特定的 iTunes 連結，使用者會離開目前的 App 並切換至 App Store。

- **Tell us your feedback（提供意見回饋）**：選取後，我們會使用 WKWebView 載入一個「Contact Us」網頁。

- **Twitter / Facebook / Pinterest**：每個項目都有其相對應的社群描述檔的連結，我們將使用 SFSafariViewController 來載入這些連結。

聽起來很有趣，對吧？我們開始吧！

圖 23.1　FoodPin App 的 About 畫面

23.1　設計 About 視圖

將本章所準備的圖片包（abouticons.zip）匯入 Assets.xcasset。

開啓 About.storyboard 來切換至介面建構器，我們開始來設計表格視圖控制器。從元件庫拖曳一個 View 物件至表格視圖的頭部視圖（就和我們之前做過的一樣），這個視圖物件應該放在表格視圖儲存格的上方，你可以在文件大綱中揭示它。在尺寸檢閱器中，設定高度爲「200 點」，如圖 23.2 所示。

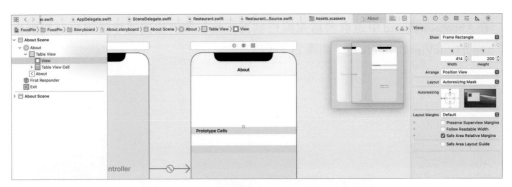

圖 23.2　加上一個視圖物件至表格視圖的頭部視圖

接著，拖曳一個圖片視圖並置入這個視圖中，在屬性檢閱器中，設定圖片爲「about」。和之前一樣，我們需要加入幾個佈局約束條件，點選自動佈局列的「Add New Constraints」按鈕，設定所有邊的值爲「0」，並確保已勾選「Constrain to margins」選項，然後點擊「Add 4 constraints」進行確認。

現在選取表格視圖儲存格，在屬性檢閱器中，設定儲存格的識別碼爲「aboutcell」，樣式設定爲「Basic」，你的設計應該看起來如圖 23.3 所示。

圖 23.3　**About 視圖的佈局**

23.2　建立 About 視圖控制器的自訂類別

和之前相同，在 About.storyboard 中我們需要一個類別與表格視圖控制器做關聯。在專案導覽器中，於「Controller」資料夾上按右鍵，選擇「New File」，然後選取「Cocoa Touch Class」模板，將類別命名爲「AboutTableViewController」，並設定其子類別爲「UITableViewController」。

在 About.storyboard 中選取表格視圖控制器，並在識別檢閱器中設定自訂類別爲「AboutTableViewController」，如圖 23.4 所示。

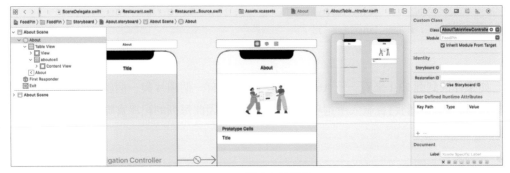

圖 23.4　設定自訂類別

你應該對使用 UITableViewDiffableDataSource 來實作表格視圖非常熟悉了，但是這次有點不同，我們準備在表格視圖中建立二個區塊，讓我們來了解如何建立。

首先，在 AboutTableViewController 宣告表格區塊的列舉。由於我們有兩個區塊，因此列舉有兩個 case：

```swift
enum Section {
    case feedback
    case followus
}
```

接下來，定義連結項目的結構。在 AboutTableViewController 類別插入下列的程式：

```swift
struct LinkItem: Hashable {
    var text: String
    var link: String
    var image: String
}
```

接下來，宣告一個陣列變數來儲存這兩個區塊的項目：

```swift
var sectionContent = [ [LinkItem(text: "Rate us on App Store", link: "https://www.apple.com/
ios/app-store/", image: "store"),
                        LinkItem(text: "Tell us your feedback", link: "http://www.appcoda.com/
contact", image: "chat")
                        ],
                       [LinkItem(text: "Twitter", link: "https://twitter.com/appcodamobile",
image: "twitter"),
                        LinkItem(text: "Facebook", link: "https://facebook.com/appcodamobile",
image: "facebook"),
```

```
                    LinkItem(text: "Instagram", link: "https://www.instagram.com/
appcodadotcom", image: "instagram")]
                    ]
```

如果你回到圖 23.1 來看一下 About 畫面，每列都有一個圖片與一個敘述。當使用者點擊任何一列，我們將會載入所選項目的對應連結，因此每列的紀錄實際上具有下列的資訊：

● 一張圖片。

● 一段敘述。

● 一個連結。

你該如何儲存這些表格資料呢？有許多的方式可以辦到，試著想一下解決方案，或許可以像這樣儲存資料：

```
var images = [ ["store", "chat"], ["twitter", "facebook", "instagram"] ]
var text = [ ["Rate us on App Store", "Tell us your feedback"], ["Twitter", "Facebook",
"Instagram"] ]
var links = [ ["https://www.apple.com/ios/app-store/", "http://www.appcoda.com/contact"],
["https://twitter.com/appcodamobile", "https://facebook.com/appcodamobile",
"https://www.instagram.com/appcodadotcom"] ]
```

上列的程式碼沒有什麼錯誤。你可以分成三個陣列來儲存這些資料，一樣可以運作，但如果你像這樣儲存資料的話，不容易看出資料的關聯性。

較好的方式是使用結構將相關值群組在一起，這就是為何我們定義 LinkItem 結構。

sectionContent 的值可能看起來有點複雜，但是其實程式完全相同，如下所示：

```
let section0 = [LinkItem(text: "Rate us on App Store", link: "https://www.apple.com/ios/app-
store/", image: "store"), LinkItem(text: "Tell us your feedback", link: "http://www.appcoda.
com/contact", image: "chat")]

let section1 = [LinkItem(text: "Twitter", link: "https://twitter.com/appcodamobile", image:
"twitter"), LinkItem(text: "Facebook", link: "https://facebook.com/appcodamobile", image:
"facebook"), LinkItem(text: "Instagram", link: "https://www.instagram.com/appcodadotcom",
image: "instagram")]

var sectionContent = [ section0, section1 ]
```

這是我所想出定義 sectionContent 變數的方式，我們來繼續實作表格資料。

首先，刪除由 Xcode 所產生的下列方法：

```
override func numberOfSections(in tableView: UITableView) -> Int {
    // #warning Incomplete implementation, return the number of sections
    return 0
}
```

```
override func tableView(_ tableView: UITableView, numberOfRowsInSection section: Int) -> Int {
    // #warning Incomplete implementation, return the number of rows
    return 0
}
```

我們不需要它們，因為我們準備使用差異性資料來源來載入資料。首先，建立一個名為 configureDataSource() 的方法如下：

```
func configureDataSource() -> UITableViewDiffableDataSource<Section, LinkItem> {

    let cellIdentifier = "aboutcell"

    let dataSource = UITableViewDiffableDataSource<Section, LinkItem>(tableView: tableView) {
(tableView, indexPath, linkItem) -> UITableViewCell? in

        let cell = tableView.dequeueReusableCell(withIdentifier: cellIdentifier, for: indexPath)

        cell.textLabel?.text = linkItem.text
        cell.imageView?.image = UIImage(named: linkItem.image)

        return cell
    }

    return dataSource
}
```

這個方法回傳差異性資料來源給表格視圖，並敘述應該如何顯示儲存格資料。接著，為快照建立另一個方法：

```
func updateSnapshot() {

    // 建立一個快照並填入資料
    var snapshot = NSDiffableDataSourceSnapshot<Section, LinkItem>()
    snapshot.appendSections([.feedback, .followus])
    snapshot.appendItems(sectionContent[0], toSection: .feedback)
```

```
snapshot.appendItems(sectionContent[1], toSection: .followus)

dataSource.apply(snapshot, animatingDifferences: false)
}
```

假設你已了解差異性資料來源的工作原理，那麼上列程式碼對你而言應該非常熟悉。要支援有多個區塊的表格視圖，你需要做的是呼叫 appendSections 方法來加入所有區塊，並且使用 appendItems 方法來指定區塊項目。

接著，在 AboutTableViewController 宣告一個 dataSource 變數：

```
lazy var dataSource = configureDataSource()
```

最後，在 viewDidLoad() 方法插入下列程式碼：

```
tableView.dataSource = dataSource
updateSnapshot()
```

現在，執行 App 來快速瀏覽一下，你已經建立了 About 畫面的使用者介面，如圖 23.5 所示。

圖 23.5　使用簡潔風格的 About 畫面

我還要對兩個地方做調整：

● 我較喜歡在導覽列使用大標題。

● 我想要將項目分爲兩個區塊。

對於第一個調整，你可以更新 viewDidLoad() 如下：

```swift
override func viewDidLoad() {
    super.viewDidLoad()

    // 在導覽列使用大標題
    navigationController?.navigationBar.prefersLargeTitles = true

    // 自訂導覽列外觀
    if let appearance = navigationController?.navigationBar.standardAppearance {

        appearance.configureWithTransparentBackground()

        if let customFont = UIFont(name: "Nunito-Bold", size: 45.0) {

            appearance.titleTextAttributes = [.foregroundColor: UIColor(named:
"NavigationBarTitle")!]
            appearance.largeTitleTextAttributes = [.foregroundColor: UIColor(named:
"NavigationBarTitle")!, .font: customFont]
        }

        navigationController?.navigationBar.standardAppearance = appearance
        navigationController?.navigationBar.compactAppearance = appearance
        navigationController?.navigationBar.scrollEdgeAppearance = appearance
    }

    // 載入表格資料
    tableView.dataSource = dataSource
    updateSnapshot()
}
```

你應該已熟悉自訂導覽列的程式碼了，所以我不再詳細說明。對於第二個調整，你可以切換至 About.storyboard，選取 About 畫面的表格視圖（Table View），並至屬性檢閱器中，變更樣式（Style）選項爲「Grouped」或「Inset Grouped」。

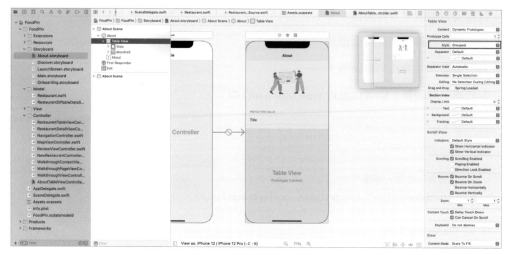

圖 23.6　編輯表格視圖樣式

執行這個 App，你應該會在 About 畫面看到大標題，而且你也會在表格視圖中看到兩個個別的區塊。

23.3　在行動版 Safari 開啟網頁內容

現在已經準備好 About 視圖的使用者介面，我們來開始探索第一個載入網頁內容的選項。當選擇「Rate us on App Store」選項時，這個 App 會切換至行動版 Safari 並載入內容。

在 Safari 瀏覽器開啓連結，你只需要以特定的 URL 呼叫 UIApplication 的 open(_:options:completionHandler:) 方法：

```
UIApplication.shared.open(url)
```

當呼叫方法之後，你的使用者會離開目前的應用程式並切換至 Safari，以載入網頁內容。要處理表格儲存格區塊，如你所知，我們需要覆寫 AboutTableViewController 的 tableView(_didSelectRowAtIndexPath:) 方法。插入下列這段程式碼：

```
override func tableView(_ tableView: UITableView, didSelectRowAt indexPath: IndexPath) {

// 取得所選連結項目
    guard let linkItem = self.dataSource.itemIdentifier(for: indexPath) else {
        return
    }
```

```
    if let url = URL(string: linkItem.link) {
        UIApplication.shared.open(url)
    }

    tableView.deselectRow(at: indexPath, animated: false)
}
```

我們先找出所選列的連結，然後呼叫 UIApplication.shared.open(url) 方法來開啟 Safari 瀏覽器。現在於模擬器執行這個 App，在 About 標籤中，點擊任何一個項目，會切換至行動版 Safari 來顯示網頁內容，如圖 23.7 所示。

圖 23.7　在 Safari 顯示網頁內容

23.4 使用 WKWebView 載入網頁內容

要在行動版 Safari 開啟網頁非常容易。欲使用 WKWebView 來載入網頁內容，你只需要進行幾個步驟。WKWebView 類別接替 UIWebView，其能夠載入遠端的網頁內容，如果你在 App 中綁定 HTML 檔，便可使用此類別從本地端載入網頁。

你無法再使用 UIWebView，因為 Apple 已經棄用這個 API，並拒絕任何使用 UIWebView 的 App，現在你必須使用 WKWebView，它在載入頁面的速度優於 UIWebView。

實作上，你需要建立一個 URL 物件，接著建立一個 URLRequest 物件，然後呼叫 WKWebView 的 load 方法來載入請求。下列是範例程式碼：

```
if let url = URL(string: "http://www.appcoda.com/contact") {
    let request = URLRequest(url: url)
    webView.load(request)
}
```

上列的程式碼指示網頁視圖（即 Wkwebview 的實例）自遠端載入網頁內容。如前所述，你可以載入本地端的網頁。例如：你的 App 中綁定了一個 HTML 檔，你便可以使用 fileURLWithPath 參數來初始化一個 URL 物件：

```
let url = URL(fileURLWithPath: "about.html")
let request = URLRequest(url: url)
webView.load(request)
```

WKWebView 將在本地端載入網頁，甚至不需要網路連線也可以。

對於 WKWebView 類別有了基本的了解後，我們來開始實作 App。在 About.storyboard 中，從元件庫中拖曳一個 View Controller 物件至故事板，然後拖曳一個 WebKit View 物件（即 WKWebView）至視圖控制器中。調整大小來讓它占滿整個視圖，接著點選「Add New Constraints」按鈕，來為頂部、左側、底部、右側加入一些間距約束條件，你的視圖控制器應該會如圖 23.8 所示。

圖 23.8　在視圖控制器中嵌入一個 WebKit 視圖

當點擊任一個項目時，App 轉場至新視圖控制器來顯示網頁內容。要這麼做的話，我們必須定義一個在 About 視圖控制器與網頁視圖控制器間的 Segue，將場景 Dock 中的視圖控制器按鈕拖曳至新視圖控制器，放開按鈕後，選擇「Present Modally」作為 Segue 型別。

圖 23.9　建立 About 控制器與視圖控制器間的 Segue

這會建立兩個控制器之間的 Segue。選取 Segue，並在屬性檢閱器設定識別碼為「show WebView」。

如同往常的作法，下一步是為網頁視圖控制器建立自訂類別。在專案導覽器中，於「Controller」資料夾上按右鍵，選擇「New File」，並點取「Cocoa Touch Class」模板，將類別命名為「WebViewController」，然後設定其為 UIViewController 的子類別。點選「Next」按鈕，並儲存檔案。

在 WebViewController.swift 檔中，為網頁視圖宣告一個 Outlet 變數與一個屬性：

```
@IBOutlet var webView: WKWebView!

var targetURL = ""
```

targetURL 變數是用來儲存由 AboutTableViewController 傳送的目標 URL。由於 WKWebView 是在 WebKit 框架中，因此你必須要在檔案的開頭插入下列的 import 敘述：

```
import WebKit
```

對於 viewDidLoad 方法，使用下列的程式碼對其進行更新，以載入網頁：

```
override func viewDidLoad() {
    super.viewDidLoad()

    if let url = URL(string: targetURL) {
        let request = URLRequest(url: url)
        webView.load(request)
    }
}
```

現在回到 AboutTableViewController 類別，並更新 tableView(_didSelectRowAtIndexPath:) 方法，如下所示：

```
override func tableView(_ tableView: UITableView, didSelectRowAt indexPath: IndexPath) {

    performSegue(withIdentifier: "showWebView", sender: self)

    tableView.deselectRow(at: indexPath, animated: false)
}
```

選取儲存格後，我們只需呼叫 performSegue(withIdentifier:sender:) 方法，以觸發 showWebView Segue，並轉場至網頁視圖控制器。

另外，建立 prepare(for:sender:) 方法：

```
override func prepare(for segue: UIStoryboardSegue, sender: Any?) {

    if segue.identifier == "showWebView" {
        if let destinationController = segue.destination as? WebViewController,
            let indexPath = tableView.indexPathForSelectedRow,
            let linkItem = self.dataSource.itemIdentifier(for: indexPath) {

                destinationController.targetURL = linkItem.link
        }
    }
}
```

這個方法的目的是設定 targetURL 屬性來找出所選項目的連結，並將其傳送給網頁視圖控制器。上列程式碼的 if let 語法對你而言可能比較陌生，在 Swift 中，你可以使用單個 if let 區塊解開多個可選型別，寫法是 if 後面接著一串 let 敘述，每個敘述之間皆以逗號分開。

最後切換至 About.storyboard，選取包含網頁視圖的視圖控制器，在識別檢閱器中，設定它的自訂類別為「WebViewController」。另外，在介面建構器中建立 webView Outlet 與 WebKit 視圖物件之間的連結，如圖 23.10 所示。

圖 23.10　連結 Outlet 與 WebKit 視圖物件

現在執行這個專案來測試這些變更，大部分的連結都能載入網頁視圖控制器，但是如果你點擊「Tell us your feedback」，則會顯示一個空白視圖。

出了什麼問題呢？這是因為這個 URL 不是 HTTPS URL。從 iOS 9 開始，Apple 導入一個名為「App 傳輸安全標準」（App Transport Security，簡稱 ATS）的功能，這個功能的目的是透過實施一些最佳配置來改善 App 與網頁服務之間的連線安全，其中一項是安全連線的使用。有了 ATS，所有的網路要求現在都應透過 HTTPS 發送，如果你使用 HTTP 來做網路連結，ATS 會封鎖這個請求。

要解決這個問題，你應該以 HTTPS 來代替 HTTP 載入一個網路請求，這是 Apple 的要求，這也是為何除了「Tell us your feedback」項目有問題之外，其餘連結皆正常的原因。

那麼如果要對應的網站不是你所能控制的，且該網站並沒有支援 HTTPS 的話，如何取消這個限制呢？

Apple 為開發者提供一個選項，可以將網頁視圖所載入內容的 ATS 限制取消。要這麼做的話，你需要在 App 的 Info.plist 中設定名為「NSAllowsArbitraryLoadsInWebContent」的特定鍵的值。

Info.plist 檔案包含你的 App 的基本設定資訊。要編輯這個檔案，則在專案導覽器中選取 Info.plist，此時會在屬性清單編輯器（Property List Editor）中顯示內容。要加入一個新鍵，在「Information Property List」上按右鍵，然後選取「Add Row」，在 Key 欄位輸入「App Transport Security Settings」，然後依照圖 23.11 的程序來加入「Allow Arbitrary Loads in Web Content」鍵。

圖 23.11　加入「Allow Arbitrary Loads in Web Content」鍵

將鍵的值設定為「YES」，你就可以明確停用 App 傳輸安全標準了。現在再次執行 App，它應該能夠載入網頁，如圖 23.12 所示。

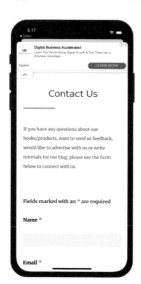  

圖 23.12　使用 WKWebView 載入網頁內容

23.5 使用 SFSafariViewController 載入網頁內容

最後，我們將介紹 SFSafariViewController。如前所述，這個新控制器允許開發者在 App 中嵌入 Safari 瀏覽器。它具有 Safari 的許多強大功能，例如：Safari AutoFill 與 Safari Reader。根據 Apple 的說法，如果你的 App 是在標準瀏覽器中顯示網頁內容，則建議使用 SFSafariViewController。

要在你的 App 中嵌入 SFSafariViewController，你只需要撰寫幾行程式碼即可：

```
let safariController = SFSafariViewController(url: url)
present(safariController, animated: true, completion: nil)
```

你先使用指定的 URL 建立 SFSafariViewController 物件。另外，你可將 entersReaderIf Available 設定為 true，以啟用 Safari Reader。而下一步驟是呼叫 present(_:animated: completion:) 方法來顯示控制器。

現在開啟 AboutTableViewController.swift 檔。我們將更新程式碼，以讓 App 使用 SFSafariViewController 顯示社群連結（Twitter / Facebook / Instagram）。首先，在檔案的開頭插入下列的 import 敘述：

```
import SafariServices
```

在使用 SFSafariViewController 之前，你必須匯入 SafariServices 框架。接著，為了使用 SFSafariViewController 載入網頁內容，建立一個名為「openWithSafariViewController」的新方法如下：

```
func openWithSafariViewController(indexPath: IndexPath) {
    guard let linkItem = self.dataSource.itemIdentifier(for: indexPath) else {
        return
    }

    if let url = URL(string: linkItem.link) {
        let safariController = SFSafariViewController(url: url)
        present(safariController, animated: true, completion: nil)
    }
}
```

這個函數接收所選項目的索引路徑，然後我們從索引徑取得連結項目，並使用 SFSafariViewController 來顯示網頁內容。

最後，更新 tableView(_:didSelectRowAtIndexPath:) 如下：

```
override func tableView(_ tableView: UITableView, didSelectRowAt indexPath: IndexPath) {

    switch indexPath.section {
    case 0: performSegue(withIdentifier: "showWebView", sender: self)

    case 1: openWithSafariViewController(indexPath: indexPath)

    default: break
    }

    tableView.deselectRow(at: indexPath, animated: false)
}
```

出於示範的目的，第一個區塊的項目使用 WKWebView 載入，第二個區塊使用 SFSafariViewController 顯示網頁內容，這將讓你更加了解 WKWebView 與 SFSafariView Controller 之間的視覺差異。

準備要測試這個 App 了，啟動後點擊第二個區塊的一個項目，App 將在類似 Safari 的瀏覽器中開啟連結，如圖 23.13 所示。

圖 23.13　使用 SFSafariViewController 載入網頁

23.6 本章小結

　　我們探索了三個顯示網頁內容的選項，你不需要和我們一樣使用所有的選項，這只是為了示範而已。

　　SFSafariViewController 類別為開發者提供一種在你的 App 中嵌入網頁瀏覽器的簡單方式。如果你的 App 需要提供一流的瀏覽體驗給使用者，則 Safari 視圖控制器應該會幫你省下不少建立自己版本的網頁瀏覽器的大量時間。

　　在某些情況下，你可能想要使用一個簡單的網頁視圖來顯示網頁內容，WKWebView 會是一個不錯的選擇。

　　花點時間來學習所有的網頁瀏覽選項，並選擇最適合你的功能。

　　在本章所準備的範例檔中，有最後完整的 Xcode 專案（FoodPinWebView.zip）供你參考。

探索 CloudKit

我們回顧一下歷史，當史蒂夫 · 賈伯斯（Steve Jobs）在 2011 年蘋果年度世界開發者大會（Worldwide Developers Conference，簡稱 WWDC），公布了 iCloud 作為 iOS 5 與 OS X Lion 的輔助功能時，獲得了很大的關注，但是結果卻不令人驚豔。App 與遊戲可以將資料儲存在雲端，並且會自動在 Mac 與 iOS 裝置間做同步。

但是 iCloud 不足以作為雲端伺服器。

開發者並不被允許為了共享而使用 iCloud 儲存公共資料，它僅限於在屬於同一使用者的多個裝置之間共享資訊。以 FoodPin App 為例，你不能使用 iCloud 的經典版來公開儲存你喜愛的餐廳，並將其分享給其他的 App 使用者，你儲存在 iCloud 上的資料，只能由你讀取。

當你想建立一個社群 App，以在使用者之間共享資料，則可使用自己的後台伺服器（加上用於資料傳輸、使用者身分驗證等伺服端 API），也可以依賴其他雲端服務供應商（如 Firebase 和 Parse）。

> 注意 Parse 是當時非常流行的服務，但是 Facebook 在 2016 年 1 月 28 號宣布要終止其服務。

2014 年，蘋果公司重新規劃 iCloud 的功能，並為開發者提供全新的方式，以及讓使用者能夠與 iCloud 互動。CloudKit 的推出代表了對其前身的重大改善，並為開發者提供很大的幫助，你可以使用 CloudKit 開發社群網路 App，或輕鬆加入一些社群分享的功能。

如果你有一個網頁 app，而且你想要像你的 iOS App 一樣，存取在 iCloud 上的資料，該怎麼做呢？Apple 透過導入 CloudKit 網頁服務或 JavaScript 函式庫的 CloudKitJS，而將 CloudKit 進一步提升到新水平。你可以使用這個新函式庫開發一個網頁 App，以和你的 iOS App 一樣在 iCloud 上存取相同的資料，如圖 24.1 所示。

在 2016 WWDC 中，Apple 宣布導入共享資料庫，你不僅可以公共或私有儲存你的資料，CloudKit 現在讓你儲存以及與一群使用者共享資料。

CloudKit 消除了我們開發自己的伺服器解決方案的需求，而使得開發者的生活更輕鬆寫意了。透過極簡的設定與程式碼，CloudKit 可使你的 App 儲存資料至雲端，包括結構式資料與素材。

最棒的是，你可以免費使用 CloudKit（有一些限制）。一開始你可以使用：

- 10GB 的素材空間（例如：圖片）。
- 100MB 的資料庫空間。
- 2GB 的資料傳輸流量。

CloudKit Server

CloudKit

CloudKit JS

圖 24.1 儲存你的資料至雲端

當你的 App 變得更受歡迎時，CloudKit 的儲存空間會隨之成長，為每個使用者增加 250MB。對於每個開發者帳號，可以一直擴充到以下的限制：

● 1PB 的素材空間。

● 10TB 的資料庫空間。

● 200TB 的資料傳輸流量。

這是巨量的免費儲存空間，已經足以應付多數的 App。根據 Apple 的 iCloud 計算器（ URL https://developer.apple.com/icloud/cloudkit ）的統計，這樣的儲存空間應可滿足大約 1000 萬的免費使用者。

「有了 CloudKit，我們將能夠專注於建立 App，甚至可以多做幾個。」

—Hipstamatic

在本章中，我將引導你使用 CloudKit 框架來整合 iCloud，不過我們只會將重點放在公共資料庫。

如前所述，你將透過實作 FoodPin App 的功能來學習這個 API，我們會加強這個 App，讓使用者匿名分享其最喜愛的餐廳，並且所有的使用者都可以在 Discover 標籤檢視其他人的最愛，這將更加有趣。

不過要注意的是，你必須申請 Apple 開發者計畫（每年美金 99 元），Apple 只為付費的開發者開放 CloudKit 儲存空間。如果你很認真地建立你的 App，是時候要申請 Apple 開發者計畫，來建立一些基於 CloudKit 的 App。

24.1　了解 CloudKit 框架

CloudKit 不僅可儲存，Apple 還提供 CloudKit 框架給開發者與 iCloud 互動。CloudKit 框架提供用於管理與 iCloud 伺服器之間的資料傳輸服務，這是一種可以將你的使用者的 App 資料從裝置傳輸到雲端的機制。

重要的是，CloudKit 並不會提供任何本地持久性，只提供最小的離線快取支援。當你需要快取來將資料持久保存在本地端，則應自行開發自己的解決方案。

容器與資料庫是 CloudKit 框架的基礎元素。每個 App 都有自己的容器來處理其內容。預設上，一個 App 對應一個容器，容器是以 CKContainer 類別來表示。

在容器內，包含了公共資料庫（Public Database）、共享資料庫（Shared Database）與私有資料庫（Private Database）的資料儲存形式。顧名思義，公共資料庫允許 App 的所有使用者存取，是設計用來儲存共享資料。若是資料儲存在私有資料庫，只能讓單一使用者檢視，而資料儲存在共享資料庫（在 iOS 10 導入），則可以讓一群使用者一起共享，如圖 24.2 所示。

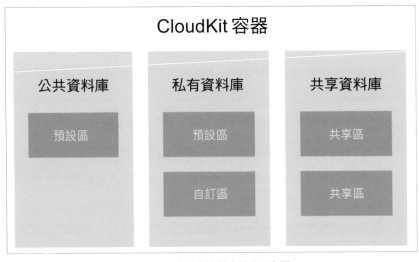

圖 24.2　容器與資料庫間的示意圖

Apple 讓你選擇最適合你的 App 的資料庫類型,例如:你正在開發一個類似 Instagram 的 App,則可以使用公共資料庫儲存使用者上傳的照片,或者如果你要建立一個待辦事項 App,則可能要使用私有資料庫儲存每個使用者的待辦事項。公共資料庫不需要使用者有 iCloud 帳號,除非你需要將資料寫入公共資料庫。而使用者要存取其私有資料庫之前,必須先登入 iCloud。在 CloudKit 框架中,資料庫是以 CKDatabase 類別表示。

再往下一層瀏覽是「記錄區」(Record Zone)。CloudKit 不會鬆散地儲存資料,而是將資料記錄劃分在不同記錄區中。根據資料庫的類型,它支援不同類型的記錄區。私有資料庫與公共資料庫都有一個預設區,足以應付大多數的運用,也就是說,有需要的話,也可以建立自訂區(Custom Zone)。記錄區在框架中是以 CKRecordZone 類別來表示,如圖 24.3 所示。

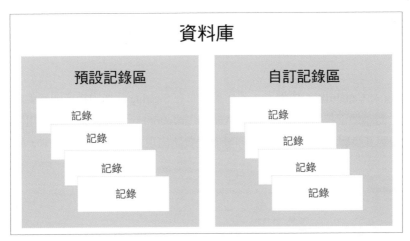

圖 24.3　記錄區與記錄

資料的核心中,一筆交易就是一個「記錄」(Record),以 CKRecord 類別表示。記錄基本上是一個鍵值對的字典,鍵代表記錄欄位,鍵的關聯值是特定記錄欄位的值。每個記錄都有一個記錄型別,記錄型別是由開發者在 CloudKit 儀表板中定義。此刻,你也許對這些術詞感到困惑,但不必擔心,透過一些範例說明,你將了解它們的含義。

現在你已經對 CloudKit 框架有了初步的概念,我們開始建立 Discover 標籤。透過 App 與 CloudKit 的整合,你將學到:

- 如何在你的 App 啟用 CloudKit?
- 如何使用 CloudKit 儀表板在雲端建立你的記錄?
- 如何使用便利型 API 從 iCloud 非同步取得記錄?
- 如何使用操作型 API 從 iCloud 伺服器取得記錄?

- 如何使用延遲載入來改善 App 效能？

- 如何使用 NSCache 快取圖片？

- 如何儲存資料到 iCloud 伺服器？

24.2 在 App 中啟用 CloudKit

假設你已經申請了 Apple 開發者計畫，第一個任務就是在 Xcode 專案註冊你的帳戶。

> 說明 在專案導覽器中，選取 FoodPin 專案，然後選取 Targets 下的 FoodPin。如果你的 Bundle Identifier 目前是使用 com.appcoda.FoodPin，則需要改成其他的名稱，例如：[你的網域名稱].FoodPin。若是你沒有網域，則可以使用 [你的名稱].FoodPin，稍後 CloudKit 將會使用套件識別碼（Bundle Identifier）來產生容器。因為容器的名稱空間是對應全世界的開發者，因此你必須要確認名稱是唯一的。

在 Signing & Capabilities 標籤下，若你還沒有在 Signing 區塊中指定開發者帳戶，則點選「Team」選項的下拉式選單，選擇「Add an account」，系統將提示你使用開發者帳號登入，請按照其步驟進行操作，你的開發者帳號將出現在「Team」選項中，如圖 24.4 所示。

圖 24.4　為你的專案指定開發者帳號

> 提示 為了示範，我會使用 com.appcoda.FoodPinV5 作為套件識別碼。

假如你已經將識別（Identity）以及套件識別碼（Bundle Identifier）設定好，則點選「+Capability」功能按鈕。要啟用 CloudKit，你需要做的是將 iCloud 模組加入你的專案中，然後在服務（Service）選項選擇「CloudKit」，而容器的部分，則在 Containers 區塊下點選「+」按鈕來建立一個新容器，一般的命名方式如下：

```
iCloud.com.[bundle-ID]
```

確認完成後，Xcode 會在 iCloud 伺服器為自動建立容器，並在專案中加入必要的框架。Xcode 可能需要數分鐘的時間，才能在雲端為你建好容器。如果容器尚未準備就緒，則會顯示紅色，你可以點選「重新載入」的按鈕，直到容器變成黑色。

圖 24.5 為你的 App 啟用 CloudKit 並加入一個新容器

訣竅 若你有遇到像這樣的錯誤：「An App ID with identifier is not available. Please enter a different string.」，你便需要選取另一個套件 ID（Bundle ID）。

24.3 在 CloudKit 儀表板中管理記錄

你可以點選「CloudKit Dashboard」按鈕來開啟網頁版的儀表板，你應該會看到 iCloud 容器以「iCloud」命名，如圖 24.6 所示。由於我的套件 ID 設為「com.appcoda. FoodPinV5」，因此 iCloud 的容器名稱是「iCloud.com.appcoda.FoodPinV5」。點選它來顯示容器細節，如果你沒有找到 iCloud 容器，請試著重新啟動你的瀏覽器。

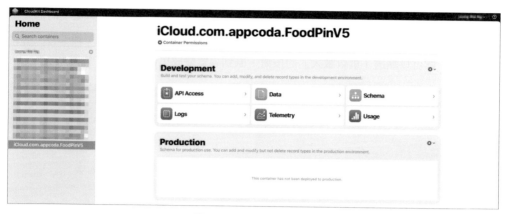

圖 24.6　CloudKit 儀表板

這裡會顯示兩種環境：開發（Development）與生產（Production）。顧名思義，「生產」是向公眾使用者發布你的 App 時使用的環境，而「開發」則是 App 還在測試階段。這兩種環境提供相同的選項。「Data」選項允許你管理在雲端資料庫的記錄，現在選擇開發環境中的「Data」選項，如圖 24.7 所示。

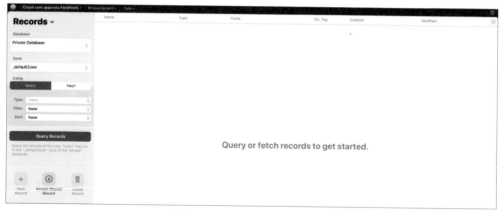

圖 24.7　CloudKit 儀表板：Data

你會看到這一個可以讓你管理容器並執行操作的儀表板，例如：增加記錄型別與移除記錄。

在你的 App 可以儲存餐廳記錄至雲端之前，你必須要先定義記錄型別。你是否記得我們在運用 Core Data 時建立了一個 Restaurant 實體？在 CloudKit 的記錄型別等同於 Core Data 中的實體。

在儀表板上方的選單列中選擇「Schema」，然後點選「+New Type」按鈕來建立新的記錄型別，並命名這筆記錄型別為「Restaurant」。當你建立記錄型別後，CloudKit儀表板會顯示一些系統欄位如 createdBy 與 createdAt，如圖 24.8 所示。

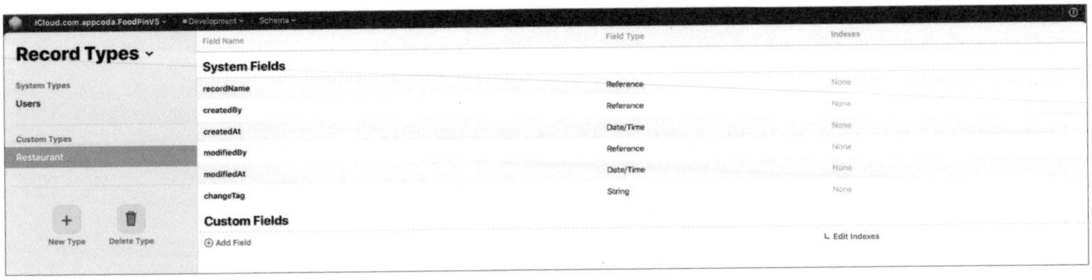

圖 24.8　加入新的記錄型別

你可以定義Restaurant記錄型別的欄位名稱與型別。CloudKit支援各種屬性型別如String、Data/Time、Double與Location。如果你需要儲存二進位資料如圖片，則使用Asset型別。

現在點選「+Add Field」按鈕，並加入Restaurant記錄型別的欄位名稱／型別，如圖24.9所示。

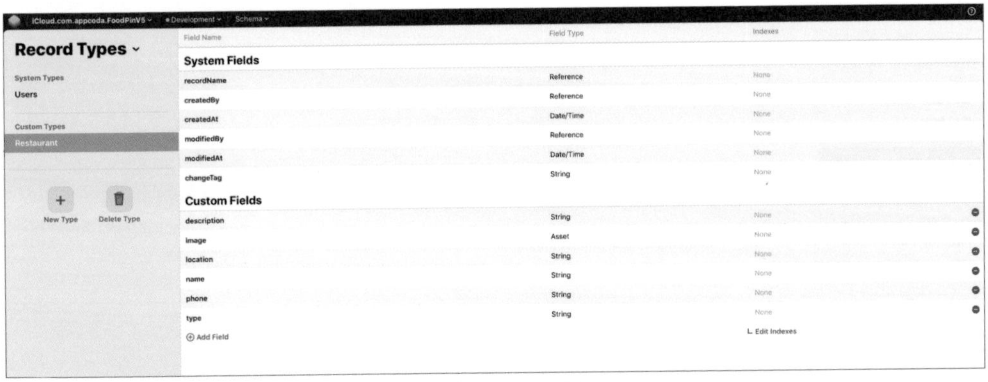

圖 24.9　加入自訂欄位

欄位名稱	欄位型別
name	String
type	String
location	String
phone	String
description	String
image	Asset

欄位加入完成之後，不要忘記點選「Save」按鈕來儲存這些變更。

> 說明 CloudKit 使用 Asset 物件來加入其他的檔案，例如：圖片、聲音、影片、文字與二進位資料檔。一個 Asset 是以 CKAsset 類別表示，並且關聯一筆記錄。在儲存一筆 Asset 時，CloudKit 只儲存 Asset 資料，並不是儲存檔名。另外，你也可以使用排序（sort）、查詢（query）與搜尋（search）來設定欄位。

記錄型別設定好後，便準備好讓你的 App 儲存餐廳記錄至 iCloud。你有兩種增加記錄至資料庫的方式：

- 你可透過 CloudKit API 建立這些記錄。
- 或者透過 CloudKit 儀表板加入這些記錄。

我們試著使用儀表板來輸入一些記錄。在上方的選單列中，點選「Data」來回到記錄面板。預設上，儀表板設定爲私有資料庫，點選「Database」下方的下拉式選單，並選擇「Public Database」來切換到公共資料庫，如圖 24.10 所示。

圖 24.10　選擇公共資料庫

在左側面板中，確認已選取「_defaultZone」，這是你的公共資料庫的預設記錄區，型別設定爲「Restaurant」。預設上，這個區域沒有包含任何記錄，你可以點選「+New Record」按鈕來建立記錄，只要輸入名稱（name）、型別（type）、位置（location）、電話（phone）、敘述（description）以及上傳你的圖片，然後點選「Save」按鈕來儲存資料。圖 24.11 爲新記錄的範例。

圖 24.11　在 CloudKit 儀表板加入新記錄

現在你已經在雲端建立了一筆 Restaurant 記錄。重複相同的步驟建立至少十筆資料，我們稍後會用到它。

如果你試著查詢這些記錄，你會得到一個錯誤訊息：「There was a problem query the Restaurant type: Type is not marked indexable. Enable the queryable index on this field in the indexes section.」。建立的記錄型別的所有元資料索引在預設上是關閉的，因此在你可以查詢這些資料之前，你必須加入索引至資料庫。

在上方的選單列中點選「Schema」，選擇「Restaurant」，然後點選「Edit index」。資料庫索引可讓查詢有效率從資料庫取得資料，你可以點選「+Add Index」按鈕來建立一個索引。我們將在 recordName 與 createdAt 欄位建立兩個索引，如圖 24.12 所示。對於 recordName 欄位，索引型別設定為「Queryable」，表示可以查詢記錄。稍後，我們將會以反時序排列來取得這些記錄，因此我們設定 createAt 欄位的索引型別為「Sortable」。

圖 24.12　加入索引

儲存變更之後，回到「Data」面板，資料庫選擇「Public Database」，並點選「Query Records」按鈕，你現在應該能夠取得這些餐廳記錄了，如圖 24.13 所示。

圖 24.13　在公共資料庫查詢記錄

24.4 使用便利型 API 從公共資料庫取得資料

CloudKit 框架為開發者提供兩種不同的 API 與 iCloud 互動，它們就是所謂的「便利型 API」（Convenience API）與「操作型 API」（Operational API），兩種 API 都可以讓你非同步從 iCloud 儲存與取得資料，換句話說，資料傳輸是在背景執行。我們先介紹便利型 API，並使用它來實作 Discover 標籤。在後續的部分，將說明操作型 API。

顧名思義，便利型 API 可讓你只用幾行程式碼就可以與 iCloud 互動。一般，你只需要下列幾行程式碼就可以取得雲端的 Restaurant 記錄：

```
let cloudContainer = CKContainer.default()
let publicDatabase = cloudContainer.publicCloudDatabase
let predicate = NSPredicate(value: true)
let query = CKQuery(recordType: "Restaurant", predicate: predicate)
publicDatabase.perform(query, inZoneWith: nil, completionHandler: {
        (results, error) -> Void in

// 處理記錄

})
```

上列的程式碼相當簡單。首先，我們取得 App 的預設 CloudKit 容器，接著取得預設的公共資料庫。要從公共資料庫取得 Restaurant 記錄，我們以 Restaurant 記錄型別與搜尋規則（即 predicate）來建立一個 CKQuery 物件。

你可能對述詞（predicate）很陌生，iOS SDK 提供一個名為「NSPredicate」的基礎類別，可讓開發者指定應如何篩選資料，若是你有資料庫的背景，則可將其視為 SQL 中的 WHERE 語法。沒有述詞的話，將無法執行 CKQuery，即使你不使用任何篩選來查詢記錄，你還是需要指定一個述詞，在這種情況下，我們初始化一個始終為 true 的述詞，表示我們不會對查詢結果進行任何排序。

最後我們透過查詢來呼叫 CKDatabase 的 performQuery 方法，然後 CloudKit 搜尋並以 CKRecord 陣列回傳結果。搜尋與資料傳輸的操作是在背景執行。當記錄準備好後，它會呼叫完成處理器（Complete Handler）做進一步處理。

簡單吧？現在我們回到 FoodPin 專案，並實作 Discover 標籤。

首先，為表格視圖控制器建立一個 DiscoverTableViewController 類別。至專案導覽器，在「Controller」資料夾上按右鍵，選擇「New File」，然後選取「Cocoa Touch Class」模板，將類別命名為「DiscoverTableViewController」，並設定其為 UITableViewController 的子類別。

建立完成之後，至 Discover.storyboard，選取 Discover 標籤的表格視圖控制器，並在識別檢閱器中設定它的自訂類別為「DiscoverTableViewController」。對於原型儲存格，只需使用 Basic 樣式，並設定識別碼為「discovercell」，如圖 24.14 所示。

圖 24.14　設定表格視圖控制器的儲存格識別碼

現在你準備好實作 DiscoverTableViewController，並從雲端取得記錄。要使用 CloudKit，你必須先匯入 CloudKit 框架。插入下列的程式碼至 DiscoverTableViewController.swift 的開頭：

```
import CloudKit
```

這兩個方法是由 Xcode 所產生，但是我們不需要它，刪除以下的程式碼：

```
override func numberOfSections(in tableView: UITableView) -> Int {
    // #warning Incomplete implementation, return the number of sections
    return 0
}

override func tableView(_ tableView: UITableView, numberOfRowsInSection section: Int) -> Int {
    // #warning Incomplete implementation, return the number of rows
    return 0
}
```

接著，宣告一個 restaurants 變數來儲存 CKRecord 物件的陣列。最初，陣列是空的，之後我們使用它來儲存從雲端取得的記錄。

```
var restaurants: [CKRecord] = []
```

另外，為資料來源宣告一個變數。同樣的，我們將使用差異性資料來源來填入表格視圖的資料。

```
lazy var dataSource = configureDataSource()
```

當載入 Discover 標籤之後，App 將會開始透過 CloudKit 取得記錄。更新 viewDidLoad 方法如下：

```
override func viewDidLoad() {
    super.viewDidLoad()

    tableView.cellLayoutMarginsFollowReadableWidth = true
    navigationController?.navigationBar.prefersLargeTitles = true

    // 自訂導覽列外觀
    if let appearance = navigationController?.navigationBar.standardAppearance {

        appearance.configureWithTransparentBackground()

        if let customFont = UIFont(name: "Nunito-Bold", size: 45.0) {

            appearance.titleTextAttributes = [.foregroundColor: UIColor(named:
"NavigationBarTitle")!]
            appearance.largeTitleTextAttributes = [.foregroundColor: UIColor(named:
```

```
"NavigationBarTitle")!, .font: customFont]
    }

    navigationController?.navigationBar.standardAppearance = appearance
    navigationController?.navigationBar.compactAppearance = appearance
    navigationController?.navigationBar.scrollEdgeAppearance = appearance
}

// 從 iCloud 讀取資料
fetchRecordsFromCloud()

// 設定表格視圖的資料來源為差異性資料來源
tableView.dataSource = dataSource
}
```

在上列的程式碼中，我們自訂導覽列並呼叫 fetchRecordsFromCloud() 新方法，以從 iCloud 取得資料。我們也設定了表格視圖的資料來源。我們尚未實作 fetchRecordsFrom Cloud() 與 configureDataSource() 方法。

我們從 fetchRecordsFromCloud 方法來開始實作。在 DiscoverTableViewController 類別中插入下列的程式碼：

```
func fetchRecordsFromCloud() {

    // 使用便利型 API 取得資料
    let cloudContainer = CKContainer.default()
    let publicDatabase = cloudContainer.publicCloudDatabase
    let predicate = NSPredicate(value: true)
    let query = CKQuery(recordType: "Restaurant", predicate: predicate)
    publicDatabase.perform(query, inZoneWith: nil, completionHandler: {
        (results, error) -> Void in

        if let error = error {
            print(error)
            return
        }

        if let results = results {
            print("Completed the download of Restaurant data")
            self.restaurants = results

            self.updateSnapshot()
```

```
            }
        })
    }
```

這個程式碼區塊與我們前面介紹的程式碼區塊幾乎相同。在完成處理器中，我們檢查是否有任何的錯誤，若是沒有錯誤，則取得 results 陣列並將它儲存在 restaurants 陣列，最後我們呼叫 updateSnapshot() 方法，以使用更新的餐廳資料來重新整理表格視圖。

我們還沒有實作 updateSnapshot() 方法，因此插入下列的程式碼來建立這個方法：

```
func updateSnapshot(animatingChange: Bool = false) {

    // 建立一個快照並填入資料
    var snapshot = NSDiffableDataSourceSnapshot<Section, CKRecord>()
    snapshot.appendSections([.all])
    snapshot.appendItems(restaurants, toSection: .all)

    dataSource.apply(snapshot, animatingDifferences: false)
}
```

你應該非常熟悉這段程式碼，我們建立一個快照，並將餐廳加入表格視圖中。

最後，我們來實作 configureDataSource() 方法：

```
func configureDataSource() -> UITableViewDiffableDataSource<Section, CKRecord> {

    let cellIdentifier = "discovercell"

    let dataSource = UITableViewDiffableDataSource<Section, CKRecord>(tableView: tableView) {
    (tableView, indexPath, restaurant) -> UITableViewCell? in

        let cell = tableView.dequeueReusableCell(withIdentifier: cellIdentifier, for: indexPath)

        cell.textLabel?.text = restaurant.object(forKey: "name") as? String

        if let image = restaurant.object(forKey: "image"), let imageAsset = image as? CKAsset {

            if let imageData = try? Data.init(contentsOf: imageAsset.fileURL!) {
                cell.imageView?.image = UIImage(data: imageData)
            }
        }

        return cell
```

```
    }

    return dataSource
}
```

　　同樣的，你應該對程式碼非常熟悉，這就是我們使用差異性資料來源來填入表格資料的方式，注意 restaurants 變數包含 CKRecord 物件的陣列。如前所述，CKRecord 物件是一個鍵值對的字典，可以讓你取得與儲存你的 App 的資料。它提供 object(forKey:) 方法來取得記錄欄位的值（例如：餐廳的名稱欄位）。在 CloudKit 儀表板建立 Restaurant 記錄型別時，我們使用 Asset 作爲圖片欄位的型別，因此回傳的物件是一個 CKAsset 物件。

　　當下載包含素材的記錄時，CloudKit 會儲存素材資料至本地檔案系統，你可以使用在 fileURL 屬性內的 URL 來取得素材資料，這就是爲何我們可以透過訪問圖片素材的 fileURL 屬性來載入圖片。

```
if let imageData = try? Data.init(contentsOf: imageAsset.fileURL) {
    cell.imageView?.image = UIImage(data: imageData)
}
```

　　我們已經介紹過如何以二進位資料載入圖片，不過 try? 關鍵字是什麼呢？當你以檔案的 URL 來初始化一筆 Data，Data 在載入檔案時可能會失敗，並回傳一個錯誤給你。你可以建立一個 do-catch 敘述來處理錯誤，但是在上列的程式碼中，我們使用 try? 來代替，在這種情況下，若有錯誤發生，這個方法會回傳一個空值的可選型別。如果成功載入圖片檔案，則資料會綁定到 imageData 變數。若是你不關心錯誤訊息，這個 try? 關鍵字特別好用。

　　「在開發環境，Xcode 在模擬器或裝置上執行你的 App 時，你需要輸入 iCloud 憑證，才能讀取公共資料庫中的記錄。在生產環境，預設權限允許未經身分驗證的使用者讀取公共資料庫的記錄，但是不允許他們寫入資料。」

—Apple 的《CloudKit 快速入門指南》

　　我知道你等不及要測試 Discover 功能，但是在模擬器測試這個 App 之前，你必須進行 iCloud 的設定，否則你將不能從 iCloud 取得資料。在模擬器中，點選「Home」按鈕來回到主畫面，選擇「Setting」，然後登入你的 Apple ID。

　　現在你可以執行這個 App，選擇「Discover」標籤，App 應該能夠透過 CloudKit 取得餐廳，圖 24.15 爲 Discover 標籤的範例螢幕截圖。

圖 24.15　Discover 標籤現在從公共資料庫下載餐廳記錄

提示 有時在主控台會出現錯誤訊息，此時點選「Stop」按鈕，以離開這個 App 並再次啟動它。

24.5 使用操作型 API 從公共資料庫取得資料

便利型 API 對簡單的查詢已經很好用了，不過它有一些限制。perform(_:inZone With:com pletionHandler:) 方法只適合取得少量的資料，如果你有數百筆資料（或者更多），便利型 API 便不合適，你也無法使用便利型 API 做其他的調整。當你呼叫 perform 方法時，它取得所有餐廳記錄。對於每筆記錄，它下載了全部包含圖片與其他欄位的記錄，但是你也許注意到 App 只顯示餐廳名稱和圖片，而其他欄位如電話號碼、型別與位置可以省略下載，以節省一些頻寬。

那麼我們該如何告知 CloudKit，我們只想取得所有餐廳記錄的名稱欄位呢？在這種情況下，你不能透過便利型 API，你需要了解一下操作型 API。

操作型 API 的用法與便利型 API 很相似，但是更為彈性。我們馬上進入到程式碼中，將 fetchRecordsFromCloud 方法以下列的程式碼替代：

```
func fetchRecordsFromCloud() {
```

```
// 使用操作型 API 取得資料
let cloudContainer = CKContainer.default()
let publicDatabase = cloudContainer.publicCloudDatabase
let predicate = NSPredicate(value: true)
let query = CKQuery(recordType: "Restaurant", predicate: predicate)

// 以 query 建立查詢操作
let queryOperation = CKQueryOperation(query: query)
queryOperation.desiredKeys = ["name", "image"]
queryOperation.queuePriority = .veryHigh
queryOperation.resultsLimit = 50
queryOperation.recordFetchedBlock = { (record) -> Void in
    self.restaurants.append(record)
}

queryOperation.queryCompletionBlock = { [unowned self](cursor, error) -> Void in
    if let error = error {
        print("Failed to get data from iCloud - \(error.localizedDescription)")
        return
    }

    print("Successfully retrieve the data from iCloud")
    self.updateSnapshot()
    }
}

// 執行查詢
publicDatabase.add(queryOperation)

}
```

前幾行程式碼幾乎和前面一樣，我們取得預設容器和公共資料庫，接著建立查詢來取得餐廳記錄。

我們不呼叫 perform 方法來取得記錄，我們建立一個 CKQueryOperation 物件來查詢，這也是為何 Apple 稱它為「操作型 API」的原因。這個查詢操作物件提供幾種設定選項。desiredKeys 屬性可以讓你指定要取得的欄位，你使用這個屬性來取得 App 所需要的欄位。在上列的程式碼中，我們告知查詢操作物件只需要這些記錄的 name 及 image 欄位。

除了 desiredKeys 屬性，你可以使用 queuePriority 屬性來指定操作的執行順序，以及使用 resultsLimit 屬性來設定一次的最大記錄數。

操作物件會在背景執行。它透過兩個回呼（Callback）回報查詢操作的狀態。一個是 recordFetchedBlock，另一個是 queryCompletionBlock。每次回傳記錄時，都會執行 recordFetchedBlock 內的程式碼區塊，在程式碼中，我們只將每筆回傳的記錄加到 restaurants 陣列。

另外，queryCompletionBlock 可以讓你指定在取得所有記錄後執行的程式碼區塊，在這種情況下，我們請求表格視圖重新載入，並顯示餐廳記錄。

我再多說明一下 queryCompleteBlock，它提供一個游標物件作為參數，以指示是否有其他要取得的結果。還記得我們使用 resultsLimit 屬性來控制要取得記錄數量，App 可能無法一次查詢就取得所有資料，在這種情況下，CKQueryCursor 物件指示還有更多要取得的結果。另外，它標記了查詢的終點以及取得剩餘結果的起點，例如：你總共有 100 筆餐廳記錄，對於每次的搜尋查詢，你最多可以取得 50 筆記錄。在第一次查詢之後，游標會指出你已經取得 1 至 50 筆記錄，而在下一次的查詢，你應從第 51 筆記錄開始。如果你要分批取得資料，則游標非常有用，這是取得大量資料的方式之一。

在 fetchRecordsFromCloud 方法的結尾處，我們呼叫 CKDatabase 類別的 add 方法來執行查詢操作。你現在可以編譯並再次執行 App，結果應該和之前相同，但內部已經建立了一個自訂查詢，以取得所需的資料。

24.6 效能優化

到目前為止，兩個方法都可以達到相同的效能，因為目前的資料量還算小，所以不會太慢。不過，當你的資料量逐漸成長之後，它會需要更長的下載時間，才能顯示資料給使用者，因此對於行動 App 開發而言，效能非常重要，你的使用者一定希望你的 App 快速且回應迅速。App 效能緩慢可能會遺失客戶，那麼該如何改善效能呢？

是要優化伺服器效能嗎？不，這不是我們所能控制的，我們將重點放在自己可以優化的地方。

那麼減少圖片大小呢？是的，這個建議不錯，你可以進一步優化圖片，以更快下載，但是從使用者觀點來看，這樣的改善並不顯著，因為原始圖片的大小已經被適當優化過了。

提示 tinypng.com 網站是一個很棒的影像優化處理網站。

當我們談到效能優化時，有時我們不是在談論優化實際的效能，而是「感知效能」（Perceived Performance）。「感知效能」是指你的使用者認爲你的 App 有多快，我以一個例子來說明，假設使用者點擊 Discover 標籤，它花了 10 秒來載入餐廳記錄，然後你優化圖片大小，將下載時間減爲 6 秒，實際的效能改善了 40%，你可能認爲這是很大的改善，但是感知效能仍然是緩慢。對於使用者而言，你的 App 因爲無法即時回應，所以感覺仍是緩慢的。當涉及效能優化時，有時技術資料統計並不重要，而是要優化感知效能，來讓你的使用者覺得你的 App 執行迅速。

24.7 動態指示器

改善感知效能的其中一種方式是「讓你的 App 能夠立即回應」。目前，當使用者選擇 Discover 標籤時，並沒有顯示任何東西，而你的使用者期望的是立即回應，但這並不表示你必須立即顯示遠端的內容。不過，你的 App 即使在等待資料的同時，至少也應該要顯示一些東西，加入一個動畫旋轉指示器（Spinner）或者動態指示器（ActivityIndicator），將可達到目的。旋轉指示器給予即時的回應，並且告知使用者正在發生某些事情。研究顯示藉由影響使用者注意力，可以減少等待的感覺，如圖 24.16 所示。

圖 24.16　iOS 的動態指示器

UIKit 框架提供一個名爲「UIActivityIndicatorView」的類別，顯示一個旋轉指示器來表示正在進行一項任務。在 DiscoverTableViewController 類別中宣告一個屬性：

```
var spinner = UIActivityIndicatorView()
```

在 viewDidLoad() 方法插入下列的程式碼：

```
spinner.style = .medium
spinner.hidesWhenStopped = true
view.addSubview(spinner)

// 定義旋轉指示器的佈局約束條件
spinner.translatesAutoresizingMaskIntoConstraints = false
```

```
NSLayoutConstraint.activate([ spinner.topAnchor.constraint(equalTo: view.safeAreaLayoutGuide.
topAnchor, constant: 150.0), spinner.centerXAnchor.constraint(equalTo: view.centerXAnchor)])

// 啟用旋轉指示器
spinner.startAnimating()
```

　　首次初始化旋轉指示器時，它的位置是設定在視圖的左上方，這裡我們使用 center 屬性來將指示器置於視圖的中間。而 hidesWhenStopped 屬性控制動畫停止時是否隱藏指示器。設定好指示器之後，你可以將它加入目前的視圖，並呼叫 startAnimating 方法來開始動畫。

　　在上列的程式碼中，我們編寫程式碼來定義佈局約束條件。我們首先將 translates AutoresizingMaskIntoConstraints 設定為 false，這告知 iOS 不要為旋轉指示器視圖建立任何的自動佈局約束條件。我們將以手動的方式來設定，然後我們加入一些佈局約束條件來讓旋轉指示器水平置中，並置於安全區域頂部錨點的下方 150 點處。

　　如此，當你執行 App 時，這個動態指示器在你選擇 Discover 標籤時會出現。不過，即使餐廳資料已全部載入之後，它也不會隱藏。

　　這個指示器不知道何時要隱藏。當資料下載完成後，你必須在呼叫 fetchRecordsFrom Cloud() 的 updateSnapshot() 方法之後，明確呼叫 stopAnimating 方法來停止動畫。由於 hidesWhenStopped 屬性設定為 true，因此這個動態指示器將會自動隱藏。

```
func fetchRecordsFromCloud() {

    .
    .
    .


    queryOperation.queryCompletionBlock = { [unowned self] (cursor, error) -> Void in
        .
        .
        .


        self.updateSnapshot()
        self.spinner.stopAnimating()
    }

    .
    .
    .

}
```

變更完成之後，你可以再次執行這個 App，並看一下指示器是否有運作。糟糕！爲什麼無法運作？這個指示器沒有停止，並且 Xcode 在主控台中出現以下的錯誤訊息：

```
Main Thread Checker: UI API called on a background thread: -[UIActivityIndicatorView
stopAnimating]
PID: 12011, TID: 946337, Thread name: (none), Queue name: com.apple.cloudkit.operation-
1F5E2A18564C3875.callback, QoS: 0」
```

你應該在 Xcode 程式碼編輯器的右上角看到一個紫色指示器，點選這個指示器，你可以找到錯誤的根本原因。

```
77
78          queryOperation.queryCompletionBlock = { [unowned self] (cursor, error) -> Void in
79              if let error = error {
80                  print("Failed to get data from iCloud - \(error.localizedDescription)")
81                  return
82              }
83
84              print("Successfully retrieve the data from iCloud")
85
86              self.updateSnapshot()
87              self.spinner.stopAnimating()      ⚠ UIActivityIndicatorView.stopAnimating() must be used from main thr...
88          }
89
90          // Execute the query
91          publicDatabase.add(queryOperation)
92
93      }
```

圖 24.17　點選這個紫色指示器來顯示錯誤的根本原因

這個錯誤訊息是什麼意思呢？你如何在主執行緒中呼叫？

基本上，App 有兩種類型的操作：「同步」（synchronous）與「非同步」（asynchronous）。當 App 執行同步操作時，它會啓動操作並等待至它完成，在該操作的執行期間，其他的操作（例如：UI 更新與使用者互動事件）將會被封鎖。

反之，如果是非同步操作，App 通常在背景啓動操作，並且不會等待其完成，這樣可以釋放自己的空間來處理其他的操作（例如：UI 更新），操作完成之後，它會呼叫完成處理器來執行進一步的作業。

如同 iOS 中大多數的網路呼叫一樣，查詢作業是一個非同步呼叫，在 queryCompletion Block 中指定的程式碼區塊會在背景執行緒執行。

你必須記得 iOS 程式設計規則：所有的 UI 更新都應該在主執行緒上執行，以讓 UI 保持回應。在上列的程式碼中，self.spinner.stopAnimating() 是一個 UI 更新，這也是爲什麼 Xcode 突出顯示該行程式碼，告訴你必須在主執行緒使用它。

那麼要如何指示 iOS 在主執行緒中執行特定的程式碼行或區塊呢？

如下列程式碼，你可以將那幾行程式碼包裹至 DispatchQueue.main.async，這樣可以確保表格視圖會在主執行緒更新：

```
DispatchQueue.main.async {
    self.spinner.stopAnimating()
}
```

現在再次執行這個專案，App 應該能夠正確停止這個旋轉指示器了。

24.8 延遲載入圖片

酷！加上旋轉指示器後，使得 App 有更佳的回應，還有其他優化效能的方式嗎？我們來了解如何從 iCloud 取得資料。目前 App 只在所有餐廳記錄完全下載時（包括餐廳圖片的下載），它才會在畫面顯示記錄。

顯然的，這個下載操作是瓶頸之一，下載圖片需要花費時間，若是我們可先取得餐廳名稱，然後在表格視圖先顯示，那不是很好嗎？餐廳名稱相對於圖片的資料量明顯小得多，下載名稱資料時只會耗費一小部分的時間。

聽起來不錯，但是圖片怎麼辦呢？我們將運用一種名為「延遲載入」（Lazy Loading）的廣為人知的技術，簡單而言，我們延遲圖片的下載。首先，我們只在表格視圖儲存格中顯示綁定在 App 中的本地圖片，然後我們開始在背景執行另一個執行緒來下載遠端圖片，當圖片下載完成後，App 更新儲存格的圖片視圖。圖 24.18 說明了延遲載入的技術。

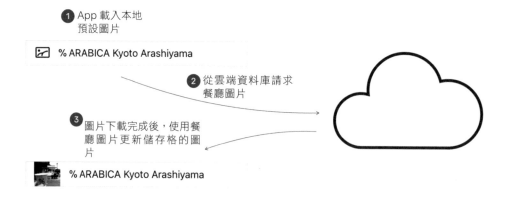

圖 24.18 延遲載入技術介紹

有了延遲載入，你的使用者幾乎能立即檢視餐廳資料，儘管首次載入資料時，圖片還沒準備好，但這個技術大幅改善了 App 的回應速度。

我們來了解如何在 App 實作這個技術。由於我們要延遲載入圖片，所以將 fetchRecordsFromCloud 方法中查詢操作的 desiredKeys 屬性更新如下。從：

```
queryOperation.desiredKeys = ["name", "image"]
```

變成：

```
queryOperation.desiredKeys = ["name"]
```

現在我們只取得餐廳名稱而省略圖片。在 configureDataSource() 方法中，我們修改兩個地方來實作延遲載入：

```
func configureDataSource() -> UITableViewDiffableDataSource<Section, CKRecord> {

    let cellIdentifier = "discovercell"

    let dataSource = UITableViewDiffableDataSource<Section, CKRecord>(tableView: tableView) {
(tableView, indexPath, restaurant) -> UITableViewCell? in

        let cell = tableView.dequeueReusableCell(withIdentifier: cellIdentifier, for: indexPath)

        cell.textLabel?.text = restaurant.object(forKey: "name") as? String

        // 設定預設圖片
        cell.imageView?.image = UIImage(systemName: "photo")
        cell.imageView?.tintColor = .black

        // 在背景從雲端取得圖片
        let publicDatabase = CKContainer.default().publicCloudDatabase
        let fetchRecordsImageOperation = CKFetchRecordsOperation(recordIDs: [restaurant.
recordID])
        fetchRecordsImageOperation.desiredKeys = ["image"]
        fetchRecordsImageOperation.queuePriority = .veryHigh

        fetchRecordsImageOperation.perRecordCompletionBlock = { (record, recordID, error) ->
Void in

            if let error = error {
                print("Failed to get restaurant image: \(error.localizedDescription)")
                return
```

```
            }

            if let restaurantRecord = record,
                let image = restaurantRecord.object(forKey: "image"),
                let imageAsset = image as? CKAsset {

                if let imageData = try? Data.init(contentsOf: imageAsset.fileURL!) {

                    // 將佔位符圖片以餐廳圖片來取代
                    DispatchQueue.main.async {
                        cell.imageView?.image = UIImage(data: imageData)
                        cell.setNeedsLayout()
                    }
                }
            }
        }

        publicDatabase.add(fetchRecordsImageOperation)

        return cell
    }

    return dataSource
}
```

　　第一，我們為每個儲存格設定預設圖片，這個圖片檔來自內建的 SF Symbols。由於圖片是從本地端載入，因此當使用者點擊 Discover 標籤時，它將立即顯示。第二，我們產生一個背景執行緒來同步下載圖片，當取得圖片後，預設圖片會替換為剛下載的圖片。由於餐廳圖片的大小和占位符圖片的大小不同，我們呼叫 setNeedsLayout() 來要求儲存格再次佈局視圖。

　　這段程式碼與 fetchRecordsFromCloud 方法相似，除了我們使用 CKFetchRecordsOperation 來取得特定記錄。在雲端的每筆記錄都有自己的 ID，想取得特定餐廳記錄的圖片時，我們便以這個特定餐廳記錄的 ID 建立 CKFetchRecordsOperation 物件。和 CKQueryOperation 相似，你可以在取得記錄之後指定要執行的程式碼區塊（perRecordCompletionBlock）。在程式碼區塊中，我們只是在儲存格的圖片視圖中載入所下載圖片。

　　修改之後，再次測試 App，你會發現效能有很大的改善，因為餐廳記錄只有一點點延遲（或者甚至沒有）而已，而餐廳的縮圖會在背景載入，如圖 24.19 所示。

圖 24.19　延遲載入的動作

24.9　使用 NSCache 做圖片快取

你是否試過捲動表格呢？你有注意到異常的地方嗎？

每次表格視圖儲存格消失並重新出現在畫面上時，儲存格的圖片都重置為預設圖片，然後 App 再次進行圖片下載，以再次取得相同的圖片。就效能而言，這樣非常沒有效率，並且浪費 Wi-Fi ／行動網路流量（Cellular data）。

那麼我們何不將圖片快取來讓之後重新使用呢？

「快取」是改善 App 效能的常見作法之一，iOS SDK 為開發者提供了 NSCache 類別來實作簡單的快取。NSCache 的行為類似字典，且以鍵值對快取資料。你可以使用 setObject(_:forKey:) 方法，以指定鍵將物件加入快取中。為了從快取中取得指定鍵的物件，需要使用 object(forKey:) 方法，這和存取字典項目的作法幾乎一樣。

不過，和字典不同的是，它結合了各種自動移除的方案來清除快取物件，如此可確保它不會占用太多的系統記憶體。那麼要實作餐廳物件的快取，需要做什麼呢？

如前所述，CloudKit 自動下載圖片，並儲存在本地檔案系統中，使圖片暫時可以離線閱讀。你可使用 CKAsset 的 fileURL 屬性來取得圖片位置，因此我們需要快取的部分是圖片的檔案 URL。

要在 Discover 標籤中實作快取，我們需要做下列的修改：

● 如果圖片是首次下載，我們將使用記錄 ID 作為鍵的 NSCache 來快取檔案 URL。

● 當表格視圖儲存格載入圖片時，我們先檢查圖片的檔案 URL 是否儲存在快取中。假使是的話，我們從快取來取得 URL，並直接載入圖片；否則的話，我們將從 iCloud 取得它。

要使用 NSCache 建立快取物件，則插入下列的程式碼至 DiscoverTableViewController 類別：

```
private var imageCache = NSCache<CKRecord.ID, NSURL>()
```

NSCache 是泛型，能夠快取多種物件型別。當初始化它時，你必須要在角括號中提供鍵值對的型別。在此情況下，鍵的型別是 CKRecord.ID，而值的型別為 NSURL。換句話說，這個 imageCache 是設計使用 CKRecord.ID 作為鍵來快取 NSURL 物件。

為了處理圖片快取，我們需要加入一個條件區塊，以檢查圖片的 URL 是否在 configureDataSource() 方法的快取中。更新這個方法如下：

```
func configureDataSource() -> UITableViewDiffableDataSource<Section, CKRecord> {

    let cellIdentifier = "discovercell"

    let dataSource = UITableViewDiffableDataSource<Section, CKRecord>(tableView: tableView) {
    (tableView, indexPath, restaurant) -> UITableViewCell? in

        let cell = tableView.dequeueReusableCell(withIdentifier: cellIdentifier, for: indexPath)

        cell.textLabel?.text = restaurant.object(forKey: "name") as? String

        // 設定預設圖片
        cell.imageView?.image = UIImage(systemName: "photo")
        cell.imageView?.tintColor = .black

        // 檢查圖片是否儲存在快取中
        if let imageFileURL = self.imageCache.object(forKey: restaurant.recordID) {
            // 從快取獲取圖片
            print("Get image from cache")
```

```
            if let imageData = try? Data.init(contentsOf: imageFileURL as URL) {
                cell.imageView?.image = UIImage(data: imageData)
            }

        } else {

            // 在背景中從雲端取得圖片
            let publicDatabase = CKContainer.default().publicCloudDatabase
            let fetchRecordsImageOperation = CKFetchRecordsOperation(recordIDs: [restaurant.
recordID])

            fetchRecordsImageOperation.desiredKeys = ["image"]
            fetchRecordsImageOperation.queuePriority = .veryHigh

            fetchRecordsImageOperation.perRecordCompletionBlock = { (record, recordID, error)
-> Void in
                if let error = error {
                    print("Failed to get restaurant image: \(error.localizedDescription)")
                    return
                }

                if let restaurantRecord = record,
                    let image = restaurantRecord.object(forKey: "image"),
                    let imageAsset = image as? CKAsset {

                    if let imageData = try? Data.init(contentsOf: imageAsset.fileURL!) {

                        // 以餐廳圖片取代占位符圖片
                        DispatchQueue.main.async {
                            cell.imageView?.image = UIImage(data: imageData)
                            cell.setNeedsLayout()
                        }

                        // 加入圖片 URL 至快取
                        self.imageCache.setObject(imageAsset.fileURL! as NSURL, forKey:
restaurant.recordID)
                    }
                }
            }

            publicDatabase.add(fetchRecordsImageOperation)
        }

        return cell
```

```
    }

    return dataSource
}
```

基本上，我們做了下列兩項修改：

- 如果 URL 可以在快取中找到，我們只取得 URL 並立即載入。
- 對於首次載入的圖片，我們需要快取圖片的 URL，因此我們加入一行程式碼來呼叫圖片快取的 setObject。我們使用餐廳記錄的記錄 ID 作為鍵，並加入 URL 至快取中。

如此，當你執行 App 並在 Discover 標籤中捲動記錄時，如果圖片已在快取的話，就會從快取中載入，你會在主控台看到「Get image from cache」訊息。

24.10 下拉更新

經過調整之後，這個 Discover 標籤的運作越來越棒了。不過還有些侷限性，一旦載入餐廳記錄後，就沒有辦法取得更新。

現今的 iOS App 大多數都可以讓使用者透過「下拉更新」（pull-to-refresh）的方式來重新更新內容。下拉更新的互動是由 Loren Brichter 所創立，由於他的發明，使得無數 App（包括 Apple 的郵件 App）都採用這樣的設計來做內容更新。

感謝下拉更新的功能廣受歡迎，Apple 已在 iOS SDK 中建立一個標準下拉更新控制元件。有了這樣的內建控制，就可以簡單加入下拉更新功能到 App 中。

UIRefreshControl 是一個用來實作下拉更新功能的標準控制元件，你只要在表格視圖控制器關聯這個更新控制元件，就可以自動加入這個控制元件至表格視圖，我們來了解它是如何運作的。

在 DiscoverTableViewController 類別中，插入下列的程式碼至 viewDidLoad 方法：

```
// 下拉更新控制元件
refreshControl = UIRefreshControl()
refreshControl?.backgroundColor = UIColor.white
refreshControl?.tintColor = UIColor.gray
refreshControl?.addTarget(self, action: #selector(fetchRecordsFromCloud), for: UIControl.Event.
valueChanged)
```

UIRefreshControl 的使用很簡單，先將它進行實例化，並指定它給表格視圖控制器的 refreshControl 屬性，如此表格視圖控制器處理了加入這個控制元件至表格視覺外觀的工作。和其他視圖物件相似，你可以分別使用 backgroundColor 與 tintColor 屬性來設定背景顏色與色調顏色。

在第一次建立時，這個更新控制元件不會初始化更新操作，而是當表格視圖下拉足夠時，更新控制元件觸發 UIControlEvent.valueChanged 事件。我們必須指定一個動作方法給這個事件，並使用它來取得最新的餐廳記錄。想擷取事件並指定要進行的動作，你可以使用更新控制物件的 addTarget 方法來註冊 UIControlEvent.valueChanged 事件。在方法的呼叫中，你指定目標物件（即 self）與處理事件的動作方法（即 fetchRecordsFromCloud），當事件觸發時，這個更新控制元件會呼叫 fetchRecordsFromCloud 方法來更新餐廳記錄。

當你插入這段程式碼，Xcode 立即顯示出錯誤訊息以及修復的建議，如圖 24.20 所示。

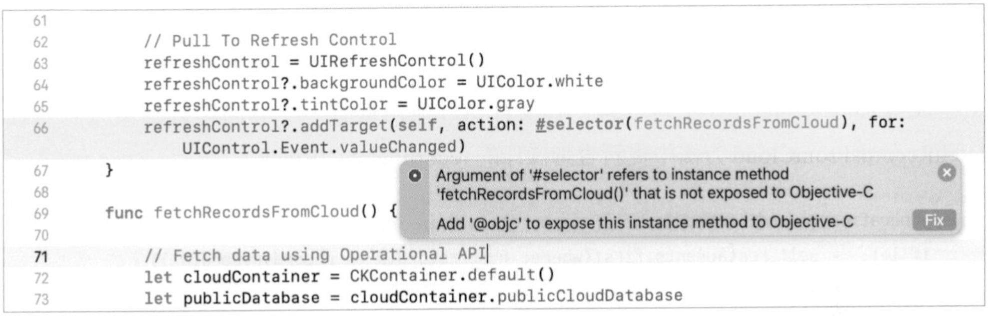

```
61
62          // Pull To Refresh Control
63          refreshControl = UIRefreshControl()
64          refreshControl?.backgroundColor = UIColor.white
65          refreshControl?.tintColor = UIColor.gray
66          refreshControl?.addTarget(self, action: #selector(fetchRecordsFromCloud), for:
                UIControl.Event.valueChanged)
67      }
68
69      func fetchRecordsFromCloud() {
70
71          // Fetch data using Operational API
72          let cloudContainer = CKContainer.default()
73          let publicDatabase = cloudContainer.publicCloudDatabase
```

> ⊘ Argument of '#selector' refers to instance method 'fetchRecordsFromCloud()' that is not exposed to Objective-C
>
> Add '@objc' to expose this instance method to Objective-C   `Fix`

圖 24.20　**Xcode 偵測出錯誤**

你可以點選「Fix」按鈕，並讓 Xcode 在 fetchRecordsFromCloud() 方法加入 @objc 前綴詞。

```
@objc func fetchRecordsFromCloud() {
```

我知道這個錯誤對你而言有點奇怪。為什麼是 Objective-C？我們現在是使用 Swift 語言來開發 App，但是並非所有的功能都是以 Swift 來撰寫，有一些功能還是以 Objective-C 來寫成。選擇器（Selector）便不是預設 Swift 執行期間行為的其中一個例子，因此為了建立一個選擇器（#selector(fetchRecordsFromCloud)）來讓方法供 Objective-C 呼叫，我們必須在方法的宣告定義 @objc 關鍵字。

當你編譯與執行 App，下拉更新功能應該可以運作了，試著去下拉表格直到觸發更新動作為止。如果你使用 CloudKit 儀表板加入新餐廳，表格應該會顯示更新的內容，但仍有一個問題，即更新控制元件在表格內容載入後仍會出現。

那麼，我們該如何隱藏更新控制元件呢？當資料已經準備好後，你只要呼叫 endRefreshing 方法來隱藏控制元件。顯然的，我們可以在 fetchRecordsFromCloud 方法中加入下列的程式碼來更新 queryCompletionBlock：

```
if let refreshControl = self.refreshControl {
    if refreshControl.isRefreshing {
        refreshControl.endRefreshing()
    }
}
```

你可以將程式碼放在 self.spinner.stopAnimating() 之後。這裡我們檢查更新控制元件是否還在更新狀態。假使是的話，我們呼叫 endRefreshing() 來結束動畫，並隱藏這個控制元件。

現在執行這個 App，下拉更新控制元件在資料傳輸完成後應該就會消失了。

目前，當你從雲端更新資料時會有一個錯誤：有一些記錄會重複，因為我們在將這些記錄加入 restaurants 陣列之前，並沒有執行任何檢查。一個簡單的修復方式是在 fetchRecordsFromCloud 方法中更新查詢操作的 recordFetchedBlock：

```
queryOperation.recordFetchedBlock = { (record) -> Void in
    if let _ = self.restaurants.first(where: { $0.recordID == record.recordID }) {
        return
    }

    self.restaurants.append(record)
}
```

在記錄加入 restaurants 陣列之前，我們使用記錄 ID 檢查記錄是否已經出現在陣列中。

24.11 使用 CloudKit 儲存資料

我們已經介紹過資料查詢，我們將會進一步探索 CloudKit 框架，來了解如何儲存資料到雲端。這些都歸結於這個便利型 API 提供的 CKDatabase 類別：

```
func save(_ record: CKRecord, completionHandler: @escaping (CKRecord?, Error?) -> Void)
```

save(_:completionHandler:) 方法帶入 CKRecord 物件，並將其上傳至 iCloud。操作完成後，呼叫完成處理器來回報狀態，你可以檢查錯誤訊息來判斷記錄是否成功儲存。

為了示範 API 的用法，我們會調整 FoodPin App 的 Add Restaurant 功能。當使用者加入一間新餐廳，除了儲存到本地資料庫之外，這筆記錄也會上傳到 iCloud。

我會直接進入程式碼的部分，逐步讓你了解其中的邏輯。在 NewRestaurantController 類別匯入 CloudKit：

```
import CloudKit
```

並加入下列的方法：

```
func saveRecordToCloud(restaurant: Restaurant) -> Void {

    // 準備要儲存的記錄
    let record = CKRecord(recordType: "Restaurant")
    record.setValue(restaurant.name, forKey: "name")
    record.setValue(restaurant.type, forKey: "type")
    record.setValue(restaurant.location, forKey: "location")
    record.setValue(restaurant.phone, forKey: "phone")
    record.setValue(restaurant.summary, forKey: "description")

    let imageData = restaurant.image as Data

    // 調整圖片大小
    let originalImage = UIImage(data: imageData)!
    let scalingFactor = (originalImage.size.width > 1024) ? 1024 / originalImage.size.width : 1.0
    let scaledImage = UIImage(data: imageData, scale: scalingFactor)!

    // 將圖片寫進本地檔案作為暫時使用
    let imageFilePath = NSTemporaryDirectory() + restaurant.name!
    let imageFileURL = URL(fileURLWithPath: imageFilePath)
    try? scaledImage.jpegData(compressionQuality: 0.8)?.write(to: imageFileURL)

    // 建立要上傳的圖片素材
    let imageAsset = CKAsset(fileURL: imageFileURL)
    record.setValue(imageAsset, forKey: "image")

    // 讀取 iCloud 公共資料庫
    let publicDatabase = CKContainer.default().publicCloudDatabase
```

```
    // 儲存資料至 iCloud
    publicDatabase.save(record, completionHandler: { (record, error) -> Void  in

        if error != nil {
            print(error.debugDescription)
        }

        // 移除暫存檔
        try? FileManager.default.removeItem(at: imageFileURL)
    })
}
```

　　saveRecordToCloud 方法帶入一個要儲存的 Restaurant 物件。我們先實例化 Restaurant 記錄型別的 CKRecord，並設定其名稱、型別、位置的值，使 Restaurant 物件轉換為 CKRecord 物件。

　　這個餐廳圖片需要一些程序處理。我們並不想要上傳超高解析度照片，而是想要在上傳前先縮小。UIImage 類別讓我們能夠建立一個帶有一定比例因子的物件，在此情況下，對於任何大於 1024 像素的圖片，我們會調整其大小。

　　如你所知，你使用了 CKAsset 物件來表示一個在雲端的圖片。要建立這個 CKAsset 物件，我們必須提供縮圖的檔案 URL，因此我們將圖片儲存到暫存資料夾內，你可以使用 NSTemporaryDirectory 函數來取得這個暫時目錄的路徑。經由路徑與餐廳名稱的結合，我們就有了圖片的暫時檔案路徑，然後使用 UIImage 的 jpegData(compressionQuality:) 函數來壓縮圖片資料，並呼叫 write 方法來將壓縮的圖片資料儲存為一個檔案。

　　準備好上傳的縮圖，我們可以使用檔案 URL 來建立 CKAsset 物件，最後我們取得預設的公共資料庫，並使用 CKDatabase 的 save 方法，將記錄儲存到雲端。在完成處理器中，我們清除了剛才建立的暫存檔案。

　　現在這個 saveRecordToCloud 方法已經準備好了。我們將會在 NewRestaurantController 類別的 saveButtonTapped(sender:) 方法中呼叫這個方法，如此便能上傳記錄至公共資料庫。在 saveButtonTapped(sender:) 方法插入下列的程式碼，並將它放在 dismiss(animated: completion:) 方法之前：

```
saveRecordToCloud(restaurant: restaurant)
```

你已經準備好了，點擊「Run」按鈕並測試 App。點選「＋」按鈕來加入一間新餐廳，當你儲存這間餐廳時，至 Discover 標籤便會發現有一間新餐廳。如果沒有出現，稍待幾秒，並再次下拉更新這個表格，或者你可以至 CloudKit 儀表板揭示這筆新記錄。

如果你在主控台中發現下列的錯誤，這表示你沒有「寫入」權限可儲存餐廳紀錄。

```
Optional(<CKError 0x6000037a1f80: "Permission Failure" (10/2007); server message =
"Operation not permitted"; uuid = BD8A4F23-97EA-467F-8183-277D6F2D63D0; container ID =
"iCloud.com.appcoda.FoodPinV5">)
```

要修正這個問題，你必須在雲端容器中更改「Restaurant」型別的權限，因此至 CloudKit 儀表板，並選取你的容器，在上方的選單列選擇「Schema」，然後選擇「Security Role」，如圖 24.21 所示。

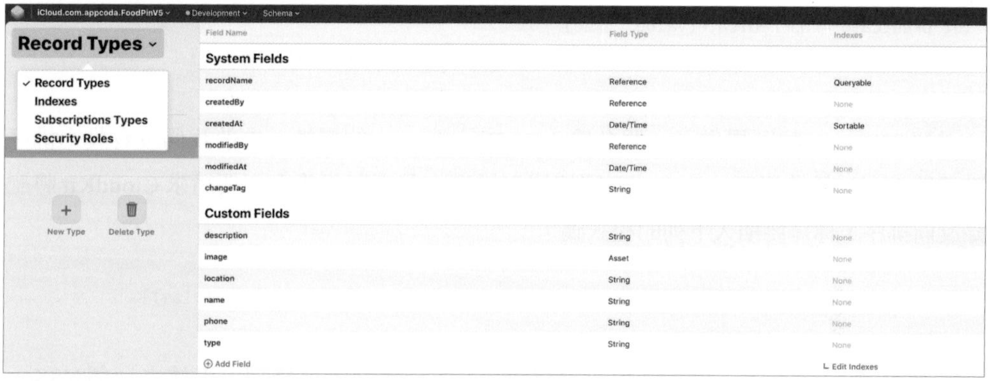

圖 24.21　設定安全角色

接著，選擇「Authenticated」來設定這個角色的權限。預設上，只有「Create」權限是啟用的。要修正這個問題，你必須將「Read」與「Write」權限啟用，才能授權給使用者，如圖 24.22 所示。

圖 24.22　設定授權角色的權限

一旦你儲存這個角色後，你可以再次測試 App。如果你已經在模擬器登入 iCloud，你應該能夠在雲端儲存餐廳紀錄了。

24.12 以建立日期來排序結果

Discover 功能有一個問題是「餐廳資料沒有做任何排序」，使用者可能想要檢視最近一筆其他使用者所分享的餐廳，也就是說，我們需要將結果反向排序。

排序已經建立在 CKQuery 類別內。為了建立搜尋查詢，下列是 DiscoverTableView Controller 的 fetchRecordsFromCloud 方法的程式碼區塊：

```
// 準備查詢
let predicate = NSPredicate(value: true)
let query = CKQuery(recordType: "Restaurant", predicate: predicate)
```

這個 CKQuery 類別提供了一個名為「sortDescriptor」的屬性，之前我們沒有設定排序描述器，在這種情況下，CloudKit 回傳沒有排序的餐廳記錄集合。要請求 CloudKit 將記錄反向排序，你需要插入下列的程式碼：

```
query.sortDescriptors = [NSSortDescriptor(key: "creationDate", ascending: false)]
```

這裡使用 creationDate 鍵（CkRecord 屬性），並設定為降冪排列，來建立一個 NSSort Descriptor 物件。當 CloudKit 執行了搜尋查詢，它會以建立日期來排列結果。你現在可以再次執行 App，並加入一間新餐廳，當儲存之後，至 Discover 標籤，可看到剛加入的餐廳出現在第一筆。

24.13 你的作業：顯示餐廳的位置與類型

這個作業是設計來讓你更新自訂表格儲存格與自適應儲存格。目前在 Discover 標籤只能顯示餐廳的名稱與縮圖，請你修改這個專案，讓儲存格可以顯示餐廳的位置與類型，圖 24.23 顯示了範例螢幕截圖。

圖 24.23　重新設計 Discover 標籤的 UI

24.14 本章小結

哇！你已經做了一個分享餐廳的社群網站 App。本章的內容很多，你現在應該了解 CloudKit 的基礎概念。有了 CloudKit，Apple 已經讓 iOS 開發者能更容易將他們的 App 與 iCloud 資料庫做整合，只要你申請 Apple 開發者計畫（每年 99 元美金），就能使用這個完全免費的服務。

有了 CloudKit JS，你就能建立一個網頁 App，來讓使用者訪問和你的 iOS App 相同的容器，這對開發者而言是一件非常重大的事，不過 CloudKit 還不是很完美，CloudKit 是一個 Apple 的產品，我還沒有看到 Apple 願意將這樣的服務開放給其他平台的可能性。當你要建立一個基於雲端的 App 給 iOS 及 Android 時，我想 CloudKit 不會是你的首選，你可能需要探索 Google 的 Firebase、開源的 Parse 伺服器、微軟的 Azure 或 Kinvey。

如果你的開發重點放在 iOS 平台，CloudKit 對你及你的使用者而言有許多潛在的好處。我鼓勵你的下一個 App 採用 CloudKit。

在本章所準備的範例檔中，有最後完整的 Xcode 專案（FoodPinCloudKit.zip）以及包含作業解答的完整專案（FoodPinCloudKitExercise.zip）供你參考。

ENTDECKEN SIE GROSSE RESTAURANTS

taurants, die von deinen Freunden en Feinschmeckern geteilt werden

屬於你自己的飲食指南

歡的餐館，並創建自己的飲食指南

App 本地化以吸引更多的使用者

在本章中，我們將介紹「本地化」（Localization）。iOS 裝置（包括 iPhone 與 iPad）在世界各地都可以取得，而 App Store 在世界上超過 150 個國家都可下載，你的使用者來自不同國家，說著不同的語言，要提供很棒的使用者體驗給全世界的使用者，你需要讓你的 App 能夠支援多種語言下載，支援一個特定語言的過程，一般稱為「本地化」。

Xcode 已經內建支援本地化，它讓開發者十分容易透過本地化功能與一些 API 的呼叫來實作 App 的本地化。

你可能聽過這兩個名詞：「本地化」與「國際化」，你可能認為這是指翻譯過程，有部分是正確的，在 iOS 程式開發中，「國際化」（Internationalization）是建置本地化 App 的里程碑。為了讓你的 App 能夠順應不同的語言，App 設計架構中涉及語言及地區差異的部分必須獨立出來，這便是所謂的「國際化」。舉例而言，如果你的 App 需要顯示價格欄位，則已知某些國家是用「句點」來代表小數點（例如：$1000.50），而某些國家則是使用「逗點」（例如：$1000,50），因此對這個 App 做國際化的具體過程，便需要將價格欄位設計成可順應不同的地區。

至於本地化，則是 App 在經過國際化後，再進一步支援多種語言及地區的具體過程，這個過程包含對靜態及可見文字的特定語言翻譯，並加上對於特定國家的元素，例如：圖片、影片及聲音等。

在本章中，我們將會本地化 FoodPin App 為中文及德文，但不要期望我會翻譯 App 中的所有文字，我只是想要教導你使用 Xcode 實作本地化的程序。

25.1 App 國際化

打造本地化 App 的第一步就是「國際化」，在本小節中，我們將會修改這個 App，使它可以容易順應各種語言。

首先，我們來說明一下 App 中「面對使用者」（User-facing）的文字。在原始碼當中有大量的面對使用者的文字，這裡為了方便起見，我們只在程式碼中定義字串。圖 25.1 顯示 RestaurantTableViewController 類別中一些面對使用者的文字，當它要開始本地化時，這些寫死的字串無法本地化，我們必須先將它國際化。

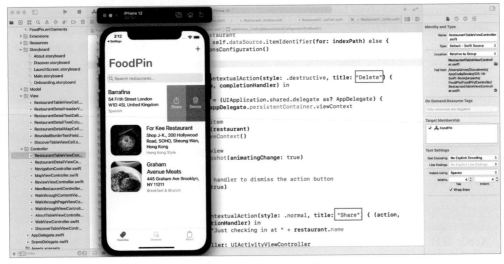

圖 25.1 面對使用者的文字

字串國際化的核心是 NSLocalizedString 巨集，這個巨集讓你可以將使用者介面的文字字串輕易地國際化，它有兩個參數：

- **key**：準備進行本地化的字串。

- **comment**：是一個用來提供額外翻譯資訊的字串。

這個巨集回傳一個字串的本地化版本。要在你的 App 中國際化使用者介面的字串，你只需要將現行字串以 NSLocalizedString 整個包裹起來，我們將修改一些程式碼，以讓你能夠充分了解這個巨集。請看下列這段來自 AboutTableViewController 類別的程式碼：

```swift
var sectionContent = [ [LinkItem(text: "Rate us on App Store", link: "https://www.apple.com/
ios/app-store/", image: "store"),
                        LinkItem(text: "Tell us your feedback", link: "http://www.appcoda.com/
contact", image: "chat")
                        ],
                       [LinkItem(text: "Twitter", link: "https://twitter.com/appcodamobile",
image: "twitter"),
                        LinkItem(text: "Facebook", link: "https://facebook.com/appcodamobile",
image: "facebook"),
                        LinkItem(text: "Instagram", link: "https://www.instagram.com/
appcodadotcom", image: "instagram")]
                        ]
```

所有的文字是以英文顯示且沒有本地化，要讓語言獨立的話，你只要將這些字串以 NSLocalizedString 包裹起來，如下所示：

```
var sectionContent = [ [LinkItem(text: NSLocalizedString("Rate us on App Store", comment:
"Rate us on App Store"), link: "https://www.apple.com/ios/app-store/", image: "store"),
                        LinkItem(text: NSLocalizedString("Tell us your feedback", comment:
"Tell us your feedback"), link: "http://www.appcoda.com/contact", image: "chat")
                        ],
                        [LinkItem(text: NSLocalizedString("Twitter", comment: "Twitter"), link:
"https://twitter.com/appcodamobile", image: "twitter"),
                        LinkItem(text: NSLocalizedString("Facebook", comment: "Facebook"),
link: "https://facebook.com/appcodamobile", image: "facebook"),
                        LinkItem(text: NSLocalizedString("Instagram", comment: "Instagram"),
link: "https://www.instagram.com/appcodadotcom", image: "instagram")]
                        ]
```

　　Xcode 實際上儲存本地化字串到 Localizable.strings 字串檔，每個語言都有自己的
Localizable.strings 檔，例如：你的使用者裝置是使用德文作為預設語言，NSLocalizedString
會查詢 Localizable.strings 檔的德文版，並回傳德文的字串。

> **訣竅** 如果你不清楚 App 如何選取一個語言，它實際上是參考 iOS 語言設定（一般→語言與地區→語
> 言），一個 App 就是使用這個偏好設定來存取本地化資源。

　　這就是我們將面對使用者的字串國際化的方式。在下一節中，我們將介紹如何建立
Localizable.strings 檔，並說明如何在故事板中本地化那些標籤。

作業：修改操作介面文字

　　現在至你的 FoodPin 專案中選取兩個 Swift 檔（例如：RestaurantTableViewController.
swift 與 NewRestaurantController.swift），修改所有的面對使用者的文字，並將它們以
NSLocalizedString 包裹起來。

25.2 加入支援的語言

　　目前你的 App 只支援英文，如果要支援其他語言的話，在專案導覽器中選取 FoodPin
專案，然後在 PROJECT 區下選擇「Info」，並選取「FoodPin」。要加入另一個語言，
在 Localizations 下點選「+」按鈕，挑選你想要支援的語言，對於這個範例，我選取
「Chinese(Traditional)(zh-Hant)」，如圖 25.2 所示。

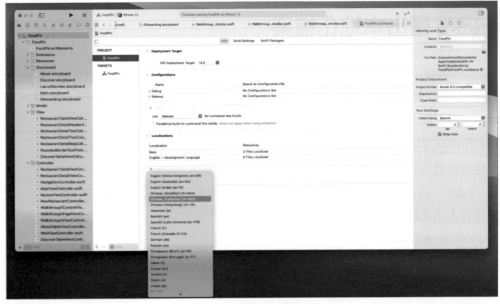

圖 25.2　加入一個新語言

　　當你選完語言後，Xcode 會提示你選取要建立本地化的檔案，勾選所有的檔案，因為這些我們全部都要本地化，如圖 25.3 所示。

Choose files and reference language to create Chinese, Traditional localization

Resource File	Reference Langua...	File Types
✓ Discover.storyboard	Base	Localizable Strings
✓ LaunchScreen.storyboard	Base	Localizable Strings
✓ Main.storyboard	Base	Localizable Strings

FoodPin ▸ FoodPin ▸ Storyboard ▸ Discover.storyboard

Cancel　　　　　　　　　　　　　　　　　　　　Finish

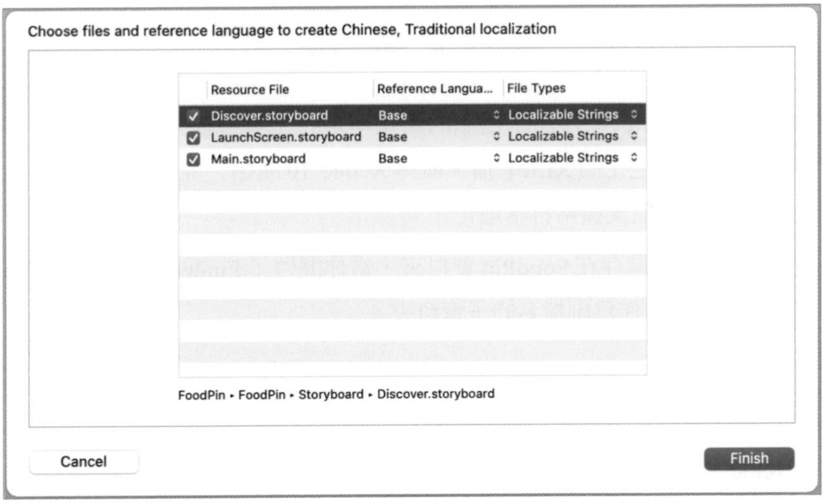

圖 25.3　選取要建立本地化的檔案

　　然後你便會見到 Chinese(Traditional) 語言已經加入 Localizations 區，如果你想支援其他語言的話，則可以繼續加入。除了中文之外，這個 App 還會支援德文，重複同樣的步驟來加入 German 語言。

25.3 匯出本地化檔案

Xcode 內建一個「匯出」（export）功能可以精簡轉譯的過程，這個匯出功能可以聰明地從你的程式碼中取出所有本地化字串，以及在介面建構器檔 / 故事板檔中解開所有本地化字串，取出的字串是儲存在 XLIFF 檔。如果你沒有聽過這個名詞，XLIFF 是 XML Localization Interchange File 的縮寫，為本地化的一個知名且全球認可的檔案格式。

使用匯出功能，並選取專案導覽器中的 FoodPin 專案，只要在 Xcode 上方的選單，選擇「Editor → Export For Localization」，如圖 25.4 所示，接著在出現的提示視窗中，選擇儲存本地化檔的資料夾，然後 Xcode 會檢查你的所有檔案，並產生「本地化目錄」（Localization Catalog）。

圖 25.4　匯出本地化檔案

本地化目錄是以「.xcloc」作為副檔名的新型本地化工具，在 Xcode 10 之前的版本，Xcode 只會產生用於本地化的 XLIFF 檔，而自 Xcode 10 開始，導入了本地化目錄，以提供其他的上下文訊息，並支援素材本地化。

假設你已經將本地化儲存在 FoodPin 資料夾，當你開啓了 Finder，並至 FoodPin，你將會發現三個以「.xcloc」作為副檔名的子資料夾。

● en.xcloc

● de.xcloc

● zh-Hant.xcloc

每種語言有它自己的本地化目錄，例如：繁體中文，本地化目錄爲 zh-Hant.xcloc，在「.xcloc」資料夾下，你會找到一個 JSON 檔與三個子資料夾：

● **contents.json**：它包含了關於本地化目錄的元資料，如開發區域（development region）、目標語言環境（target locale）、工具資訊以及版本的元資料（meta data）。

- **Localized Contents**：這是要傳送給你的譯者的資料夾，它包含 .xliff 檔與用於本地化的其他素材（例如：圖片）。

- **Source Contents**：這個資料夾的內容不用於本地化，而只是提供其他上下文訊息給本地化的工作人員。

- **Note**：預設上，這個資料夾為空，但是如果你想要提供其他資訊（例如：螢幕截圖）給譯者或本地化的工作人員作為參考，則可以將檔案放在這裡。

現在我們來看一下 Localized Contents 下的 zh-Hant.xliff 檔，以文字編輯器來開啟它，你應該可以在檔案中發現下列的內容：

```
<trans-unit id="Feedback" xml:space="preserve">
  <source>Feedback</source>
  <note>Feedback</note>
</trans-unit>
<trans-unit id="Find restaurants shared by your friends and other foodies" xml:space="preserve">
  <source>Find restaurants shared by your friends and other foodies</source>
  <note>Find restaurants shared by your friends and other foodies</note>
</trans-unit>
<trans-unit id="Follow Us" xml:space="preserve">
  <source>Follow Us</source>
  <note>Follow Us</note>
</trans-unit>
<trans-unit id="Instagram" xml:space="preserve">
  <source>Instagram</source>
  <note>Instagram</note>
</trans-unit>
```

Xcode 已經取出了我們剛才以 NSLocalizedString 巨集包裹的字串，除此之外，你可以在檔案中找到如下所示的內容：

```
<file original="FoodPin/Storyboard/Base.lproj/Main.storyboard" source-language="en" target-language="zh-Hant" datatype="plaintext">
    <header>
      <tool tool-id="com.apple.dt.xcode" tool-name="Xcode" tool-version="11.2" build-num="11B52"/>
    </header>
    <body>
      <trans-unit id="4gn-hN-6RK.placeholder" xml:space="preserve">
        <source>Fill in your restaurant name</source>
        <target>Fill in your restaurant name</target>
```

```
      <note>Class = "UITextField"; placeholder = "Fill in your restaurant name"; ObjectID =
"4gn-hN-6RK";</note>
    </trans-unit>
    <trans-unit id="40d-lO-w2k.text" xml:space="preserve">
      <source>ADDRESS</source>
      <target>ADDRESS</target>
      <note>Class = "UILabel"; text = "ADDRESS"; ObjectID = "40d-lO-w2k";</note>
    </trans-unit>
```

　　匯出功能自動檢查了故事板，並取出所有的本地化字串，包含標籤以及按鈕標題，一般而言，如果你想要將這個檔案交給專業譯者來翻譯，則譯者使用可開啓 XLIFF 的工具來加入所有漏掉的譯文，或者你也可以像我一樣，使用 Google 翻譯來翻譯文字，以及使用 Xcode 編輯器來編輯檔案。你只需要翻譯被 <source> 標籤框起來的文字，而 <note> 標籤的內容包含了我們（或 Xcode）所加入的註解，因此不需要翻譯它們。

　　翻譯的文字是放在 <target> 標籤內，下列是繁體中文部分的翻譯檔：

```
<file original="FoodPin/Storyboard/Base.lproj/Main.storyboard" source-language="en" target-
language="zh-Hant" datatype="plaintext">
    <header>
      <tool tool-id="com.apple.dt.xcode" tool-name="Xcode" tool-version="11.2" build-num="11B52"/>
    </header>
    <body>
      <trans-unit id="4gn-hN-6RK.placeholder" xml:space="preserve">
        <source>Fill in your restaurant name</source>
        <target>請填寫餐廳名字</target>
        <note>Class = "UITextField"; placeholder = "Fill in your restaurant name"; ObjectID =
"4gn-hN-6RK";</note>
      </trans-unit>
      <trans-unit id="40d-lO-w2k.text" xml:space="preserve">
        <source>ADDRESS</source>
        <target>地址</target>
        <note>Class = "UILabel"; text = "ADDRESS"; ObjectID = "40d-lO-w2k";</note>
      </trans-unit>
```

　　XML 檔的第一行定義了原始檔與翻譯目標語言，target-language 屬性定義了翻譯的語言編碼，「zh-Hant」是中文的語言編碼，而德文的語言編碼則是「de」。

25.4 匯入本地化檔案

當你的譯者已經完成了翻譯並且傳給你本地化的檔案時（你可以下載取得本章所準備的範例檔 FoodPinTranslation.zip），你只需要點選幾下，就可匯入翻譯檔。

在專案導覽器中，選取 FoodPin 專案，前往 Editor 選單並選擇「Import Localizations」，在出現的提示視窗中選取翻譯檔（例如：zh-Hant.xcloc）的本地化素材，Xcode 會自動與現行的檔案做翻譯比對，並把差異處列出來，如圖 25.5 所示。

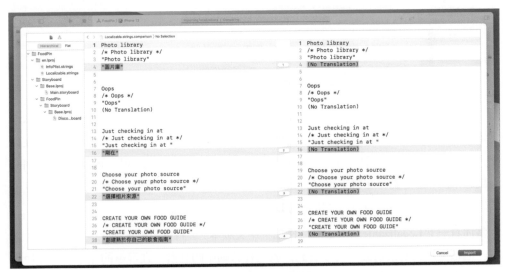

圖 25.5　匯入本地化檔案

如果你確認譯文正確無誤，點選「Import」按鈕來匯入，若你有其他語言的翻譯檔（例如：de.xcloc），則重複相同的步驟將其加入。完成後，Xcode 會在專案畫面顯示目前所有的本地化語言，如圖 25.6 所示，也就是說，如果你展開 Main.storyboard，你應該會發現多了兩個已經翻譯過的字串檔。

在我們繼續測試本地化 App 之前,將說明關於「Base Internationalization」功能與本地化素材檔的資訊。在專案導覽器中,你應該會找到 Localizable.strings 檔,這些檔案在你加入新的本地化時會自動產生,在程式碼中的本地化字串(即那些以 NSLocalizedString 包裹起來的)都是儲存在特定語言的 Localizable.strings 檔,而我們已經建立 zh-hant 與 de 的本地化翻譯檔,所以會有兩個版本的 Localizable.strings 檔。

當你看一下 Localizable.strings 檔(例如:中文版本),將可發現本地化字串的譯文;在每一個輸入項目的最前面,可以看到你放在程式碼中的註解;在等號的左邊,是在使用 NSLocalizedString 巨集時你所指定的鍵。

```
/* Address */
"Address" = " 地址 ";

/* Camera */
"Camera" = " 相機 ";

/* Choose your photo source */
"Choose your photo source" = " 選擇相片來源 ";

/* CREATE YOUR OWN FOOD GUIDE */
"CREATE YOUR OWN FOOD GUIDE" = " 建立屬於你自己的飲食指南 ";

/* Delete */
"Delete" = " 刪除 ";
```

```
/* DISCOVER GREAT RESTAURANTS */
"DISCOVER GREAT RESTAURANTS" = " 發掘更多值得拜訪的餐廳 ";

/* Facebook */
"Facebook" = " 臉書 ";

/* Walkthrough descriptionn #3 */
"Find restaurants shared by your friends and other foodies" = " 搜尋由您的朋友和其他美食家分享
的餐廳 ";
```

當你想直接編輯譯文，我會建議你在 Xcode 中使用我剛才示範的匯出功能。

然後，我想說明「Base Internationalization」功能，如圖 25.6 所示，Main.storyboard 現在已經分成三個檔案：base 檔、中文翻譯檔與德文翻譯檔，而什麼是 Main.storyboard (Base) 呢？

「Base Internationalization」的概念是在 Xcode 4.5 被導入，在 Xcode 4.5 之前，沒有「Base Internationalization」的概念，Xcode 對於每個本地化的結果，複製了整組的故事板，例如：你的 App 本地化了五種語言，而 Xcode 為了支援本地化，也產生五組故事板，這是設計上的主要缺點。當你想要加入一個 UI 控制元件到故事板中時，你需要將相同的元素同時加到每個本地化的故事板，由於這是一個繁瑣的程序，因此 Apple 才會在 Xcode 4.5 導入「Base Internationalization」功能。

有了「Base Internationalization」功能，Xcode 專案只會有一組本地化的故事板設定為預設語言。這個故事板即所謂的「Base Internationalization」。每當故事板被本地化為另一種語言時，Xcode 只會產生了一個 .string 檔（例如：Main.strings (German)），其中包含基本故事板的所有翻譯文字，如此一來，可有效率地將翻譯檔與 UI 設計分開。

25.5 測試本地化 App

其中一種測試本地化的方式是變更模擬器的語言偏好設定，然後執行這個本地化 App。另外，你也可以使用 Xcode 的預覽功能，讓你使用不同的語言與區域來預覽你的 App，且可以在執行期與介面建構器中預覽。我將會逐步說明如何實作。

Xcode 支援執行期預覽，你可以藉由編輯方案工作表（Scheme Sheet）來啟用這個功能，並在對話視窗中設定你的偏好語言，如圖 25.7 所示。

圖 25.7　Edit Scheme 選項

在對話視窗中，選擇「Run → Options」，並將 App Language 選項變更為你的偏好語言，例如：選擇「Chinese (Traditional)」，然後點選「Close」按鈕來儲存設定，如圖 25.8 所示。

圖 25.8　變更 App Language 選項為你的偏好語言

現在點擊「Run」按鈕來啟動 App，模擬器的語言是依照你的偏好語言來設定，若是你設定為「Chinese / German」，你的 App 看起來應該如圖 25.9 所示。

圖 25.9　FoodPin App 的繁體中文版與德文版

另外，Xcode 可以讓你在預覽助理（Preview Assistant）中預覽本地化 App 的 UI。欲開啓預覽助理，選取 Main.storyboard，並點選取其中一個視圖控制器（例如：New Restaurant），然後點選介面建構器右上角的「Adjust Editor Options」按鈕，並選擇「Preview」來打開預覽助理，如圖 25.10 所示。

圖 25.10　開啟預覽助理

你可以從位於預覽視窗右下角的語言彈出式選單中選取語言，以預覽本地化的 UI，如圖 25.11 所示。

圖 25.11　使用預覽助理來預覽你的本地化 App UI

25.6　手動啟用本地化

對於某些故事板（例如：About.storyboard 與 Onboarding.storyboard），你需要手動啟用本地化，例如：我們選取「About.storyboard」檔，並至檔案檢閱器，向下捲動至本地化（Localization）區，點選「Localize」按鈕，然後選擇「Base」並點選「Localize」來啟用本地化，如圖 25.12 所示。

圖 25.12　啟用 About.storyboard 的本地化

當你要對故事板啟用本地化，你應該會找到本地化可選的語言，這裡勾選「Chinese」與「German」核取方塊，如圖 25.13 所示。

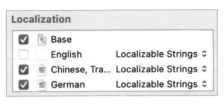

圖 25.13　勾選 Chinese 與 German 核取方塊

如此，你可以在專案導覽器中看到 About.storyboard 的本地化字串檔，現在將它們匯出，並交給你的譯者來進行翻譯。

25.7 本章小結

在本章中，我介紹了 Xocde 的本地化程序，透過使用匯出功能，現在要本地化一個 iPhone App 已經再容易不過了。

你已經學會如何在故事板使用 Xcode 內建的本地化功能，來本地化文字與圖片，也知道如何使用 NSLocalizedString 巨集來本地化字串。請記得 App 的市場遍佈全世界，使用者喜愛有他們的語言的 App UI，透過 App 本地化，你將能夠提供絕佳的使用者體驗，並獲得更多的下載次數。

在本章所準備的範例檔中，有最後完整的 Xcode 專案（FoodPinLocalization.zip）供你參考。

觸覺觸控與內容選單

你的第一個 FoodPin App 現在已經非常棒了，但話說回來，若你想要運用一些 iOS 裝置最新技術來強化它的功能，則千萬不要錯過接下來的內容。

隨著 iPhone 6s 與 6s Plus 上市，Apple 推出了一個與手機互動的全新方式，即「3D 觸控」（3D Touch），依照字面來看，它對於使用者介面增加一個新空間維度，提供一種全新的使用者體驗，它不只可以感測到你的觸碰（Touch），iPhone 也可以感測到你在顯示器上施加的壓力力道。

有了 3D 觸控，你有三種和 iPhone 互動的新方式：「快速動作」（Quick Action）、「預覽」（Peek）與「彈出」（Pop）。「快速動作」基本上是你的應用程式的捷徑（Shortcut），當你輕微的按壓 App 圖示，它會顯示一組快速動作，讓你直接跳到 App 特定的功能，如圖 26.1 所示，這幫你簡化一些「點擊」的動作。

圖 26.1　**快速動作範例**

iPhone 11、iPhone 11 Pro 與 iPhone 11 Pro Max 推出後，Apple 將全部的 iPhone 系列的 3D 觸控以觸覺觸控（Haptic Touch）來取代。觸覺觸控和 3D 觸控很類似，但是 3D 觸控支援壓力觸控（force touch），觸覺觸控則是支援點按與長按（hold touch）手勢。

如果你之前使用過 3D 觸控，「預覽與彈出」（Peek and Pop）是為了讓使用者能快速訪問 App 內容的一個很棒的功能，但在 iOS 13 中這個功能被「內容選單」（Context Menu）所取代，「內容選單」功能和「預覽與彈出」功能非常相似，但是多加了可即時訪問動作項目的選單。另外，內容選單適用於所有 iOS 13（或之後版本）的裝置。

若是對於內容選單還不太了解的話，開啟照片 App 來看一下，當你將拇指按住不動，即會開啟照片預覽與內容選單，可以讓你快速進入一些功能，如果你想要預覽更多，只要點擊照片的預覽圖，就可以進一步開啟整個視圖，如圖 26.2 所示。

圖 26.2　照片的內容選單範例

　　在本章中，我們來看如何在 iOS 13（或之後的版本）中處理內容選單，更精確地說，我們將爲 FoodPin App 加入快速動作與內容選單。

26.1　主畫面的快速動作

　　首先，我們將說明快速動作，Apple 提供了二種類型的快速動作：「靜態」（Static）與「動態」（Dynamic）。「靜態快速動作」寫死在 Info.plist 檔，一旦使用者安裝這個 App，即使還沒首次啓動 App，也可使用快速動作，而「動態快速動作」就如同字面上的意思，本質上爲動態的，App 是在執行期建立與更新快速動作。以 News App 爲例，它的快速動作顯示了一些最常讀取的頻道，其必須是動態的，因爲這些頻道隨時會變動。有些快速動作綁定 Widget 小工具，讓使用者可在不用開啓 App 的情況下，直接顯示有用的資訊，如圖 26.3 所示。

圖 26.3　快速動作 Widget 小工具

　　但是它們之間有一個共同點，不管你是使用靜態或動態的快速動作，你最多可以建立四個快速動作。

　　建立靜態快速動作是非常簡單的事情，你只需要編輯 Info.plist 檔，並加入一個 UIApplicationShortcutItems 陣列，陣列的每個元素是一個字典，其中包含了下列的屬性：

- **UIApplicationShortcutItemType（必填）**：這是識別某個快速動作的唯一識別碼，這個識別碼在所有的 App 中是唯一的，因此較好的作法是將識別碼的前綴詞加上 App 的 Bundle ID（例如：com.appcoda）。

- **UIApplicationShortcutItemTitle（必填）**：這是讓使用者能看到的快速動作名稱。

- **UIApplicationShortcutItemSubtitle（選填）**：快速動作的副標題，是一個可選擇性輸入的字串，顯示在快速動作標題的正下方。

- **UIApplicationShortcutItemIconType（選填）**：這是一個可選擇性輸入的字串，用來指定來自系統庫的圖示類型。你可參考這份文件： URL https://developer.apple.com/documentation/uikit/uiapplicationshortcuticon#//apple_ref/c/tdef/UIApplicationShortcutIconType，來了解有哪些圖示類型。

- **UIApplicationShortcutItemIconFile（選填）**：當你想要使用自己的圖示，則可以從綁定至 App 中的圖示圖片做指定。另外，你可以在素材目錄指定圖片名稱，這個圖示必須要是矩形且單色，尺寸為 $35 \times 35(1x)$、$70 \times 70(2x)$ 與 $105 \times 105(3x)$。

- **UIApplicationShortcutItemUserInfo（選填）**：一個可選填的字典，包含一些你想傳送的其他資訊，例如：你可以使用這個字典來傳送 App 版本。

當你想加入一些靜態快速動作時，下列是使用 UIApplicationShortcutItems 陣列來建立「New Restaurant」捷徑的範例，如圖 26.4 所示。

▼ UIApplicationShortcutItems	▲ ▼	Array	(1 item)
▼ Item 0		Dictionary	(3 items)
UIApplicationShortcutItemSubtitle		String	Creates a new restaurant
UIApplicationShortcutItemType		String	com.appcoda.NewRestaurant
UIApplicationShortcutItemTitle		String	New Restaurant

圖 26.4　在 Info.plist 中靜態快速動作的範例

現在你應該已經對靜態快速動作有些概念了，接下來繼續說明動態快速動作。我們將修改 FoodPin 專案來當作範例，並加入三個快速動作至 App 中：

- **New Restaurant**：直接進入 New Restaurant 畫面。

- **Discover restaurants**：馬上跳到 Discover 標籤。

- **Show Favorites**：馬上跳到 Favorites 標籤。

首先，為何我們要使用動態快速動作？最簡單的回答是「我想要介紹如何運用動態快速動作」，不過其實真正的原因是「我想要讓使用者看完導覽畫面之後能夠啟用這些快速動作」。

當要編寫程式建立快速動作時，你只需要實例化一個 UIApplicationShortcutItem 物件的所需屬性，並將它指定給 UIApplication 的 shortcutItems 屬性，如下所示：

```
let shortcutItem = UIApplicationShortcutItem(type: "com.appcoda.NewRestaurant", localizedTitle:
"New Restaurant", localizedSubtitle: nil, icon: UIApplicationShortcutIcon(type: .add),
userInfo: nil)
UIApplication.shared.shortcutItems = [shortcutItem]
```

第一行程式碼是以 com.appcoda.NewRestaurant 這個快速動作型別以及系統圖示 .add 來定義捷徑項目，快速動作的標題設定為「New Restaurant」。第二行程式碼中，以 shortcutItem 來初始化一個陣列，並設定為 shortcutItems 屬性。

要建立快速動作，則在 WalkthroughViewController 類別中建立一個輔助方法：

```
func createQuickActions() {
    // 加入快速動作
    if let bundleIdentifier = Bundle.main.bundleIdentifier {
        let shortcutItem1 = UIApplicationShortcutItem(type: "\(bundleIdentifier).OpenFavorites",
```

```
localizedTitle: "Show Favorites", localizedSubtitle: nil, icon: UIApplicationShortcutIcon(
systemImageName: "tag"), userInfo: nil)
        let shortcutItem2 = UIApplicationShortcutItem(type: "\(bundleIdentifier).OpenDiscover",
localizedTitle: "Discover Restaurants", localizedSubtitle: nil, icon: UIApplicationShortcutIcon(
systemImageName: "eyes"), userInfo: nil)
        let shortcutItem3 = UIApplicationShortcutItem(type: "\(bundleIdentifier).NewRestaurant",
localizedTitle: "New Restaurant", localizedSubtitle: nil, icon: UIApplicationShortcutIcon(type:
.add), userInfo: nil)
        UIApplication.shared.shortcutItems = [shortcutItem1, shortcutItem2, shortcutItem3]
    }
}
```

程式碼則和我前面所介紹過的程式碼很相似。我們建立三種快速動作項目，每一種都有它自己的識別碼、標題與圖示，對於「Discover Restaurant」與「Show Favorites」捷徑，我們將使用自己的圖示。

那麼該在何處呼叫這個 createQuickActions() 方法呢？

你還記得我們如何表示使用者瀏覽過導覽畫面嗎？我們在使用者完成瀏覽之後，設定 hasViewedWalkthrough 鍵為 true 至使用者預設設定，這行程式碼可以在 nextButtonTapped 方法與 WalkthroughViewController 類別的 skipButtonTapped 方法找到：

```
UserDefaults.standard.set(true, forKey: "hasViewedWalkthrough")
```

因此，在上面這行程式碼後面呼叫 createQuickActions()。

現在準備測試，點擊「Run」按鈕，並部署這個 App 至你的 iPhone。啟用 App 且瀏覽完導覽畫面後，你將會見到快速動作，如圖 26.5 所示，你不需要在 iOS 實機上才能測試 3D 觸控／觸覺觸控，在模擬器就能測試這個功能。

圖 26.5　在 FoodPin App 中的快速動作

　　目前快速動作尚未準備好，這是因為我們還沒有實作所需的方法來啟動快速動作。在 iOS 13 中，有一個定義在 UIWindowSceneDelegate 協定的方法，稱為「windowScene(_:performActionFor:completionHandler:)」，當使用者選擇快速動作，這個方法會被呼叫，因此我們會在 SceneDelegate.swift 實作這個方法。

　　我們先在委派（Delegate）中對這些快速動作宣告一個列舉（enum）：

```swift
enum QuickAction: String {
    case OpenFavorites = "OpenFavorites"
    case OpenDiscover = "OpenDiscover"
    case NewRestaurant = "NewRestaurant"

    init?(fullIdentifier: String) {

        guard let shortcutIdentifier = fullIdentifier.components(separatedBy: ".").last else {
            return nil
        }

        self.init(rawValue: shortcutIdentifier)
    }
}
```

Swift的列舉型別對於定義一群相關值特別有用，在 QuickAction 列舉中，我們在每一個 case 定義了可用的快速動作，我們也建立了一個初始化的方法，用來將一組完整的識別碼（例如：com.appcoda.NewRestaurant）轉換成能夠對應列舉的 case（例如：NewRestaurant）。

現在實作 AppDelegate 類別的 windowScene(_:performActionFor:completionHandler:) 方法如下：

```swift
func windowScene(_ windowScene: UIWindowScene, performActionFor shortcutItem:
UIApplicationShortcutItem, completionHandler: @escaping (Bool) -> Void) {

    completionHandler(handleQuickAction(shortcutItem: shortcutItem))
}

private func handleQuickAction(shortcutItem: UIApplicationShortcutItem) -> Bool {

    let shortcutType = shortcutItem.type
    guard let shortcutIdentifier = QuickAction(fullIdentifier: shortcutType) else {
        return false
    }

    guard let tabBarController = window?.rootViewController as? UITabBarController else {
        return false
    }

    switch shortcutIdentifier {
    case .OpenFavorites:
        tabBarController.selectedIndex = 0
    case .OpenDiscover:
        tabBarController.selectedIndex = 1
    case .NewRestaurant:
        if let navController = tabBarController.viewControllers?[0] {
            let restaurantTableViewController = navController.children[0]
            restaurantTableViewController.performSegue(withIdentifier: "addRestaurant", sender:
restaurantTableViewController)
        } else {
            return false
        }
    }

    return true
}
```

當一個快速動作啓用時，windowScene(_:performActionFor:completionHandler:) 方法會被呼叫，這個所選的捷徑（快速動作）作爲參數來傳送，我們另外建立了一個分離方法來處理快速動作，待會會介紹到。當快速動作完成之後，依照快速動作的成功或失敗，以對應的布林值來呼叫完成處理器。

現在我們來介紹 handleQuickAction 方法。在方法中，它帶入了捷徑項目與一個 switch 敘述來執行對應的動作：

- 對於「.OpenFavorites」與「.OpenDiscover」，我們只變更標籤列控制器所選取的索引，因此 App 可以跳至特定的畫面。

- 處理 New Restaurant 動作需要多花一點工夫，我們需要先從標籤列控制器取得餐廳表格視圖控制器，然後編寫程式呼叫「addRestaurant」Segue，如此一來，將會直接開啓 New Restaurant 畫面。

你現在可以執行 App 並觀看結果，快速動作應該可以運作了。

26.2 內容選單與預覽

在 iOS 13（或之後的版本），你可以針對畫面上的項目，實作內容選單來顯示其他的功能。除此之外，它可以讓你的使用者預覽內容，而不需要開啓實際的畫面。內容選單可以透過長按手勢來觸發，通常使用者在畫面上某個項目上長按（例如：圖片），iOS 會顯示該項目的預覽以及其他的功能，使用者可以進一步點擊預覽項目，來跳出內容的完整視圖。

如果你之前有用過 3D 觸控的「預覽與彈出」功能，內容選單除了只適用於 iOS 13（或之後的版本）的裝置之外，其實非常相似。

要在表格視圖建立項目的內容選單，你可以採用以下的方法：

- tableView(_:contextMenuConfigurationForRowAt:point:)

- tableView(_:willPerformPreviewActionForMenuWith:animator:)

這兩個方法皆來自 UITableViewDelegate 協定，並且是在 iOS 13 SDK 新導入，第一個方法要求你回傳一個 UIContextMenuConfiguration 物件，這個物件包含了內容選單的設定細節，包括選單中的動作項目以及用於預覽內容的視圖控制器。

第二個方法控制預覽視圖被點擊時要執行的動作，如果沒有實作這個方法，點擊預覽視圖則不會有任何反應，但若是你要在一個視圖控制器內顯示預覽視圖的完整內容，你可以實作這個方法。

現在你對這個實作應該有些概念，我們將會修改 FoodPin App 的 Favorites 頁籤來建立內容選單，這個選單將會顯示餐廳預覽與三個選單項目，圖 26.6 介紹了其運作方式。

1 長按一間餐廳　　　　**2** 接著會顯示預覽及內容選單　　**3** 點擊預覽來顯示完整的
　　　　　　　　　　　　　　　　　　　　　　　　　　　　　　　　細節內容

圖 26.6　啟動 FoodPin App 的內容選單

以動作項目建立內容選單

如前所述，要在表格視圖建立一個內容選單，你需要在 RestaurantTableViewController 實作以下的方法：

```
func tableView(_ tableView: UITableView, contextMenuConfigurationForRowAt indexPath: IndexPath,
point: CGPoint) -> UIContextMenuConfiguration? {


}
```

我們必須建立一個 UIContextMenuConfiguration 物件，這個物件包含了選單項目與預覽提供者，程式碼如下：

```
override func tableView(_ tableView: UITableView, contextMenuConfiguration ForRowAt indexPath:
IndexPath, point: CGPoint) -> UIContextMenuConfigurati on? {

// 取得所選取的餐廳
```

```swift
    guard let restaurant = self.dataSource.itemIdentifier(for: indexPath) else {
        return nil
    }

    let configuration = UIContextMenuConfiguration(identifier: indexPath.row as NSCopying,
previewProvider: {

        guard let restaurantDetailViewController = self.storyboard?.instantiateViewController(
withIdentifier: "RestaurantDetailViewController") as? RestaurantDetailViewController else {
            return nil
        }

        restaurantDetailViewController.restaurant = restaurant

        return restaurantDetailViewController

    }) { actions in

        let favoriteAction = UIAction(title: "Save as favorite", image: UIImage(systemName:
"heart")) { action in

            let cell = tableView.cellForRow(at: indexPath) as! RestaurantTableViewCell
            self.restaurants[indexPath.row].isFavorite.toggle()
            cell.favoriteImageView.isHidden = !self.restaurants[indexPath.row].isFavorite
        }

        let shareAction = UIAction(title: "Share", image: UIImage(systemName: "square.and.arrow.
up")) { action in

            let defaultText = NSLocalizedString("Just checking in at ", comment: "Just checking
in at") + self.restaurants[indexPath.row].name

            let activityController: UIActivityViewController

            if let imageToShare = UIImage(data: restaurant.image as Data) {
                activityController = UIActivityViewController(activityItems: [defaultText,
imageToShare], applicationActivities: nil)
            } else {
                activityController = UIActivityViewController(activityItems: [defaultText],
applicationActivities: nil)
            }

            self.present(activityController, animated: true, completion: nil)
```

```
        }

        let deleteAction = UIAction(title: "Delete", image: UIImage(systemName: "trash"),
attributes: .destructive) { action in

            // 從儲存資料中刪除一列
            if let appDelegate = (UIApplication.shared.delegate as? AppDelegate) {
                let context = appDelegate.persistentContainer.viewContext
                let restaurantToDelete = self.fetchResultController.object(at: indexPath)
                context.delete(restaurantToDelete)

                appDelegate.saveContext()
            }
        }

        // 以分享動作建立並回傳一個 UIMenu
        return UIMenu(title: "", children: [favoriteAction, shareAction, deleteAction])
    }

    return configuration
}
```

這段程式碼看起來有點複雜，但其實大部分的程式碼你都有看過了，這個 UIContext MenuConfiguration 類別接收三種參數來進行初始化：

- **identifier**：這是選單設定物件唯一的識別碼，你可以使用 nil 來讓系統自動為你產生一個唯一的識別碼，或者也可以自己提供，這裡我們使用所選餐廳的列數來作為識別碼。

- **previewProvider**：這段程式碼會回傳預覽內容的自訂視圖控制器。在上列的程式碼中，我們實例化 RestaurantDetailViewController 來預覽餐廳。

- **actionProvider**：最後一個參數接收了一段建立內容選單的選單項目的程式碼區塊。在選單中，我們列出了打卡（Check in）、分享（Share）與刪除（Delete）等三種動作項目，這些動作項目與我們之前所建立的滑動顯示動作項目很相似。

不過在測試你的裝置之前，記得設定餐廳細節視圖控制器的識別碼為「RestaurantDetail ViewController」，否則的話，將無法以程式實例化這個控制器。至 Main.storyboard，選取餐廳細節視圖控制器（Restaurant Detail View Controller），在識別檢閱器中，設定故事板 ID（Storyboard ID）選項為「RestaurantDetailViewController」，如圖 26.7 所示。

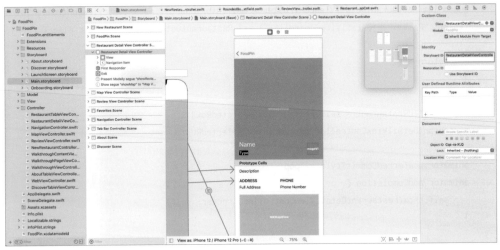

圖 26.7　為餐廳細節視圖控制器指定識別碼

變更完成後，你可以執行程式來快速測試一下。在某筆餐廳列上長按，即可開啟如圖 26.6 所示的內容選單。

顯示完整內容

現在，如果你進一步點擊「預覽」，這個系統除了解除預覽視圖之外，並沒有其他動作。我們想要在使用者點擊「預覽」時，顯示完整的內容，若是這麼做的話，我們必須實作以下的方法，才能通知系統這個自訂視圖控制器所要的顯示方式：

```
func tableView(_ tableView: UITableView, willPerformPreviewActionForMenuWith configuration:
UIContextMenuConfiguration, animator: UIContextMenuInteractionCommitAnimating) {


}
```

現在，在 RestaurantTableViewController 類別插入下列的程式碼：

```
override func tableView(_ tableView: UITableView, willPerformPreviewActionForMenuWith
configuration: UIContextMenuConfiguration, animator: UIContextMenuInteractionCommitAnimating)
{

    guard let selectedRow = configuration.identifier as? Int else {
        print("Failed to retrieve the row number")
        return
    }
```

```
guard let restaurantDetailViewController = self.storyboard?.instantiateViewController(with
Identifier: "RestaurantDetailViewController") as? RestaurantDetailViewController else {

    return
}

let selectedRestaurant = self.restaurants[selectedRow]
restaurantDetailViewController.restaurant = selectedRestaurant

animator.preferredCommitStyle = .pop
animator.addCompletion {
    self.show(restaurantDetailViewController, sender: self)
}
}
```

我們的目標是顯示餐廳細節視圖控制器，以顯示餐廳的完整細節內容。對於設定的識別碼，我們可以顯示所選的資料列序號，透過使用資料列序號，我們可以爲所選的餐廳建立一個 RestaurantDetailViewController。

要開啓這個視圖控制器，我們提供一個完整的動畫程式碼區塊，這段程式碼會爲變更顯示爲指定視圖控制器的動作搭配動畫效果。此外，你可以指定你喜歡的提交樣式，在上列的程式碼中我們使用 .pop 樣式，稍後你也可以變更爲 .dismiss 樣式來試試其差異性。

現在可以測試了，在模擬器或在實機裝置上執行 App，這個 FoodPin App 應該可以讓你預覽餐廳，並且在你點擊「預覽」視圖時顯示完整內容。

26.3 本章小結

在本章中，我介紹了內容選單 API 的基礎內容，如你所見，這些 API 非常容易使用，你可以不需要撰寫任何程式碼，就能加入一個快速動作。

內容選單是在 iOS 13 所導入，提供使用者一種與手機互動的全新方式，作爲一個 App 開發者，提供良好的使用者體驗給使用者是你的責任，現在就是開始思考如何利用這個新技術來改良你的 App 的最佳時機。

在本章所準備的範例檔中，有最後完整的 Xcode 專案（FoodPinContextMenu.zip）供你參考。

27 在 iOS 開發使用者通知

在 iOS 10 之前，使用者通知都是很單調且簡單的，沒有豐富的圖片或多媒體，單純就是以文字顯示。依照使用者的設定，通知可以顯示在螢幕鎖定畫面或主畫面中，若是使用者遺漏了任何一則通知，可以開啓通知中心來顯示所有待處理的通知，如圖 27.1 所示。

圖 27.1　在螢幕鎖定畫面與主畫面的使用者通知範例

從 iOS 10 版本釋出後，Apple 改版通知系統，以讓使用者通知能支援更豐富的內容以及自訂通知 UI。「豐富內容」即表示你現在可以在通知中加入靜態圖片、GIF 動畫、影片與音樂，圖 27.2 是新版通知的範例。

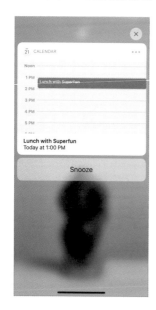
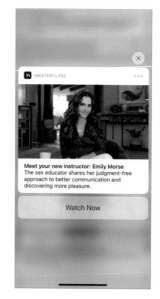

圖 27.2　具豐富內容的使用者通知範例

你也許聽過推播通知（Push Notification），其被通訊 App 廣爲採用。實際上，使用者通知可以分成兩種類型：「本地推播通知」（Local Notifications）與「遠端推播通知」（Remote Notifications）。「本地推播通知」是由應用程式本身來觸發，並收納在使用者的裝置中，例如：當使用者在特定地區時，一個基於位置的應用程式便會送出通知，或者待辦事項 App 會在某項工作接近截止日期時發送通知。

遠端推播通知通常是由遠端伺服器的伺服端應用程式所啓動，當伺服器應用程式想要傳送訊息給使用者，它會傳送一個通知至 Apple 推播通知服務（簡稱 APNS），然後這個服務會傳送通知至使用者的裝置上。

本章將不介紹遠端推播通知，而是將重點放在本地推播通知，並且教導你如何使用新的使用者通知框架來實作豐富的通知內容。

27.1 善用使用者通知來提升客戶參與

那麼我們準備爲 FoodPin App 加上什麼功能呢？使用本地推播通知是提醒使用者注意你的 App 的絕佳方式。研究指出，一個 App 只有不到 25% 的人會重複使用它。換句話說，超過 75% 的使用者在下載 App 後啓動它，之後就不曾再使用過了。

> 提示 「More than 75% of App Downloads Open an App Once And Never Come Back.」—Erin Griffith
> ※ 出處：http://fortune.com/2016/05/19/app-economy/

在 App Store 中有超過 200 萬個 App，要讓人注意並下載你的 App 已是不容易了，更何況是讓人持續使用。善用使用者通知，可以讓你留住使用者，並改善 App 的使用者體驗。

使用者通知框架提供不同的觸發器來啓動本地推播通知：

- **基於時間的觸發器（Time-based trigger）**：在特定時段後觸發本地推播通知（例如：10 分鐘後）。
- **基於行事曆的觸發器（Calendar-based trigger）**：在特定日期與時間觸發本地推播通知。
- **基於位置的觸發器（Location-based trigger）**：當使用者到達特定地點，便觸發本地推播通知。

FoodPin App 是設計用來讓美食愛好者可以儲存他們最愛的餐廳，因此若這個 App 能夠在使用者到達某個地點時發出通知，是不是很棒呢？舉例而言，你已經收集了東京數間餐廳，當你到達東京時，這個 App 就會觸發在這個城市中你最喜歡的餐廳清單。

或者你可以使用基於行事曆的觸發器，在假期來臨前啓動通知（例如：聖誕節前 10 天）。通知可以這樣寫：

「嗨！聖誕節前夕，是時候利用假期和朋友聚餐了。這裡有一些你最喜歡的餐廳可以參考。」

上述是一些使用的範例，如此使用者在收到通知後，會更有意願使用 App。

爲了讓此觀念更容易讓初學者了解，我們將不實作上列的觸發器。我將另外介紹如何使用基於時間的觸發器來觸發本地推播通知，也就是說，這些通知並非是無用或是像垃圾郵件，一旦你了解使用者通知框架的基礎，要實作其他類型的觸發器就不會是什麼難事了。

我們準備要做的是，當使用者使用 App 後一段時間（如 24 小時），就發送通知並推薦使用者一間餐廳。此外，我們將讓使用者和這個通知互動，當使用者看到這個通知，他可以選擇是否要訂位，若是使用者點擊按鈕，它會直接撥打電話給餐廳，圖 27.3 顯示了一個通知範例。

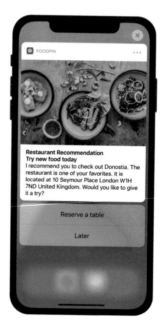

圖 27.3　FoodPin App 透過本地推播通知推薦一間餐廳給使用者

如何？這樣看起來是不是很棒？我們將準備開始，並說明如何在你的 App 中加入通知功能。

27.2　使用者通知框架

「使用者通知框架」是一個可以管理和排程通知的框架。要實作使用者導向的通知，首先在你的程式碼中匯入這個框架，如此你便可以存取框架綁定的 API。

稍後，我們將在 AppDelegate.swift 與 RestaurantTableViewController.swift 中實作使用者通知。在這二個檔案中插入下列這行程式碼：

```
import UserNotifications
```

27.3　請求使用者允許

不管通知的類型為何，在你傳送通知至使用者裝置之前，你必須要先取得使用者授權與允許。

若你已使用過 iOS，這樣的授權請求對你而言應該不陌生，通常在 App 首次啟動時會發出請求。

因此在程式碼中，我們通常會在 AppDelegate.swift 檔中實作授權請求。在 application(_ :didFinishLaunchingWithOptions:) 方法中插入下列的程式碼：

```
UNUserNotificationCenter.current().requestAuthorization(options: [.alert, .sound, .badge]) {
(granted, error) in

    if granted {
        print("User notifications are allowed.")
    } else {
        print("User notifications are not allowed.")
    }
}
```

要送出一個授權請求給使用者非常簡單，如上列的程式碼，我們呼叫與這個應用程式有關的 UNUserNotificationCenter 物件的 requestAuthorization 即可，而且我們要求顯示提示、播放聲音，並更新 App 圖示右上角的數字通知（Badge）。

現在執行這個專案來進行測試。當 App 啓動時，你會看到一個授權請求，一旦你接受後，App 便可以發送通知給裝置。想要驗證通知的設定，你可以至「Setting → FoodPin → Notifications」中做確認，如圖 27.4 所示。

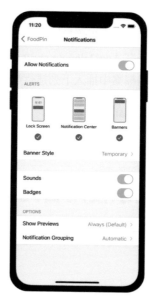

圖 27.4　要求使用者允許與授權

27.4 建立與排程通知

現在 FoodPin App 已經準備好發送通知給使用者。我們先了解一下 iOS 中通知的基本外觀，通知的最上面是標題，下一行是副標題，接著是訊息的本文，如圖 27.5 所示。

圖 27.5　iOS 的標準通知

使用者通知的內容是以 UNMutableNotificationContent 表示。要建立內容，你要實例化一個 UNMutableNotificationContent 物件，並設定它的屬性給對應的資料，舉例如下：

```
let content = UNMutableNotificationContent()
content.title = "Restaurant Recommendation"
content.subtitle = "Try new food today"
content.body = "I recommend you to check out Cafe Deadend."
```

當你想要觸發通知時播放聲音，你可以設定內容的 sound 屬性：

```
content.sound = UNNotificationSound.default()
```

排程通知就像「使用你偏好的觸發器建立 UNNotificationRequest 物件，然後將請求加入 UNUserNotificationCenter」一樣簡單。我們來看下列的程式碼，這是實作排程通知的程式碼。

```
let trigger = UNTimeIntervalNotificationTrigger(timeInterval: 10, repeats: false)
let request = UNNotificationRequest(identifier: "foodpin.restaurantSuggestion", content:
content, trigger: trigger)

// 排定通知
UNUserNotificationCenter.current().add(request, withCompletionHandler: nil)
```

如前所述，我們要在一段時間後觸發通知，因此建立 UNTimeIntervalNotificationTrigger 物件，並以特定值（例如：10 秒）來設定時間區間，接著我們以通知內容及觸發器來建立 UNNotificationRequest 物件，你必須指定一個唯一的識別碼給這個請求。之後，若你想要移除或更新通知，則使用識別碼來識別通知，最後你需要呼叫 UNUserNotificationCenter 的 add 方法，配合通知請求來排程通知。

現在你應該對於如何建立與排程通知有些概念了，我們來實作餐廳的推薦通知。開啟 RestaurantTableViewController.swift，並插入下列的方法：

```
func prepareNotification() {
    // 確認餐廳陣列不為空值
    if restaurants.count <= 0 {
        return
    }

    // 隨機選擇一間餐廳
    let randomNum = Int.random(in: 0..<restaurants.count)
```

```
let suggestedRestaurant = restaurants[randomNum]

// 建立使用者通知
let content = UNMutableNotificationContent()
content.title = "Restaurant Recommendation"
content.subtitle = "Try new food today"
content.body = "I recommend you to check out \(suggestedRestaurant.name). The restaurant
is one of your favorites. It is located at \(suggestedRestaurant.location). Would you like to
give it a try?"
content.sound = UNNotificationSound.default

let trigger = UNTimeIntervalNotificationTrigger(timeInterval: 10, repeats: false)
let request = UNNotificationRequest(identifier: "foodpin.restaurantSuggestion", content:
content, trigger: trigger)

// 排程通知
UNUserNotificationCenter.current().add(request, withCompletionHandler: nil)

}
```

爲了容易管理程式碼，我們建立了 prepareNotification() 方法來處理使用者通知。我們之前已經介紹過大部分的程式碼，但是第一行程式碼對你而言會比較陌生，這裡我們要從最愛的餐廳中隨機選擇一間餐廳並推薦給使用者。下列這行是用來產生亂數的程式碼：

```
let randomNum = Int.random(in: 0..<restaurants.count)
```

這個 random(in:) 函式是在 Swift 4.2 導入，用於產生一個亂數，它是在固定範圍內隨機產生該範圍內的數字。以上列的程式碼來說，你最愛的餐廳有 10 間，這個函數便會隨機在 0 至 9 中產生一個數字。有了這個亂數，我們就可以從陣列中選擇出一間推薦的餐廳，然後建立通知內容。

要注意的是，我們設定時間區間爲 10 秒，這是爲了示範、方便測試才如此設定，實際上這樣的時間太過於短暫，你可以在 24 小時（24×60×60 秒）後，或者在更久之後才觸發通知：

```
let trigger = UNTimeIntervalNotificationTrigger(timeInterval: 86400, repeats: false)
```

現在 prepareNotification 方法已經準備好了，你可以在 viewDidLoad 方法中呼叫它。在方法的最後面插入這行程式碼：

```
prepareNotification()
```

酷！我們來執行這個專案並快速進行測試。這個通知不會在 App 內顯示，因此當 App
啓動後，確認你已回到主畫面或是鎖定畫面，接著等待 10 秒鐘，你應該會看到通知。

> **訣竅** 若是你使用 iPhone 模擬器測試這個 App，按下 Shift + command + H 或 Home 鍵來切換至主畫面。要
> 進入到鎖定畫面，則是按下 command + L 鍵。

當通知顯示在鎖定畫面上，你可以滑動這個通知來回到 FoodPin App。而當裝置解鎖
時，這個通知會以橫幅的形式從上往下移動，如圖 27.6 所示，你可以滑動它來看全部的
內容，或者點擊這個通知即可立刻跳回 App。

圖 27.6　**在主畫面與鎖定畫面的使用者通知**

27.5　在通知中加入圖片

我們在本章一開始已介紹通知可加入多媒體內容，到目前為止，我們只有加入文字而
已，那麼該如何將推薦餐廳的圖片放在通知中呢？

這很簡單，只要設定 UNMutableNotificationContent 物件的 attachment 屬性即可：

```
content.attachments = [attachment]
```

這個attachments屬性接收UNNotificationAttachment物件的陣列來顯示通知，附件（attachment）可以是圖片、聲音、音樂與影片檔。

要注意的是，你需要提供附件的URL。以我們的範例來看，就是推薦餐廳的圖片檔。

如果你沒有忘記的話，你也許記得RestaurantMO的image屬性是Data型別，那麼為了建立這些附件物件，我們該如何從圖片資料中建立圖片檔呢？

我們先檢視建立附件的程式碼，你可以插入下列程式碼至prepareNotification方法（在觸發器實例化之前）：

```
let tempDirURL = URL(fileURLWithPath: NSTemporaryDirectory(), isDirectory: true)
let tempFileURL = tempDirURL.appendingPathComponent("suggested-restaurant.jpg")

if let image = UIImage(data: suggestedRestaurant.image as Data) {

    try? image.jpegData(compressionQuality: 1.0)?.write(to: tempFileURL)
    if let restaurantImage = try? UNNotificationAttachment(identifier: "restaurantImage", url:
tempFileURL, options: nil) {
        content.attachments = [restaurantImage]
    }
}
```

這個iOS SDK提供了名為「jpegData(compressionQuality:)」的內建函數，用來將圖片資料轉換成JPEG圖片檔。在上列的程式碼中，我們首先找到用來存放圖片的暫時目錄，這個NSTemporaryDirectory()函數會回傳暫存檔的目錄給你，然後我們設定暫存檔名稱為「suggested-restaurant.jpg」。當你輸出檔案路徑至主控台中，則如下所示：

```
file:///Users/simon/Library/Developer/CoreSimulator/Devices/DC573158-103F-4D1B-8489-742E3C651
D33/data/Containers/Data/Application/C2386E9A-48F7-411B-B485-95EC07CA0D8E/tmp/suggested-resta
urant.jpg
```

jpegData(compressionQuality:)函數以JPEG格式回傳圖片的資料，然後將圖片資料寫入JPEG檔，有了建立在暫存目錄中的圖檔，我們可以建立UNNotificationAttachment物件，並將其指定給通知的attachments屬性。

> 說明 jpegData(compressionQuality:)與UNNotificationAttachment在遇到一些錯誤時，皆會丟出例外（exception），你可以參考附錄A學習Swift中如何使用do-try-catch來處理錯誤。

是時候來再次測試 App 了，執行這個專案，並在模擬器中開啓 App。請記得回到主畫面並等待通知出現，此時你應該會在通知中看到一個小縮圖，往下滑動來檢視大圖，如圖27.7 所示。

圖 27.7　在通知中加入圖片

27.6 ## 與使用者通知互動

現在使用者只有一種方式可和通知互動：點擊來啓動 App，如果你沒有提供任何自訂的實作內容，就會以此作爲預設動作。

「互動性通知」（Actionable Notifications）可以讓使用者回應通知內容，而不需要切換到 App。互動性通知的最佳範例就是提醒事項 App，當你收到來自提醒事項 App 的通知，通知中會有一些選項可讓你直接管理提示，你可以標示已完成或者重新排程，這些都不需要啓動 App 便可做到，如圖 27.8 所示。

圖 27.8　Trello App 的通知範例

27.7 建立與註冊自訂動作

有了使用者通知框架，我們可以在 FoodPin App 中實作自訂的通知動作。當通知出現在畫面中，它會提供兩個選項供使用者選擇：

- **訂位（Reserve a table）**：當使用者選擇這個選項，這個 App 會呼叫所選擇的餐廳，以讓使用者可以訂位。

- **稍後（Later）**：這個選項只是取消通知而已。

要實作自訂動作，你需要建立一個 UNNotificationAction 物件，並關聯一個通知分類（category），這個動作物件有唯一的識別碼與顯示在動作按鈕的標題（例如：訂位）。另外，你也可以指定動作所執行的方式；預設上，動作是一個背景動作，表示它取消通知且在背景執行你的自訂工作。例如：我們在程式碼中寫一個「稍後」（Later）動作，如下所示：

```
let laterAction = UNNotificationAction(identifier: "foodpin.cancel", title: "Later", options: [])
```

如果選取了「稍後」（Later），這個動作便會取消通知，因此我們在建立動作物件時，並未提供其他的選項。

另外，「訂位」（Reserve a table）動作是一個前景動作，我們必須將 App 帶到前景，如此才能撥打電話，這個動作的實作如下：

```
let makeReservationAction = UNNotificationAction(identifier: "foodpin.makeReservation", title:
"Reserve a table", options: [.foreground])
```

在設定完動作物件後，將它與一個分類關聯在一起：

```
let category = UNNotificationCategory(identifier: "foodpin.restaurantaction", actions:
[makeReservationAction, cancelAction], intentIdentifiers: [], options: [])
```

你給予這個分類唯一的識別碼，並傳送動作物件來關聯這個分類，當分類準備完成之後，你就可以在 UNUserNotificationCenter 做註冊，如下所示：

```
UNUserNotificationCenter.current().setNotificationCategories(["foodpin.restaurantaction"])
```

到目前為止，我們已經建立了動作，並在通知中心註冊它們，不過這些動作尚未和通知關聯在一起。若要這樣做的話，你只需要將分類識別碼設定給通知內容的 categoryIdentifier 屬性即可：

```
content.categoryIdentifier = "foodpin.restaurantaction"
```

這些就是要實作使用者通知的自訂動作的程式碼，插入下列的程式碼至 prepare
Notification 方法（放在 trigger 變數前面）：

```
let categoryIdentifer = "foodpin.restaurantaction"
let makeReservationAction = UNNotificationAction(identifier: "foodpin.makeReservation", title:
"Reserve a table", options: [.foreground])
let cancelAction = UNNotificationAction(identifier: "foodpin.cancel", title: "Later", options: [])
let category = UNNotificationCategory(identifier: categoryIdentifer, actions: [makeReservationAction,
cancelAction], intentIdentifiers: [], options: [])
UNUserNotificationCenter.current().setNotificationCategories([category])
content.categoryIdentifier = categoryIdentifer
```

上列的程式碼就和我們剛才介紹的一樣。現在執行 App 來測試通知動作，當通知橫幅出現時滑動它，你便會看到剛才實作的自訂動作了，如圖 27.9 所示。

圖 27.9　使用者通知的自訂動作

動作的處理

　　如果你點擊「訂位」（Reserve a table）按鈕，它會開啓 FoodPin App，不過它不會爲你打電話。如前一節所述，這個動作物件有一個選項指出動作該如何執行，對於「稍後」（Later）按鈕，我們未提供任何其他的選項，所以預設是取消這個通知；而對於「訂位」（Reserve a table）按鈕，我們設定選項爲「.foreground」，則 App 便會被帶到前景來。

　　但是當 App 回到前景時，我們該如何處理這個動作呢？

　　在使用者通知框架中的UNUserNotificationCenterDelegate 協定，便是爲了這個目的而設計的，這個協定定義了一個回應動作通知的方法：

```
optional func userNotificationCenter(_ center: UNUserNotificationCenter,
                    didReceive response: UNNotificationResponse,
         withCompletionHandler completionHandler: @escaping () -> Void)
```

　　要處理這個動作並執行自訂程式，你必須要在一個委派物件中實作這個協定，並將其指定給通知中心物件，當 App 回到前景後，方法也將被呼叫。

我們將會在 AppDelegate 中實作這個協定，但是在此之前，你可能會有些疑問，我們準備打電話給所推薦的餐廳，那麼該如何從 RestaurantTableViewController 傳送餐廳電話號碼至 AppDelegate 呢？

這個通知內容有一個名為「userInfo」的屬性，可以讓你在字典中儲存自訂資訊，例如：你可以在通知中儲存電話號碼，如下所示：

```
content.userInfo = ["phone": suggestedRestaurant.phone]
```

將上列這行程式碼放在 prepareNotification 方法中的 content.sound 下方。

電話號碼和通知有了關聯之後，現在我們來實作 UNUserNotificationCenterDelegate 協定。

我在前面的章節已經介紹了「擴展」這個 Swift 的功能，擴展可以讓你就目前型別的函數進行擴充，你也可以使用它來採用某個協定，如此可以讓程式更有歸納性。我們來看應該如何做，在 AppDelegate.swift 檔的最後，插入下列的程式碼來建立擴展：

```swift
extension AppDelegate: UNUserNotificationCenterDelegate {
    func userNotificationCenter(_ center: UNUserNotificationCenter, didReceive response:
UNNotificationResponse, withCompletionHandler completionHandler: @escaping () -> Void) {

        if response.actionIdentifier == "foodpin.makeReservation" {
            print("Make reservation...")
            if let phone = response.notification.request.content.userInfo["phone"] {
                let telURL = "tel://\(phone)"
                if let url = URL(string: telURL) {
                    if UIApplication.shared.canOpenURL(url) {
                        print("calling \(telURL)")
                        UIApplication.shared.open(url)
                    }
                }
            }
        }

        completionHandler()
    }
}
```

當使用者選擇通知的動作後，便會呼叫 userNotificationCenter(_:didReceive:withCompletionHandler:)，因此我們提供自己的實作來撥打電話給所推薦的餐廳。

由於我們只需要處理「訂位」（Reserve a table）動作，我們先確認動作的識別碼，接著從通知內容的 userInfo 屬性取得餐廳的電話號碼。

在 iOS 中，你可以使用特定的 URL 來啟動一些系統 App。在這個範例中，我們想要開啟電話 App 來撥打號碼，你可以使用 tel 協定來啟動撥打電話的動作，下列為範例 URL：

```
tel://<phone-number>
```

因此在上列的程式碼中，我們建立 telURL 並呼叫 UIApplication 的 open 方法，來啟動電話 App。

在方法的最後面，它需要呼叫 completionHandler 區塊，使系統知道你已經處理完通知。

最後你必須要設定通知中心的委派，在 AppDelegate 的 application(_:didFinishLaunching WithOptions:) 加入下列程式碼：

```
UNUserNotificationCenter.current().delegate = self
```

這樣就完成了，執行這個專案，並在實機上部署這個 App 來進行測試，你必須要使用實機，因為模擬器無法撥打電話。當你選取「訂位」（Reserve a table）按鈕，這個 App 會啟動 FoodPin App，並向你顯示「撥打電話」的選項。

27.9 本章小結

使用者通知框架是一個很棒的框架，讓開發者可以管理並排程使用者通知，本章介紹了這個框架的概貌，並示範了如何排程一個本地推播通知。

加上互動以及豐富內容的通知後，可以改善使用者體驗，讓你的 App 更加吸引人，這是一個能提高 App 保留率的好方法，如果你正在打造下一個 App，試著加入使用者通知，並思考如何提升你的 App 價值。

本章所準備的範例檔中，有最後完整的 Xcode 專案（FoodPinUserNotifications.zip）供你參考。

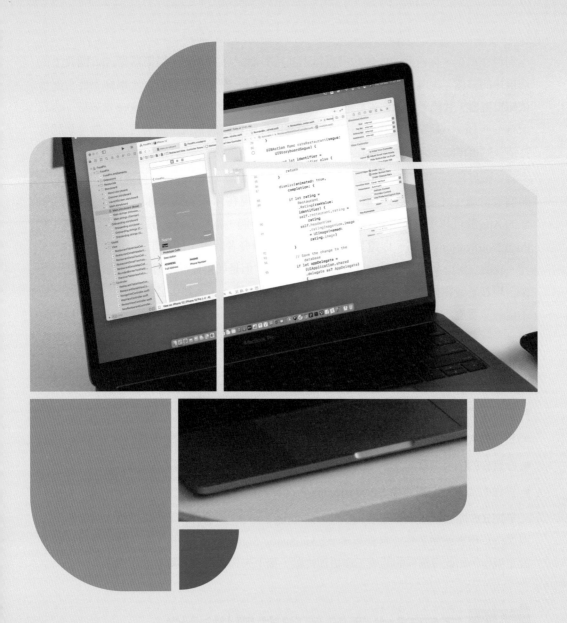

28 在 iOS 實機上部署與 測試 App

到現在為止，你已經在內建的模擬器上執行與測試你的 App，模擬器是 App 開發上一個很棒的夥伴，尤其是當你尚未擁有一台 iPhone 時。儘管模擬器很好，但你不能全部都依賴模擬器，我們不建議你未經過實機測試，就上傳你的 App 至 App Store 做審核，也許還有一些 Bug，是只能在 iPhone 實機上或使用行動網路的情況下被發現，若你是想認真打造一個很棒的 App，你需要在發布之前以實機做過測試。

有一個好消息，特別是對於有抱負的 iOS 開發者而言，即 Apple 不再要你先申請 Apple 開發者計畫，才能在 iOS 裝置上測試你的 App，現在你只要登入你的 Apple ID，然後你的 App 就可以準備在 iPhone 或 iPad 執行了。不過，當你的 App 有使用到 CloudKit 與 Push Notifications 服務，你還是需要申請 Apple 開發者計畫，即每年需要支付美金 99 美元。我明白對於某些人而言，這筆費用並不便宜，但是如果你從本書的一開始跟著我們實作至現在，我相信你一定下了堅定的決心來打造一個 App，然後發布給你的使用者。到了這一步實屬不易，為什麼要就此止步呢？若你的經費不會太拮据，我建議你可以申請開發者計畫，如此便可以繼續學習進階的內容，最重要的是可以在 App Store 上發布你的 App。

在實體裝置上測試你的 App 之前，你需要先執行下列幾項設定：

● 申請開發者憑證。

● 為你的 App 建立 App ID。

● 設定你的開發裝置。

● 為你的 App 建立描述檔（Provisioning Profile）。

早期 iOS 開發需要自己透過 iOS Provisioning Portal（或會員中心）來進行上述的設定，而 Xcode 現在使用名為「自動簽署」（Automatic Signing）的功能，來自動化整個簽署與設定流程，如此可讓你的開發工作更加輕鬆，接下來你很快會了解我的意思。

28.1 了解程式碼簽署與裝置描述檔

你可能想知道為什麼你需要申請一個憑證，並且需要透過許多的複雜程序，才能將 App 安裝到實體裝置中，更不用說，這是你自己的 App 與裝置，主要原因就是安全性考量。在 iOS 裝置上部署的每個 App 都有經過「程式碼簽署」（Code Signing），Xcode 使用你的私密金鑰（Private Key）與數位憑證（Digital Certificate）來做程式碼簽署，經由程式碼簽署，Apple 便會知道你是 App 的合法擁有者。如你所知，Apple 只對合法、有加入開發者計畫的開發者來發行數位憑證，這可以避免非授權的開發者在 App Store 上部署 App。

Apple 發行二種數位憑證：開發（Development）與發布（Distribution），要在實機上執行 App，只需要用到開發憑證（Development Certificate），而當你想要上傳 App 至 Apple Store 時，你便需要使用發布憑證（Distribution Certificate）對 App 進行簽署，而且這些憑證會由 Xcode 自動完成。我們會在之後的章節內容介紹到 App 上架的部分，現在先將重點放在如何部署 App 至裝置中。

「裝置描述檔」（Provisioning Profile）是在 App 開發時會碰到的一個專有名詞，Provisioning 是指一個 App 在裝置上啓動的準備與設定的過程。一個團隊描述檔可讓你的 App 在其他團隊成員（假使你是一位個人開發者，你就是團隊唯一的成員）的裝置上被簽署與執行，圖 28.1 是團隊描述檔的說明。

圖 28.1　團隊描述檔的說明

28.2　檢視你的 Bundle ID

繼續往下之前，我希望你檢視一下你的 Bundle ID。如前所述，Bundle ID 是用來識別一個 App，因此它必須是獨一無二的。如果你有跟著 CloudKit 一章學習，我相信你已經建立你自己的 Bundle ID，不過讓我再次提醒你，你不能使用 com.appcoda.FoodPin（或是 com.appcoda.FoodPinV5），因爲它已經在範例 App 中使用過了，否則你將不能部署 App 至你的實體裝置中。

因此，確認你已經變更了 Bundle ID，它可以任意設定，不過如果你有自己的網域，你可以使用它，並且以 DNS 反寫的格式來命名（例如：edu.self.foodpinapp）。

注意 當 App 發布到 App Store 之後，你將無法變更 Bundle ID。

28.3 在 Xcode 中自動簽署

「自動簽署」（Automatic Signing）是自 Xcode 8 發布後的新功能，如前所述，在實體裝置上部署與執行你的 App 時，你需要進行下列幾項工作：

- 申請你的開發者憑證。
- 建立你的 App 的 App ID。
- 建立你的 App 的描述檔。

透過自動簽署功能，你便不再需要手動建立你的開發者憑證或者描述檔，Xcode 會自動幫你完成這些工作。

在建立 Xcode 的專案時，自動簽署預設是啟用的，若是你在專案導覽器中選取 FoodPin 專案，並至 FoodPin Target 中，你應該會發現「Automatically manage signing」選項設定為「on」。

我們在進行自動簽署之前，連結你的 iPhone（或 iPad）至你的 Mac，在 Xcode 點擊模擬器按鈕，你應該會在模擬器／裝置清單中看到你的裝置，請確認已選取裝置，因為 Xcode 在簽署過程中，會將你的 iPhone 註冊為一個有效的測試裝置。

現在至專案選項，並捲動至「Signing & Capabilities」區，這裡的「Team」選項設為「None」。要使用自動簽署，你必須加入一個帳號至你的專案中，點選「Team」選項並選取「Add an Account」後，填入你的「Apple ID／密碼」，並點選「Add」來繼續，如圖 28.2 所示。如果你之前有加入過你的帳號，你可以跳過這個步驟。

圖 28.2　在 Xcode 中加入你的 iOS 開發者帳號

即使你尚未申請 Apple 開發者計畫，你依然可以使用你的 Apple ID 來登入。

當加入你的帳號後，Xcode 會產生開發者憑證，並自動建立裝置描述檔。在 Signing 區，你會找到你的簽署憑證與裝置描述檔，你可以進一步點選「info」圖示（在 provisioning profile 旁）來了解一下細節，如圖 28.3 所示。

圖 28.3　Xcode 為你建立裝置描述檔與簽署憑證

你可以在會員中心（Member Center）查詢你的 App ID 與裝置描述檔。開啓 Safari 並訪問 `URL` https://developer.apple.com/membercenter/，然後以你的開發者帳號來登入，你將會看到如圖 28.4 所示的畫面。

圖 28.4　iOS 開發者會員中心

說明　只有當你申請完 Apple 開發者計畫後，才會顯示「Certificates, identifiers & Profiles」這個選項。

選擇「Certificates, Identifiers & Profiles」後，你將被導引至另一個管理憑證、識別碼、裝置描述檔的畫面，在 iOS Apps 選取「Identifiers」，你會找到你的 App ID（和你的 Bundle ID 相同），圖 28.5 顯示了 App ID 的範例。

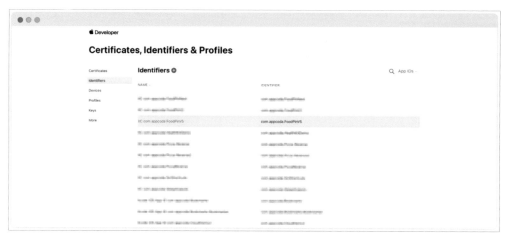

圖 28.5　App ID 的範例

28.4 透過 USB 部署 App 至你的裝置

當你已經將 iOS 裝置連結你的 Mac 電腦，便已準備好在你的 iPhone 或 iPad 上部署及測試 App，點選模擬器／裝置的彈出式選單，並捲動到清單的最上方，選取你的裝置，如圖 28.6 所示。

圖 28.6　在方案彈出式選單中的 iOS 裝置

提示　如果你的 iOS 裝置不合格而沒有顯示在選單中，再繼續往下之前，得修復這個問題。例如：裝置沒有符合部署目標（如 iOS 14），那麼就更新 iOS 裝置的版本。

你現在已經準備好在裝置上部署與執行你的 App 了，點擊「Run」按鈕，並開始部署過程。請記得在部署你的 App 之前，先解鎖你的 iPhone，否則你便不能啟動它。

在 App 第一次執行時，Xcode 可能會出現一個安全性錯誤提示。雖然你的 App 已經部署到已經註冊的裝置，但由於安全性的限制，在未取得你的授權之前，Xcode 無法啟動它，所以你可能會收到一個錯誤提示，如圖 28.7 所示。要修復這個錯誤，則點選「設定→一般→裝置管理」，然後選取開發者憑證，並點選「信任 <Apple ID>」選項，隨後會出現一個確認提示，點選「信任」（Trust）繼續，一旦你信任這個開發者，你便能啟動這個App 了。

圖 28.7　信任 App 開發者的提示（左圖）與信任開發者的設定畫面（右圖）

28.5 透過 Wi-Fi 部署 App

從 Xcode 9 以後，這個開發工具內建了一個備受期望的 App 部署功能，現在可以讓你不使用 USB 連接線，就可以直接透過 Wi-Fi 部署 App 至任何 iOS 裝置。

不過，要注意的是，在你使用這個新功能之前，你必須要先使用 USB 連接線來連結你的 iOS 裝置，然後進行一個簡單的設定。

假設你已將裝置連結完成，至 Xcode 選單，並選擇「Window → Devices and Simulators」，如圖 28.8 所示。

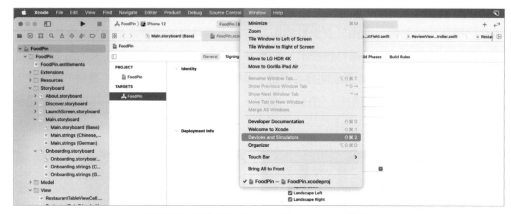

圖 28.8　選擇「Devices and Simulators」選項

在 Connected 區塊下選取你的裝置，然後你應該會發現一個「Connect via network」的核取方塊，勾選它來啓用 Wi-Fi 部署，如圖 28.9 所示。

圖 28.9　勾選「Connect via network」選項

現在你可以將 iPhone 或 iPad 與 Mac 電腦分離，確認你的裝置與 Mac 都有連上 Wi-Fi 網路，即可透過 Wi-Fi 來部署你的 App，如圖 28.10 所示。

圖 28.10　當你的裝置能夠透過 Wi-Fi 部署，選單會出現一個地球圖示

本章小結

　能在實體裝置上執行你的 App 是不是很酷呢？現在你可以和朋友、家人展示你的 App。最新版的 Xcode 簡化了建立裝置描述檔、App ID 與開發者憑證的產生方式，使你的開發工作更加輕鬆，只要點選幾個選項，你就能在你的裝置上測試 App，更不用說，Wi-Fi 部署功能的加入更是如虎添翼了。

　如果你在 App 的部署上碰到任何問題，只要將問題刊登至我們 Facebook 私密社團即可（ URL https://www.facebook.com/groups/appcodatw/ ）。

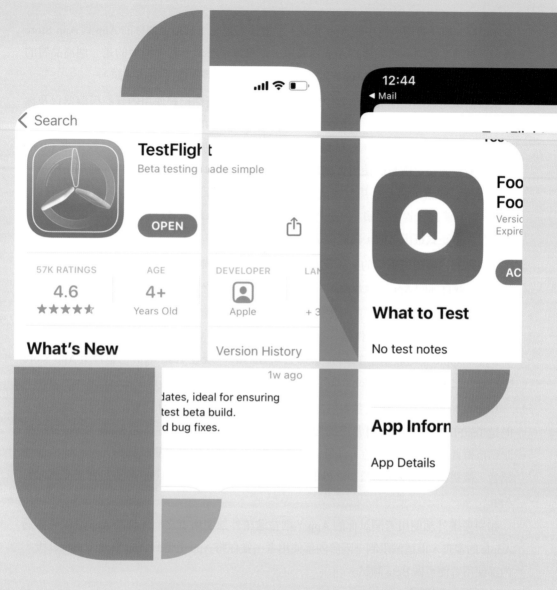

使用 TestFlight 進行 Beta 測試及 CloudKit 生產環境部署

你已經完成了實體裝置中的 App 測試。那麼接下來呢？直接上傳你的 App 到 App Store 讓人下載嗎？是的，如果你的 App 很簡單，你可以這麼做。若你開發的是一個高品質的 App，就不要急於發布你的 App，我建議你在正式發布前先進行 Beta 測試。

Beta 測試是軟體產品發布流程中的一個步驟，我知道你已經使用內建的模擬器以及你自己的裝置來做過測試了，有趣的是，即使你是 App 的開發者，也可能無法發現其中的一些錯誤。透過 Beta 測試，你會驚訝地發現此階段中仍然有許多的缺陷被找出來。Beta 測試一般是向特定數量的使用者開放，他們可能是你的 App 潛在使用者、部落格粉絲、臉書粉絲、同事、朋友、甚至家庭成員。Beta 測試的目的是讓一小群人實際使用你的 App，對其測試並提供回饋。在此階段中，你希望 Beta 測試者發現儘可能多的錯誤，以讓你在 App 正式推出之前，先修復這些問題。

你也許想了解如何為你的 App 進行 Beta 測試？Beta 測試者如何在 App Store 上架你的 App 之前執行你的 App，以及測試人員如何回報錯誤呢？

在 iOS 8 中，Apple 發布了一個名為「TestFlight」的新工具，以簡化 Beta 測試。你也許曾經聽過 TestFlight，它作為一個行動 App 測試的獨立行動平台已經好幾年了。2014 年 2 月，Apple 突然收購了 TestFlight 母公司 Burstly，現在 TestFlight 已整合至 App Store Connect（之前稱為 iTunes Connect）與 iOS 中，你可以透過電子郵件位址邀請 Beta 測試者。

TestFlight 區分 Beta 測試者與內部使用者，概念上兩者皆是你在 Beta 階段的測試者，但是 TestFlight 把內部使用者視為你的開發團隊，這些使用者在 App Store Connect 被指派為技術者或管理者的角色，你最多可邀請 25 個內部使用者來測試你的 App。而 Beta 測試者，被視為你的團隊與公司之外的外部使用者，你可邀請 10,000 名使用者來測試你的 App。

如果要讓外部使用者測試你的 App，則在邀請外部使用者之前，你的 App 必須先通過 Apple 的審查，但這個限制不限於內部使用者，當你將 App 上傳到 App Store Connect 後，內部使用者便可做 Beta 測試。

和 CloudKit 相似，TestFlight 不是免費的，你必須申請 Apple 開發者計畫，才能使用 TestFlight。

在本章中，我會帶領你使用 TestFlight 做 Beta 測試。我們一般需要進行下列幾項工作，以做發布 App 前的 Beta 測試：

- 在 App Store Connect 建立 App 記錄。
- 更新編譯字串。
- 打包與驗證你的 App。

- 上傳你的 App 至 App Store Connect。

- 在 App Store Connect 管理 Beta 測試。

29.1 在 App Store Connect 建立 App 記錄

　　首先，你需要在 App Store Connect 建立一個 App 記錄，才能夠上傳 App。App Store Connect 是一個網頁應用程式，供 iOS 開發者管理在 App Store 上架銷售的 App。如果你已經申請了 iOS 開發者計畫，你可以透過下列網址訪問 App Store Connect： URL http:// appstoreconnect.apple.com。當登入 App Store Connect 之後，選擇「Apps」以及「+」圖示來建立新的 iOS App，如圖 29.1 所示。

圖 29.1　在 App Store Connect 建立一個新的 iOS App

接著會出現要求你填入下列資訊的提示視窗，如圖 29.2 所示：

- **Platform**：選取 App 平台，即 iOS。

- **Name**：即出現在 App Store 的 App 名稱，長度不能超過 30 個字元。

- **Primary Language**：你的 App 的主要語言，如英文。

- **Bundle ID**：如同我們前一章所建立的 Bundle ID。

- **SKU**：以最小存貨單位（Stock Keeping Unit，SKU）表示，可依照你自己喜好定義。舉例而言，你的 App 命名為「Awesome Food App」。你可以使用「awesome_food_app」作為 SKU，除了空格以外，你可以使用字母、數字、連字號、句點及底線。

- **User Access**：除非你想要限制特定使用者在 App Store Connect 中找到 App，否則選取「Full Access」。

圖 29.2　填入你的 App 資訊

當你點選「Create」按鈕後，你將進入另一個畫面來填寫你的 App 細節資訊。

29.2 App 資訊

首先在側邊列選單點選「App Information」，這個部分將顯示你剛才填寫的 App 細節資訊，除了你的 App 名稱之外，你還可以提供副標題來進一步描述你的 App，如圖 29.3 所示。

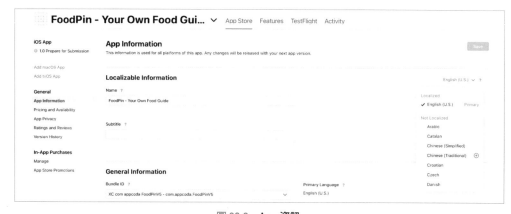

圖 29.3　App 資訊

另外，你可以用其他語言來提供 App 資訊，只需點選「English(U.S.)」按鈕來選取另一種語言。有一個選項必須設定，即選取你的 App 的主要分類，這是你的 App 在 App Store 中所列的分類，請選擇一個符合 App 的最佳類別，例如：你可以對於 FoodPin App 選擇「Food & Drink」分類。

29.3 價格與可用性

在側邊列選單中，你會看到「Pricing and Availability」區塊，這是你設定 App 價格的地方。預設上，你的 App 可以全球下載，不過若是你想要限制 App 只在某些國家／地區上架，你可以點選「Availability」區塊下的「Edit」按鈕，然後選擇你所想上架的國家。請記得在進行下一個部分之前，先儲存所有的變更。

從 macOS Big Sur 開始，可以在 Apple silicon Mac 上使用兼容的 iPhone 與 iPad App，預設上你的 iOS App 也可讓 macOS 的使用者來使用，如果你不希望 Apple silicon Macs 的使用者下載你的 App，則取消勾選 「Make this app available」核取方塊。

29.4 App 政策

自 2018 年 10 月 3 日開始，需要為所有 App 與更新 App 制定隱私權政策，以便進行在 App Store 發布或者透過 TestFlight 做外部測試。在側邊列選單中選擇「App Privacy」，然後填寫你的隱私權政策的 URL，並點選「Get Started」按鈕，以聲明你的 App 是否會從使用者那裡收集任何資料。

29.5 準備送審

除了基本資訊以外，你還需要提供其他資訊，如螢幕截圖、App 描述、App 圖示、聯絡資訊等。在側邊列選單中，選擇「Prepare for Submission」選項來開始。

① App 預覽與螢幕截圖

如圖 29.4 所示，這些是你的 App 的預覽畫面。對於螢幕截圖，你至少需要為 6.5 英吋裝置提供一個螢幕截圖，另外你也可以上傳 iPhone 5.5 英吋的螢幕截圖，如果你的 App 支援 iPad，則需要提供 iPad 的螢幕截圖。

圖 29.4　準備 App 截圖

欲加入螢幕截圖，可點選「Choose File」，或者只要將檔案拖曳進去方框即可，另外你也可以加入一個 App 影片供預覽。

> 提示 你可以進一步參考 Apple 的 App Store Connect 開發指南的內容：URL https://developer.apple.com/support/appstore-connect/。

② App 描述與 URL

接著填入你的 App 描述（Description）與宣傳文字（Promotional Text）。「Promotional Text」是 App Store 改版後的新功能，在 iOS 11 以前，每當你想要更新 App 描述時，你需要經過 App 的審核過程，而現在你隨時可以修改宣傳文字。宣傳文字會出現在描述的上方，最多允許輸入 170 個字元，你可以使用這個欄位來分享任何你的 App 的相關資訊，例如：你的 App 正要促銷，便可以使用這個欄位來告知你的潛在使用者。

關鍵字（Keyword）是用於描述你的 App 性質，你至少需要輸入一組的關鍵字來描述你的 App。假使你有多個關鍵字，則可以用逗號來分開，例如：「food,restaurant,recipe」。關鍵字是作為 App Store 搜尋參考用，這是一個影響你的 App 下載量的重要元素，你也許聽過「應用程式商店排名優化」（App Store Optimization，ASO），關鍵字優化是 ASO 的一部分，這裡我將不進行關鍵字優化內容的探討，若是你想要學習更多關於關鍵字優化的內容，你可以參考這篇文章：URL https://neilpatel.com/blog/app-store-optimization/，或者 Google 一下「ASO」。

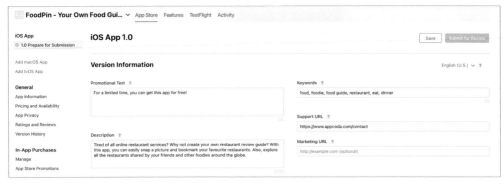

圖 29.5　你的 App 描述

另外，「Support URL」欄位是必填的，你可以填入網站或部落格的 URL，如果你沒有的話，可以到 wordpress.com 註冊一個網站。

③一般 App 資訊

你可以跳過「Build」部分，直接進入「General App Information」部分，這是關於你的 App 的一般資訊。你必須要幫你的 App 分級，只要點選 Rating 旁的「Edit」按鈕，然後填寫它的問題即可，App Store Connect 便會依照你的答案來為 App 分級。

圖 29.6　編輯 App 年齡分級

對於「Copyright」欄位，你可以只填入你的姓名，或是在公司名稱前面加上所有權年份（例如：2020 AppCoda Limited），如圖 29.7 所示。

圖 29.7　範例 App 的資訊

④ App 審核資訊

只要填入你的聯絡資訊即可。這個範例帳號欄位是可選填的，它是給需要執行登入才能進入的 App 填寫的，如果 App 不需要登入，則取消勾選「Sign-in required」核取方塊。

⑤版本發布設定

你可以在 App 通過審核之後，透過自動或手動的方式來發布你的 App，只要設定為「Automatically release this version」即可，最後點選右上角的「Save」按鈕來儲存這些變更。

若你沒有漏掉任何資訊，「Submit for Review」按鈕應該會啟動，這代表你的 App 記錄已經在 App Store Connect 成功建立了。

29.6 更新你的編譯字串

現在回到 Xcode，我們準備編譯 App 並上傳至 App Store Connect，但在此之前，請檢查你的專案，確定版本號碼與 App Store Connect 上的版本號碼是相符的。在專案導覽器中，選取 TARGETS 下的專案來顯示專案編輯器（Project Editor），至 Genernal 標籤，在 Identity 區塊下檢查 Version 欄位，由於這是第一版，所以我們在 Build 欄位設定為「1」，如圖 29.8 所示。

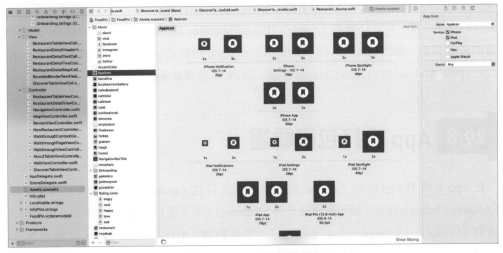

圖 29.8　在專案編輯器中檢查 Version 與 Build 欄位

29.7 **準備你的 App 圖示與啟動畫面**

在發布你的 App 之前，確認你已加入 App 圖示與啟動畫面（Launch Screen）。App 圖示是由素材目錄所管理，你可以在 Asset.xcassets 找到 AppIcon 集。

假設你已經建立你的圖示集，請在 Finder 選擇一個 App 圖示，然後拖曳它至圖示檢視器中的合適圖檔位置。你需要提供各種尺寸的 App 圖示，以配合不同的裝置，只需依照說明進行操作即可，例如：你的 Spotlight 圖示應該是 80×80 像素（40pt×2），並且在 App Store 上顯示的 App 圖示應該是 1024×1024 像素。

這裡建議你可以使用像是 Sketch 與 Figma 的設計工具，來產生不同尺寸的 App 圖示，還可以使用免費線上工具如 App Icon Generator（URL https://appicon.co）與 MakeAppIcon（URL https://makeappicon.com），以幫助您建立 App 圖示。

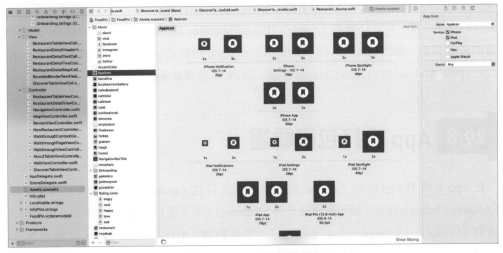

圖 29.9　AppIcon 集的範例

我們在本書的一開始已簡要提到啓動畫面，Xcode 可以讓開發者使用故事板或介面建構器檔來設計一個啓動畫面。在 FoodPin 專案中，你應該會有一個 LaunchScreen.storyboard 檔，這是作爲專案編輯器中預設啓動畫面檔所用。

> 提示 如果你沒有啟動畫面，你可以在 FoodPin 資料夾上按右鍵（或你的專案資料夾），選擇「New File」，然後在 User Interface 中選取「Launch Screen」模板來建立。

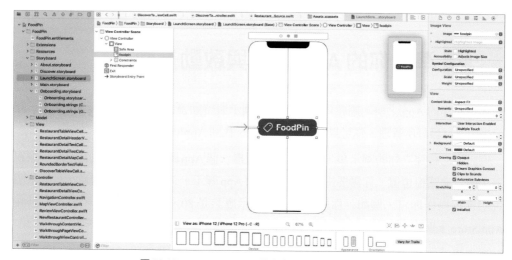

圖 29.10　LaunchScreen 設定為預設的啟動畫面檔

在 Launch Screen.storyboard 檔中，你會找到一個空的視圖控制器。當 App 啓動之後，這個視圖控制器便會載入作爲起始畫面，你可以自由設計它的介面，如同你在其他視圖控制器的作法一樣。你可以參考《Apple's Human Interface Guideline》，其中有關於啓動畫面的最佳作法：URL https://developer.apple.com/library/ios/documentation/UserExperience/Conceptual/MobileHIG/LaunchImages.html。圖 29.10 為啓動畫面設計的範例。

29.8 App 的打包與驗證

在 App 上傳至 App Store Connect 前，你需要先打包（archive）App 檔案。首先檢視「Archive」Scheme 設定，確定編譯設定爲「Release」（而不是 DeBug）。至 Xcode 選單中，選取「Product → Scheme → Edit Scheme」，然後點選「Archive Scheme」，並檢查 Build Configuration 設定，這個選項應設定爲「Release」，如圖 29.11 所示。

図 29.11　檢查 Archive Scheme 設定

　　現在準備打包你的 App 了。假如你是使用模擬器，Archive 功能是關閉的，因此需要選取「Any iOS Device」或你的裝置名稱（如果你已經將某個裝置連到你的 Mac 電腦），然後至 Xcode 選單，點選「Product → Archive」，如圖 29.12 所示。

図 29.12　打包你的 App

　　打包完之後，你打包好的檔案會出現在 Organizer。準備上傳到 App Store Connect，但是最好先透過驗證程序來檢查是否有任何問題，只要點選「Validate App」按鈕，即可開始驗證程序，如圖 29.13 所示。

圖 29.13　你的 App 打包檔案出現在 Organizer

　　系統將提示你選擇「App Store Distribution」選項，只要接受預設的設定並繼續即可，在接下來的畫面中，選取「Automatically manage signing」，來讓 Xcode 為你簽署發行版本，現在再點選「Validate」繼續，如圖 29.14 所示。倘若你被要求產生一個 Apple 發布憑證（Apple Distribution certificate），則請勾選核取方塊，這是將 App 發布至 App Store 的一個重要程序。

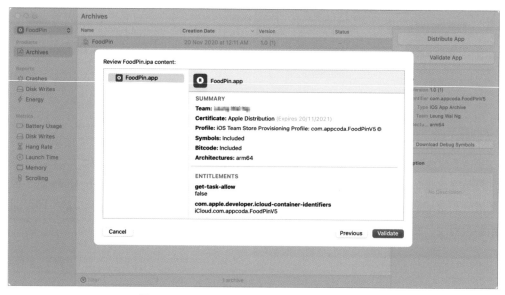

圖 29.14　Xcode 自動建立你的公開發布的描述檔

當你的 App 皆符合所有的要求，你應該會看到「Your app successfully passed all the validation checks」的訊息。

29.9 上傳你的 App 至 App Store Connect

若是驗證成功的話，你可以點選「Distribute App」按鈕，來上傳檔案至 App Store Connect，因為我們要上傳至 App Store，因此當你被問到發布方法時，請選擇「iOS App Store」。同樣的，只要接受「App Store Distribution」選項的預設設定，然後選擇「Automatically manage signing」選項。

現在點選「Upload」按鈕來開始上傳你的 App 打包檔至 App Store Connect，如圖 29.15 所示。在你看到「Upload Success」訊息之前，整個過程約需要幾分鐘的時間。

圖 29.15　上傳你的 App 打包檔至 App Store

29.10 內部測試管理

現在你已經更新編譯檔案至 App Store Connect，我們來了解如何申請內部測試。

回到 URL https://appstoreconnect.apple.com，選擇「My Apps」，然後選取你的 App。在選單中，選擇「TestFlight」，App Store Connect 需要一些時間來處理你剛上傳的編譯檔，

如果你在 TestFlight 沒有看見任何內容，則到 Activity 檢查狀態，也許 App Store Connect 仍在處理你的編譯檔，請稍待片刻。

假設你的編譯檔已經準備好進行測試了，則在 TestFlight 可以看到這個編譯檔，如圖 29.16 所示。你需要點選「Manage」按鈕，以提供出口合規資訊（export compliance information）。

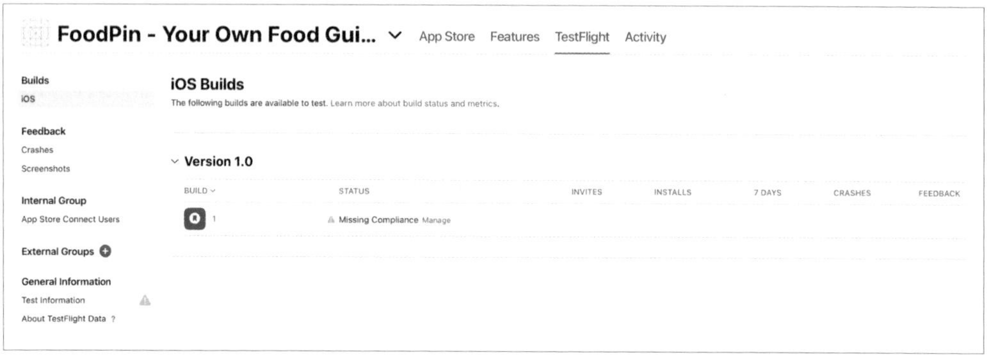

圖 29.16　TestFlight 中的 iOS 編譯檔

在通知內部使用者測試 App 之前，你必須在 TestFlight 填寫測試資訊，包括回饋電子郵件、隱私權政策、市場 URL 和許可協定。點選「Test Information」，然後填寫所需的資訊。你的測試者可以將問題回饋傳送至電子郵件位址，因此請務必確認輸入正確的資訊。

填好所需資訊之後，從側邊列選單選擇「App Store Connect Users」，點選「Add Testers」並選擇測試者，然後點選「Add」來做確認，如圖 29.17 所示。如此，TestFlight 將會自動以電子郵件通知測試者。

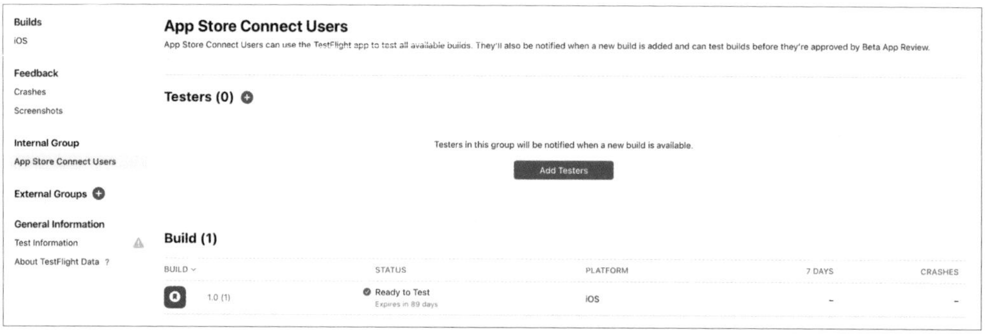

圖 29.17　TestFlight 自動以電子郵件來通知內部測試者

所謂的「內部測試者」，即你的 App Store Connect 團隊內的 Admin、Legal 或者 Technical 角色。如果你想要加入更多的使用者或者變更他們的角色，選取「App Store Connect → Users and Roles」，然後點選「+」按鈕來加入使用者，另外你可直接加入個別的使用者。

當測試者收到電子郵件通知，他 / 她只需要點選「View in TestFlight」按鈕，iOS 就會自動在 Safari 開啟這個連結，測試者只需跟著步驟來安裝 TestFlight App，便可以使用兌換碼來下載你的 App，如圖 29.18 所示。

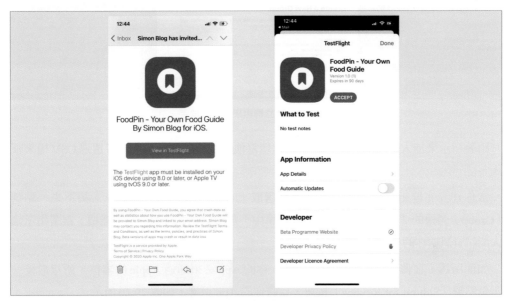

圖 29.18　傳送測試邀請給測試者

你的 Beta 版 App 會在 90 天後過期，未來 Beta 版 App 有任何更新，你的內部測試者可以持續取得最新上傳的版本。

29.11 管理外部測試者的 Beta 測試

你最多被允許邀請 25 個內部測試使用者，一旦你的 App 達到了使用者的期望，你就可以邀請更多的使用者來測試你的 App。TestFlight 可讓你邀請最多 10,000 個外部使用者，你所需要做的就是得到每一個測試者的電子郵件位址，以讓你可以傳送邀請信件給他們。

欲加入外部測試者，則在側邊列選單中點選「Add External Testers」，你可以建立多個群組來管理你的測試者，在出現的提示視窗中，輸入你的群組名稱，然後點擊「Create」按鈕，如圖 29.19 所示。

圖 29.19　建立群組來管理測試者

跟著指示來加入新測試者，你可以手動填寫他們的電子郵件位址或者透過 CSV 檔來匯入。

當你建立完群組之後，在側邊列選單選取「iOS」，並點選 App 圖示。接下來，點選「Group」旁邊的「+」圖示，在彈出式選單中，選取你剛建立的群組並繼續，跟著指示輸入測試資訊給你的 Beta 測試者。

如前所述，在傳送你的測試邀請之前，你的 App 必須通過 Apple 的審核，所以最後一步是點擊「Submit for Review」按鈕，以將你的 App 送審，如圖 29.20 所示。

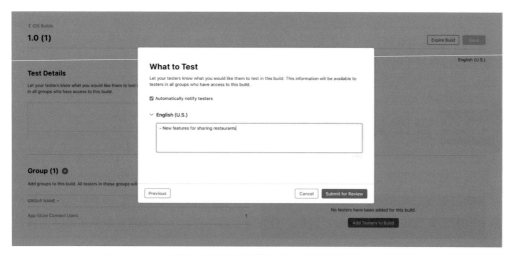

圖 29.20　在邀請外部使用者做測試之前，必須先將你的 App 送審

你的 App 提交審核之後，你的 App 狀態（Build Status）會變成「Waiting for Beta App Review」，通常不到兩天的時間就會通過審核。

在 Apple 審核通過之後，你便可以加入外部使用者，並通知他們做 Beta 版測試。

29.12 CloudKit 生產環境部署

FoodPin App 利用 iCloud 資料庫來儲存公共記錄。至目前為止，我們只在 CloudKit 的開發環境測試我們的 App，對於使用 TestFlight 發布的 App，便不能使用開發環境，因此你必須要將開發環境的資料庫部署改為生產環境（Production）。

要做到這一點，回到 CloudKit 儀表板並選取你的容器。在 Development 區塊中，你應該會找到「Deploy Schema to Production」按鈕，點選它來設定為生產環境，如圖 29.21 所示。

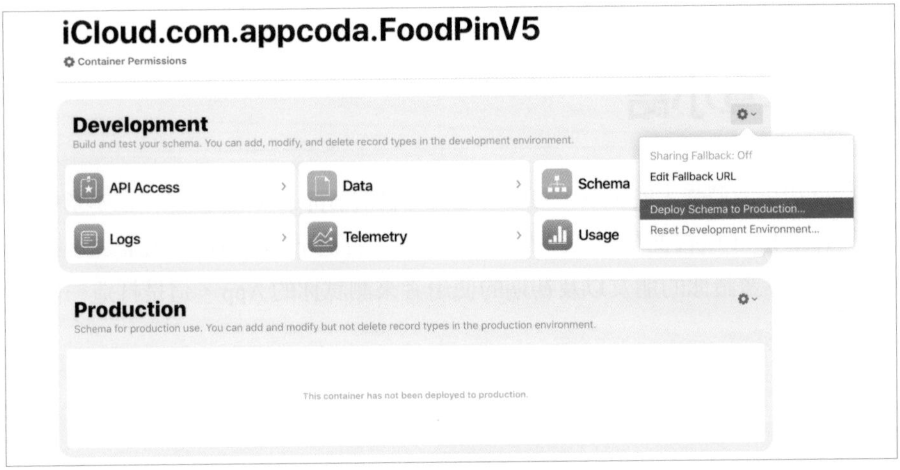

圖 29.21　部署為生產環境

你將會看到確認部署的提示視窗，點選「Deploy Changes」來繼續，如圖 29.22 所示。部署只會將 Schema（例如：記錄類型）移轉到生產環境，它並不會將開發環境的任何記錄複製至生產環境，因此你必須要在部署後使用記錄建立生產環境。

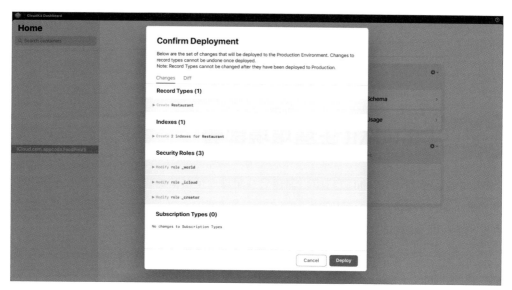

圖 29.22　CloudKit 儀表板顯示你變更申請為生產環境

29.13 本章小結

　　TestFlight 提供我們強大的工具，可輕易地為我們的 App 做 Beta 測試。在本章中，我已經介紹了 TestFlight Beta 測試的基礎內容，如果你正打造下一個 App，在正式上架之前，先使用這個工具邀請你的朋友以及初期的使用者來測試你的 App，這是打造一個高品質 App 的重要步驟。

30 App Store 上架

恭喜你！你已經來到 App 開發的最後步驟，你可能已歷經了數週或數月的努力。經過 Beta 測試以及大量的錯誤修復完成之後，你的 App 最後準備上傳。

在前一章中，已經將你的 App 二進位碼（binary）上傳至 App Store Connect。想要將 App 傳送至 App Store 送審非常簡單，你的 App 在 App Store 上架前，會先經過 Apple 的 App 審查團隊來審核。對於第一次送審的 App 開發者而言，上傳一個 App 至 App Store 會是一個夢魘，你可能需要傳送多次，才能通過 Apple 的審核。

在本章中，我會教導你 App 的上架程序，並且給你一些避免被退件的指引。

30.1 做好準備與充分測試

就開發者的觀點而言，App 的審核過程如同黑箱作業，我依然記得我上傳第一個 App 至 App Store 後被退件的那種受挫感，之後我學到了許多的經驗，這可以協助你減少被退件的機率。

徹底測試你的 App

在 App 上傳之前，你有做過測試嗎？若你已學習過前兩章的內容，你應該已經在實體裝置上測試，並且邀請了一群測試者做過測試，不過我仍然再次重申測試的重要性，你不能只用內建的模擬器測試你的 App，你必須至少在 iOS 實機上測試過，如果這個 App 是通用的，記得要在 iPhone 與 iPad 上測試。

假使你的 App 整合其他的服務如 iCloud，則確認你已在行動通訊與 Wi-Fi 網路測試過。可能的話，跟著前一章的指示來測試你的 App，如果你所上傳的 App 執行起來有問題或者會無預期當機，則 Apple 一定會退件。

另外，請記得以一般及特殊的狀況來測試你的 App。例如：你的 App 需要網路才能運作，那麼若是在沒有訊號的情況下會如何呢？會不會當機，或者只是顯示出錯誤訊息呢？這些都是你需要注意的地方，以確保你的 App 在各種情況下都能夠運作正常。

遵循 App Store 的審核準則

即使我們認為 App Store 的審核過程如同黑箱作業，Apple 也有提供審核準則給開發者參考，你可以參考：URL https://developer.apple.com/app-store/review/guidelines/，雖然我建議你全部閱讀一遍，但你可以參考下列重點：

- App 當機會被退件。

- App 若存在錯誤會被退件。

- 不符合開發者描述的 App 會被退件。

- 與描述不同，未說明或含隱藏功能的 App 會被退件。

- 使用非公開 API 會被退件。

你也需要特別注意你的 App 標題是否包含任何 Apple 的商標，我曾經建立一個有關 iOS App 的電子書，並且取名為「iPhone Handbook」，而這個 App 立刻被 Apple 退件，之後我修改 App 標題為「Handbook for iPhone」，就順利通過審核了。Apple 允許 Apple 這個字的用法是在「作為參考」的情況才行，像是使用「for」的字眼。

送審的細節資訊內容可以參考 Apple 的準則：URL https://www.apple.com/legal/intellectual-property/guidelinesfor3rdparties.html。

- **符合使用者介面要求**：你的 App UI 應該是簡潔且友善使用者操作。否則的話，Apple 會以不合格的 UI 來退件。你可以進一步參考《UI Design Dos and Don'ts》的細節資訊內容（URL https://developer.apple.com/design/tips/）。

- **失效連結**：所有嵌入在 App 的連結必須是要有作用的。失效連結是不被允許的。

- **圖片與文字都是最終版本**：在上傳你的 App 做審查之前，所有 App 的圖片與文字都要是最終版本。如果有那種占位內容（placeholder content），你的 App 會被拒絕。

若想進一步了解常見會造成 App 被退件的原因，請參考：URL https://developer.apple.com/app-store/review/rejections/。另外，不要忘記看《App Store Review guidelines》（URL https://developer.apple.com/app-store/review/guidelines/）。

30.2 上傳你的 App 至 App Store

若是你還沒有讀過前一章，則回到前面來了解如何在 App Store Connect 建立 App 記錄的程序，並上傳 App 打包檔。

現在至 URL https://appstoreconnect.apple.com，並選取「My Apps」，然後選擇「FoodPin App」。假設你已經在 App Information 完成所有資訊，在側邊列選單點選「Pricing and Availability」，若是你之前有設定過價格，這是一個檢查你的設定的好時機。App Store Connect 的最新版提供開發者可以規劃價格變動的功能，例如：你希望 App 剛上架時可免費下載，而過一段時間後，就改為付費版 App，這個「Plan a Price Change」選項即是可以幫你進一步規劃銷售價格的變動，如圖 30.1 所示。

圖 30.1　填入生效日期與定價

接著到「Prepare for Submission」選項，向下捲動到 Build 區塊，點選「Select a build before you submit your app」按鈕，以加入新的編譯檔。選取你想要上傳的編譯檔，如圖 30.2 所示。

圖 30.2　選擇一個要送審的編譯檔

最後儲存變更，並點選「Submit for Review」按鈕來上傳你的 App，如圖 30.3 所示。當你填好「Export Compliance」、「Content Rights」與「Advertising Identifier」，你的 App 便準備好上傳。

圖 30.3　點選「Submit for Review」按鈕來上傳你的 App

成功上傳你的 App 之後，狀態會變更為「Waiting for Review」。

那麼接下來呢？除了耐心等待以外，你也無法做任何事。在過去，大約七天後可得到審核結果。從 2016 年 5 月起，Apple 已經將審核時間縮減到不到二天的時間。

> 提示　平均而言，50% 的 App 在 24 小時內就會開始審核，大約 90% 的 App 在 48 小時內會做審核。
>
> ※ 出處：URL https://developer.apple.com/support/app-review/

因此請保持耐心，不管你的 App 通過與否，你將會收到電子郵件的通知。

30.3　本章小結

再一次恭喜你！你已經建立了 App 並學習如何上架到 App Store。我期許你的 App 第一次就可通過 Apple 的審核，即使被退件，也不要失望，許多 iOS 開發者會分享相同的經驗，只要將問題修復並重新上傳你的 App 即可。

最後，謝謝閱讀本書，這是一段漫長的旅程，我期望你一切順利，能夠很快發布你的 App。若是你的 App 已通過審核，我很樂意聽到你的成功故事，歡迎隨時 Email 至 simonng@appcoda.com，並記得加入我們的臉書開發者社群：URL https://www.facebook.com/groups/appcodatw。

Swift 基礎概論

Swift 是開發 iOS、macOS、watchOS 以及 tvOS App 的新程式語言，與 Objective-C 相較，Swift 是一個簡潔的語言，可使 iOS App 開發更容易。在附錄 A 中，我會對 Swift 做簡要的介紹，這裡的內容並不是完整的程式指南，不過我們提供了初探 Swift 所需的基本概念，你可以參考官方文件（ [URL] https://swift.org/documentation/），有更完整的內容。

A.1 變數、常數與型別推論

Swift 中是以 var 關鍵字來宣告變數（Variable），常數（Constant）的宣告則使用 let 關鍵字，下列為其範例：

```
var numberOfRows = 30
let maxNumberOfRows = 100
```

有二個宣告常數與變數的關鍵字需要知道，你可使用 let 關鍵字來儲存不會變更的值；反之，則使用 var 關鍵字儲存可變更的值。

這是不是比 Objective-C 更容易呢？

有趣的是，Swift 允許你使用任何字元作為變數與常數名稱，甚至你也可以使用表情符號（Emoji Character）來命名。

你可能注意到 Objective-C 在變數的宣告上與 Swift 有很大的不同。在 Objective-C 中，開發者在宣告變數時，必須明確地指定型別的資訊，如 int、double 或者 NSString 等。

```
const int count = 10;
double price = 23.55;
NSString *myMessage = @"Objective-C is not dead yet!";
```

你必須負責指定型別。而在 Swift，你不再需要標註變數型別的資訊，它提供了一個「型別推論」（Type Inference）的強大功能，這個功能啟動編譯器，透過你在變數中所提供的值做比對，來自動推論其型別。

```
let count = 10
// count 被推論為 Int 型別
var price = 23.55
// price 被推論為 Double 型別
var myMessage = "Swift is the future!"
// myMessage 被推論為 String 型別
```

和 Objective-C 相較的話，Swift 使得變數與常數的宣告更容易，Swift 也另外提供一個明確指定型別資訊的功能，下列的範例介紹了如何在 Swift 宣告變數時指定型別資訊：

```
var myMessage : String = "Swift is the future!"
```

A.2　沒有分號做結尾

在 Objective-C 中，你需要在你的程式碼的每一段敘述（Statement）之後，加上一個分號作為結尾，如果你忘記加上分號，在編譯時會得到一個錯誤提示。如同上列的範例，Swift 不需要你在每段敘述之後加上分號（;），但是若你想要這麼做的話也沒問題。

```
var myMessage = "No semicolon is needed"
```

A.3　基本字串操作

在 Swift 中，字串是以 String 型別表示，全是 Unicode 編譯。你可將字串宣告為變數或常數：

```
let dontModifyMe = "You cannot modify this string"
var modifyMe = "You can modify this string"
```

在 Objective-C 中，為了指定字串是否可變更，你必須在 NSString 與 NSMutableString 類別間做選擇；而 Swift 不需要這麼做，當你指定一個字串為變數時（即使用 var），這個字串就可以在程式碼中做變更。

Swift 簡化了字串的操作，並且可以讓你建立一個混合常數、變數、常值（Literal）、運算式（Expression）的新字串。字串的串連超級簡單，只要將兩個字串以 + 運算子加在一起即可：

```
let firstMessage = "Swift is awesome. "
let secondMessage= "What do you think?"
var message = firstMessage + secondMessage
print(message)
```

Swift 自動將兩個訊息結合起來，你可以在主控台看見下列的訊息。注意，print 是 Swift 中一個可以將訊息列印輸出到主控台中的全域函數（Global Function）。

Swift 太棒了，你覺得呢？你可以在 Objective-C 中使用 stringWithFormat: 方法來完成，但是 Swift 是不是更容易閱讀呢？

```
NSString *firstMessage = @"Swift is awesome. ";
NSString *secondMessage = @"What do you think?";
NSString *message = [NSString stringWithFormat:@"%@%@", firstMessage, secondMessage];
NSLog(@"%@", message);
```

字串的比較也更簡單了，你可以像這樣直接使用 == 運算子來做字串的比較：

```
var string1 = "Hello"
var string2 = "Hello"
if string1 == string2 {
    print("Both are the same")
}
```

A.4　陣列

Swift 中宣告陣列（Array）的語法與 Objective-C 相似，舉例如下：

Objective-C

```
NSArray *recipes = @[@"Egg Benedict", @"Mushroom Risotto", @"Full Breakfast", @"Hamburger",
@"Ham and Egg Sandwich"];
```

Swift

```
var recipes = ["Egg Benedict", "Mushroom Risotto", "Full Breakfast", "Hamburger", "Ham and Egg
Sandwich"]
```

在 Objective-C 中，你可以將任何物件放進 NSArray 或 NSMutableArray，而 Swift 中的陣列只能儲存相同型別的項目，以上列的範例來說，你只能儲存字串至字串陣列。有了型別推論，Swift 自動偵測陣列型別，或者你也可以用下列的形式來指定型別：

```
var recipes : String[] = ["Egg Benedict", "Mushroom Risotto", "Full Breakfast", "Hamburger",
"Ham and Egg Sandwich"]
```

Swift 提供各種讓你查詢與操作陣列的方法。只要使用 count 方法就可以找出陣列中的項目數：

```
var numberOfItems = recipes.count
// recipes.count 會回傳 5
```

Swift 讓陣列操作更為簡單，你可以使用 += 運算子來增加一個項目：

```
recipes += ["Thai Shrimp Cake"]
```

這樣的作法可以讓你加入多個項目：

```
recipes += ["Creme Brelee", "White Chocolate Donut", "Ham and Cheese Panini"]
```

要在陣列存取或變更一個特定的項目，和 Objective-C 以及其他程式語言一樣，使用下標語法（Subscript Syntax）傳送項目的索引值（Index）：

```
var recipeItem = recipes[0]
recipes[1] = "Cupcake"
```

Swift 中一個有趣的功能是，你可以使用「...」來變更值的範圍，舉例如下：

```
recipes[1...3] = ["Cheese Cake", "Greek Salad", "Braised Beef Cheeks"]
```

這將 recipes 陣列的項目 2 至 4 變更為「Cheese Cake」、「Greek Salad」、「Braised Beef Cheeks」（要記得陣列第一個項目是索引值 0，這便是為何索引值 1 對應項目 2）。

當你輸出陣列至主控台，結果如下所示：

- Egg Benedict

- Cheese Cake

- Greek Salad

- Braised Beef Cheeks

- Ham and Egg Sandwich

Swift 提供三種集合型別（Collection Type）：陣列、字典與 Set。我們先來討論字典（Dictionary），每個字典中的值對應一個唯一的鍵。要在 Swift 宣告一個字典，程式碼寫法如下所示：

```
var companies = ["AAPL" : "Apple Inc", "GOOG" : "Google Inc", "AMZN" : "Amazon.com, Inc",
"FB" : "Facebook Inc"]
```

鍵值對（Key-value Pair）中的鍵與值用冒號分開，然後用方括號包起來，每一對用逗號來分開。

就像陣列或其他變數一樣，Swift 自動偵測鍵與值的型別，但你也可以用下列的語法來指定型別資訊：

```
var companies: [String: String] = ["AAPL" : "Apple Inc", "GOOG" : "Google Inc", "AMZN" :
"Amazon.com, Inc", "FB" : "Facebook Inc"]
```

要對字典做逐一查詢，可以使用 for-in 迴圈：

```
for (stockCode, name) in companies {
    print("\(stockCode) = \(name)")
}

// 你可以使用 keys 與 values 屬性來取得字典的鍵值
for stockCode in companies.keys {
    print("Stock code = \(stockCode)")
}
for name in companies.values {
    print("Company name = \(name)")
}
```

要取得特定鍵的值，使用下標語法指定鍵，當你要加入一個新的鍵值對到字典中，只要使用鍵作為下標，並指定一個值，就像這樣：

```
companies["TWTR"] = "Twitter Inc"
```

現在 companies 字典總共包含五個項目，"TWTR":"Twitter Inc" 配對自動加入 companies 字典。

A.6 集合

　集合（Set）和陣列非常相似，陣列是有排序的集合，而 Set 則是沒有排序的集合；在陣列中的項目可以重複，但是在集合中則沒有重複值。

　要宣告一個集合，你可以像這樣撰寫：

```
var favoriteCuisines: Set = ["Greek", "Italian", "Thai", "Japanese"]
```

　此語法和陣列的建立一樣，不過你必須明確指定集合型別。

　如前所述，集合是不同項目、沒有經過排序的集合。當你宣告一組集合有重複的值，它便不會儲存這個值，以下列程式碼為例：

```
var favoriteCuisines: Set = ["Greek", "Italian", "Thai", "Japanese", "Thai", "Italian"]     {"Japanese", "Italian", "Thai", "Greek"}
```

　集合的操作和陣列很相似，你可以使用 for-in 迴圈來針對集合做迭代（Iterate）。不過，當你要加入一個新項目至集合中，你不能使用 += 運算子，你必須呼叫 insert 方法：

```
favoriteCuisines.insert("Indian")
```

　有了集合，你可以輕鬆判斷兩組集合中有重複的值或不相同的值，例如：你可以使用兩組集合來分別代表兩個人最愛的料理種類：

```
var tomsFavoriteCuisines: Set = ["Greek", "Italian", "Thai", "Japanese"]
var petersFavoriteCuisines: Set = ["Greek", "Indian", "French", "Japanese"]
```

　當你想要找出他們之間共同喜愛的料理種類，你可以像這樣呼叫 intersection 方法：

```
tomsFavoriteCuisines.intersection(petersFavoriteCuisines)
```

　結果會回傳：

```
{"Greek", "Japanese"}.
```

　或者，若你想找出哪些料理是他們不共同喜愛的，則可以使用 symmetricDifference 方法：

```
tomsFavoriteCuisines.symmetricDifference(petersFavoriteCuisines)
// Result: {"French", "Italian", "Thai", "Indian"}
```

A.7 類別

在 Objective-C 中，你針對一個類別（Class）分別建立了介面（.h）與實作（.m）檔，而 Swift 不再需要開發者這麼做了，你可以在單一個檔案（.swift）中定義類別，不需要額外分開介面與實作。

要定義一個類別，須使用 class 關鍵字，下列是 Swift 中的範例類別：

```
class Recipe {
    var name: String = ""
    var duration: Int = 10
    var ingredients: [String] = ["egg"]
}
```

在上述的範例中，我們定義一個 Recipe 類別加上三個屬性，包含 name、duration 與 ingredients。Swift 需要你提供屬性的預設值，如果缺少初始值，你將得到編譯錯誤的結果。

若是你不想指定一個預設值呢？Swift 允許你在值的型別之後寫一個問號（?），將它的值定義為可選型別（Optional）。

```
class Recipe {
    var name: String?
    var duration: Int = 10
    var ingredients: [String]?
}
```

在上列的程式碼中，name 與 ingredients 屬性自動被指定一個 nil 的預設值。想建立一個類別的實例（Instance），只要使用下列的語法：

```
var recipeItem = Recipe()
// 你可以使用點語法來存取或變更一個實例的屬性
recipeItem.name = "Mushroom Risotto"
recipeItem.duration = 30
recipeItem.ingredients = ["1 tbsp dried porcini mushrooms", "2 tbsp olive oil", "1 onion,
chopped", "2 garlic cloves", "350g/12oz arborio rice", "1.2 litres/2 pints hot vegetable
stock", "salt and pepper", "25g/1oz butter"]
```

Swift 允許你繼承以及採用協定。舉例而言，如果你有一個從 UIViewController 類別延伸而來的 SimpleTableViewController 類別，並採用 UITableViewDelegate 與 UITableView DataSource 協定，你可以像這樣做類別宣告：

```
class SimpleTableViewController : UIViewController, UITableViewDelegate, UITableViewDataSource
```

A.8 方法

和其他物件導向語言一樣，Swift 允許你在類別中定義函數，即所謂的「方法」（Method）。你可以使用 func 關鍵字來宣告一個方法，下列為沒有帶著回傳值與參數的方法範例：

```swift
class TodoManager {
    func printWelcomeMessage() {
        print("Welcome to My ToDo List")
    }
}
```

在 Swift 中，你可以使用點語法（Dot Syntax）呼叫一個方法：

```swift
todoManager.printWelcomeMessage()
```

當你需要宣告一個帶著參數與回傳值的方法，方法看起來如下：

```swift
class TodoManager {
    func printWelcomeMessage(name:String) -> Int {
        print("Welcome to \(name)'s ToDo List")
        return 10
    }
}
```

這個語法看起來較為難懂，特別是 -> 運算子，上述的方法取一個字串型別的 name 參數作為輸入，-> 運算子是作為方法回傳值的指示器。從上列的程式碼來看，你將待辦事項總數的回傳型別指定為 Int。下列為呼叫此方法的範例：

```
var todoManager = TodoManager()
let numberOfTodoItem = todoManager.printWelcomeMessage(name: "Simon")
print(numberOfTodoItem)
```

A.9 控制流程

控制流程（Control Flow）與迴圈利用和 C 語言非常相似的語法。如前所述，Swift 提供了 for-in 迴圈來迭代陣列與字典。

for 迴圈

如果你想要迭代一定範圍的值，你可使用 ... 或 ..< 運算子。這些都是在 Swift 中新導入的運算子，表示一定範圍的值，例如：

```
for i in 0..<5 {
    print("index = \(i)")
}
```

這會在主控台輸出下列的結果：

```
index = 0
index = 1
index = 2
index = 3
index = 4
```

那麼 ..< 與 ... 有什麼不同呢？如果我們將上面範例中的 ..< 以 ... 取代，這定義了執行 0 到 5 的範圍，而 5 也包括在範圍內。下列是主控台的結果：

```
index = 0
index = 1
index = 2
index = 3
index = 4
index = 5
```

if-else 敘述

和 Objective-C 一樣，你可以使用 if 敘述依照某個條件來執行程式碼。這個 if-else 敘述的語法與 Objective-C 很相似，Swift 只是讓語法更簡單，讓你不再需要用一對圓括號來將條件包裹起來。

```
var bookPrice = 1000;
if bookPrice >= 999 {
    print("Hey, the book is expensive")
} else {
    print("Okay, I can affort it")
}
```

switch 敘述

我要特別強調 Swift 的 switch 敘述，相對於 Objective-C 而言是一個很大的改變，請看下列的範例，你有注意到什麼地方比較特別嗎？

```
switch recipeName {
    case "Egg Benedict":
        print("Let's cook!")
    case "Mushroom Risotto":
        print("Hmm... let me think about it")
    case "Hamburger":
        print("Love it!")
    default:
        print("Anything else")
}
```

首先，switch 敘述可以處理字串。在 Objective-C 中，無法在 NSString 做 switch，你必須用數個 if 敘述來實作上面的程式碼；而 Swift 可使用 switch 敘述，這個特點最受青睞。

另一個你可能會注意到的有趣特點是，它沒有 break。記得在 Objective-C 中，你需要在每個 switch case 後面加上 break，否則的話，它會進到下一個 case；在 Swift 中，你不需要明確加上一個 break 敘述，Swift 中的 switch 敘述不會落到每個 case 的底部，然後進到下一個；相反的，當第一個 case 完成配對後，全部的 switch 敘述便完成任務的執行。

除此之外，switch 敘述也支援範圍配對（range matching），以下列程式碼來說明：

```
var speed = 50
```

```
switch speed {
case 0:
    print("stop")
case 0...40:
    print("slow")
case 41...70:
    print("normal")
case 71..<101:
    print("fast")
default:
    print("not classified yet")
}
```

// 當速度落在 41 與 70 的範圍，它會在主控台上輸出 normal

switch case 可以讓你透過二個新的運算子 ... 與 ..<，來檢查一個範圍內的值。這兩個運算子是作為表示一個範圍值的縮寫。

例如：41...70 的範圍，... 運算子定義了從 41 到 70 的執行範圍，有包含 41 與 70。如果我們使用 ..< 取代範例中的 ...，則是定義執行範圍為 41 至 69，換句話說，70 不在範圍之內。

A.10 元組

Swift 導入了一個在 Objective-C 所沒有的先進型別稱為「元組」（Tuple），元組可以允許開發者建立一個群組值並且傳送。假設你正在開發一個可以回傳多個值的方法，你便可以使用元組作為回傳值取代一個自訂物件的回傳。

元組把多個值視為單一複合值，以下列的範例來說明：

```
let company = ("AAPL", "Apple Inc", 93.5)
```

上面這行程式碼建立了一個包含股票代號、公司名稱以及股價的元組，你可能會注意到元組內可以放入不同型別的值。你可以像這樣來解開元組的值：

```
let (stockCode, companyName, stockPrice) = company
print("stock code = \(stockCode)")
print("company name = \(companyName)")
print("stock price = \(stockPrice)")
```

一個使用元組的較佳方式是，在元組中賦予每個元素一個名稱，而你可以使用點語法來存取元素值，如下列的範例所示：

```
let product = (id: "AP234", name: "iPhone X", price: 599)
print("id = \(product.id)")
print("name = \(product.name)")
print("price = USD\(product.price)")
```

使用元組的常見方式是作為回傳值。在某些情況下，你想要在方法中不使用自訂類別來回傳多個值，你可以使用元組作為回傳值，如下列的範例所示：

```
class Store {
    func getProduct(number: Int) -> (id: String, name: String, price: Int) {
        var id = "IP435", name = "iMac", price = 1399
        switch number {
            case 1:
                id = "AP234"
                name = "iPhone X"
                price = 999
            case 2:
                id = "PE645"
                name = "iPad Pro"
                price = 599
            default:
                break
        }

        return (id, name, price)
    }
}
```

在上列的程式碼中，我們建立了一個名為「getProduct」、帶著數字參數的呼叫方法，並且回傳一個元組型別的產品值，你可像這樣呼叫這個方法並儲存值：

```
let store = Store()
let product = store.getProduct(number: 2)
print("id = \(product.id)")
print("name = \(product.name)")
print("price = USD\(product.price)")
```

何謂「可選型別」（Optional）？當你在 Swift 中宣告變數，它們預設是設定為非可選型別。換句話說，你必須指定一個非 nil 的值給這個變數。如果你試著設定一個 nil 值給非可選型別，編譯器會告訴你：「Nil 值不能指定為 String 型別！」。

```
var message: String = "Swift is awesome!" // OK
message = nil // 編譯期錯誤
```

在類別中，宣告屬性時也會應用到，屬性預設設定為非可選型別。

```
class Messenger {
    var message1: String = "Swift is awesome!" // OK
    var message2: String // 編譯期錯誤
}
```

這個 message2 會得到一個編譯期錯誤（Compile-time Error）的訊息，因為它沒有指定一個初始值，這對那些有 Objective-C 經驗的開發者而言會有些驚訝，在 Objective-C 或其他程式語言（例如：JavaScript），指定一個 nil 值給變數，或宣告一個沒有初始值的屬性，不會有編譯期錯誤的訊息。

```
NSString *message = @"Objective-C will never die!";
message = nil;

class Messenger {
    NSString *message1 = @"Objective will never die!";
    NSString *message2;
}
```

不過，這並不表示你不能在 Swift 中宣告一個沒有指定初始值的屬性，Swift 導入了可選型別來指出缺值，它是在型別宣告後面加入一個？運算子來定義，以下列範例來說明：

```
class Messenger {
    var message1: String = "Swift is awesome!" // OK
    var message2: String? // OK
}
```

當變數定義為可選型別時，你仍然可以指定值給它，但若是這個變數沒有指定任何值給它，它會自動定義為 nil。

A.12 為何需要可選型別？

Swift 是為了安全性考量而設計的。Apple 曾經提過，可選型別是 Swift 作為型別安全語言的一個印證。從上列的範例來看，Swift 的可選型別提供編譯時檢查，避免執行期一些常見的程式錯誤，我們來看下列的範例，你將會更了解可選型別的功能。

參考這個在 Objective-C 的方法：

```
- (NSString *)findStockCode:(NSString *)company {
    if ([company isEqualToString:@"Apple"]) {
        return @"AAPL";
    } else if ([company isEqualToString:@"Google"]) {
        return @"GOOG";
    }

    return nil;
}
```

你可以使用 findStockCode: 方法來取得清單中某家公司的股票代號，為了示範起見，這個方法只回傳 Apple 與 Google 的股票代號，其他的輸入則回傳 nil。

假設這個方法定義在同一個類別，我們可以這樣使用它：

```
NSString *stockCode = [self findStockCode:@"Facebook"];      // 回傳 nil
NSString *text = @"Stock Code - ";
NSString *message = [text stringByAppendingString:stockCode]; // 執行期錯誤
NSLog(@"%@", message);
```

這段程式碼會正確編譯，但因為是 Facebook，所以會回傳 nil，在執行 App 時會出現執行期錯誤的情況，有了 Swift 的可選型別，錯誤不會在執行期才被發現，而是在編譯期就會先出現了。假使我們以 Swift 重寫上述的範例，它看起來會像這樣：

```
func findStockCode(company: String) -> String? {
    if (company == "Apple") {
        return "AAPL"
    } else if (company == "Google") {
```

```
        return "GOOG"
    }

    return nil
}

var stockCode:String? = findStockCode(company: "Facebook")
let text = "Stock Code - "
let message = text + stockCode   // 編譯期錯誤
print(message)
```

stockCode 是以可選型別來定義，意思是說它可以包含一個字串或是 nil，你不能執行上列的程式碼，因爲編譯器偵測到潛在的錯誤：「可選型別 String? 的值還未解開」（value of optional type String? is not unwrapped），並且告訴你要修正它。

從上述的範例中可以知道 Swift 的可選型別加強了 nil 的檢查，並且提供編譯期錯誤的線索給開發者。顯然的，使用可選型別能夠改善程式碼的品質。

A.13 解開可選型別

那麼我們該如何讓程式可以運作？顯然的，我們需要測試 stockCode 是否有包含一個 nil 值，我們修改程式碼如下：

```
var stockCode:String? = findStockCode(company: "Facebook")
let text = "Stock Code - "
if stockCode != nil {
    let message = text + stockCode!
    print(message)
}
```

和 Objective-C 相同的部分是，我們使用 if 來執行 nil 檢查，一旦我們知道可選型別必須包含一個值，我們在可選型別名稱的後面加上一個驚嘆號（！）來解開它。在 Swift 中，這就是所謂的「強制解開」（Forced Unwrapping），你可以使用！運算子來解開可選型別的包裹以及揭示其內在的值。

參考上列的範例程式碼，我們只在 nil 值檢查後解開 stockCode 可選型別，我們知道可選型別在使用！運算子解開它之前，必須包含一個非 nil 的值。這裡要強調的是，建議在解開它之前，驗證可選型別必須包含值。

但如果我們像下列的範例這樣忘記驗證呢？

```
var stockCode:String? = findStockCode(company: "Facebook")
let text = "Stock Code - "
let message = text + stockCode!   // 執行期錯誤
```

這種情況不會有編譯期錯誤，當強制解開啟用後，編譯器假定可選型別包含了一個值，不過當你執行 App 時，就會在主控台產生一個執行期錯誤的訊息。

A.14 可選綁定

除了強制解開之外，「可選綁定」（Optional Binding）是一個較簡單且推薦用來解開可選型別包裹的方式，你可以使用可選綁定來驗證可選型別是否有值，如果它有值則解開它，並把它放進一個暫時的常數或變數。

沒有比使用實際範例的更好方式來解釋可選綁定了。我們將前面範例中的範例程式碼轉換成可選綁定：

```
var stockCode:String? = findStockCode(company: "Facebook")
let text = "Stock Code - "
if let tempStockCode = stockCode {
    let message = text + tempStockCode
    print(message)
}
```

if let（或 if var）是可選綁定的兩個關鍵字，以白話來說，這個程式碼是說：「如果 stockCode 包含一個值則解開它，將其值設定到 tempStockCode，然後執行後面的條件敘述，否則的話彈出這段程式」。因為 tempStockCode 是一個新的常數，你不需要使用「!」字尾來存取其值。

你也可以透過在 if 敘述中做函數的判斷，進一步簡化程式碼：

```
let text = "Stock Code - "
if var stockCode = findStockCode(company: "Apple") {
    let message = text + stockCode
    print(message)
}
```

這裡的 stockCode 不是可選型別，所以不需要使用「!」字尾在程式碼區塊中存取其值。如果從函數回傳 nil 值，程式碼區塊便不會執行。

A.15 可選鏈

在解釋「可選鏈」(Optional Chaining) 之前，我們調整一下原來的範例。我們建立了一個名為「Stock」的新類別，這個類別有 code 以及 price 屬性，且都是可選型別。findStockCode 函數修改成以 Stock 物件取代 String 來回傳。

```
class Stock {
    var code: String?
    var price: Double?
}

func findStockCode(company: String) -> Stock? {
    if (company == "Apple") {
        let aapl: Stock = Stock()
        aapl.code = "AAPL"
        aapl.price = 90.32

        return aapl

    } else if (company == "Google") {
        let goog: Stock = Stock()
        goog.code = "GOOG"
        goog.price = 556.36

        return goog
    }

    return nil
}
```

我們重寫原來的範例，如下所示，並先呼叫 findStockCode 函數來找出股票代號，然後計算買 100 張股票的總成本是多少：

```
if let stock = findStockCode(company: "Apple") {
    if let sharePrice = stock.price {
        let totalCost = sharePrice * 100
```

```
        print(totalCost)
    }
}
```

由於 findStockCode() 的回傳值是可選型別，我們使用可選綁定來驗證實際上是否有值。顯然的，Stock 類別的 price 屬性是可選型別，我們再次使用 if let 敘述來驗證 stock.price 是否包含一個非空值。

上列的程式碼運作沒有問題。你可以使用可選鏈來取代巢狀式 if let 的撰寫，以簡化程式碼。這個功能允許我們將多個可選型別以 ?. 運算子連結起來，下列是程式碼的簡化版本：

```
if let sharePrice = findStockCode(company: "Apple")?.price {
    let totalCost = sharePrice * 100
    print(totalCost)
}
```

可選鏈提供另一種存取 price 值的方式，現在程式碼看起來更簡潔了，此處只是介紹了可選鏈的基礎概念，你可以進一步至《Apple's Swift Guide》研究有關可選鏈的資訊。

A.16 可失敗初始化器

Swift 導入「可失敗初始化器」（Failable Initializers）的新功能，初始化（Initialization）是一個類別中儲存每個屬性設定初始值的程序。在某些情況下，實例（Instance）的初始化可能會失敗，現在像這樣的失敗可以使用可失敗初始化器。可失敗初始化器的結果包含一個物件或是 nil，你需要使用 if let 來檢查初始化是否成功。舉例而言：

```
let myFont = UIFont(name : "AvenirNextCondensed-DemiBold", size: 22.0)
```

如果字型檔案不存在或無法讀取，UIFont 物件的初始化便會失敗，初始化失敗會使用可失敗初始化器來回報，回傳的物件是一個可選型別，此不是物件本身就是 nil，因此我們需要使用 if let 來處理可選型別：

```
if let myFont = UIFont(name : "AvenirNextCondensed-DemiBold", size: 22.0) {

    // 下列為要處理的程序

}
```

「泛型」（Generic）不是新的觀念，在其他程式語言如 Java，已經運用很久了，但是對於 iOS 開發者而言，你可能會對泛型感到陌生。

泛型函數（Generic Functions）

泛型是 Swift 強大的功能之一，可以讓你撰寫彈性的函數。那麼，何謂泛型呢？好的，我們來看一下這個範例，假設你正在開發一個 process 函數：

```
func process(a: Int, b: Int) {
    // 執行某些動作
}
```

這個函數接受二個整數值來做進一步的處理，那麼當你想要帶進另一個型別的值，如 Double 呢？你可能會另外撰寫函數如下：

```
func process(a: Double, b: Double) {
    // 執行某些動作
}
```

這二個函數看起來非常相似，假設函數本身是相同，差異性在於「輸入的型別」。有了泛型，你可以將它們簡化成可以處理多種輸入型別的泛型函數：

```
func process<T>(a: T, b: T) {
    // 執行某些動作
}
```

現在它是以占位符型別（Placeholder Type）取代實際的型別名稱，函數名稱後的 <T>，表示這是一個泛型函數，對於函數參數，實際的型別名稱則以泛型型別 T 來代替。

你可以用相同的方式呼叫這個 process 函數，實際用來取代 T 的型別，會在函數每次被呼叫時來決定。

```
process(a: 689, b: 167)
```

A.18 泛型型別約束

我們來看另一個範例，假設你撰寫另一個比較二個整數值是否相等的函數：

```
func isEqual(a: Int, b: Int) -> Bool {
    return a == b
}
```

當你需要和另一個型別的值（如字串）來做比較，你需要另外寫一個像下列的函數：

```
func isEqual(a: String, b: String) -> Bool {
    return a == b
}
```

有了泛型的幫助，你可以將二個函數合而為一：

```
func isEqual<T>(a: T, b: T) -> Bool {
    return a == b
}
```

同樣的，我們使用 T 作為型別的值的占位符，如果你在 Xcode 測試上列的程式碼，這個函數無法編譯，問題在於 a==b 的檢查，雖然這個函數接受任何型別的值，但不是所有的型別皆可以支援 == 運算子，因此 Xcode 才會指出錯誤。在這個範例中，你需要使用泛型型別約束：

```
func isEqual<T: Equatable>(a: T, b: T) -> Bool {
    return a == b
}
```

你可以在型別參數名稱後面寫上一個協定的型別約束，以冒號來做區隔，這裡的 Equatable 就是協定，換句話說，這個函數只會接受支援協定的值。

在 Swift 中，它內建一個名為「Equatable」的標準協定，所有遵循這個 Equatable 協定的型別，都可以支援 == 運算子，所有標準型別如 String、Int 與 Double 都支援 Equatable 協定，因此你可以像這樣使用 isEqual 函數：

```
isEqual(a: 3, b: 3)            // true
isEqual(a: "test", b: "test")  // true
isEqual(a: 20.3, b: 20.5)      // false
```

泛型型別

在函數中，使用泛型是沒有限制的，Swift 可以讓你定義自己的泛型型別，這可以是自訂類別或結構，內建的陣列與字典就是泛型型別的範例。

我們來看下列的範例：

```
class IntStore {
    var items = [Int]()

    func addItem(item: Int) {
        items.append(item)
    }

    func findItemAtIndex(index: Int) -> Int {
        return items[index]
    }
}
```

IntStore 是一個儲存 Int 項目陣列的簡單類別，它提供兩個方法：

● 新增項目到 Store 中。

● 從 Store 中回傳一個特定的項目。

顯然的，在 IntStore 類別支援 Int 型別項目。那麼如果你能夠定義一個處理任何型別值的泛型 ValueStore 類別會不會更好呢？下列是此類別的泛型版本：

```
class ValueStore<T> {
    var items = [T]()

    func addItem(item: T) {
        items.append(item)
    }

    func findItemAtIndex(index: Int) -> T {
        return items[index]
    }
}
```

和你在泛型函數一節所學到的一樣，使用占位符型別參數（T）來表示一個泛型型別，在類別名稱後的型別參數 () 指出這個類別為泛型型別。

要實例化類別，則在角括號內寫上要儲存在 ValueStore 的型別。

```
var store = ValueStore<String>()
store.addItem(item: "This")
store.addItem(item: "is")
store.addItem(item: "generic")
store.addItem(item: "type")
let value = store.findItemAtIndex(index: 1)
```

你可以像之前一樣呼叫這個方法。

A.20 計算屬性

「計算屬性」（Computed Properties）並沒有實際儲存一個值，相對的，它提供了自己的 getter 與 setter 來計算值，以下列的範例說明：

```
class Hotel {
    var roomCount:Int
    var roomPrice:Int
    var totalPrice:Int {
        get {
            return roomCount * roomPrice
        }
    }

    init(roomCount: Int = 10, roomPrice: Int = 100) {
        self.roomCount = roomCount
        self.roomPrice = roomPrice
    }
}
```

這個 Hotel 類別有儲存二個屬性：roomPrice 與 roomCount。要計算旅館的總價，我們只要將 roomPrice 乘上 roomCount 即可。在過去，你可能會建立一個可以執行計算並回傳總價的方法，有了 Swift，你可以使用計算屬性來代替，在這個範例中，totalPrice 是一個計算屬性，這裡不使用儲存固定的值的方式，它定義了一個自訂的 getter 來執行實際的計算，然後回傳房間的總價。就和值儲存在屬性一樣，你也可以使用點語法來存取屬性：

```
let hotel = Hotel(roomCount: 30, roomPrice: 100)
print("Total price: \(hotel.totalPrice)")
// 總價：3000
```

或者，你也可以對計算屬性定義一個 setter，再次以這個相同的範例來說明：

```
class Hotel {
    var roomCount:Int
    var roomPrice:Int
    var totalPrice:Int {
        get {
            return roomCount * roomPrice
        }

        set {
            let newRoomPrice = Int(newValue / roomCount)
            roomPrice = newRoomPrice
        }
    }

    init(roomCount: Int = 10, roomPrice: Int = 100) {
        self.roomCount = roomCount
        self.roomPrice = roomPrice
    }
}
```

這裡我們定義一個自訂的 setter，在總價的值更新之後計算新的房價。當 totalPrice 的新值設定好之後，newValue 的預設名稱可以在 setter 中使用，然後依照這個 newValue，你便可以執行計算並更新 roomPrice。

那麼可以使用方法來代替計算屬性嗎？當然可以，這和編寫程式的風格有關，計算屬性對簡單的轉換與計算特別有用，你可看上列的範例，這樣的實作看起來更為簡潔。

A.21 屬性觀察者

「屬性觀察者」（Property Observers）是我最喜歡的 Swift 功能之一，屬性觀察者觀察並針對屬性的值的變更做反應。這個觀察者在每次屬性的值設定後都會被呼叫，在一個屬性中可以定義二種觀察者：

- willSet 會在值被儲存之前被呼叫。
- didSet 會在新值被儲存之後立即呼叫。

再次以 Hotel 類別為例，例如：我們想要將房價限制在 1000 元，每當呼叫者設定的房價值大於 1000 時，我們會將它設定為 1000，你可以使用屬性觀察者來監看值的變更：

```swift
class Hotel {
    var roomCount:Int
    var roomPrice:Int {
        didSet {
            if roomPrice > 1000 {
                roomPrice = 1000
            }
        }
    }

    var totalPrice:Int {
        get {
            return roomCount * roomPrice
        }

        set {
            let newRoomPrice = Int(newValue / roomCount)
            roomPrice = newRoomPrice
        }
    }

    init(roomCount: Int = 10, roomPrice: Int = 100) {
        self.roomCount = roomCount
        self.roomPrice = roomPrice
    }
}
```

例如：你設定 roomPrice 為 2000，這裡的 didSet 觀察者會被呼叫並執行驗證，由於值是大於 1000，所以房價會設定為 1000，如你所見，屬性觀察者對於值變更的通知特別有用。

A.22 可失敗轉型

as!（或者 as?）即所謂的可失敗轉型（failable cast）運算子。你若不是使用 as!，就是使用 as?，來將物件轉型為子類別型別，若是你十分確認轉型會成功，則可以使用 as! 來強制轉型，以下列範例來說明：

```
let cell = tableView.dequeueReusableCell(withIdentifier: cellIdentifier, for: indexPath) as!
RestaurantTableViewCell
```

如果你不太清楚轉型是否能夠成功，只要使用 as? 運算子即可，使用 as? 的話，它會回傳一個可選型別的值，假設轉型失敗的話，這個值會是 nil。

A.23 repeat-while

Swift 2 導入了一個新的流程控制運算子，稱為「repeat-while」，主要用來取代 do-while 迴圈。舉例如下：

```
var i = 0
repeat {
    i += 1
    print(i)
} while i < 10
```

repeat-while 在每個迴圈後做判斷，若是條件為 true，它就會重複程式碼區塊；若是得到的結果是 false 時，則會離開迴圈。

A.24 for-in where 子句

你不只可以使用 for-in 迴圈來迭代陣列中所有的項目，你也可以使用 where 子句來定義一個篩選項目的條件，例如：當你對陣列執行迴圈，只有那些符合規則的項目才能繼續。

```
let numbers = [20, 18, 39, 49, 68, 230, 499, 238, 239, 723, 332]
for number in numbers where number > 100 {
```

```
        print(number)
    }
```

在上列的範例中，它只會列印大於 100 的數字。

A.25 Guard

在 Swift 2 時導入了 guard 關鍵字。在 Apple 的文件中，guard 的描述如下：

「一個 guard 敘述就像 if 敘述一樣，依照一個表達式的布林值來執行敘述。為了讓 guard 敘述後的程式碼被執行，你使用一個 guard 敘述來取得必須為真的條件。」

在我繼續解釋 guard 敘述之前，我們直接來看這個範例：

```
struct Article {
    var title:String?
    var description:String?
    var author:String?
    var totalWords:Int?
}


func printInfo(article: Article) {
    if let totalWords = article.totalWords, totalWords > 1000 {
        if let title = article.title {
            print("Title: \(title)")
        } else {
            print("Error: Couldn't print the title of the article!")
        }
    } else {
        print("Error: It only works for article with more than 1000 words.")
    }
}


let sampleArticle = Article(title: "Swift Guide", description: "A beginner's guide to Swift 2",
author: "Simon Ng", totalWords: 1500)
printInfo(article: sampleArticle)
```

在上列的程式碼中，我們建立一個 printInfo 函數來顯示一篇文章的標題，但我們只是要輸出一篇超過上千文字的文章資訊，由於變數是可選型別，我們使用 if let 來確認可選型別是否有值，如果這個可選型別是 nil，則會顯示一個錯誤訊息。當你在 Playground 執行這個程式碼，它會顯示文章的標題。通常 if-else 敘述會依照這個模式：

```
if some conditions are met {
        // 執行一些動作
        if some conditions are met {
                // 執行一些動作
        } else {
                // 顯示錯誤或執行其他操作
        }
} else {
        // 顯示錯誤或執行其他操作
}
```

　　你也許注意到，當你必須測試更多條件，它會嵌入更多條件。編寫程式上，這樣的程式碼沒有什麼錯，但是就可讀性而言，你的程式碼看起來很凌亂，因爲有很多嵌套條件。

　　因此 guard 敘述因應而生。guard 的語法如下所示：

```
guard <condition> else {
    // 執行假如條件沒有匹配要做的動作
}
// 繼續執行一般的動作
```

　　如果定義在 guard 敘述內的條件不匹配，else 後的程式碼便會執行；反之，如果條件符合，它會略過 else 子句，並且繼續執行程式碼。

　　當你使用 guard 重寫上列的範例程式碼，會更簡潔：

```
func printInfo(article: Article) {
    guard let totalWords = article.totalWords , totalWords > 1000 else {
        print("Error: It only works for article with more than 1000 words.")
        return
    }

    guard let title = article.title else {
        print("Error: Couldn't print the title of the article!")
        return
    }

    print("Title: \(title)")
}
```

有了 guard，你就可將重點放在處理不想要的條件。甚至，它會強制你一次處理一個狀況，避免有嵌套條件，如此程式碼便會變得更簡潔易讀。

A.26 錯誤處理

在開發一個 App 或者任何程式，不論好壞，你需要處理每一種可能發生的狀況。顯然的，事情可能會有所出入，例如：當你開發一個連線到雲端的 App，你的 App 必須處理網路無法連線或者雲端伺服器故障而無法連結的情況。

在之前的 Swift 版本，它缺少了適當的處理模式。舉例而言，處理錯誤條件的處理如下：

```
let request = NSURLRequest(URL: NSURL(string: "http://www.apple.com")!)
var response:NSURLResponse?
var error:NSError?
let data = NSURLConnection.sendSynchronousRequest(request, returningResponse: &response, error:
&error)

if error == nil {
        print(response)
        // 解析資料
} else {
        // 處理錯誤
}
```

當呼叫一個方法時，可能會造成失敗，通常是傳遞一個 NSError 物件（像是一個指標）給它。如果有錯誤，這個物件會設定對應的錯誤，然後你就可以檢查是否錯誤物件為 nil，並且給予相對的回應。

這是在早期 Swift 版本（即 Swift 1.2）處理錯誤的作法。

> 注意 NSURLConnection.sendSynchronousRequest() 在 iOS 9 已經不推薦使用，但因為大部分的讀者比較熟悉這個用法，所以在這個範例中才使用它。

try / throw / catch

從 Swift 2 開始，內建了使用 try-throw-catch 關鍵字，如例外（Exception）的模式。相同的程式碼會變成這樣：

```
let request = URLRequest(url: URL(string: "https://www.apple.com")!)
var response:URLResponse?
do {
    let data = try NSURLConnection.sendSynchronousRequest(request, returning: &response)
    print(response)

    // 解析資料
} catch {
    // 處理錯誤
    print(error)
}
```

現在你可以使用do-catch敘述來捕捉（Catch）錯誤並處理它，你也許注意到我們放了一個try關鍵字在呼叫方法前面，有了錯誤處理模式的導入，一些方法會丟出錯誤來表示失敗。當我們呼叫一個throwing方法，你需要放一個try關鍵字在前面。

你要如何知道一個方法是否會丟出錯誤呢？當你在內建編輯器輸入一個方法時，這個throwing方法會以throws關鍵字來標示，如圖A.1所示。

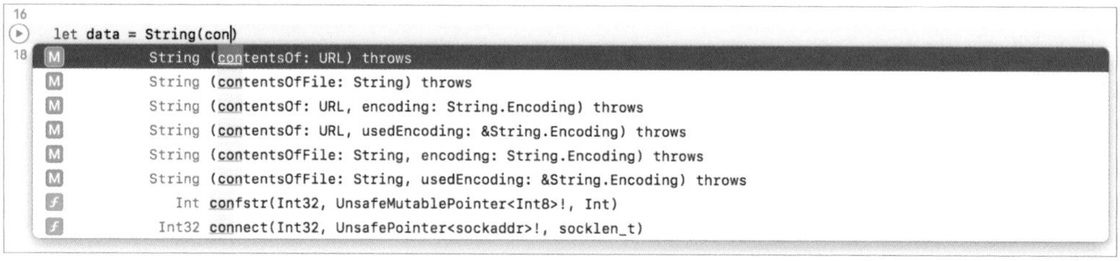

圖 A.1　throwing 方法會以 throws 關鍵字來標示

現在你應該了解如何呼叫一個throwing方法並捕捉錯誤，那要如何指示一個可以丟出錯誤的方法或函數呢？

想像你正在規劃一個輕量型的購物車，客戶可以使用這個購物車來短暫儲存，並針對購買的貨物做結帳，但是購物車在下列的條件下會丟出錯誤：

● 購物車只能儲存最多5個商品，否則的話會丟出一個cartIsFull的錯誤。

● 結帳時在購物車中至少要有一項購買商品，否則會丟出cartIsEmpty的錯誤。

在Swift中，錯誤是由遵循Error協定的型別的值來顯示。

通常是使用一個列舉（Enumeration）來規劃錯誤條件。在此範例中，你可以建立一個採用Error的列舉，如下列購物車發生錯誤的情況：

```
enum ShoppingCartError: Error {
    case cartIsFull
    case emptyCart
}
```

對於購物車，我們建立一個 LiteShoppingCart 類別來規劃它的函數，參考下列程式碼：

```
struct Item {
    var price:Double
    var name:String
}

class LiteShoppingCart {
    var items:[Item] = []

    func addItem(item:Item) throws {
        guard items.count < 5 else {
            throw ShoppingCartError.cartIsFull
        }

        items.append(item)
    }

    func checkout() throws {
        guard items.count > 0 else {
            throw ShoppingCartError.emptyCart
        }
        // 繼續結帳
    }
}
```

　　若是你更進一步看一下這個 addItem 方法，你可能會注意到這個 throws 關鍵字，我們加入 throws 關鍵字在方法宣告處來表示這個方法可以丟出錯誤。在實作中，我們使用 guard 來確保全部商品數是少於 5 個；否則，我們會丟出 ShoppingCartError.cartIsFull 錯誤。

　　要丟出一個錯誤，你只要撰寫 throw 關鍵字，接著是實際錯誤。針對 checkout 方法，我們有相同的實作，如果購物車沒有包含任何商品，我們會丟出 ShoppingCartError.emptyCart 錯誤。

　　現在，我們來看結帳時購物車是空的時會發生什麼事情？我建議你啟動 Xcode，並使用 Playgrounds 來測試程式碼。

```
let shoppingCart = LiteShoppingCart()
do {
    try shoppingCart.checkout()
    print("Successfully checked out the items!")
} catch ShoppingCartError.cartIsFull {
    print("Couldn't add new items because the cart is full")
} catch ShoppingCartError.emptyCart {
    print("The shopping cart is empty!")
} catch {
    print(error)
}
```

由於 checkout 方法會丟出一個錯誤，我們使用 do-catch 敘述來捕捉錯誤，當你在 Playgrounds 執行上列的程式碼，它會捕捉 ShoppingCartError.emptyCart 錯誤，並輸出相對的錯誤訊息，因爲我們沒有加入任何項目。

現在至呼叫 checkout 方法的前面，在 do 子句插入下列的程式碼：

```
try shoppingCart.addItem(item: Item(price: 100.0, name: "Product #1"))
try shoppingCart.addItem(item: Item(price: 100.0, name: "Product #2"))
try shoppingCart.addItem(item: Item(price: 100.0, name: "Product #3"))
try shoppingCart.addItem(item: Item(price: 100.0, name: "Product #4"))
try shoppingCart.addItem(item: Item(price: 100.0, name: "Product #5"))
try shoppingCart.addItem(item: Item(price: 100.0, name: "Product #6"))
```

在這裡，我們加入全部 6 個商品至 shoppingCart 物件。同樣的，它會丟出錯誤，因爲購物車不能存放超過 5 個商品。

當捕捉到錯誤時，你可以指示一個正確的錯誤（例如：ShoppingCartError.cartIsFull）來匹配，因此你就可以提供一個非常具體的錯誤處理。

另外，如果你沒有在 catch 子句指定一個模式（Pattern），Swift 會匹配任何錯誤，並自動綁定錯誤至 error 常數，最好的作法還是應該要試著去捕捉由 throw 方法所丟出的特定錯誤，同時你可以寫一個 catch 子句來匹配任何錯誤，這可以確保所有可能的錯誤都有處理到。

A.27 可行性檢查

若是所有的使用者被強制更新到最新版的 iOS 版本，這可讓開發者更輕鬆些，Apple 已經盡力推廣使用者升級它們的 iOS 裝置，不過還是有一些使用者不願升級，因此為了能夠推廣給更多的使用者使用，我們的 App 必須應付不同 iOS 的版本（例如：iOS 12、iOS 13 與 iOS 14）。

當你只在你的 App 使用最新版本的 API，則在其他較舊版本的 iOS 會造成錯誤，因此當使用了只能在最新的 iOS 版本才能用的 API，你必須要在使用這個類別或呼叫這個方法之前做一些驗證。

例如：UIView 的 safeAreaLayoutGuide 屬性只能在 iOS 12（或之後的版本）使用，如果你在更早的 iOS 版本使用這個屬性，你便會得到一個錯誤，也因此可能會造成 App 當機。

Swift 內建了 API 可行性檢查（Availability Checking），你可以輕易地定義一個可行性條件，因此這段程式碼將只會在某些 iOS 版本執行，如下列的範例：

```
if #available(iOS 12.0, *) {
    // iOS 12 或之後的版本
    let view = UIView()
    let layoutGuide = view.safeAreaLayoutGuide
} else {
    // 早期的 iOS 版本
}
```

你在一個 if 敘述中使用 #available 關鍵字。在這個可行性條件中，你指定了要確認的 OS 版本（例如：iOS 14），星號（*）是必要的，並指示了 if 子句所執行的最低部署目標以及其他 OS 的版本。以上列的範例來說，if 的主體將會在 iOS 12 或之後的版本執行，以及其他平台如 watchOS。

相同的，你可以使用 guard 代替 if 來檢查 API 可行性，如下列這個範例：

```
guard #available(iOS 12.0, *) else {
    // 如果沒有達到最低 OS 版本需求所需要執行的動作
    return
}


let view = UIView()
let layoutGuide = view.safeAreaLayoutGuide
```

那麼當你想要開發一個類別或方法，可以讓某些OS的版本使用呢？Swift讓你在類別／方法／函數中應用 @available 屬性，來指定你的目標平台與OS版本。舉例而言，你正在開發一個名為「SuperFancy」的類別，而它只能適用於iOS 12或之後的版本，你可以像這樣應用 @available：

```
@available(iOS 12.0, *)
class SuperFancy {
    // 實作內容
}
```

當你試著在Xcode專案使用這個類別來支援多種iOS版本，Xcode會告訴你下列的錯誤，如圖A.2所示。

```
16   class ViewController: UIViewController {
17
18       override func viewDidLoad() {
19           super.viewDidLoad()
20
21           SuperFancy()
22
23       }
24
25
26   }
27
28
```

- 'SuperFancy' is only available on iOS 12.0 or newer
  - Add 'if #available' version check   Fix
  - Add @available attribute to enclosing instance method   Fix
  - Add @available attribute to enclosing class   Fix
- Result of 'SuperFancy' initializer is unused

圖 A.2　如果你使用一個非 iOS 目標版本所支援的類別，Xcode 會顯示出錯誤

> 注意　你不能在 Playground 做可行性檢查，若你想要嘗試的話，建立一個新的 Xcode 專案來測試這個功能。